世界著名计算机教材精选

无线通信原理与应用

（第3版）

Jorge L. Olenewa　著

金名　等译

清 华 大 学 出 版 社

北　京

北京市版权局著作权合同登记号　图字 01-2015-0423 号

Guide to Wireless Communications, 3rd Edition
Jorge L. Olenewa 著，金名　等译

Cengage Learning Asia Pte. Ltd.
151 Lorong Chuan, #02-08 New Tech Park, Singapore 556741

图书在版编目（CIP）数据

无线通信原理与应用：第 3 版/（美）奥利纽沃（Olenewa, J.）著；金名等译. —北京：清华大学出版社，2016
书名原文：Guide to Wireless Communications, 3rd Edition
世界著名计算机教材精选
ISBN 978-7-302-42784-1

Ⅰ. ①无…　Ⅱ. ①奥…　②金…　Ⅲ. ①无线电通信－教材　Ⅳ. ①TN92

中国版本图书馆 CIP 数据核字（2016）第 025632 号

责任编辑：龙启铭
封面设计：傅瑞学
责任校对：焦丽丽
责任印制：杨　艳

出版发行：清华大学出版社
网　　址：http://www.tup.com.cn, http://www.wqbook.com
地　　址：北京清华大学学研大厦 A 座　　邮　编：100084
社 总 机：010-62770175　　邮　购：010-62786544
投稿与读者服务：010-62776969，c-service@tup.tsinghua.edu.cn
质 量 反 馈：010-62772015，zhiliang@tup.tsinghua.edu.cn
课 件 下 载：http://www.tup.com.cn,010-62795954
印 装 者：北京国马印刷厂
经　　销：全国新华书店
开　　本：185mm×260mm　　**印　张：**21　　**字　数：**521 千字
版　　次：2016 年 6 月第 1 版　　**印　次：**2016 年 6 月第 1 次印刷
印　　数：1～3000
定　　价：59.00 元

产品编号：047450-01

译 者 序

我们已经生活在无线世界了！今天，由于无线网络已经无处不在，智能手机和平板电脑不仅仅只用于通话，还可以从任何地方访问 Internet、购物、预订宾馆、办理值机、支付水电费等，无线网络已经涉及了我们生活的每个方面。

但是，无线通信涉及的知识众多，无线局域网标准也众多。本书的主要目的就是为了帮助读者理解无线通信实现背后的基本原理和应用。全书共分 12 章：第 1 章简要介绍无线数据通信在个人区域网、局域网、城域网和广域网中的应用范围；第 2 章通过介绍使用红外线和射频波进行传输的各种技术，讨论无线数据通信技术；第 3 章介绍射频通信的具体组件、射频系统的设计，如何用来传输数据；第 4 章简明但深入地介绍了天线的工作原理，以及它们在成功实现无线数据通信系统中的重要作用；第 5 章介绍为近距离无线数据通信开发的两种技术，即蓝牙和 ZigBee（IEEE 802.15.4）；第 6 章介绍高速无线个人局域网；第 7 章介绍低速无线局域网；第 8 章介绍高速 WLAN 与 WLAN 安全；第 9 章介绍中等距离的无线数据通信，从红外自由空间光系统到最新的 WiMAX（(IEEE 802.16)技术；第 10 章介绍蜂窝技术和卫星技术，如何实现整个世界范围内的无线数据通信网络访问；第 11 章介绍射频识别与近场通信；第 12 章概要介绍商务无线通信。

本书以简洁明了的语言，介绍各种技术的最重要内容，每章的最后给出了复习题、动手项目、真实练习和挑战性案例项目，有助于读者对所学技术的巩固和扩展。

本书由金名主译，陈河南、贺军、陈宗斌、马宗亚、张会彦、王玉玲、赵喜清、虞铭财、于富强、魏世亮、孟亚坤、王岩、李晓宁、朱世敏、韩珺、张斌、李飞、陈芳、宋欣、盛娟、马睿、徐海云、张玉英、邱海艳、徐晓蕾、傅强、宋如杰、蔡江林、陈征、戴锋、蔡永久、何正雄、黄定光、来阳、李刚生、李韬、乔健、苏高、孙朝辉、孙丽、徐茜、许瑛琪、叶守运、易陈丽、叶淑英、易小丽、喻四容、易志东、殷小俊、张冰月、张景友、张旭、张志强等人也参与了本书部分的翻译工作，在此一并表示感谢！

由于水平有限，如有不妥之处，恳请读者指正。

前　言

我们已经生活在无线世界了！过去6年以及现在发布的所有技术和标准，意味着我们所做的任何事情（我们生活的每一个方面）都具有一个无线组件。事实上，在今天，无线数据通信已是无所不在：在家里我们使用无绳电话，全世界有将近 60 亿部移动电话在使用，即使在产品仓库中，也是使用无线技术来跟踪货物清单。现在，使用移动电话和平板电脑，甚至还可以购买物品或办理值机，这都得感谢无线技术。而且，家庭、办公室甚至是整个城市，现在都架设了无线网络，允许居民、员工和游客使用笔记本电脑、移动电话和平板电脑从任何地方访问 Internet。

不论你是需要更好理解无线通信实现的管理者，还是希望通过增加无线数据通信知识以进一步提升你所从事领域的 IT 专业人员，或是要学习无线通信导论课程的学生，本书都可以帮助你获得对无线数据通信的技术和业务方面的基本理解，为进一步学习打基础。

写作方法

1995 年年中，在笔记本上开始有了红外线接口，这使得两台计算机之间无须数据线就可以进行通信。随着 1997 年第一个 IEEE 802.11 无线局域网标准的发布，无线数据通信领域得到了飞速发展。本书将带你领略各种无线数据通信技术，包括射频传输、天线、红外线、蓝牙、用于低速个人区域网的 IEEE 802.15.4 标准（ZigBee）、用于高速个人区域网的 IEEE 802.15.3c 标准、超带宽（UWB）、WiGig、WirelessHD、无线家庭数字接口、IEEE 802.11a/b/g/n 无线局域网、IEEE 802.16（WiMAX）、自由空间光系统、LMDS 与 MMDS 无线城域网、蜂窝与卫星无线广域网，最后是射频识别（RFID）。本书还讨论了各种技术的共存性（即这些技术中的两种或多种在同一物理空间中共同工作的能力），这些技术的基本实现与安全性问题，以及各种商用和民用。

本书以简洁明了的语言，介绍各种技术的最重要内容，既可以作为课堂教材，也可用于远程教学。作为知识扩充，本书还给出了不少相关的网站，读者从这些网站可以找到更多的知识。但请注意，在编写本书时，这些网站的地址是精确无误的，但其中有一些可能不久就无法访问了。

本书给出了一些真实练习，这些练习可以让读者学习到课堂之外的知识。本书还给出了一些动手项目，这些项目提供了完成有关无线通信工作的逐步过程。动手项目可以在实验室或家里完成，只需使用并不昂贵的设备以及一些常见的免费软件或演示版软件即可。最后，本书还给出了一些挑战性案例项目，这些是需要基于团队合作的研究项目，有助于扩展读者对所学的技术，指导他们学习更多的知识。

读者对象

本书可以满足那些欲更好理解无线数据通信技术的基本概念、使用范围和发展前景的学生和专业人员的需要。本书提供了一个实际的、交互式学习体验，以帮助读者应对无线数据通信领域的各种挑战工作。

章节描述

下面简要介绍一下本书各章的主要内容。

第1章无线通信导论，简要介绍了无线数据通信在个人区域网、局域网、城域网和广域网中的应用范围。本书遵循现今业界对无线数据通信的分类方式，介绍各种无线数据通信的优缺点。

第2章无线数据传输，通过介绍使用红外线和射频波进行传输的各种技术，讨论无线数据通信技术。

第3章射频通信，介绍射频通信的具体组件，射频系统的设计，如何用来传输数据。本章还概要介绍了各种无线标准，以及这些标准在无线数据通信界的作用。

第4章天线工作原理，简明但深入地介绍了天线的工作原理，以及它们在成功实现无线数据通信系统中的重要作用。

第5章无线个人区域网，首先介绍为近距离无线数据通信开发的两种技术：蓝牙和ZigBee（IEEE 802.15.4）。

第6章高速无线个人局域网，以IEEE 802.15.3c、WiGig、WirelessHD和WHDI结束对近距离无线数据通信的介绍。IEEE 802.15.3c是为把家庭和商用的多媒体设备与娱乐系统互连起来的标准，WiGig来自无线吉比特联盟（Wireless Gigabit Alliance）。本章还介绍了超宽带（UWB）技术及其在无线通信中的影响。

第7章低速无线局域网，介绍IEEE 802.11 WLAN技术，包括相应的红外线技术，IEEE 802.11b的传输速率高达11Mbps。

第8章高速WLAN与WLAN安全，介绍IEEE 802.11a、802.11网络运行的不同频带以及对802.11技术的改进，以提高其数据传输速度和可用性。本章还介绍了802.11ac和802.11ad无线标准，以及在WLAN中的安全技术和问题。

第9章无线城域网，介绍中等距离的无线数据通信，从红外自由空间光系统到最新的WiMAX（(IEEE 802.16)技术。

第10章无线广域网，介绍蜂窝技术和卫星技术，如何使用这些技术，实现整个世界范围内的无线数据通信网络访问。

第11章射频识别与近场通信，介绍现今使用的RFID技术，无须有线，就可以自动识别、计数和跟踪从较小的封装产品，到整个大型仓库的全部，然后介绍NFC，该技术可以实现无线支付，使得在蜂窝电话与手持电脑之间可以交换信息，并使得手持设备可以读取RFID标签。

第12章商务无线通信，概要介绍无线数据通信的优点与挑战，讨论一个典型商务系统的实现必须经过的步骤，以确定、评估和实现无线数据通信技术，作为满足其需求的最佳解决方案，包括开发RFI、RFP和RFQ文档以及完成无线网站测试。

附录A无线通信的发展历史，详细介绍了无线通信、雷达与蜂窝技术的历史。

本书特点

本书具有很多特点，以促进读者对无线数据通信技术的理解。

- 本章内容：每章开始都给出了本章必须掌握的详细列表。这个列表不仅是对本章内容的快速参考，也可以很好地辅助学习。
- 大量图表：使用大量描绘无线 LAN 概念和技术的插图，使得有关理论和概念可视化。此外，表格给出了详细的实际应用与理论信息，且便于相关内容的对比。
- 本章小结：每章后面都有对本章所介绍概念的小结。这有助于对每章所述内容的复习。
- 主要术语：在每章的末尾给出了本章所介绍的术语列表，其中包含有每个术语的定义。
- 复习题：每章末有一系列复习题（包括多项选择题、填空题和对错题），有助于对本章所学知识的巩固。这些习题有助于评估对所学知识的掌握和应用程度。完成这些习题，可以确保你已经掌握了所学的重要知识。
- 动手项目：理解无线网络技术背后的理论很重要，但不能提高实际的动手能力。为此，每章给出了一些动手项目，让读者对实际的无线网络有一个亲身体验。其中一些项目需要有 Internet 以及能查阅本章所述概念，其他一些项目则需要使用 Linksys 和 D-Link 设备、Windows XP 操作系统以及从 Internet 下载的软件，把本章内容应用到实际中。
- 现实练习：在这些扩展练习中，通过对真实设计与实现场景的研究和工作，帮助读者掌握本章所学技术和知识。
- 挑战性案例项目：这组练习对读者具有一定的挑战性，因此有助于读者进一步掌握所学知识。

新增内容

在本版中新增了大量第 2 版出版时还没有批准的标准和技术。本版还介绍了一些新内容，这些内容包括：

- IEEE 802.11n、IEEE 802.11ac 和 IEEE 802.11ad。
- IEEE 802.15.3c WiGig、WirelessHD 和 WHDI。
- IEEE 802.16m 和 WiMAX。
- 扩展介绍了蜂窝技术，如 HSPA、HSPA+和 LTE。
- 近场通信（Near-Field Communication，NFC）技术。

作者介绍

Jorge L. Olenewa 从 1970 年开始就从事数据通信的研究和教学工作。Jorge 具有很高的教学热情，在过去的 12 年中，Jorge 在加拿大多伦多大学 George Brown 学院开设并讲授无线数据通信课程。

致谢

编写本书，尤其是要涵盖这么多不同的技术，是一项耗时巨大的工作，需要一个大型团队人员的参与。Cengage 出版社的工作人员无疑是我与之合作过的最好团队之一。策划编辑 Nick Lombardi 指明了本书的写作方向，以满足读者的需求，再次展示了他的非凡视野和洞察力。产品经理 Michelle Ruelos Cannistraci 在对本项目的跟踪上表现得非常优秀，总是对我给予帮助和支持，尤其是由于我出国或教学计划给写作留下的时间不多的情况下。加工编辑 Kent Williams 在工作上可谓是一位大师。如果读者觉得本书还有有用之处，甚至是阅读起来令人愉悦的，那都是由于 Kent 的非凡的语言能力和极具洞察力的修改建议。是 Kent 的帮助，把我零碎的想法变成了可读的教材。John Freitas 是一位非常优秀的技术编辑，他发现了我的很多“不足”，并给出了很好的建议。我希望在下一本书的出版中，还能有机会和他们合作。产品编辑 Allyson Bozeth 在保证插图正确上发挥了很大作用，对我的拖延也表现得非常耐心。特别感谢加拿大多伦多大学 George Brown 学院计算机技术学院院长 Ylber Ramadani 的支持，感谢 Bob Moroz 在 RFID 标签与阅读器方面的支持，感谢 Henry White 在蜂窝技术方面的支持，感谢 Jeff Mulvey 对 WiMAX 内容的修改。此外，还要感谢本书的审阅人，他们对每章进行了认真审阅，并给出了很好的建议，做出了很多贡献。

Shawn Batt—Wichita Technical Institute

Kenneth J. Dreistadt—Lincoln Technical Institute

Carl Meyer—Lincoln Technical Institute

Ylber Ramadani—George Brown College

Tom Vaughn—Lincoln Technical Institute

整个 Cengage 出版社的工作人员总是很热情，并为本书的出版努力工作，在此对每位表示真诚的感谢。

我还想感谢我的儿子 Marcelo 和 Ricardo，他们不断给我鼓励和支持。最后，还要感谢我的妻子 Elisabeth，我最好的朋友——我们家的小狗 Charlie，他们对我的爱和耐心体现在了本书每一页的文字中。

编写涵盖这么大范围的无线数据通信技术的教材，需要花费大量时间去阅读、研究和实验。感谢 Bob Moroz、Jeff Mulvey、Henry White、Hisham Alasady 和 Allison Csanyi 为本书所做的贡献。

实验要求

致用户

本书应从头至尾顺序阅读。每章都是建立在对前面章节的无线数据通信知识的掌握上。

硬件与软件需求

下面是完成每章动手项目所需的硬件和软件需求：

- 内置的或 USB 蓝牙适配器（能被 Windows XP 或 Windows 7 启用）。
- 任何无线家庭网关或接入点，如 Linksys 或 DLink。
- 经 Wi-Fi 认证的 IEEE 802.11a/b/g/n 无线网络适配器（这种适配器标准应能与接入点或无线路由器很好匹配）。
- Windows XP 专业版，最好是 Windows 7。
- Internet 接入，以及最新的 Web 浏览器。

特别需求

只要可能，应该尽可能使特别需求最小化。但第 5 章需要以下专门的硬件：带 USB 2.0+端口的笔记本电脑，Wi-Fi 适配器以及蓝牙（USB 蓝牙也可以）。

动手项目需要一些免费下载的软件。在每章给出了对这些软件下载的说明，这些软件有：

- AirMagnet Bluesweep。
- MetaGeek inSSIDer。
- Ixia Qcheck。
- Ekahau HeatMapper。

目　　录

第 1 章

无线通信导论

本章内容：

- 介绍现今如何使用无线通信技术
- 列举无线通信技术的各种应用
- 简要介绍无线通信技术的优缺点
- 列举无线技术的几种类型及其作用

众所周知，无线通信技术给世界带来了巨大影响，尤其是在最近的 5 年时间里。今天，无线通信几乎影响到了我们日常生活的方方面面，从使用蜂窝手机打电话和获取信息，到大型零售超市统计库存，到公共交通工具购票，到 Internet 访问热点与安装在不容易到达之处的无线远程传感器的定位，到信用卡和借记卡的使用只需靠近设备（无须刷卡或插卡），还有很多很多使用。在人们的脑海里，有了无线设备，这些应该都不是问题了，而且还将继续不断影响我们生活的每个方面。

无线通信已经彻底改变了我们的生活方式，就像个人计算机在 20 世纪 80 年代永远改变我们的工作方式一样，20 世纪 90 年代，Internet 完全改变了我们获取和访问信息的方式。随后，Internet 还改变了全世界的通信方式。现在，从世界的任何地方，使用无线设备发送和接收短消息，浏览 Internet 和访问企业应用与数据库，已成为我们日常生活的一部分了。各种设备（笔记本电脑、平板电脑、数码相机与摄像机、打印机、袖珍数字音乐播放器，甚至是电冰箱、洗衣机与烘干机、电表）都具有无线通信能力。

今天，我们可以触及到我们需要的所有资源，不论是在哪里找到的这些资源。几乎每个人都亲身感受到了无线技术带来的巨大变化，我们甚至都没有意识到我们正在做的事情，只需要让设备去做而已，而且无须通过电缆连接。

使用电子书阅读器，只需访问网上书店，就可以阅看图书封面、样章并购买一本图书。例如，在亚马逊的 Kindle 设备上，根据你所具有的模式，需要做的全部就是访问无线网络或蜂窝电话网络（在超过一百多个不同国家都可以这样）。只需几分钟，就可以自动地把图书下载到你的阅读器中。详情参见 www.amazon.com/ kindle。

1.1 如何使用无线技术

在进一步介绍之前，先精确定义一下何谓无线通信。术语“无线”经常用于描述无须通过电线连接的所有设备和技术。车库门开启器和电视遥控器可以称为“无线设备”，但这些与本书要介绍的技术关系不大。因为术语“无线”有时候用来指不带电线的任何设备，因此人们可能会对无线通信的含义感到困惑。无绳电话可以认为是一种无线通信设备，因为这是用于人类语音通信的。但在本书中，无线通信的定义是指不用电线的数字数据传输，这意味着设备可以通过某种数据网络技术进行互连。数字数据可以包括 E-mail 消息、电子表格以及数字蜂窝电话来回传输的消息。然而，需要注意的是，使用计算机网络来传输语音对话的设备也包含在此列中。

苹果公司的 iPod Touch 就是这样一种在计算机网络上可用来传输语音对话的设备。这种设备通常用来听音乐，但如果使用诸如 Skype（可以访问 www.apple.com/ ipodtouch。也可以访问 www.skype.com，把鼠标光标移到 Get Skype 上，然后单击 iPhone）的应用程序连接到无线网络中，就可以在世界的任何地方拨打电话号码。使用这种设备时，你的语音首先转换为数字数据，然后先通过无线网络进行传输，再在 Internet 上传输。在接收端，再把语音数据流转换回声音。详情请参见第 10 章。

下一节介绍无线数据通信所用的各种形式。在本节将学习到蓝牙、WirelessHD、WiGig、卫星通信、蜂窝电话、基于 Wi-Fi 的无线 LAN 以及固定带宽无线通信技术。这些技术的内容后面将详细介绍。下面看看 Joseph 与 Ann Kirkpatrick 一天的生活，从中可以大致了解今天的无线通信以及他们是如何使用的。

1.1.1 无线的世界

Joseph 与 Ann 准备开始日常的一天。在 Ann 离开办公室之前，她必须打印一份电子表格，其中列出了她昨晚完成的工作。因为他们家有好几台计算机，Ann 使用某种网络标准，构建了一个无线网络，使得家里所有具有数字数据功能的设备都可以互连。计算机与兼容这种标准的其他设备相互之间的距离只要在大约 330 英尺（100 米）的范围内，根据它们兼容的特定标准，就可以以高达 300 兆比特每秒（300 Mbps）的速率发送和接收数据。能够成为网络一部分的设备，不仅可以包括计算机设备，也可以包括 VoIP 电话（它可以在 Internet 上传输数字化语音）、家庭娱乐与游戏设备，甚至是一些数字音乐播放器，比如苹果公司的 iPod Touch。

要更好地理解数据传输的速率，应考虑到每个字符通常是使用 16 位数据进行传输的。这意味着，如果以 300 Mpbs（现今最快的无线网络速率）的速率进行传输，那么计算机每秒钟可以传输超过 9000 页的内容，每页大约有 2000 个字母和空格。你能阅读得这么快吗？

Ann 从她的公文包里拿出一台平板电脑，打开一个电子表格。然后选择打印命令。在平板电脑中，内置了一种名为无线网卡（或无线 NIC）的设备。这种接口卡通过无线电波把数据直接发送给楼下具有无线功能的激光打印机（该打印机也有自己的无线 NIC）。对 Ann 来说，这种无线网络是非常理想的。无须费多大劲，也无须安装电缆的花费，家里的计算机与电子设备就可以互连。该网络可以使所有设备共享打印机、文件，甚至是家庭 Internet 连接。图 1-1 演示了这种家庭无线网络。

使用智能手机（这种手机同时具有移动电话和个人数字助理（PDA）的功能，可以提供日程安排、活动列表、电话簿、记事本以及其他很多商务与娱乐应用），Ann 可以给她的办公室打一个电话，查询她的消息。现今大多数移动电话都具有了其中某些功能，但智能手机可以连接到其他设备（如个人计算机），并在两个设备之间同步数据，还可以进行数字化存储，传输名片和其他信息，甚至还可以进行文件与电子表格处理。此外，现今几乎所有模式的智能手机都可以直接连接到计算机无线网络。由于 Ann 是在家里，智能手机自动连接到无线网络以访问和存储数据。当 Ann 和 Joseph 在屋里时，他们的智能手机可以利用软件，在无线网络和 Internet 上（而不是蜂窝电话提供商）使用 VoIP 打电话。他们甚至有一个单独的电话号码，其他人可以使用座机给他们打电话。当 Ann 和 Joseph 离开家时，如果他们离家的距离超出了无线网络的范围，他们的智能手机就会与家里的无线网络断开连接，那么他们就将使用蜂窝网络来拨打和接收语音电话。在 Wi-Fi 网络上使用 VoIP，使得他们可以节省电话费。

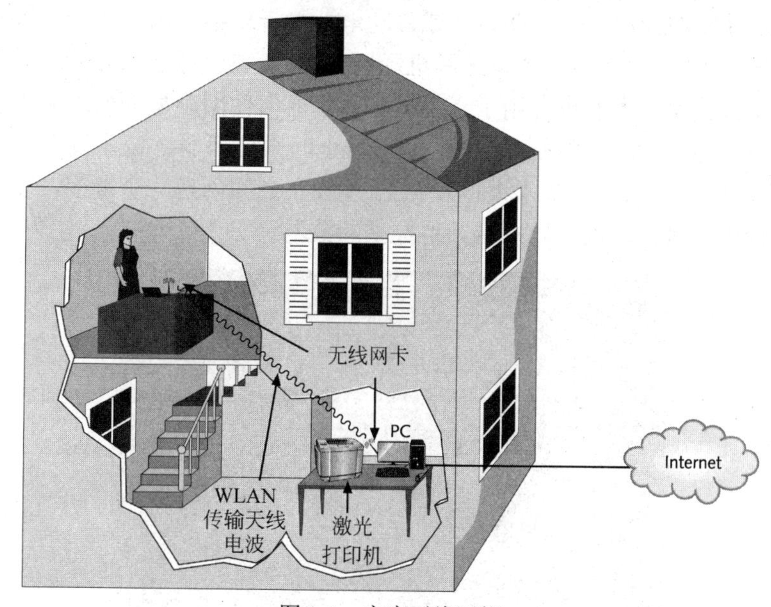

图 1-1　家庭无线网络

早在 2004 年，参加波士顿 26.2 英里马拉松比赛的选手在其鞋带上有一个微小的无线芯片。这些芯片把在马拉松沿程几个站点检测到的标识码以及用于跟踪选手时间和 E-mail 更新的代码发送给选手的亲朋好友，告知选手的位置和进度。要想了解对这种技术部署的详细描述，可以在 Internet 上使用关键字“Boston marathon wireless”进行搜索。

当 Ann 和 Joseph 在厨房用完早餐后不久，Joseph 就听到一个蜂鸣声，电冰箱给他的智能手机发送了一个购物清单。安装在电冰箱门上的计算机系统通过扫描每件物品包裹上的射频识别（radio frequency identification，RFID）标签，自动生成一个食品清单。RFID 标签是一种微小的芯片，该芯片含有射频发射机应答器，可以用来标识产品和库存跟踪。在预先设定的日期和时间里，电冰箱的计算机把所剩食品数量与这些物品的最小量进行比较。如果食品吃完了，那么就把它们添加到清单中，并通过 Internet 给 Ann 和 Joseph 发送一封 E-mail，他们可以在智能手机上接收。Joseph 或 Ann 可以使用无线网络与电冰箱的计算机连接，看看他们需要购买些什么。由于电冰箱也连接到了 Internet，因此，无论他们在何时何地都可以完成相同的功能。

要观看电冰箱计算机的视频演示，可以在 Internet 或 YouTube 上使用关键字“Samsung Internet fridge”搜索。视频中的电冰箱没有 RFID，但可以管理家庭日程，为家里人留便条，发送 E-mail，连接到 Facebook，也可以在线查看食谱，创建购物清单等。

1.1.2　蓝牙与其他近距离无线技术

蓝牙（Bluetooth）是一种无线标准，用于在非常近的距离内传输数据，通常是几英寸到 33 英尺（10 米）。近距离技术（如蓝牙）的主要目的是在诸如智能手机与计算机的设备之间省去使用电缆，使得在计算机与打印机，或移动电话与音乐播放器，或计算机与智能手机之间可以无线传输。图 1-2 显示了两个蓝牙耳机示例，它们通常用于移动电话或诸如 iPod Touch 之类的数字音乐播放器，当然也可用于计算机。蓝牙通信使用小型的低功率收发器（称为射频组件），它们被内置在微型电路板中，含有非常小的微处理器。蓝牙设备使用链接管理器（这是一个软件，用于标识其他蓝牙设备），在蓝牙设备之间创建一个链接，以数字数据的形式发送和接收音乐与语音，也可以发送其他类型的数据。

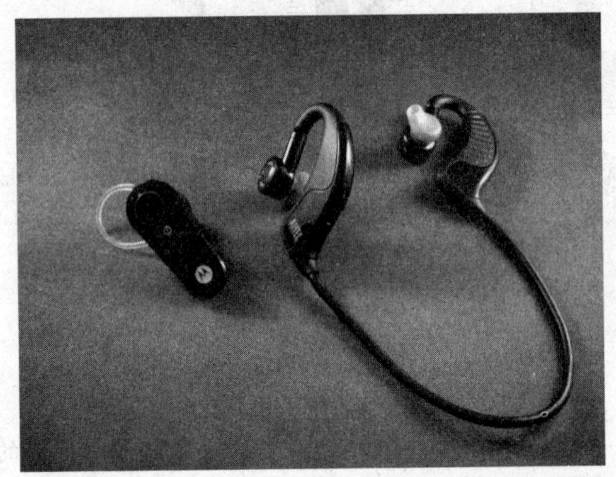

图 1-2　两个蓝牙耳机（左边为单声道，右边为立体声）

还有其他一些近距离无线技术，主要用于家庭中，这些技术类似于蓝牙，但能以更高的速率处理更多的数据。例如，WirelessHD 和 WiGig 可以把 CD 音频和 DVDE 或蓝光高密度视频同时发送给房屋里的多个接收器。大多数蓝牙设备最大可以以 1～3Mbps 的速率在最远 33 英尺（10 米）的距离传输数据。WirelessHD 和 WiGig 可以利用名为超宽带（UWB）的射频传输技术以 7～10Gbps 的速率传输视频和声音。蓝牙可以穿过物理障碍物（如墙）发送数据。这些无线设备甚至无须像电视遥控器那样相互对准（在换频道或调声音时，遥控器需要对准电视机）就可以传输数据。UWB WirelessHD 与 WiGig 的有效距离通常可以长达 10 米，但在房间里设备之间只能有少量或不能有障碍物。此外，距离越远，传输速度越慢。Gbps 的速率只能在 6 英尺（大约 1.8 米）的距离内才能达到。如果再加上房间里的障碍物（包括人），UWB 的传输距离就更短了。

有将近 14 000 家不同的计算机、电话和外设生产商在生产基于蓝牙标准的产品，而 WirelessHD 和 WiGig 也有不少知名成员公司。

要查看产品的有效范围，可以访问 WirelessHD 联盟的 Web 网站：www.wirelesshd. org。打开主页后，把鼠标光标放置在 Consumers 选项卡上，然后单击 Product Listing。

Joseph 和 Ann 都在联邦包裹快递（Federated Package Express，FPE）公司工作，这是一家从事包裹递送服务的公司。要发送一个包裹，顾客可以拨打当地的 FPE 电话。FPE 客服代表使用 VoIP 电话机接收呼叫。VoIP 电话机连接到 WLAN，并连接到蓝牙电话耳机。Ann 甚至不必在她的办公桌旁边，只要她的蓝牙设备和无线电话耳机都处于打开状态，这两个设备就可以自动连接。她只要按一下耳机上的一个小按钮，无须拿起电话机，就可以立即应答呼叫。此外，她随身携带的平板电脑可以使得她在任何时候都与办公室的网络保持连接，不论她是否在办公大楼里。例如，Ann 昨天晚上在家里更新的地址列表和日程，可以传输到办公室，且这些信息会立即刷新。

不同蓝牙设备之间的自动连接就形成了一个微微网，有时也称为无线个人区域网（wireless personal area network，WPAN）。微微网是由两个或多个蓝牙设备构成的，这些设备相互之间可以交换数据。如果有 7 个设备之多，那么就可以称为是一个蓝牙 WPAN 了。

FPE 的客户代表可以在一边应答呼叫时，一边走进她的小房间里去，不会因为有电话线而限制她的走动。她还可以在计算机上输入包裹接收信息，如果不在办公桌旁，也可以在其平板电脑上输入这些信息。图 1-3 显示了一个蓝牙无线网络。

蓝牙（Bluetooth）是从 10 世纪丹麦国王 Harald Bluetooth 的名字而来的，他统一了 Scandinavia 半岛。读者可以搜索该国王的名字，在 Internet 上了解关于他的更多历史。

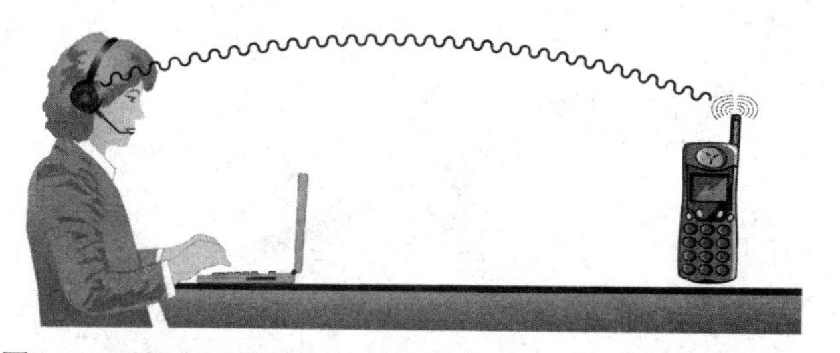

图 1-3　无绳电话机与耳机之间的蓝牙网（微微网）或 WPAN

1.1.3　卫星网络

Joseph 和 Ann 服务的 FPE 公司需要与总部大厦之外的地方进行连接。公司使用了基于卫星的网络与蜂窝无线网络，与行驶在路上的送货车辆保持联系。当蜂窝网络（1.1.4 节将介绍）不可用时，司机可以使用卫星电话使他们的手持电脑与 FPE 总部进行连接。

当 FPE 客户代表把送货信息输入到计算机后，就需要把该数据发送给送货司机（在这里是 Joseph）。有时候是 FPE 公司的卫星网络负责这些数据的传输。从总部的主计算机上，把送货数据传输给绕地球轨道运行的卫星，然后再传回到手持卫星电话，最后传送到 Joseph 的手持电脑。图 1-4 显示了卫星在总部办公室与 Joseph 的货车之间的信号传输。

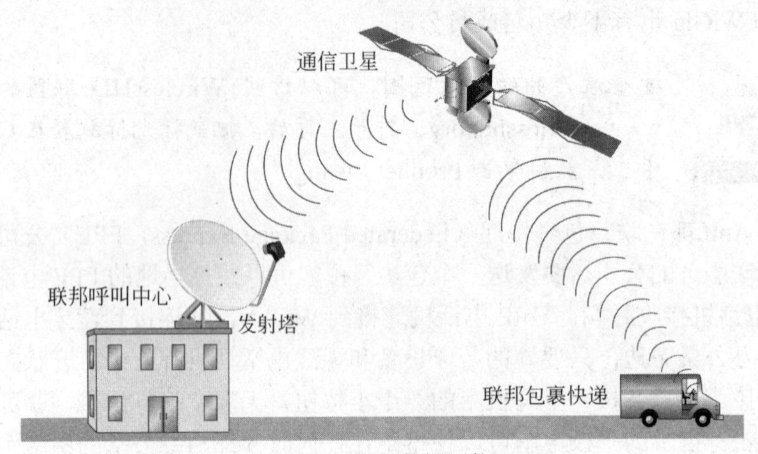

图 1-4 卫星数据网络

在卫星通信中，卫星本身有一个称为中继器的设备。中继器只是把相同的信号“复述”给地面上的另一个地方。地面基站以一个频率带宽往卫星发送信号，卫星则重新生成并以不同的频率把信号发送回（复述）地面。把一个信号从一个地面基站复述给另一个基站所需的传输时间可以长达 250 微秒。这些过程如图 1-5 所示。

FPE 使用了一个能提供国际通信的运营商。

第一颗成功发射的赤道卫星名为 Sputnik，是前苏联在 1957 发射的。今天，在赤道周围有超过 900 颗运行的卫星，据报道，还有超过 5000 颗不再发挥功能的卫星。只是由于一些真的很有趣的数学计算，这些卫星才没有不断与其他卫星发生碰撞，但在 2009 年 2 月 10 日，俄罗斯一颗不再运行的卫星撞向了铱 33 通信卫星，这颗卫星是用于卫星电话的。

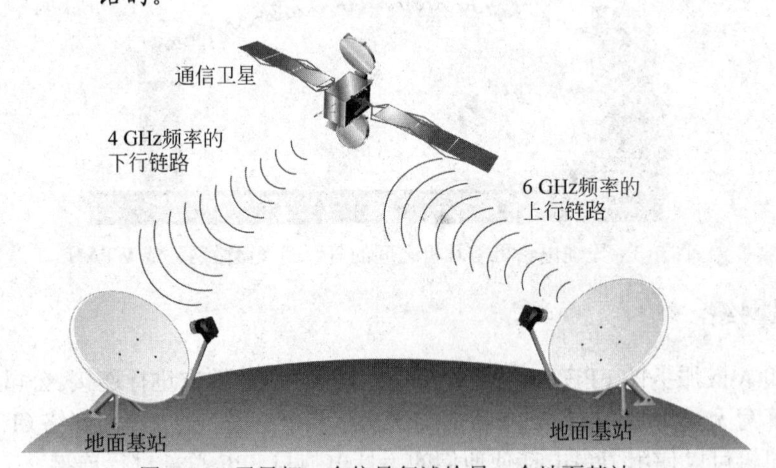

图 1-5 卫星把一个信号复述给另一个地面基站

1.1.4 蜂窝网络

蜂窝数字技术为 FPE 包裹快递过程中的各个部门之间提供了另外一条数据链路。现代的蜂蜜电话网络是基于低功率传输器的概念构建的，每个“单元”负责一定数量的用户。发射机遍布整个城市，这些发射机使用相同的射频信道，它们相互之间距离数英里，从而避免干扰。这种概念可以使得对有限频道的使用实现最大化，而且使用低功率数字传输技术就能实现。低功率数字传输技术允许在相对较短距离之外的两个发射机使用相同的频率，而不会引起干扰问题。第 10 章将更详细介绍这个内容。图 1-6 显示了两种智能手机。

图 1-6　智能手机：黑莓 Bold 手机（左）与苹果 iPhone 手机（右）

Joseph 配备了一个手持智能无线终端，送货车配备了一台无线打印机。Joseph 的手持终端不仅可以通过蜂窝电话网络接收发货订单，还可以接收一些实时信息，如因交通堵塞而发生路线改变的警告，或发货时间表的改变，Joseph 还可以在线访问路线图。送货车的引擎计算机（该计算机负责监控汽车引擎性能和其他汽车系统）通过相同的蜂窝连接，可以进行诊断检查，并把诊断结果传送回 FPE。安装在送货车上的 GPS 跟踪技术，使得 FPE 可以监控送货车的位置，把收发货订单发送给离客户最近的送货车。

有了从蜂窝网络传送到手持终端的收发货订单，Joseph 就可以飞速上高速路，大约 15 分钟后达到发货地址。他拿着手持终端下车，然后走进大楼去取包裹。客户已经填写好了运货单，该运货单上有发货方的信息和收货方的姓名、地址和其他信息。在运货单上打印有一个唯一的 12 位数字和条码，对应着一个跟踪号。利用智能终端（该智能终端含有条码扫描器和键盘），Joseph 扫描运货单上的条码，然后输入包裹的目的地、快递类型（比如急件或普通件）以及快递期限。Joseph 回到车上后，如果有必要，把手持终端与打印机连接，就可以打印出包含所有这些信息的更详细路线标签，然后把该标签贴到包裹上。

Joseph 收到包裹后在其手持终端输入的信息，立即就可以通过无线数字蜂窝技术传送回公司。这些数据实际上是先传送给蜂窝塔，经过蜂窝运营商的中心站，最后经过 Internet，传送到公司。这种蜂窝技术基于人们常称为 4G（第四代）技术的标准。4G 技术为语音和数据全部使用数字传输。在 4G 蜂窝电话中，4G 技术允许用户在进行语音呼叫的同时，还可以进行数据传输或接收。

在网站上，可以查看装备 RFID 和条码扫描的移动计算机的有效距离，例如，在 www.motorola.com 上可以查看 MC65，在 www.intermec.com 上可以查看 Intermec 70 系列设备。这些设备也可以在世界任何地方用

作蜂窝电话。要了解便携式无线打印机，可以查看 www.maxatec-europe.com 或 www.zebra.com。还可以使用有关术语在 Internet 上搜索其他产品。

当设备静止，并且在某个区域内，并发的用户数量少时，4G 发送数据的速率理论上可以达到 150 Mbps，如果移动较慢，速率可超过 45 Mbps，在快速行驶的汽车上，速率可超过 20 Mbps。4G 技术有望把世界上不同的数字蜂窝标准统一为一种标准。如果 Joseph 恰巧位于 4G 蜂窝网络的范围之外，那么他的终端就可以使用 3G（第三代）技术，该技术理论上最大的数据传输速率高达 21 Mbps，实际上可以达到 3～11 Mbps。运营商现在部署的最新蜂窝技术标准可以达到更高的速率，第 10 章将详细介绍。数字蜂窝网络如图 1-7 所示。

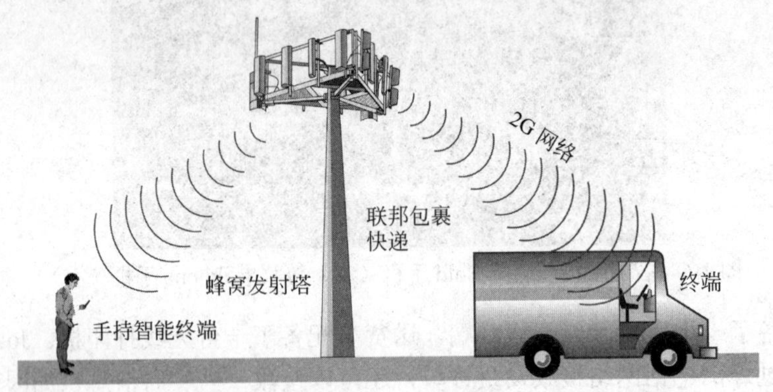

图 1-7　数字蜂窝网络

1.1.5　无线局域网

Joseph 把车开进 FPE 的分发仓库，在这里，把包裹卸载并按派送进行分类。他的手持终端可能还含有大量重要数据，包括送货收据和发货电子客户签名。一旦他把车开到装卸台，他的终端就通过无线局域网（wireless local area network，WLAN）与仓库的计算机网络进行通信。WLAN 是有线 LAN 的扩展，通过一种名为无线访问点（也称为 AP 或无线 AP）的设备进行连接。AP 把数据信号转发给有线网络中的所有设备，包括文件服务器、打印机，甚至是其他访问点和与之连接的无线设备。WLAN 中的每台计算机都有一个无线网络接口卡（network interface card，NIC）。该网卡完成一些基本的功能，看起来类似于传统的 NIC，只不过它没有用电缆与墙上的网络插孔连接。无线 NIC 有一个内置的天线。AP 固定在某个位置（如果有必要也可以移动它），具有无线 NIC 的计算设备则可以在办公区内（有时候甚至是整个工业园里）任意移动。访问点与无线 NIC 如图 1-8 所示，记住，无线 NIC 是内置在 Joseph 手持终端中的，并且非常小。

WLAN 是基于电子电气工程师协会（Electrical and Electronics Engineers，IEEE）创建的网络标准之上的。IEEE 发布了一系列标准，包括最新的 IEEE 802.11n-2009（也就是常说的 IEEE 802.11n），该标准可以提供高达 600 Mbps 的速率，以及比该标准之前的版本更大的有效距离。根据所使用的标准，在理想情况下，大多数 WLAN 都可以以 1～300 Mbps 的速率进行传输，覆盖达 375 英尺（114 米）的距离。实际上，即使使用一些便宜的 802.11n 设备，现在的 WLAN 也可以达到 450 Mbps 的速率。后文中的表 1-1 给出了该标准的分类及其应用。

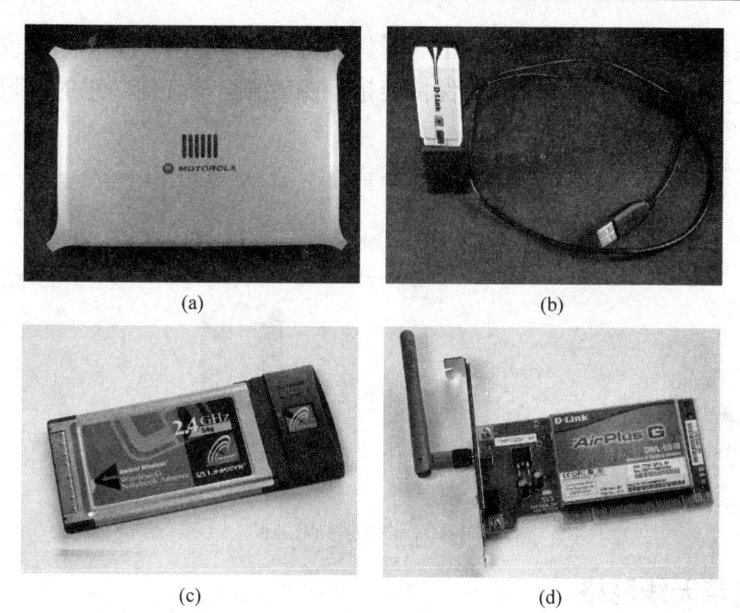

(a)　(b)　(c)　(d)

图 1-8　(a) 内置有天线的接入点；(b) USB 无线网卡；(c) PCMCIA；(d) PCI 无线网卡

在本书中，会交替使用 IEEE 802.11、802.11 和 Wi-Fi，在主标准号的后面有时候有字母，有时候没有字母。可能这并不是引用这些标准的最正确方法，但在通信行业里，每个人通常都是这样使用的。

FPE 公司当前使用的是 802.11g 网络，正在把其 WLAN 更新到容量更高、速度更快的 802.11n 标准。手持智能终端的数据包括了每件货单的全部重要信息，在第一个包裹从 Joseph 的车上卸载下来之前，就已经完成了传输，如图 1-9 所示。

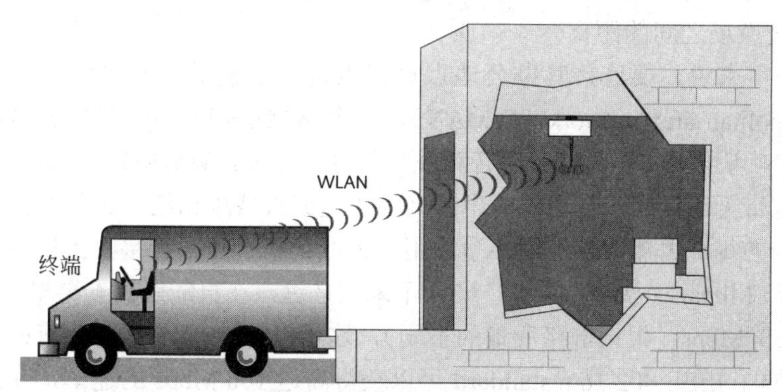

图 1-9　仓库的 WLAN

Joseph 的妻子 Ann 也在 FPE 公司工作，她在办公室也使用 WLAN。在她的工位上没有台式计算机。FPE 公司为每个员工提供了一台便携式笔记本电脑或平板电脑，供他们在旅游时、在家里时和在办公室时使用。办公室里的所有笔记本电脑和平板电脑都不是通过电缆或电线连接到局域网的，而是由 WLAN 为这些设备提供连接。

WLAN 使得设备成为可移动的。当 Ann 打开办公桌上的笔记本电脑时，该笔记本电脑就会在它与访问点之间创建一条自动的、预先配置好了的连接。此时，Ann 就可以完成各种网络操作，就像利用电缆连接到该网络上一样。她可以把笔记本电脑带到会议室去开会。在这里，她的笔记本电脑仍然可以与网络保持连接，参与开会的其他员工的笔记本电脑也是如此。图1-10显示了办公室的WLAN。

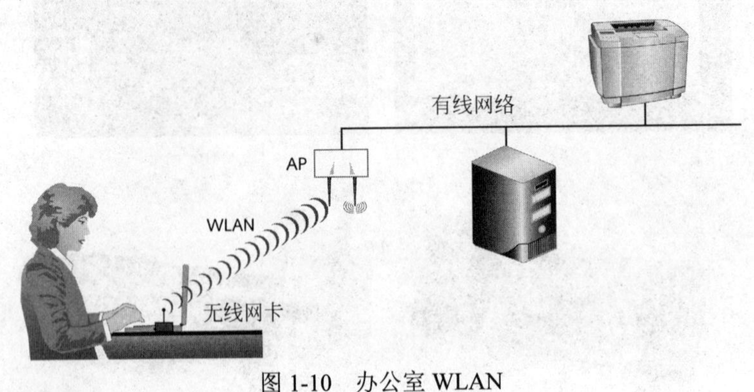

图1-10 办公室WLAN

1.1.6 固定宽带无线网络

FPE 公司的办公室分布在三个地方：总部在市区，仓库在一个小工业园，呼叫中心在市区周边。这些年来，FPE 公司使用了各种连接类型来尝试把这三个地点连接起来。一开始，FPE 公司使用从本地电话公司租借而来的昂贵传输线路。综合服务数字网络（Integrated Services Digital Networks，ISDN）可以在常规电话线上以256 Kbps的速率传输，不久就被T1替代，它可以以1.544 Mbps的速率传输，而T1又被光纤替代了。然而，这些类型的通信线路每个月要花费几千美元。电缆调制解调器使用的是电视电缆连接，这些技术通常只能在居民区里或居民区附近可用。数字用户线路（digital subscriber lines，DSL）使用的是常规电话线或特殊的电话线，有时候可以使用这种线路，但其速率取决于FPE公司的总部与最近的电话交换局之间的距离。

对 FPE 公司来说，要连接其办公地点最好也是成本最低的方式是，使用无线城域网（wireless metropolitan area network，WMAN）。一个WMAN连接可以覆盖大约25平方英里的区域，WMAN可用于传输数据、语音和视频信号。今天，WMAN主要基于IEEE 802.16 WiMAX固定宽带无线标准，使用无线电波（而不是光纤或电话线）进行数据通信。这些网络在WMAN中的每栋大楼顶部使用小型的用户天线。信号传输给接收大楼的天线。该传输速率可以高达75 Mbps，距离达4英里（6.4千米）之远，在直线距离6英里（10千米）内，速率可达17～50 Mbps（根据链路质量的不同），这足以把FPE公司的所有办公室相互连接起来。更新版本的IEEE 802.16m standard可以获得高达100 Mbps的速率，在点对点的链路中，可以获得高达1 Gbps的速率。与传统的有线连接相比，天线的使用可以真正降低成本。传统的有线连接需要在城市道路的下面铺设基础设施，这容易对其他设施产生破坏，也太昂贵了，难以维护。

铁人三项赛需要在一个比较大的地理位置内进行，利用IEEE 802.16 WMAN，把比赛路线沿途上的摄像机与比赛网站连接，就可以实时在线观看比赛了。通过多个视频频道，观众就可以同时查看在不同的比赛点发生了什么。

FPE 公司在其三栋大楼都有天线。一旦来自 Joseph 卡车的数据传输到了仓库的网络中，就立即通过固定宽带无线网络发送给总部。该过程如图 1-11 所示。

图 1-11　IEEE 802.16 无线城域网（WMAN）

1.1.7　无线广域网

个人计算机使用 Web 浏览器来显示 Internet 数据。根据用户的输入，Web 浏览器请求 Web 页面，以显示在用户计算机屏幕上。所请求的页面以超文本置标语言（Hypertext Markup Language，HTML）的形式从文件服务器传输到用户的 Web 浏览器。HTML 是一种标准语言，用于显示来自 Internet 的内容。这一显示模型如图 1-12 所示。

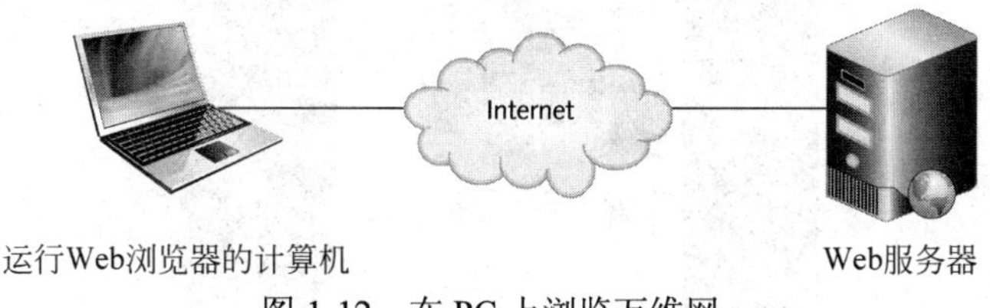

图 1-12　在 PC 上浏览万维网

当 Joseph 卡车卸货时，他就可以享受其午餐了。Joseph 掏出他的智能手机，浏览 Internet。他之所以能这么做，是因为他的手机是最新模式，含有兼容 HTML 5 的 Web 浏览器，这种浏览器可以与计算机相同的方式显示网站内容。老式的蜂窝手机可能需要安装一个微浏览器，这是 Web 浏览器的小型化版本，它基于无线应用协议（Wireless Application Protocol，WAP）版本 1，不能显示图形或图片。更新一些的非智能手机则使用无线应用协议版本 2.0（Wireless Application Protocol version 2.0，WAP2），该协议为较小的无线设备（如蜂窝手机）提供了一种标准方式，用于传输、格式化和显示 Internet 数据。

WAP2 遵循标准的 Internet 模型，允许兼容的蜂窝手机直接显示 Internet 内容。在与 WAP2 兼容的蜂窝手机中，微浏览器是一个微小的程序，很像 PC 上的浏览器，但该微浏览器可以把网页重新格式化，以适应蜂窝手机显示屏（这种显示屏通常要小得多）。WAP2 可以与 HTTP 兼容。HTTP 是网站服务器软件使用的一种协议，用于把数据格式化为网页，但它使用的是 HTTP 的早期的简单版本（1.1 版），而不是现今大多数全能浏览器所使用的版本（4.1 版）。大多数智能手机也配备有 WAP2 浏览器，当这些手机无法访问高速数字蜂窝服务，但仍希望能访问万维网时，可以使用这种浏览器。

一个更新的蜂窝手机甚至可以显示实时电视，可以用来访问各种商业应用。今天，大多数蜂窝手机仍使用 J2ME（Java 2 Micro Edition），在较小屏幕上显示文字、图形，甚至是一

当网站服务器把一个网页发送回PC时，它发送的是HTML代码以及重组该网页所需的其他文件（如图形）。接收端的网站浏览器应用程序负责解释这些代码，并把结果显示在屏幕上。换句话说，网站服务器并没有发送图像完全格式化之后的网页，它只是发送HTML代码，含格式化指令、图像和图形的文字，以及它们应显示在屏幕上的相对位置。是接收设备自己负责网页的格式化和显示。

些有限的动画，如图1-13所示。在一些移动设备上，可以下载和显示一些支持常用文件格式（如Microsoft Word或Excel电子表格）的商业应用。利用蜂窝手机技术，公司可以创建一个无线广域网（wireless wide area network，WWAN），使得其员工可以从任何地方（从其他国家、其他洲，根据蜂窝手机或移动设备的类型，甚至可以是世界任何地方）访问企业数据和应用。

图1-13　在智能手机上显示网站内容

Joseph使用蜂窝手机连接到网站服务器。实际上，蜂窝手机所连接的是最近的蜂窝发射塔，发射塔再连接到本地电话公司，电话公司再连接到Internet提供商，完成到网站服务器的连接。然后把网页内容发送回Joseph的手机，并显示在手机屏幕上。

无线应用协议（WAP）的以前版本允许从蜂窝手机只浏览网页文字，它要求在网站服务器与蜂窝手机之间有一个网关服务器。在WAP的最初版本中，包含在网页中的文本信息（不是图像），由WAP网关（或WAP代理）服务器从HTTP中抽取出来，翻译成特殊的WAP格式（称为无线置标语言（Wireless Markup Language，WML）），并分割成一系列的页面（称为“卡片”）。在蜂窝手机的小屏幕上，一次只能显示一张这样的卡片。

1.1.8　无线技术的前景

没有无线技术，现在的大多数 Kirkpatrick 活动不可能开展，更不要说完成。很显然，无线通信不再是为高端用户服务了。它已经成为了很多职位和环境中人们的标准通信手段，如图 1-14 所示。随着新的无线通信技术出现，它们将成为人们生活方式的不可分割部分，并将继续改变人们的生活方式。表 1-1 总结了这些技术，图 1-15 比较了它们的应用。

表 1-1　无线数据通信技术

无线技术	有效范围（传输距离）	最大（平均）速率
RFID	根据频率与标签类型的不同，1 英寸（2.5 厘米）～300 英尺（100 米）	每秒几千位（Kbps）
蓝牙版本 4	类型 3：3.3 英尺（1 米） 类型 2：33 英尺（10 米） 类型 1：330 英尺（100 米）	1 Mbps（721.2 Kbps）～24 Mbps（只有版本 4）
WiGig 与 WirelessHD	150 英尺（50 米）	7～10 Gbps（3～5 Gbps）
WLAN 802.11n	375 英尺（114 米）	300～600 Mbps（140～400 Mbps）
WLAN 802.11g	300 英尺（90 米）	54 Mbps（22～26 Mbps）
WMAN 802.16 WiMAX	35 英里（56 千米）	75 Mbps (20～40 Mbps)
WMAN 802.16m WiMAX	35 英里（56 千米）	100 Mbps（40～60 Mbps）～1 Gbps（点对点）
3G 数字蜂窝	离发射塔 16 英里（25 千米），通过其他网络，则可以是世界任何地方	21 Mbps（2～11 Mbps）
4G 数字蜂窝	通常是离发射塔 16 英里(25 千米)，通过其他网络，则可以是世界任何地方	20～150 Mbps (4～25 Mbps)
卫星	全世界	速率差别很大，每个传输有大约 250 微秒的延时

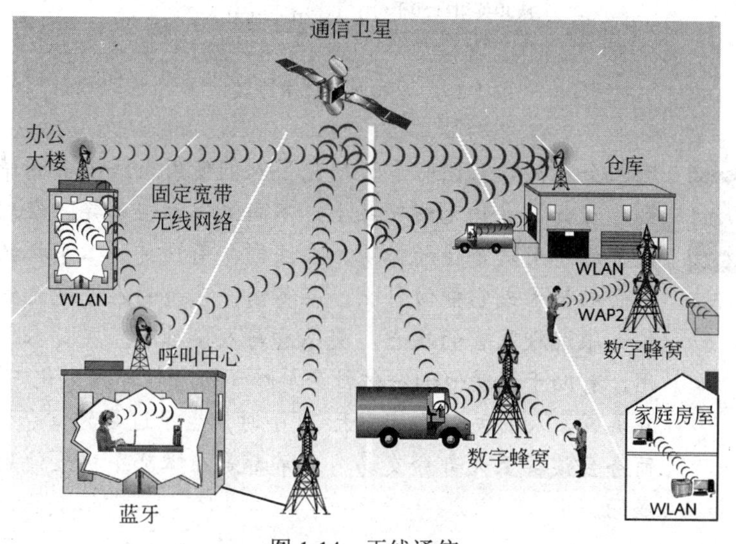

图 1-14　无线通信

根据连接的用户数量、数据流量大小、某时间里出现的冲突多少以及其他很多因素（后面章节将介绍），无线网络的速率差别很大。

随着无线设备数量的快速增长，支持这些新技术的工作机会也增长。现在很需要诸如无线工程师、无线局域网管理员以及无线技术支持人员等专业人员，来构建无线网络，帮助无线用户解决问题。这些新职业的工作市场正在爆发，并将持续增长。

无线技术在全世界的发展，超出了所有人的预计。这使得从事市场研究的公司很难对这种增长做出精确的估计。例如，在中非，还不存在银行系统和通信基础设施，客户还没有使用信用卡的历史，大部分人口每天的生存低于一美元，蜂窝手机运营商估计，到某年的年末，可能会有 36 000 个客户。实际上，三周内其用户数就达 38 000。

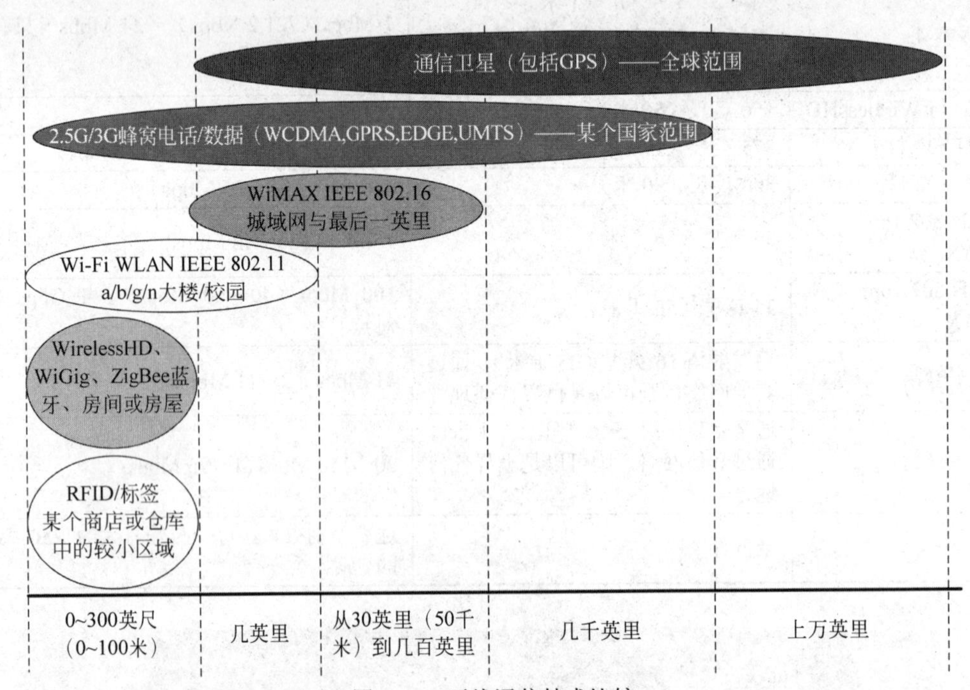

图 1-15 无线通信技术比较

有一个人类学家团队最近研究了人们使用无线设备的情况。他们注意到，在如何看到无线产品上，不同文化存在差异。在瑞典，无线电话设备成了用户个性的体现。在法国，用户更关心手机的外观，而不是里面的技术或它能做什么。在英国，害羞的人发现无线设备有助于他们克服沉默寡言的缺点，更愿意与人接触了。在日本，无线设备的使用，有助于帮助他们突破社会屏障（一种在那种文化下常见的障碍）。在美国，人们关心的是一天 24 小时产生了过量的信息。在印度，很多商务会谈甚至大部分交易，通常都是在蜂窝手机上使用文本消息来完成的。

1.1.9　数字融合

用户希望不断从他们的计算机中要求更多的功能，因此，很多无线设备（如蜂窝手机和PDA）都组合到一个设备中了，这就是我们今天所说的智能手机。这些设备也在不断地添加功能。一开始，只是把它们用作日程安排、电话簿和电话，现在，可以用它们来玩具有复杂图形的计算机游戏，播放简短或完整的电影，播放音乐，并且通过蜂窝网络或 WLAN，可以访问网站、运行商业软件和实用工具软件。一些运营商甚至还为用户提供在智能手机上可以观看实时电视节目的功能。

数字融合（digital convergence）指的是数字设备（如桌面计算机和笔记本电脑，以及像智能手机之类的无线手持设备）可以集成语音、视频和文本处理能力，以及连接到商业和家庭网络，连接到 Internet 的能力。在 VoIP 网络的开发中也应用了这个概念。VoIP 网络使用相同的协议和介质（有线和无线都使用）。曾经，VoIP 网络只能传输数据，现在可以传输双向的语音对话。由于用户要求随时随地都能连接到他们的数据和语音网络，因此无线网络在数字融合中起到了重要作用。在北美和欧洲的蜂窝提供商，根据不同的设备，正在引入电视节目，甚至可以访问按需请求的电影和 Internet 广播电台。

本书将介绍无线技术和标准的最新发展，它们可以使无线设备的应用范围更广。现在，智能手机集成了所有语音和数据通信，还可以提供娱乐功能，允许用户进行支付，直接从银行或或预付账户借记，在不久的将来，还会出现具有相同功率的更多其他设备。今天，只要使用蜂窝手机，芬兰人就可以购买票、支付公共汽车或有轨电车的费用、从自动售货机购买饮料、预订电影票等。他们不需要携带钱包了。

在亚洲很多国家或地区，人们更愿意使用蜂窝手机而不是计算机来访问 Internet 和查看邮件、查看新闻报道和看电影。

1.2　无线技术应用

现在，几乎所有类型的商业都需要计算机网络，但很多因为系统的物理限制，不能安装传统的电缆网络。在不能实现常规有线网络的地方，可以使用无线网络。在各个行业里都要用到无线技术应用(即在日常的商业活动中无线通信技术的使用)，员工需要有移动性，可以自由进行业务工作，不受特定位置的限制。各行业各领域（如教育业、建筑业、卫生保健行业）都在使用无线技术，使其很多工作开展得更迅速更便捷。

1.2.1　教育业

无线技术非常适用于学校。教师可以在家里或学校办公室的笔记本电脑上制作好课程讲义，然后把笔记本电脑带到教室即可，不再需要插拔连接到校园网的电缆了。只要教师走进教室，笔记本电脑就自动连接到教室网络，甚至无须电线，就可以连接到多媒体投影仪。如果学生把自己的无线设备带到教室，教师还可以把讲义直接分发给他们，甚至可以进行随堂测验，学生可以立即直接提交他们的答案。

无线技术还可以使学生无须去特定的计算机实验室或图书馆，就可以连接到学校的计算机网络中。他们可以从校园任何地方无线访问学校网络。当学生在不同教学楼的不同教室间移动时，仍然能保持与学校网络的连接。无线教育使得学生和老师在任何时间任何地方都可以访问教学资源。

无线技术还可以转化为学校经费的节约。无须增加有线和基础设施的开支，传统的教室就变成了可以随时访问的计算机实验室。学校也无须考虑为学生增加开放式计算机实验室的开支了，因为每个人从校园的任何大楼里（有时候还可以在校园外）访问教学资源。

可以在 YouTube 上搜索名为“Classroom of the Future”的视频。这个短视频介绍了学校里的无线部署情况。

1.2.2 家庭娱乐

从 2006 年开始，很多制造商引入了为提高家庭娱乐体验的产品，使得人们在家里就可以分发各种形式的数字媒体。一些大型制造商为它们的产品增加了无线连网功能，从无线麦克风到媒体播放器、游戏控制台、DVD 播放器、电视机、数字视频录像机（digital video recorders，DVR）以及多媒体个人计算机。多媒体个人计算机使得电影和音乐爱好者在家里的任何地方都可以下载、分发和控制各种形式的数字娱乐。这些产品中特殊的无线网络软件和硬件可以简化声音、视频和图片的处理。你可以把音乐、电影或图片发送给位于房间里任何地方的立体声收音机、电视机、便携设备或 PC。你可以在客厅里开始观看一部电影，然后，到卧室里接着继续看。你也可以把文件下载到你的数字媒体便携设备（比如 MP3 和视频播放器）中，这样你就可以在家里一边游走时一边使用这些设备。

今天，在市场上还有很多类似的具体多媒体功能的设备，但比较著名的三种要算 Apple TV、WD TV Live Plus 和 Boxee。Apple TV 和 Boxee 都内置了无线功能，WD TV Live Plus 则与很多 USB 接口的无线 NIC 兼容。一旦连接到电视机或 WLAN，这些设备就可以访问和播放存储在网盘或计算机中的媒体，直接显示 Internet 的内容，允许用户从各种渠道租借或购买电影和音乐。有关这些产品的详细信息，可以在网上搜索一下。

1.2.3 家庭控制系统

除多媒体外，一些制造商还生成一些无线系统，可以从家里的任何地方，甚至在世界的任何地方通过智能手机或平板电脑，控制灯光、加热器、通风机、空调、窗帘、报警器、门锁，以及各种家庭应用。这些系统（其中一些使用 ZigBee 联盟通信协议和 IEEE 802.15.4 标准）可以使设备像灯开关和墙壁插座一样与其他设备通信，从而可以控制整个家庭娱乐系统。通过在预定的时间或随机增减半小时的时间开关灯光，使得像是有人在家里一样，从而有助于保证家的安全。当我们下班回家时，也会使得家庭环境更舒适。最后，如果灯光和设备可以自动关闭，无人在家时可以调节家里的温度，那么也就更“绿色环保”了。

1.2.4 医疗卫生

正确的医疗护理是医疗业的一个重要关注点。据估计，每年因不正确的医疗护理导致成千上万的医疗事故。通常，打印出的处方交给药房。当药品分发给病人时，会在药品清单上划掉这些药品。然而，由于纸张记录并不能立即更新，因而在一个新的或修改后的治疗处理出来之前，病人有可能得到一剂额外的药品。要克服这种潜在的问题，就有必要使用两份文件，护士首先检查打印处方，确定要给病人的药品和剂量，再在纸上记录实际给予病人的药品，随后把这些数据输入到医院的数据库中。

基于智能手机、平板电脑或安装有无线功能的计算机上的无线定点照护计算机系统，使得医护人员可以立即访问和更新病人记录。很多医院使用带条码扫描器或 RFID 与无线连接的便携设备。无须电缆，医疗专业人员在从一个房间到另一个房间的同时，就可以立即记录病人的治疗管理。护士和医生可以自己在计算机系统中进行身份认证，或者由实时位置系统自动检测。扫描病人臂章上的条码或 RFID，该病人现在需要的所有治疗就可以显示在屏幕上。治疗方案封装在一个小袋子中，可以用与计算机连接的设备来读取。护士在打开这个袋子之前，确定所需的药品。如果选择了不正确的药品或错误的剂量，在屏幕上会立即出现一个警报。在处理完后，护士可以通过无线网络来表明，已经给病人药品了，以电子的形式签发药品分发表格。如果需要，也可以打印纸张表格。

系统会立即验证该药品是否以正确的剂量给了正确的病人，这就可以免除潜在错误和文档的效率不高问题。这种文档处理现在也可以在临床上进行，可以提高护理的准确性。此外，医院的所有人员都可以实时访问最新的治疗和病人状态信息。

现在可以为医生提供智能手机软件、便携打印机和写处方软件。这种技术可以减少因书写潦草引起的错误，通过医院的 WLAN 或 Internet，可以把药单传输给药房。

通过部署 VoIP 技术，现在甚至可以把电话与医院的 IEEE 802.11 WLAN 连接。医生和护士不再需要翻阅 PA 系统了，也不需要去办公室或护士站查看化验结果了。在病人的床边，医生就可以与专家探讨病情，不论专家是否在医院，都可以更容易了解病情。在医疗器械附近禁止使用蜂窝手机，因为它们可能会干扰分析仪器，但连接到 IEEE 802.11 WLAN 和使用 VoIP 设备是允许的，它们使得医院工作更高效。

现在很多医院都部署了无线实时位置系统，以跟踪设备、医护人员和病人，鉴别医院传染疾病的潜在传播。一些无线系统还连接到洗手站，跟踪医生和护士是否遵循了有关手部卫生的美国政府法规。

现在，医生可以远程监视病人的生命体征。在智能手机上运行的图形应用可以显示心率和心电图，并可以监视病人的血压和其他生命体征。如果医生在医院，可以通过 Wi-Fi 来实现这些，如果不在医院，可以通过蜂窝网络在世界任何地方来实现（参见 www.airstriptech.com）。

1.2.5 政府机关

世界上很多城市部署了宽带和 Wi-Fi 无线网络，可以让人们访问 Internet、收集并往中心数据库传输数据等。例如，建筑检查员可以在建筑工地更新数据。市政人员可以定位和监视市政公交工具。警官可以观看在线视频流，帮助他们打击犯罪。游客可以在主要区域访问 Internet，这有利于促进旅游业，促进本地经济发展。现在几乎每天都有新闻报道，某个城市正在计划或正在部署无线网络。

美国马里兰西部的 Allegany 郡在 IEEE 802.16 标准批准之前，就已经从 IEEE 802.16 网络获得了益处。该郡花费 470 万美元的 AllCoNet2 项目把 16 个无线发射塔分设在一个环形上，提供与学校、图书馆和政府大楼的连接。为避免与 Internet 服务提供商的冲突，允许这些提供商把该郡宽带网络的剩余容量以较低的税率转售给商业用户，这又进一步促进了本地区的经济发展。

其他很多城市使用无线技术向居民提供免费 Internet 访问，吸引旅游者和商业人士。加拿大纽布伦斯威克省（New Brunswick）的弗雷德里克顿市开发了一套系统，该系统覆盖了整个市区商业区，使用了多种技术。IEEE 802.16 无线宽带把所有主要接入点连接起来，在主要的市区街道、餐馆、酒吧和其他零售商铺，可以使用 IEEE 802.11 WLAN。这样，市民通过笔记本电脑、平板电脑和智能手机就可以免费访问 Internet。2005 年，该市因这个项目获得了一个创新奖。加拿大安大略省的汉密尔顿市使用 IEEE 802.11 WLAN 来读取智能电表。这些电表可以监视商业和民用每小时的用电量，并报告给该市的公共事业委员会。

1.2.6 军事应用

全世界的军队大量使用了商用和专用的无线通信设备。最新的设备允许战场上的士兵使用语音和 Internet，并且可以接收和传输电视图像、遥控无人机、使用数字作战地图等。大多数军事技术被认为是国家安全的一部分，关于这些技术的详细信息，只有军事人员或具有安全许可的人员才可了解。

1.2.7 办公环境

由于有了无线技术，所有生成线上的员工都可以获得做决策所需的数据了。无线技术不仅实现对网络数据的访问，还能创建无须传统基础设施的办公室。通常，办公室必须用计算机电缆来连接网络，用电话线来连接电话。有了诸如 WLAN 和蓝牙之类的无线技术，那些不仅昂贵，而且难以维修和更改的电缆设施就不再需要了。这意味着在很短的时间里，用最少的费用就可以创建一间办公室。例如，宾馆会议室不需要支持有线网络的那些设施了，可以很快地改造成一个无线网络办公环境。在办公室更新或改造期间，员工可以搬到大楼的另一个地方，甚至可以是一个完全不同的地方，立即就可以连接网络，从而节省了给整个办公室重新布线的费用。

1.2.8 事件管理

对观众参加体育比赛或音乐会的管理可是一件令人畏惧的任务。每位观众有一张票，还有一些供新闻人员和球队通行的特殊通道。然而，观众的票可能会丢失、被窃或伪造。到目前为止，面对几千位等待入场的观众，要鉴别一张丢失或伪造的票几乎是不可能的。但一些大型的剧场和体育场正在求助无线技术来使这种鉴别过程更便捷。

活动门票印有一个唯一码，并嵌有一个 RFID 标签，在入口使用手持设备或集成在十字转门上的设备扫描票上的 RFID 标签。这些设备连接到无线网络了。网络可以立即验证门票，然后给十字转门发送回一个信号，决定是否允许该观众进入剧场。这种技术很难复制，可以防止伪造门票的使用，也可用于鉴别是否是窃取或复制的门票。

入口的无线十字转门可用来实时查看观众人流，有助于比赛场管理其工作人员，确定哪里需要更多人手。广告商也可以根据安装在入口附近的无线显示屏，显示哪些人从哪个入口进场，调整它们的广告营销。

此外，无线技术也改变着娱乐体验本身。在一些主要的运动场，实时的比赛数据统计，可以传输给在现场具有无线设备（如笔记本电脑或平板电脑，甚至是便携媒体播放器或具有视频功能的智能手机）的球迷。球迷还可以查看他们正在现场观看比赛的即时回放，或者观看其他比赛的回放。在亚利桑那 Cardinals 橄榄球场，球迷可以使用无线设备播放精彩的橄榄球比赛，或者订购饮料并送到座位边来。

1.2.9　旅游业

由于无线技术具有移动性，旅游业是首批张开双臂欢迎者之一。无线全球定位系统（global positioning systems，GPS）与紧急道路救援有着密切联系，已经成为现在所售很多车辆的标准部件。超过 150 个音乐与对话广播站使用卫星无线电传输，解决了在某个广播站范围之外的丢失问题。卫星无线电是一种订阅服务，这意味着用户要享有收听没有广告打断的广播站，每月要支付一定的费用。OnStar 道路救援服务使用 GPS 和蜂窝技术，把汽车和司机与服务中心连接起来。利用蜂窝网络，用户也可以使用该系统打电话。尽管多年来该系统只是通用汽车用户专有，但电子与汽车零售商现在也以 OnStar FMV（For My Vehicle）的形式，把它销售给普通用户，其用户接口内置在后视镜中，如图 1-16 所示。

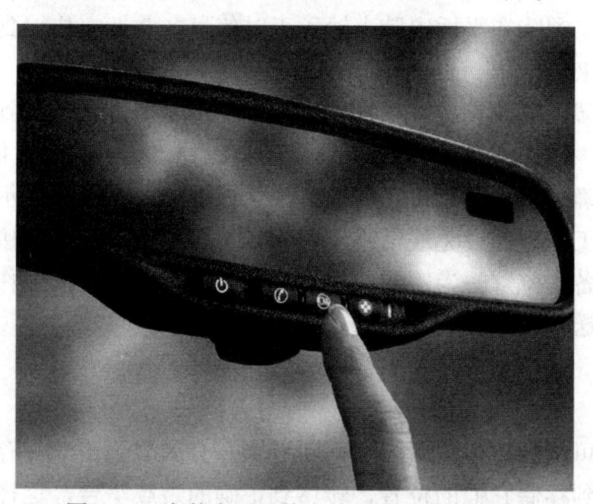

图 1-16　安装在后视镜上的 OnStar 用户接口

航站楼也很愿意应用无线技术。在北美，大多数大型航站楼会发射无线信号，旅客在等候航班时，可以用无线笔记本电脑、平板电脑或智能手机接收。只需很少费用（在一些机场甚至无须费用，比如加拿大多伦多的 Pearson 国际机场)，旅客还可以上网，或收发 E-mail，以及核对或修改飞行计划等。

甚至是飞机本身也装备有无线数据访问。一些大型航空公司（如汉莎航空公司、斯堪的纳维亚航空公司、新加坡航空公司、中国国际航空公司、韩国航空公司，以及很多其他航空公司)，在国际航班或长途飞行时，可以为旅客提供无线 Internet 接入。就像环球旅行者一样，在飞行途中，这些旅客在座位上就可以访问 Internet，或查看他们公司的数据和 E-mail。加拿大航空公司开始了一个探索项目，在多伦多、蒙特利尔和纽约之间的短途航班上，提供无线 Internet 接入。

城市公共交通系统也可以“走向无线”。芬兰人无须使用纸币就可以购买汽车票、火车票和电影票（更不用说苏打水了)。所有费用都自动计入他们的银行账户，大多数情况下，他们只需在进入电影院或上车时，在手机屏幕上展示一下二维码即可。荷兰阿姆斯特丹的有轨电车车票上装备有一个 RFID 芯片和天线。这些票看起来就像常规的纸板票，使用它们时，只需在上车和下车时，把票在车门口附近的盒子前扫一下。该设备会发出一个响声，表明你的票仍然有效（通常是一小时)，或者如果当前这种票过期了，告诉你需要购买一张新票。

1.2.10 建筑业

乍一看，建筑业好像并不会急于使用无线技术，实际上，它可以从中获得很多的益处。特殊制造的平板电脑使得工程师和建筑师在施工现场就可以查看建筑图纸和建筑规划。对施工人员的一个挑战是，在下一建筑阶段开始之前，必须已经完成了前一阶段的工作。例如，如果新大楼的水泥柱还没有浇筑好，那么整个工程都往后推迟。这往往意味着建筑工人就得空闲下来，最后，施工进度就得调整。来自施工现场的信息，比如进展缓慢的承包商或材料问题，可以传回到总公司，把工人重新调度到其他施工地点，从而避免出现工人空闲的情况。

由于在一天的工作中，施工领队经常要去多个施工现场，每天的薪水文书工作也是一个挑战。薪水书记员的记录经常比较潦草或难以辨认，并且也没有与施工领队就工作的薪水类型进行沟通。如果施工领队在平板电脑上输入工时信息，并把它传输到总公司，那么就可以避免这种文书工作带来的问题。

通过安装无线终端，建筑设备（如推土机和平土机）也可以连接到无线网络中，把它们改造成“智能”设备。推土机上的 GPS 可以提供精确到一英尺的位置信息，在某些情况下，能精确到一英寸。精确的挖掘位置可以传输到推土机上的终端，并显示成一幅彩色地图，指导推土机操作人员的工作。通过无线网络，智能设备可以与总公司连接，从而可以跟踪发动机的工作时间以及设备的位置。当需要换机油或需要进行其他维护工作时，发动机诊断系统中的无线终端可以发送一个警报。

1.2.11 仓库管理

仓库管理是一件可怕的事情。新产品不断近来，必须登记造册和存储起来。当产品要从仓库运走时，必须找到存储它们的位置，转移到正确的装载平台，这样就可以把它们装载到正确的卡车上。然后，库房人员必须更新库存数据库，以反映出库情况。这些环节中的任何一个地方出现错误，都可能导致无法定位产品位置，客户收到的是错误产品，或售卖已没有库存的产品。

在很多仓库操作工作中，实现无线技术非常重要。通过为仓库的所有机械和工作人员备具无线网络设备，仓库经理就可以使用仓库管理系统（warehouse management system，WMS）软件来监管从产品接收到发货的所有仓库工作。由于仓库网络与销售部门的计算机系统连接，仓库经理也就可以统计当前的库存情况。

从仓库外运来的托盘货物，打上了托盘标签码。这种条码包括产品识别码、生产日期或过期日期、生产厂商与生产线，以及按顺序分配的系列号。当托盘运来时，铲车操作人员用便携式无线设备扫描条码标签。该设备把数据发送给无线网络，仓库管理软件立即为该托盘分配一个存储位置，并把该信息发送回铲车上的计算机。仓库工作人员打印出条码，并把它贴在托盘上。然后，铲车操作人员把该托盘运输到指定存储位置。悬挂在屋顶或粘贴在货架外面的条码标签确定了每个存储位置。操作人员在卸货之前，扫描这个条码以确定托盘要放置的正确位置。

在销售部门，接收货物订单，并输入到与仓库 WLAN 相连的计算机中。WMS 软件负责订单分拣、为铲车操作人员均衡工作量、选择取货流程。然后，WMS 的装卸控制模块发布分拣订单。铲车操作人员确定正确的存储位置，扫描托盘的条码，然后把它运送到装卸平台，以便装载到货车上。

在不久的将来，条码的大部分功能（包括库存计数）都将被 RFID 标签取代，无须打印或粘贴标签了。很多大型零售商已经指示其供应商在其购买的所有产品中实现 RFID 了。一些更现代化的仓库已经完全由自动的托盘机器和铲车来操作了，这些机器无须人的干预，可以完全处理存储和查找产品。

1.2.12　环境研究

在环境研究领域，进行数据采集最具挑战性的是，在深坑或树顶铺设很长的电缆或安装重型设备很难或很危险。现在，在那些以前很难达到或监视的地方，科学家使用小型的电池或太阳能传感器，这些传感器可以与 WLAN 连接。例如，位于大树顶上具有发射功能的传感器，可以监视紫外线对森林的影响（因为在臭氧层形成了一些洞，照射到地球的紫外线强度增加了）。读取传感器数据的计算机设备可以安装在附近更容易达到的地方，这些设备具有更大更重的电池或发电机，可以使用无线技术与传感器进行通信。已经证明，这种能力在很多科学领域是一个重大突破，有助于收集那些以前很难记录到的数据。

1.2.13　工业控制

由于尺寸和复杂度问题，大型制造设备厂（如汽车装备厂）发现，往往很难使用非常长的电缆来安装功能齐备的网络。如果需要监视机器，需要花费技术员几小时甚至是几天的时间来访问每台机器，记录或下载每个设备部件的状态。无线网络可以解决这个问题。远程传感器可以连接到 WLAN，然后收集数据，并把数据传输到网络中心。制造厂经理可以在办公室监视他们的设备，立即检测出问题。控制室的技术员可以监视每台机器或设备的状态，如果有必要，可以派遣一名技术员到设备现场。

1.3 无线网络的优缺点

就像任何新技术一样，无线通信也带来了优点和缺点。

1.3.1 无线网络的优点

与有线网络相比，无线技术有很多优点，包括移动性、易安装且低成本、更高的可靠性以及更迅速的灾难恢复。

1. 移动性

不受有线的限制，可以自由移动，肯定是无线网络最主要的优点了。移动性使得用户只要在网络范围之内，无论在哪里都可以保持与网络的连接。很多不能待在办公桌旁的工作人员（比如，需要访问车辆登记与违章记录的警察，在大型商场或仓库工作的库存记录员）发现，无线数据通信对他们工作效率至关重要。

无线技术也使得很多企业转向不断增长的移动劳动力。很多员工的工作时间大部分都不是在办公桌旁。笔记本电脑，以及最近的平板电脑、智能手机和其他便携设备，使得这些员工可以享有无线技术带来的方便，包括对公司网络与商业应用的访问。

当今商业界的一个特征是“更扁平化”的组织结构，这意味着在高层主管与普通员工之间的管理层更少了。很多工作是由多个团队来完成的，跨越了职能与组织界限，要求有很多不在员工办公桌旁的团队会议。WLAN 仍然可以是这个问题的解决方案。WLAN 使得基于团队协作的工作人员在需要的时候可以访问网络资源。

2. 易安装且低成本

在老式建筑物里安装网络电缆可能是件困难、进展缓慢且花费高昂的任务。20 世纪 80 年代中期之前构造的大楼，并没有考虑到要在每个房间运行用网线连接起来的计算机。厚厚的水泥墙和石膏屋顶，很难打孔和缠绕电缆。一些更老的大楼还有石棉（一种可能致癌的绝缘材料）在安装电缆之前，应把这些完全去除掉。而且，修缮一些具有历史价值的更古老建筑是有严格限制的。

在所有这些情况下，WLAN 是理想的解决方案。历史建筑可以得到保护，也不需要去挪动有危害的石棉材料，使用无线系统，也可以避免去打难钻孔。当然，省去了安装电缆的需要，可以为公司节约一大笔成本。

不管是老大楼还是新大楼，WLAN 都使得办公室工位和办公设备的改造更容易。改造办公室的设计，在重新布置办公设备时，再也无须考虑墙上计算机插口的位置了。改造的重心是为员工创造最有效的工作环境。

安装网络电缆所需的时间量通常是不小的。电缆本身并不很昂贵，但安装人员必须把电线穿过屋顶，然后顺着墙拉到网络线盒。要完成这些，往往需要花费几天甚至几周，而在一些国家，人力成本很高，这使得这项工作花费昂贵。而且，在大楼装修期间，员工必须在装修区域能够继续他们的工作，这通常是很难做到的。使用 WLAN 就可以免除这种中断工作情况的发生。

使用搜索引擎，查找一下“installing wireless in a castle”，其中有由 Motorola 和 Aruba Networks 公司编写的两篇文章。这是两家改造旧大楼网络的最成功制造商。

3. 更高的可靠性

网线故障可能是产生网络问题最常见的来源。由于雷暴雨导致漏水，或由于咖啡溢出，可能腐蚀金属导体。用户移动办公桌上的计算机可能断开网络连接。如果电缆安装在屋顶或墙后面，制作不正确的电缆接合可以导致无法弄明白的错误，这些错误很难鉴别或定位。使用无线技术就没有这些类型的电缆故障，可以提高网络的整体可靠性。

4. 灾难恢复

事故每天都会发生。火灾、龙卷风和洪水的发生没有任何征兆。没有准备好从这些灾难恢复数据的企业，会发现很快就无法进行商业活动了。要想从灾难中很快恢复工作，灾难恢复规划对每个企业都是至关重要的。

由于计算机网络是每天的商业运营中非常重要的一部分，保持网络畅通以及在灾难发生后能很快恢复工作是非常关键的。除了使用 IEEE 802.11n 无线网络作为主要的网络连接解决方案外，很多企业以 WLAN 作为灾难恢复规划的一个主要部分。聪明的规划师让笔记本电脑保留有无线 NIC 和接入点与备份网络服务器。这样，当灾难来临时，管理人员可以快速重新部署办公室，无须再去找一台具有网线的新设备。网络服务器与接入点安装在大楼里，把笔记本电脑分发给重新安排工位的员工即可。

5. 未来应用

在本书英文版第 2 版 2006 年出版以来，数字无线通信的发展几乎超出了人们的想象，而且这种趋势还将以飞快的速度继续。自从最初的标准批准以来，无线网络克服了大多数的速度限制因素。曾几何时，像在 Star Trek 电影里所看到的无纸化的平板设备，在现实中是不可想象的。今天，这些已经成为了家里和办公室里的常用设备，并且可应用于各种场合。病人可以吞咽下安装在胶囊中的微小无线照相机，使得医生无须手术，就可以在病人体内实施检查工作。在这里要对无线技术的未来应用进行预测或介绍无线技术的每个应用是不可能的。每天都有关于无线数据传输新应用的提出或实现。

1.3.2　无线网络的缺点

无线技术具有很多优点，也有一些缺点和需要关注的地方，包括射频信号干扰、安全问题以及可能产生的健康危害等。

1. 射频信号干扰

由于无线设备使用的是射频信号，两个同时存在的信号可能产生干扰。任何无线设备都可能对其他设备产生干扰。

办公室常用的好些设备所发出的信号，可能干扰 WLAN 中的接收器。这些设备包括微波炉、电梯马达和其他重型电子设备，如制造机械、复印机、某些类型的室外灯光系统、防盗系统以及无绳电话。这些可能导致在无线设备与接入点之间的传输发生错误。此外，蓝牙、WLAN 802.11b/g/n 和 ZigBee 设备以相同的射频工作，可能导致出现这些设备之间的干扰，尽管在设计时已尽量让这些设备自动避免这种干扰了。

对计算机数据网络来说，干扰并不是什么新鲜事情。在使用电缆连接网络设备时，来自荧光灯固定设备和电机马达的干扰，有时候也可以中断数据的传输。排除无线设备干扰的解决方法与标准电缆网络设备的相同：确定干扰源并去除它。这通常可以把复印机或微波炉从一个房间移到另一个房间来解决问题。大多数无线设备可以识别传输中发生的错误，并在必要的时候重新传输数据。

来自 AM 或 FM 广播站、电视广播站或其他大型发射机的外部干扰通常不是问题，因为它们工作在差别很大的频率段上，功率差别也很大。然而，GPS 和卫星传输有时候会影响室外的蓝牙和 WLAN 传输。

2. 安全性

由于无线设备发出的射频信号可以覆盖一个很大的区域，安全性成了一个主要关注点。潜伏在门外携带笔记本电脑和无线 NIC 的入侵者，可能会有意地截获来自附近无线网络的信号。由于很多商业网络数据流可能含有一些敏感信息，这是很多用户真正关注的。

然而，一些无线技术可以提供额外的安全等级。把一些特殊编码的数字编写到已授权的无线设备中，要求这些设备在获得对网络的访问之前，必须传输这些特殊数字，否则将拒绝访问。网络管理员也可以通过写入一个经许可的无线设备列表，限制对无线网络的访问。只有在列表中的那些设备才允许访问。更进一步的保护措施是，可以对接入点与无线设备之间的数据传输以某种方式进行加密或编码，只有接收方才可以对这些消息解码。如果未授权用户截获了传输的射频信号，也无法阅读所发送的消息。

3. 健康危害

无线设备含有射频发射器和接收器，会发出射频（radio frequency，RF）能量。通常，这些设备发出的是它所使用的低功率 RF。科学家知道，大功率的 RF 通过加热效应可以导致生物危害。微波就是利用这种原理来烹调食物的。然而，目前还不清楚，低功率的 RF 是否会导致健康危害。尽管已经有一些研究回答了这些问题，但到目前为止，对这种类型的辐射危害还没有清楚的描绘。

在待机模式下，很多无线设备也会发出非常低功率的 RF 能量。这种级别被认为是无足轻重的，对健康没有危害。

在美国，食品与药物管理局（Food and Drug Administration，FDA）和联邦通信委员会（Federal Communications Commission，FCC）为一些无线设备（如蜂窝手机）制定了政策和法规。然而，只有世界卫生组织（World Health Organization，WHO）最近才倡导和发起这个主题的研究。2011 年 5 月，WHO 指出，这些设备可能是“致癌的”，但同时声明，还没有确定是否对健康有害。这个声明与蜂窝手持电话有关，在通话时，把收发器天线与用户的头部靠得非常近。解决这个问题最简单的方式之一，在使用蜂窝设备通话时，使用耳机。

早在 1996 年，FCC、FDA 与环境保护组织（Environmental Protection Agency，EPA）一起成立了无线电话的 RF 辐射安全指南。在无线电话可以向大众销售之前，必须由制造商测试并认证没有超过特定限制的值。其中一种限制以特定吸收率（specific absorption rate，SAR）的形式表示。SAR 与无线电话用户吸收 RF 能量的数量有关。FCC 要手持无线电话的 SAR 每千克不超过 1.6 瓦。

今天，无线移到设备是否安全，在科学上还无法给出确切的结论。尽管现在还没有证据证明，使用无线设备对健康有害，但明智的做法是应意识到这种可能性，并关注正在进行的科学研究。

本章小结

- 今天，无线通信已经成为了常事，并在商业界迅速成为了标准。远程无线 Internet 连接以及完整的无线计算机网络使得基于网络的商业活动变得更迅速更方便。
- 在今天的生活中，到处都有无线网络和设备的身影。家庭用户可以实现 WLAN 来连接不同设备。而蓝牙、WirelessHD 和 WiGig 已在用户设备上实现了，从而可以连接近距离内各种不同类型的家庭音频和视频设备。WAP2 协议与编程语言（如 J2ME）一起，可用于从蜂窝手机访问网站可专用网络，但现在已经引入了全新模式的 HTML 5。WLAN 也成为了商业网络标准。固定宽带无线可用于在 35 英里（56 千米）之远的距离传输数据，而卫星传输则可以在全世界发送数据。数字蜂窝网络用于以高达 21 Mbps 的速率传输数据。
- 无线广域网使得各种规模的公司，都可以把其办公室连接起来，不用花费很高的成本去从电话运营商那里租借陆地连接。在很多行业和组织机构中，包括军事应用、教育业、商业界、家庭娱乐、旅游业、建筑业、仓库管理以及医疗卫等，都可以找到 WLAN 应用。
- 具有利用无线技术进行通信功能的远程传感器，在大型制造工厂里用来监控设备，还可用于科学研究。移到性（无须通过电缆连接到网络，就可以到处移到的能力）是 WLAN 的最主要优点。其他优点包括容易且便宜的安装、增强的网络可靠性以及支持灾难恢复等。
- WLAN 也有一些缺点。射频信号干扰、安全性问题以及健康危害可能会减缓一阵子这些技术的发展，但由于无线数据的使用有众多优点，很可能会继续增长，并成为我们生活的一部分。

复习题

1. 超宽带技术主要用于 ________ 。
   a. 在蜂窝手机上显示网页　　b. 在家里高速连接设备
   c. 找到城市中某辆车的位置　　d. 传输数据达 35 英里远
2. 蓝牙设备使用小型的无线电收发器进行通信，这种收发器内置在微处理器芯片中，称为 ________ 。
   a. 接收器　　b. 异频雷达收发机　　c. 射频组件　　d. 链接管理器
3. 在蜂窝手机中，________ 提供了一种传输、格式化和显示 Internet 数据的标准方式。

a. WLAN b. WAP2 c. HTML d. WML

4. IEEE 802.11n 设备可以距离 375 英尺，以 ________ 兆比特每秒（Mbps）的速率发送和接收数据。

a. 75 b. 600 c. 100 d. 54

5. 每个蓝牙设备都使用一个 ________，这是一种特殊的软件，用于识别其他蓝牙设备。

a. 数据帧 b. 链接管理器 c. 转发器 d. 网桥

6. 蓝牙可以穿过物理障碍物（如墙面）发送数据。对还是错？

7. 大多数蓝牙设备可以以 1 Mbps 的速率传输数据，传输距离超过 33 英尺（10 米）。对还是错？

8. 无线网络接口卡完成的功能与传统网络接口卡的基本相同，看起来也类似。对还是错？

9. 地面基站以一种频率往卫星传输数据，卫星重新生成信号并以另一种频率把信号传输回地面。对还是错？

10. 省去了安装成本，是 WLAN 的一个缺点。对还是错？

11. 不同蓝牙设备之间的自动连接，构成了一个网络，这种网络称为 ________。

a. 微网 b. 小型网络 c. 微微网 d. Intranet

12. 新的第四代（4G）蜂窝技术最高可以以 ________ 的速率传输数据。

a. 2 Mbps b. 1 Gbps c. 20 Mbps d. 150 Mbps

13. 当把 802.11 无线 NIC 设置为与有线网络通信时，是通过不可见的无线电波把信号发送给 ________。

a. 另一台计算机 b. 接入点 c. 无线服务器 d. Internet

14. ________ 使用无线传输进行数据通信，传输距离可达 35 英里。

a. Wi-Fi b. WirelessHD c. WiGig d. WiMAX

15. WAP2 表示的是 ________。

a. Wireless Access Protected version 2 b. Wi-Fi Access Protocol 2

c. Wireless Application Protocol version 2 d. Wireless Protected Access II

16. 请解释一下 WLAN 中接入点（AP）的作用。

17. 请解释一下 WAP 蜂窝手机是如何发送和接收 Internet 数据的。

18. 请解释一下在教室里如何使用 WLAN。

19. 请描述一下无线网络是如何减少安装时间的。

20. 请解释一下在灾难恢复时，实现无线网络是很有益处的。

动手项目

项目 1-1

理解有关术语，并能够向非本领域的人解释其含义，是技术支持人员的基本工作。在后面的章节中，将会介绍下述术语，但你最好尽可能多地熟悉它们。研究一下这些术语，并写一段有关它们的描述。

HSPA+	超宽带（UWB）	奇偶校验
频道	WiGig	带宽
自由空间光系统	无线中继器	Wi-Fi 受保护访问
扩频	频跳	Yagi
RFID	个人区域网	城域网
无线网桥	数据加密	数据完整性

项目 1-2

要想在今天的职业市场取得成功，无线技术人员与工程师必须熟悉该行业，具有有关各种产品的广泛知识。例如，你可能听说过 Verizon Palm Pre 智能手机，但实际上是谁制造的这种手机呢？如果你需要有关这种手机的完整说明书，就需要与惠普公司联系，因为这种手机实际上并不是 Verizon 公司制造的，它可能无法为你提供你所需的所有数据。使用 Internet，调查下面所列举产品的一两家制造商（不是批发商或销售商），然后给出有关这些产品的信息。

无线控制器	企业级接入点
RFID 标签	RFID 读取器
蓝牙接入点	无线网桥
ZigBee 开发工具	WiMAX 分区控制器
Wi-Fi 天线	自由空间光系统收发器
智能手机	蓝牙类 1 适配器（300 英尺/100 米有效距离）

项目 1-3

了解谁使用了某种特殊技术以及为何使用的很好方式是，跟踪无线行业的新闻。使用当地新闻服务或 Internet，找出你所在地区有哪些学校、医院、制造工厂、仓库或其他企业正在转换到无线技术。如果可能，尝试去拜访一下这些单位或企业的某些人，看看他们为什么进行这种转变。询问一下他们所认为的益处和缺点。请描述你的发现。

项目 1-4

由于无线设备是在一个较宽区域中传输射频信号，安全性成了一个主要关注点。使用 WLAN 需要关注哪些安全性？可以采取哪些安全措施？请介绍一下这些关注点。使用 Internet 以及来自硬件和安全提供商的信息作为辅助资源。

项目 1-5

使用 Internet，查找有关使用无线技术与健康问题的最新信息。当前正在进行哪些研究？关注哪些问题？政府部门在这些问题上的官方立场是什么？请写出你所查找到的内容。

真实练习

Tenbit 无线技术公司（Tenbit Wireless Inc.，TWI）有 50 位无线网络技术的专家，他们帮助企业和组织机构进行网络规划、设计、实施和故障排除。你最近被 TWI 雇用，负责该公司的一个新客户 Vincent 医疗中心（Vincent Medical Center，VMC），这是一家大型医疗机构，准备部署无线应用。

每天，整个 VMC 的医生和护士的工作是看护病人、更新医疗记录、签发处方以及预约体检。VMC 已部署了一套医疗软件，存储所有病人记录、检查结果和诊断记录。该系统还与 VMC 的药房完全集成，可以处理药品购买、支付、收款，以及统计库存与出货情况，它满足美国联邦政府所制定的最高等级的病人信息保护法规。

练习 1-1

VMC 准备了解升级其基础设施并部署无线网络的可能性，使得医生、护士和全体工作人员可以在医院（两栋大楼）内的任何地方都可以访问有关信息。VMC 不想再安装另外的网络电缆来连接每间病房上花费。VMC 请你向其管理人员展示一下 WLAN 的使用。请你制作一个报告，向医院工作人员介绍一下 WLAN。该报告应包括以下几点内容：

（1）让医生和护士具有更大的移动性。

（2）安装的容易性与成本问题。

（3）网络改造更容易。

（4）提高网络的可靠性。

（5）射频信号的干扰问题。

（6）安全性问题。

练习 1-2

VMC 想了解医疗设备（如 X 射线、CT 与 MRI 扫描仪）与 WLAN 之间的相互干扰问题。请准备一个报告，向医院管理人员解释这些问题。

练习 1-3

听了你的展示后，医师和护士对 WLAN 非常感兴趣。然而，VMC 还有一套过时的电话系统，可以使用移动无绳电话，但制造商已经不再支持了。不能在医院里使用语音通信，工作人员不了解只有无线网络如何能解决这个问题。请制作一个报告，在第一个报告的基础上扩展一下，提出基于也有 WLAN 的解决方案。

练习 1-4

有些医师已经有了带无线 NIC 的笔记本电脑，VMC 准备为其他工作人员提供便携式数据通信设备，但这些设备比笔记本电脑的成本更低。这些设备应可以把处方直接传给中心系统。然后药房可以立即把药品递送给病人。VMC 还希望能查看药房的这些订单状态。VMC 管理人员向你咨询在 WLAN 中使用智能手机或平板电脑的事宜，他们告诉你，他们的软件可以通过网站服务器来处理这些需求。请向 VMC 的管理团队介绍一下你的建议。

挑战性案例项目

一家杂志准备写一篇有关蓝牙技术的文章，向 TWI 公司咨询有关信息。组件一个三四人的顾问团队，研究一下蓝牙技术。主要关注蓝牙技术的当前规则说明以及未来发展。给出有关蓝牙问题的信息。预计一下你对蓝牙或其他技术在家庭、办公室或个人应用中的前景。

第2章

无线数据传输

本章内容：

- 介绍两种类型的无线传输
- 阐述电波的特性，如幅度、波长、频率及相位等
- 介绍利用无线电波传输数据的基本概念与技术

看看现在正在你的口袋或桌子上的无线蜂窝电话。如果把它拆开，会发现有好多个组成部分：芯片、扩音器、扬声器、电阻、电容及其他部分。然而，要完成一次通话呼叫，光有一部移动无绳电话还远不够。还需要有蜂窝发射塔（当你从一个地方移动到另一个地方时，该设备负责管理你的通话呼叫），以及电话公司中控办公室的所有设备（它们负责把你的通话呼叫指引到正确的接收端）。而且，如果你正在呼叫海外的某人，那么可能还需要其他设备（如通信卫星或海底电缆）来完成国际连接。

要理解现代通信系统真的是很难的，因为其中涉及很多组成部分。那么，应从哪里着手去理解其工作原理呢？

一种方式是使用自底向上法，先查看组成系统的单个元素或组件，然后再把它们集成在一起，看看系统是如何工作的。本章就是使用自底向上的方式，为探讨无线通信与网络打基础。本章中介绍的概念，将应用到后面章节的特定技术中。如果你是在IT领域从事研究或工作，那么应该已经明白在计算机或数字设备中数据是如何表示的。本章将学习用于传输数据的各种无线信号。最后，更深一些介绍如何使用无线电波传输数据。

为简单起见，这里使用ASCII码（美国信息交换标准码），这种编码使用8位来表示字母表中的所有字母、所有数字以及一些符号。

回忆可知，所有数字（比如街道地址号，或其他任何数字，在计算机的计算中都不会使用它们）都是以文本形式存储的（也就是以字符数据存储的，而不是数字值）。在这种情况下，数字被存储为ASCII码。例如，在计算机内存中，十进制值47被存储为等价的二进制值（即00101111）。当使用ASCII码时，十进制数4被存储为十六进制值34（0x34），它使用一个字节（二进制为00110100），而数字7使用ASCII码0x37（二进制为00110111）存储在计算机内存的另一个字节中，如表2-1所示。

表2-1　存储在计算机内中表示47的ASCII码

第一个字节	十六进制	3				4			
	二进制	0	0	1	1	0	1	0	0
第二个字节	十六进制	3				7			
	二进制	0	0	1	1	0	1	1	1

ASCII码的局限之一是，没有足够的编码来表示其他语言所用的所有符号。因此，现在使用另一种编码方案，称为Unicode。Unicode可以表示65 535个不同的字符，因为它使用的是16位（即两个字节），而不是8位（即一个字节），来表示一个字符。另外，如果每个字节留出一个位来用作错误控制（奇偶位），那么ASCII码只能表示128个不同字符。

2.1　无线信号

有线通信使用铜线或光纤电缆来发送和接收数据。当然，无线传输没有使用这些电线或其他任何可见介质，数据信号是在电磁波上传播的。各种形式的电磁波（伽玛射线、无线电波甚至是光）在空中都是以波的形式传播的。从闪光灯发出的光或从火堆发出的热也是以波的形式在空中移动的。这些波（称为电磁波）无须任何介质（比如空气）或任何类型的导体（比如铜线或光纤）。它们以光速（每秒186 000英里，即每秒300 000千米）在空中传播。

实际上，宇宙中的任何事物都会发出或吸收电磁辐射。图2-1显示了电磁波频谱，从中可以比较一下每种电磁辐射的特性（比如电磁波的波长）。图2-1的中间部分显示的是这些波的常用名称，底下部分显示的是频率（即每秒钟产生的波数量）范围以及这些波的来源。例如，在由电灯泡发出的可见光中，每秒钟产生的波数量高于10^{13}，每个波只有大约一个细菌大小，也就是说，只有0.000 001米（3.281×10^{-6}英尺）。在本章中，将介绍这些波在无须数据通信中的特性和意义。

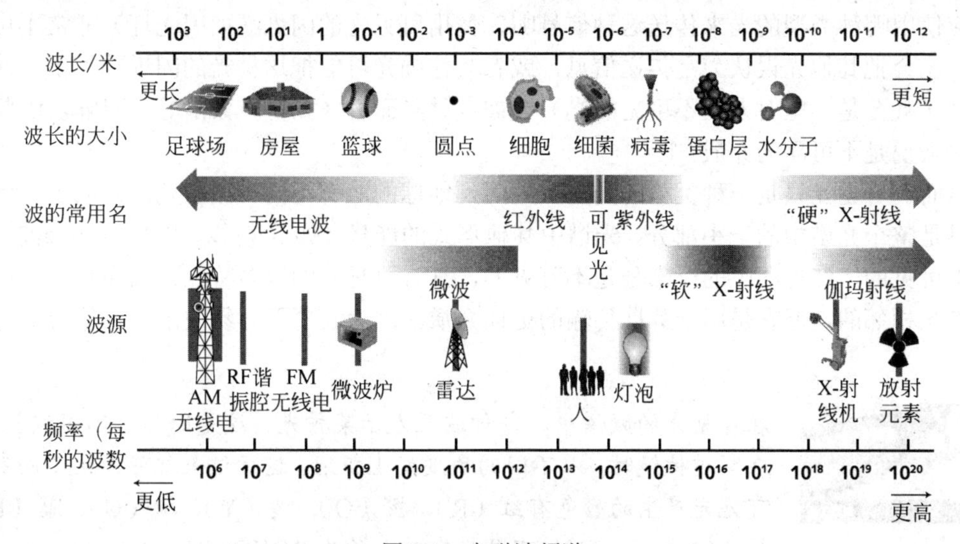

图2-1　电磁波频谱

很多人，当问他们无线传输是使用何种介质发送和接收时，他们的回答是“空气波”。如果是这样，无线信号在太空中就无法传播了，因为太空中没有空气。无线传输使用电磁波作为介质，而不是空气或真空。

2.1.1 红外线

发送和接收无线数据有两种基本类型的波：红外线与无线电波。几个世纪以来，闪电被用来传送信息。在山顶上燃烧篝火一度也被用来传递信息。远洋船舶使用光给其他船舶或往岸上发送信号。1880年，Alexander Graham Bell演示了一种称为光电话的发明，这种电话使用光波来传输语音信息。现代计算机或网络数据的传输遵循的是同样的基本原理。

由于计算机与数据通信设备使用的是二进制码，因此很容易使用光来传输。就像二进制码只使用两个数字（0和1）一样，光也只有两个属性（关和开）。发送二进制码1，会使光快速闪烁，发送0则是光保持关。例如，通过关-开-关-关-关-关-关-开形式的光，就可以传输字母A（ASCII码为0x41或01000001）。这种概念如图2-2所示。

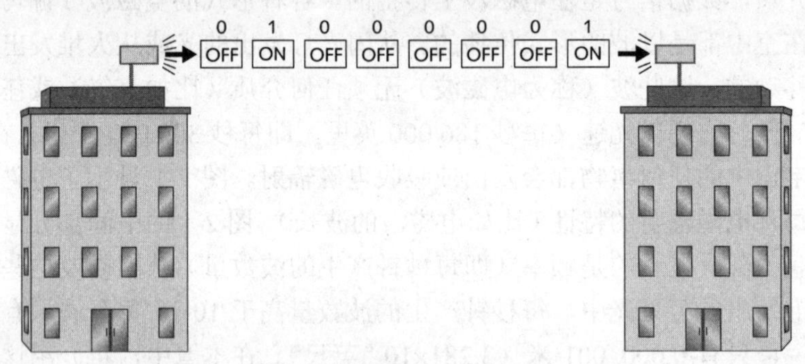

图2-2 使用可见光传送消息

应使用哪种类型的光来传送这种信号呢？使用可见光的闪烁（如闪光灯）非常不可靠，因为可能会把其他光误认为是传送信息，或者其他强光可能把这种光的闪烁冲掉了。此外，可见光（甚至是一些对人眼不可见的光）会被各种障碍物（如雾、大雨等）阻隔，因此对数据传输来说是不可靠的介质。

然而，可见光只是一种类型的光。从太阳到地球的所有不同类型的光，组成了光谱，可见光只是整个光谱中的一小部分。光谱中其他形式的能量（如X射线、紫外线和微波）人眼都是不可见的。红外线中的一部分是不可见的，具有可见光的很多特点，因为它在光谱上是与可见光相邻的。但它是用于数据传输的更佳介质，因为它更不容易被来自其他源的可见光干扰。

在可见光的频谱中，每种波长表示某种光。这是因为，不同波长的光在穿过棱镜时，以不同的角度发生折射，这反过来就可产生不同颜色。可见光产生的颜色有红（R）、橙（O）、黄（Y）、绿（G）、蓝（B）、靛（I）和紫（V）。可见光有时也称为ROYGBIV。

红外无线网络要求每个设备有两个组件：发射器（负责传输信号）和检波器（负责接收信号）。通常总是把这两种设备组合成一个设备。发射器通常使用激光二极管或发光二极管（light-emitting diode，LED）。红外无线网络是通过光波的强度（而不是光信号的开或关）来发送数据。要发送一个1，发射器增加电流的强度，从而增加了红外线的强度。检波器可以感知到更高强度的光脉冲，产生相应比例的电流，如图2-3所示。

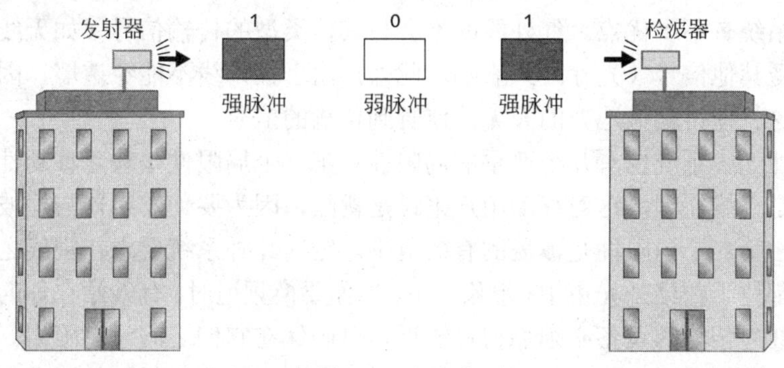

图 2-3　光脉冲

红外无线传输可以是定向的或漫射的。定向传输要求发射器与检波器直接对准对方（称为视线原理），如图 2-4 所示。发射器发送一束窄聚焦红外光。检波器只有一个较小的接收区域。例如，电视遥控器就是使用定向传输，这就是为什么我们要对准电视机或其他遥控设备的原因。

电视机的遥控通常使用定向传输，但也可以指向墙面然后再反射到电视机，并可以用来换频道、提高音量等，只要在不可见红外光的通路上没有阻隔就可以。

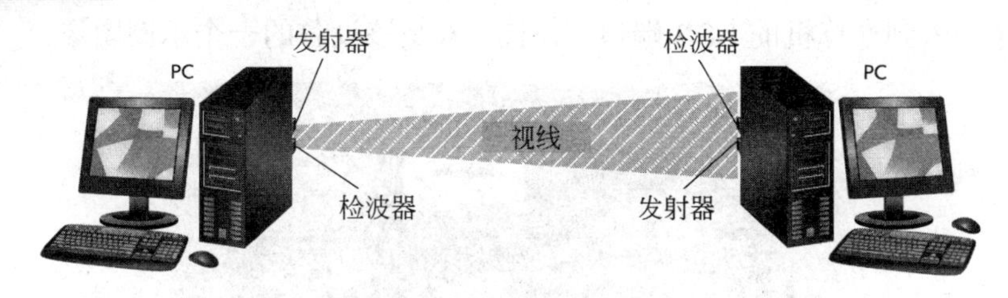

图 2-4　定向红外传输

漫射传输依靠的是反射光。在漫射传输中，发射器具有的是宽聚焦光束（不是窄聚焦光束）。例如，发射器可能对准的是房顶，使用它来作为一个反射点。当发射器传输红外信号时，该信号从房顶反射回来，房间里就有信号了。检波器对准相同的反射点，可以检测到反射信号，如图 2-5 所示。

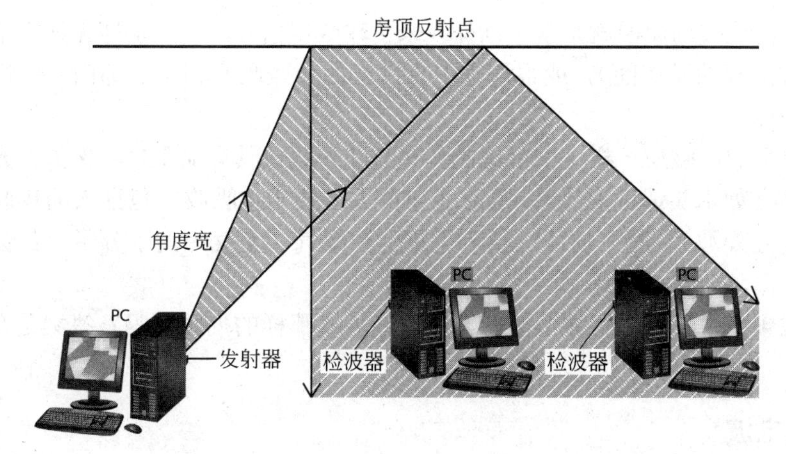

图 2-5　漫射红外传输

红外无线系统有不少优点。红外线既不会与其他类型的传输信号（如无线电信号）发生干扰，也不会受其他信号（光除外）影响。此外，由于红外线不能穿透墙，因此只能在房间里才有信号。这就使得其他地方的人无法侦听到传输的信号。

然而，红外无线系统也有几个严重的局限性。第一个局限性是缺乏移动性。定向红外无线系统使用的是视线原理，这对移动用户来说是挑战，因为要使发射器与检波器对齐，必须不断进行调整。第二个局限性是覆盖的有效范围。定向红外系统要求在视线之内，不可能保证把每个设备都位于在红外光束中（想象一下，当你要换频道时，有人站在你的遥控器前面）。这意味着使用红外传输的设备必须靠得足够近，以确保在它们之间没有障碍。由于有一个反射角度，漫射红外可以只覆盖 50 英尺（15 米）的范围。因为漫射红外要求有一个反射点，因此只能在室内使用。这些限制条件限定了它的覆盖范围。

红外系统另一个主要的限制是传输速率。漫射红外最高只能以 4 Mbps 的速率发送数据。这是因为光束的宽角度在发射时就丢失能量。能量的丢失使得信号减弱。弱小的信号不可能传输很长的距离，也没有足够的能量来保持较高的传输速率，导致数据传输速率较低。

由于有这些限制，红外无线系统通常用于一些特殊应用中，比如笔记本电脑、数码相机、手持数据收集设备、PDA、电子书以及其他类似的移动设备之间的数据传输。过去，笔记本电脑几乎都配有红外接口，但现在不再是这样了。如果你的计算机现在仍需要红外接口，就必须购买一个插入到计算机的 USB 端口了。图 2-6 是该设备的一个示例图像。

图 2-6　有扩展线的 USB 红外适配器

一些专用的无线局域网就是基于红外线来传输数据信号的。在那些无线电信号会被其他设备干扰（如医院的操作间），或很注重安全性（如一些政府和军事部门）的情况下，会使用红外无线局域网。

像其他类型的电磁波一样（如可见光和热）红外线也具有局限性。例如，光波不能穿透大多数的物体（如木头或混凝土），热射线会被大多数物体吸收，包括人的皮肤（我们感觉到热，这就是红外波）。固态物体，甚至是灰尘和湿气（空气中的水分子）都会限制光和红外波的传输距离，如图 2-7 所示。

在电磁波频率中，有哪种波不会有光线或红外线那样的局限性吗？答案是有，那就是无线电波。

2.1.2　无线电波

无线信号传输的第二种方式是使用无线电传输。今天，无线电波提供了最常见最高效的

图 2-7　光与热射线的局限性

无线通信方式。要理解无线电波的基本属性，假设你正在用水管为你的草坪浇水。当你的手上下移动时，水管流出的水就像波浪一样也在上下移动，如图 2-8 所示。

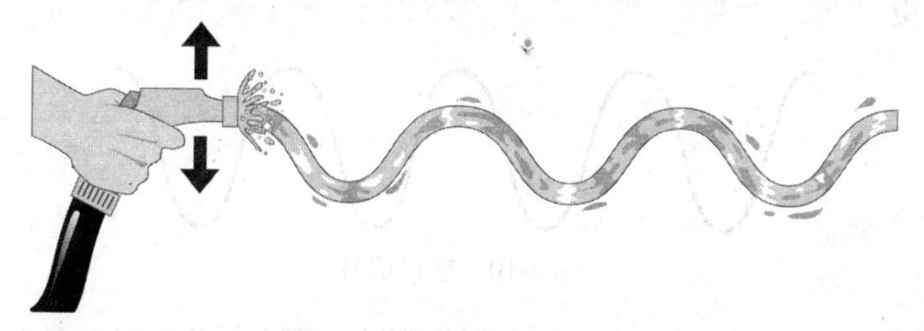

图 2-8　使用水管模拟无线电波

水管产生的波浪，其形状有些像电磁波。回忆可知，能量是以电磁波的形式在空间或空气中传播的。红外线、来自手电筒的可见光以及来自火堆的热能，可以在无空气的空间中或大气层的空气中以电磁波的形式传播。

以这些形式传播的另一种电磁波称为无线电波（无线电话）。当电流通过电线时，会在电线的周围产生电磁场。这种电磁场会发生辐射，从而产生无线电波。由于无线电波像光线或热波一样，也是电磁波，它们通常从所有方向往外传播。

无线电波没有光和热的那些局限性。与热波不同，无线电波可以传播很远的距离。无线电波还可以穿透大多数固态物体（金属物体除外），而光波不同穿透任何不透明或固态物体。人们可以感觉到可见光波和热波，但无线电波是不可见的。这些特性如图 2-9 所示。由于具有这些特性，无线电波是不用电线传输数据的很好方式。

图 2-9　无线电波可以穿透大多数固态物体

2.2 无线数据的传输原理

无须使用电线，就可以使用无线电波来长距离传输数据。这些波传输数据的方法涉及一些概念。下面来介绍一下通过无线电波传输模拟和数字数据的方式。

2.2.1 模拟与数字信号

当使用水管产生水波时，只要开关一直开着，并且不断上下移动手，这种波就可以继续出现。这种波表示的是模拟信号。模拟信号的波强度（电压或振幅）不断变化，且传播不断进行，换句话说，其中的信号不会中断。图2-10显示了一种模拟信号。音频、视频、声音，甚至是光都是模拟信号的示例。包含音调或歌曲的语音可以连续不断，没有开始和终止，除非音调或歌曲结束

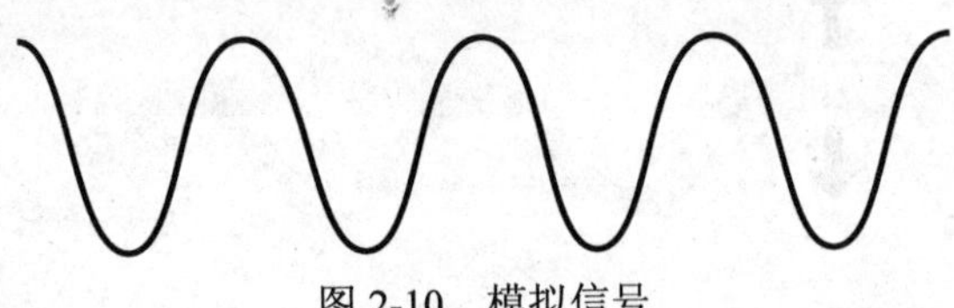

图2-10 模拟信号

现在来假设不是把水管上下移动，而是握住不动，用大拇指按住水管的末端一秒钟，然后再松开。当大拇指按住水管时，水流停止了，当松开时，水流又开始了。如图2-11所示，这种开关动作就类似于数字信号。数字信号是由离散脉冲组成，而模拟信号则相反，它是由连续脉冲组成的。在信号流中，数字信号有很多脉冲的开始和结束，例如，摩尔斯密码（Morse code）就是由一系列的点和线组成的。图2-12显示了一个数字信号。

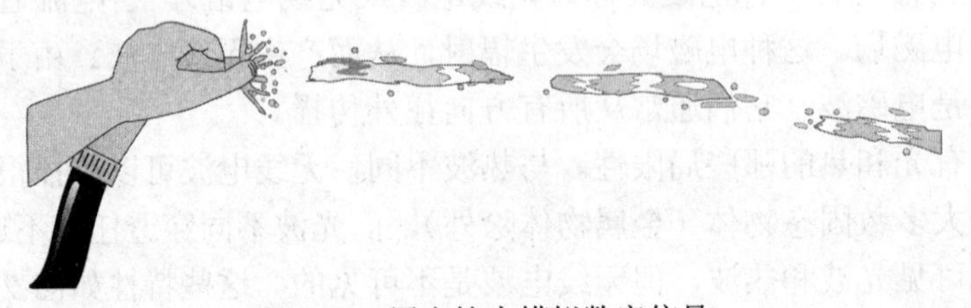

图2-11 用水管来模拟数字信号

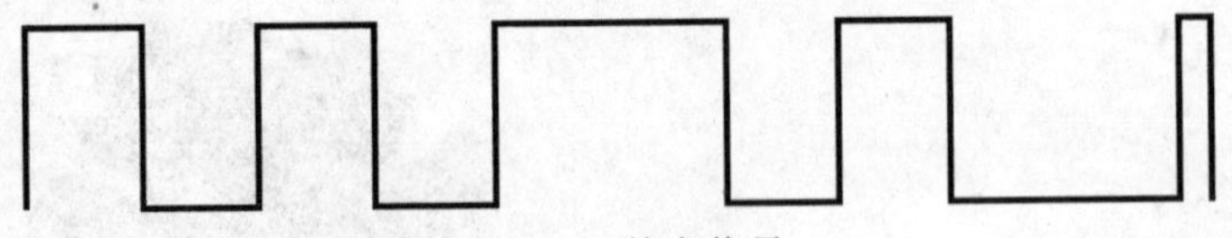

图2-12 数字信号

计算机是以数字信号来运行的。如果需要把模拟数据（如视频图像或音频）存储在计算机上，在存储之前，或者在计算机可以处理或读懂它之前，必须先转换成数字格式。

把不同类型的模拟数据转换成数字数据所用技术各不相同。对于CD质量的立体声音乐（2通道），模拟信号是以每秒44 100次速率采样的，每个采样存储为一个数字格式（最小16位）。使用其他一些技术，计算

机也可以把数字信号进行压缩，使存储总空间或需要传输的数据量最小化。

要在模拟介质上传输数字信号，比如，两台计算机要在模拟电话线或 TV 电缆上进行通信，需要使用一个名为调整解调器的设备。调制解调器从计算机接收离散的数字信号，把它们编码成连续的模拟信号，用于在模拟电话线上传输。在通信连接另一端的调制解调器则进行相反的处理，接收模拟信号，把它解码，并转换回数字信号。

2.2.2 频率与波长

现在，假设握住水管，慢慢地上下移动你的手。此时，会产生较长的波，如图 2-13 所示。如果快速移动你的手，此时波变短，如图 2-14 所示。根据手上下移动的速度，波峰之间的距离会相距越近或越远。这说明了波的另一个属性，称为**波长**（wavelength）。波长是一个波周期上任意一点与下一波周期上相同点之间的距离。

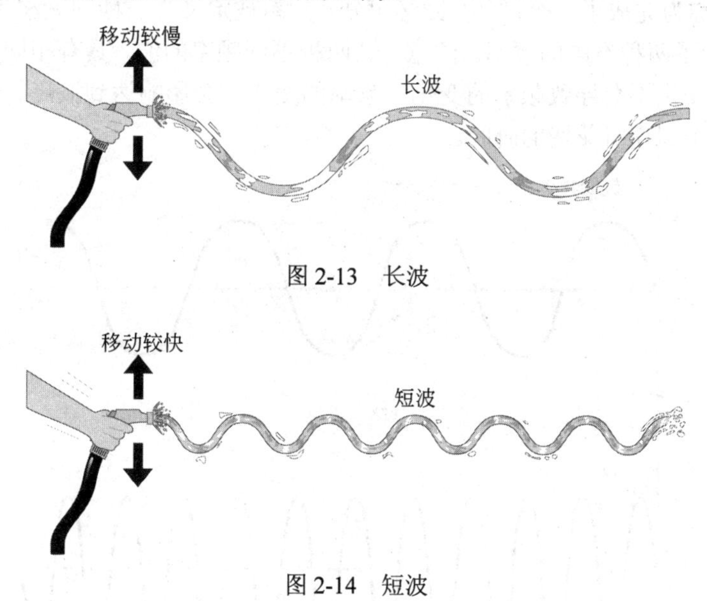

图 2-13 长波

图 2-14 短波

无线电波也会出现这种变化。产生无线电波的无线电电路的速率（就像较快或较慢地上下移动水管一样），决定了每秒钟得到的无线电波数量以及波峰之间的远近距离。这个速率就是无线电波的**频率**（frequency）。也就是说，一秒钟里出现的周期（由一个最高峰（正）和一个最低峰（负）组成）数量，就等于波的频率。

波长与频率正好相反，这意味着，如果频率高，那么波长就短或小，如果频率低，那么波长就长。

无线电发射器发射的是载波信号。这是一种**连续波**（continuous wave，CW），其振幅（以电压为单位）和频率是固定的。这是一种上下振荡的波，称为**振荡信号**（oscillating signal）或**正弦波**（sine wave），如图 2-15 所示。CW 本身携带的信息没有价值。只有对它进行信号调制后，它才含有某些类型的信息，如音乐、语音或数据，然后，才能称之为**载波信号**（carrier signal）或载波（carrier wave）。接收器可以调制载波的频率，忽略掉其他频率。

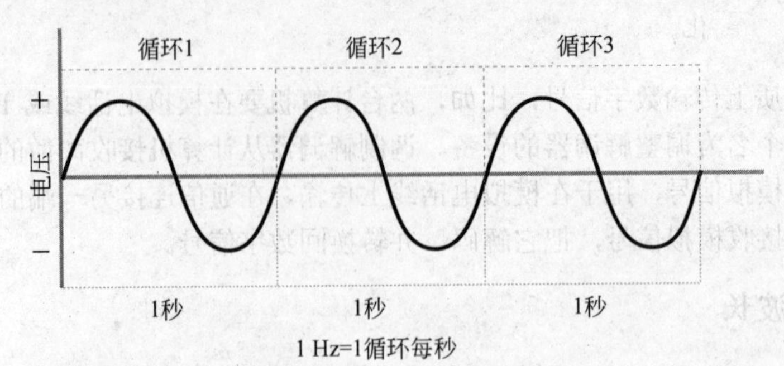

图 2-15 正弦波（模拟波）与频率

注意，在图 2-15 中，该波是从 0 开始的，往上达到最大电压（+），再往下达到最小电压（−），最后返回到起点（0），然后开始下一个同样的过程。完成了从上到下，再返回起点这样一个过程，就称为完成了一个循环。回忆可知，频率被定义为一秒钟里波完成循环的次数。

图 2-16 显示了两种不同的频率。注意，这两种不同频率的波，具有相同的最大电压和最小电压。电压的变化不会导致频率的变化。频率的变化，会影响达到波峰、落回波谷、然后回到起点完成一个周期所花费的时间。

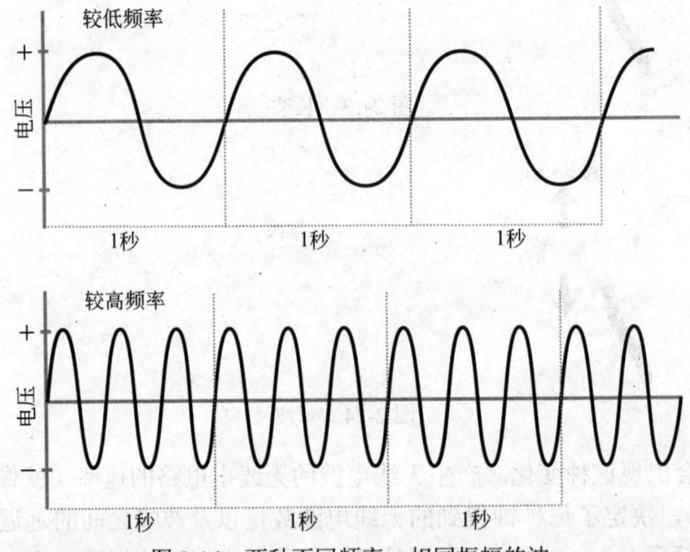

图 2-16 两种不同频率、相同振幅的波

在电子电子学术语中，周期产生交流电（alternating current，AC），因为它在正负之间流动。AC 是在房间电源插座中所用的电流类型，其频率通常为 60 Hz。直流电（direct current，DC）使用在电池中。直流电只能从一端（−）流向另一端（+），不能改变。这种缺乏波动性的移动，也就意味着 DC 不能通过模拟介质直接传输，也不能携带任何数据。

频率是通过计算一秒钟里完整波循环发生的次数来度量的，但通常是使用术语赫兹（Hz）来表示频率，而不是每秒的循环次数。无线电波的频率为 710 000 Hz，意味着每秒有 710 000 个循环。由于无线电波的循环次数较大，因此在表示其频率时，会使用度量前缀，1 kHz

(Kilohertz)为 1000 赫，MHz(Megahertz)为 1 000 000 赫，GHz(Gigahertz)为 1 000 000 000 赫。710 000 Hz 的波表示为 710 kHz。

频率也是音乐的一个重要部分。音符 A 的频率为 440 Hz，中音 C 的频率为 262 Hz。这意味着在演奏中音 C 时，空气压力会在你的耳膜上连续击打 262 次。

无线电波通常使用天线来传输和接收。天线是一段铜线（或类似材料），其中一端是自由的，另一端与接收器或传输器连接。在传输信号时，由传输器的电子电路产生的无线电波流入天线的电线中。这会沿电线产生一个电压，从而使得有一个较小的电流流入天线。由于电流是不断变化的，它以与无线电波相同的频率在天线中来回流动。当电流以与无线电波相同的频率在天线中来回流动时，会在天线周围产生电磁场和电场。这种磁力与电压的连续（模拟的）组合就从天线中散出（传播）去了，就像你往池塘中投入一块石头时，水波从石头落水点散出去一样。其结果就形成电磁波（electromagnetic wave，EM wave），如图 2-17 所示。

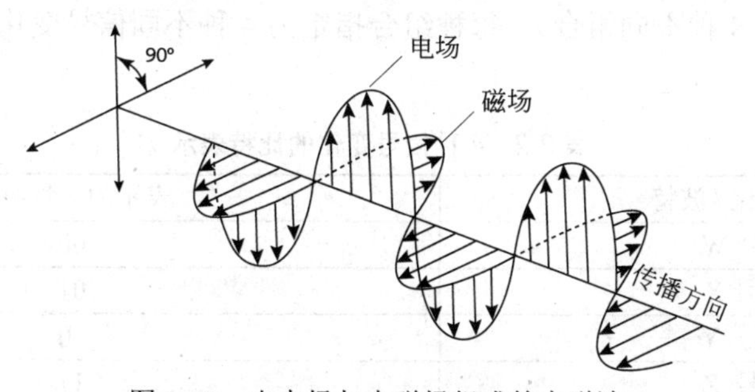

图 2-17　由电场与电磁场组成的电磁波

天线也用于接收传输而来的无线电信号。在接收天线中，有非常少量的电在其中来回移动，作为对无线电信号（电磁波）的响应。这会产生非常少量的电流，从天线流入接收器，如图 2-18 所示。在第 3 章中，将学习需要对这些小电流做些什么，使得接收器可以将它解制，检索所传输的数据。

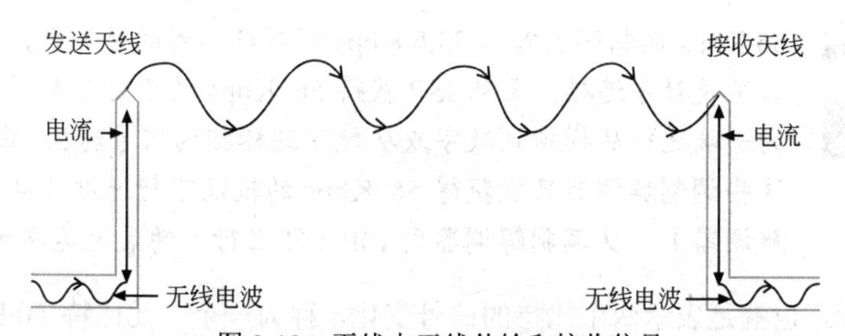

图 2-18　无线电天线传输和接收信号

2.2.3　传输速度

在表示无线电波的传输速度时，要使用到几个不同的术语。电磁波本身总是以光速传播的，即 186 000 英里每秒（300 000 千米每秒）。当使用无线电波来传输数字信息时，通常使用比特每秒（bps）来表示传输速度，因此此时主要关注的是数据从一个地方移到另一个地方的效率。

用于度量无线电传输的另一个术语是波特率（baud rate）。回忆可知，无线电传输发出载波信号，这种信号可以被改变或调制。波特表示的是信号发生的变化，正如本章后面将学习的那样，信号每次发生变化，就确定了一个信号单元的边界。于是，波特率指的是，为了表示传输的比特，每秒钟信号单元（变化）的数量。所需的信号单元越少，因为传输信号所需的频率越少，因而系统工作得越好。

有时，术语 bps 与波特率互换着使用，尽管它们不是同义词。这种混淆源于早期的计算机调制解调器。例如，第一代调制解调器具有 300、600 和 1200 波特率的速度。这些早期的调制解调器使用的是简单的调制技术，传输一个信号单元时，最多只能传输一个比特，因此，它们的速度用 bps 表示与用波特率表示是一样的，即 300、600 和 1200 bps。例如，要传输字母 U（其 ASCII 码为 0x55，或是 01010101），需要发生 8 次信号变化，每次表示一个比特。这样，每个信号单元（波特）传输的比特数为 1。

然而，对于后来的调制解调器，在一个信号变化（1 波特）中，可以表示不止一个比特。信号可以以多种不同的方式发生变化（本书后面将介绍），不同的变化可以得到两个比特的不同组合（这可以有 4 种不同组合），每种组合指定为 4 种不同信号变化中的一种，如表 2-2 所示。

表 2-2　4 种信号变化的比特表示

信号变化 / 波特	表示的比特组合
信号 W	00
信号 X	01
信号 Y	10
信号 Z	11

表 2-2 中的字母只是用来表示区分 4 种不同类型的信号。现在的模拟调制解调器最大可以以 4800 波特的速率进行传输，这是传统电话线所能支持的每秒钟信号变化的最大次数。然而，使用更复杂的调制技术，再加上数据压缩技术，现在的调制解调器可以以 33 600 bps 的速率传输数据，以 56 200 bps 的速率接收数据。

56 Kbps 调制解调器与 33.6 Kbps 调制解调器的区别是，其连接的一端必须是数字连接。要从 ISP 获得 56 Kbps 的下行速率，只能在电话线的一端进行从模拟到数字或从数字到模拟的信号转换。由于这种限制，这些调制解调器只能获得 56 Kbps 的较高下行速度（从 ISP 端到调制解调器）。从调制解调器到 ISP（即上行）的最大速率为 33.6 Kbps。

一个信号单元，也就是表示两个比特的信号变化，称为一个二元比特（dibit）。如果一个信号单元可以表示三个比特，那么就称之为三元比特（tribit）。如果使用 16 个不同的信号单元，那么每个信号单元可以表示四个比特，称为四元比特（quadbit）。这些特性如表 2-3 所示。

表 2-3　信号变化（波特）与表示的位数

名　称	信号变化的次数	每波特表示的位数
标准	1	1
二元比特	4	2

续表

名　称	信号变化的次数	每波特表示的位数
三元比特	8	3
四元比特	16	4

用于表示传输速率的另一个术语是带宽（bandwidth）。尽管该术语经常用来表示最大的数据传输能量，但这只是在纯数字系统中才是精确的。严格地说，在模拟系统中，带宽被定义为某个系统或介质所能传输的频率范围。简单地说，带宽就是高频与低频之差。假设人类语音的传输可以在 300 Hz 与 3400 Hz 之间发送。这两个频谱之差（3400 Hz 减去 300 Hz）为 3100 Hz，这就是在电话通话时，传输人类语音的带宽。

数字用户电路（Digital Subscriber Line，DSL）调制解调器经常是在电话线上以几百 Kbps 到大约 25 Mbps 的速率进行数据传输，传输距离可达 2.5 英里（4 千米）。在现代电话线中的双绞铜线，其可用带宽大约为 1 MHz。DSL 充分利用了电话线所能传输的更高频率，但这种频率不能用于语音（大约为 4000 Hz），它把这些频率分成大量不同的频率段，在其中的一些频率段上以几 bps 的速率同时传输数据，从而得到如前所述的较高数据速率。DSL 技术的完整介绍超出了本书的范围，但本书后面章节将会介绍与之非常类似的技术。

2.2.4　模拟信号的调制

回忆可知，模拟无线电传输中发送的载波信号只是连续的电子信号。它并没有携带信息，更正确地说，应该称为 CW。只有通过调制，往其中添加信息后，才能称为载波。模拟信号的调制就是用模拟信号对模拟信息的表示。对模拟信号可应用三种类型的调制，使得它可以携带信息：信号的高度、信号的频率以及信号的相对起点（或相位）。下面分别来看看每种调制。

信号的高度、信号的频率以及信号的相对起始点（或相位）有时也称为“三个自由度”。

1. 调幅

波的高度（称为振幅）可以用伏特（电压）来度量。图 2-19 是一个典型的正弦波。在调

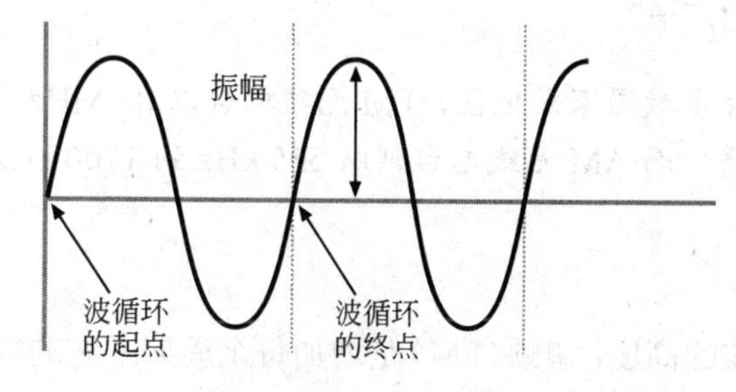

图 2-19　信号的振幅

幅（amplitude modulation，AM）中，波的高度的变化，与另一个模拟信号（称为调制信号）的高度保持一致。在 AM 无线电台，调制信号是广播员的声音或音乐（这也是模拟信号）。载波的频率和相位保持不变。

广播无线电台使用的是调幅。由于纯粹的 AM 非常容易被外部源（如光）干扰，因此通常不用它来传输数据。图 2-20 显示了一个载波，以及一个用于调制该载波的正弦波。该图的底部显示的是经调制后的载波。

2. 调频

在调频（frequency modulation，FM）中，每秒钟发生变化的波的数量，与调制信号的振幅有关，而载波的振幅和相位保持不变。图 2-21 显示了一个 FM 信号与一个简单的调制正弦波。该图的底部显示了 FM 载波的调制结果（以频率表示）。注意一下频率是如何随输入信号振幅的变化而相应变化的，这可以使接收器重新产生具有正确振幅的信号（或音量）。此外，被调制信号的变化速率，也与输入信号的变化速率一致，从而使得接收器重新产生输出频率（音高或音质）。

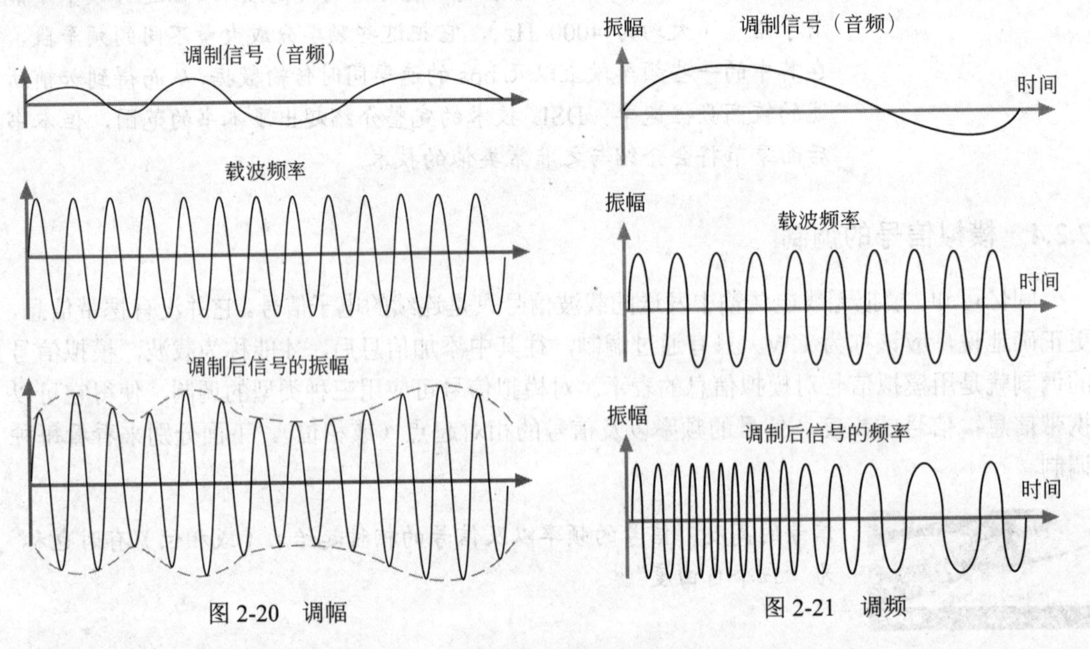

图 2-20 调幅　　图 2-21 调频

与调幅一样，调频也经常被广播无线电台使用。然而，FM 不容易被外部源干扰，最常见的是用来广播音乐节目。此外，FM 载波具有更宽的带宽，这使得它可以携带 Hi-Fi 和立体声信号（具有两个单独的声道）。

在大多数国家或地区，FM 无线电台以 88 MHz 到 108 MHz 之间的频率广播，而 AM 无线电台则以 535 kHz 到 1700 kHz 之间的频率广播。

3. 相位调制

调幅（AM）是改变波的高度，调频（FM）是增加每个周期中波的数量，而相位调制（phase modulation，PM）则是改变周期的起始点，载波的振幅和频率保持不变。相同调制通常不用来表示模拟信号。

由正弦波组成的信号，具有与之相关的相位。该相位是以度为单位来度量的，一个完整的波周期有 360 度。相位变化是参照其他信号来度量的。由于很难确保在两个单独的设备（发射器与接收器）上，参照信号的波周期保持完全同步（在相位上），PM 系统几乎都是用前一个波周期作为参照信号。图 2-22 显示了以顶部的信号为参照的 4 个不同的相移。

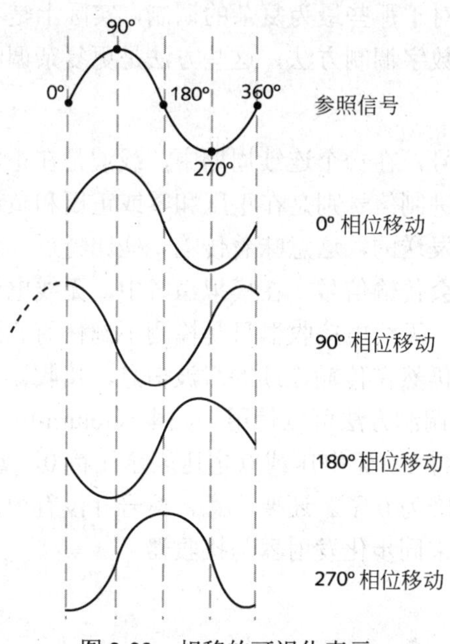

图 2-22　相移的可视化表示

无线电台使用的是调幅（AM）或调频（FM），但电视台使用的是 AM、FM 和相位调制（PM）。电视视频信号使用调幅，声音使用调频，色彩信息则使用 PM。

2.2.5　数字信号的调制

当传输介质不能用于传输数字信号时，如何通过模拟载波信号来传输数字数据呢？答案很简单，通过对模拟信号调制，或改变它使之可以表示比特 1 或比特 0。

大多数的现代无线系统都是使用数字调制。数字调制是这样一种方法，它把数字信号编码到模拟波中，用于在不支持数字信号的介质（如大气或真空）上传输。在模拟系统中，载波信号是连续的，振幅、频率和相位也是不断变化的，因为输入或调制信号仍是模拟的，因而也是连续的。然而，在使用二进制信号的数字系统中，这种变化是离散的，其结果是两种状态之一：1 或者 0，正压或负压，开或关。为了使计算机能理解这些信号，每个比特都必须具有一个固定的持续时间来表示 1 或 0（后面将详细介绍数字信号）。否则，计算机无法确定一个比特何时结束，另一个比特何时开始。

与模拟调制相比，数字调制有 4 个主要优点：

- 可以更好地利用可用的带宽。
- 传输时需要更少的能量。

- 当有信号相互干扰时，数字调制更佳。
- 其纠错技术与其他数字系统的兼容性更好。

与模拟调制一样，在数字调制时，需要对信号做3个基本的改变，使得它可以携带信息：信号的高度、信号的频率和信号的相对起点（相位）。然而，出于更快的传输速度需要，需要在相同数量的波周期填入更多的二进制信号（或比特）。其结果是，在无线通信中，现在有几十种不同类型的调制。对于那些最为复杂的调制，实际上是不可能用一幅图来描述其形状的。本书介绍一些基本的数字调制方法，这些方法是更复杂调制技术的基础。

1. 二进制信号

回忆一下，对于模拟信号，在一个连续周期中，载波是在正压与负压之间交替变化的，也就是说，它不会停止。二进制信号则是在正压和零或正压和负压之间交替变化的。时间传输通常是以一束比特的形式发送的，这意味着传输一些比特后，传输过程会暂时停止。当没有比特需要传输时，也就不会传输信号。在模拟系统中，无线电台即使不传输声音，也会不同传输载波，在这种情况下，无线电接收器只是检测不到任何载波调制而已，因此不会抽取出原始的信号。这样，尽管仍然在传输连续的载波信息，接收器也不会重新产生任何声音。

这里有3种二进制信号调制方法可以使用。归零（return-to-zero，RZ）技术使用上升的信号（电压增加）来表示比特1。无电压或0电压表示比特0，如图2-23所示。注意，在传输比特1的周期末端，电压降为0了。还要注意，信号并没有填满整个比特周期，比特周期中间的信号过渡时期，可用来同步化发射器与接收器。

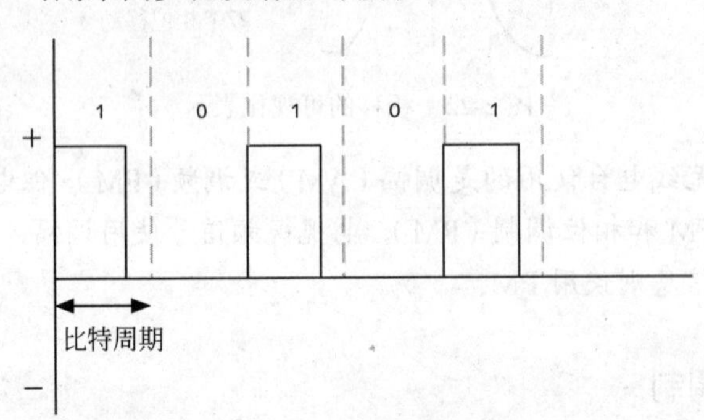

图2-23　归零（RZ）调制技术

第二种方法称为不归零（non-return-to-zero，NRZ）技术。在不归零调制中，电压信号在整个比特周期中保持为正（高）。此外，如果下一位要传输比特与前一位的相同，对于比特1保持为高，对于比特0保持为低（0伏特或没电压）。这就在传输消息时，有效地减少了信号传输的数量（波特）。与RZ一样，在传输比特0时，没有电压，如图2-24所示。

最后一种方法是两极不归零（polar non-return-to-zero，polar NRZ）技术，上升信号（增加电压）表示比特1，下降信号（降低电压为负）表示比特0。这种技术通常称为不归零电平（non-return-to-zero-level，NRZ-L），因为其信号永远不会回到0伏特的电平。NRZ-L如图2-25所示。

NRZ与两极不归零之间的差别是，在两极使用了两个电平（正和负）。

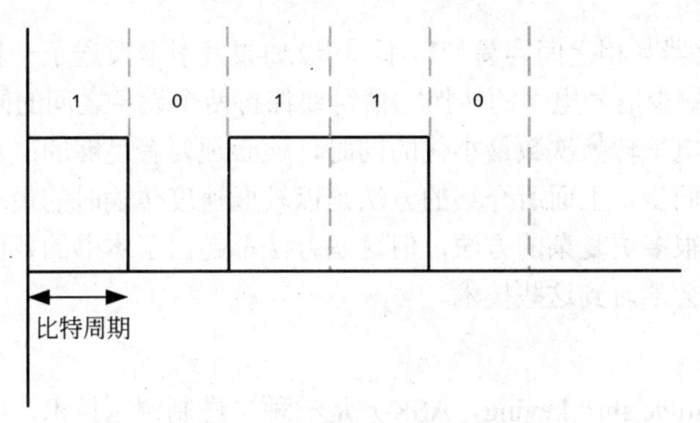

图 2-24　不归零（NRZ）调制技术

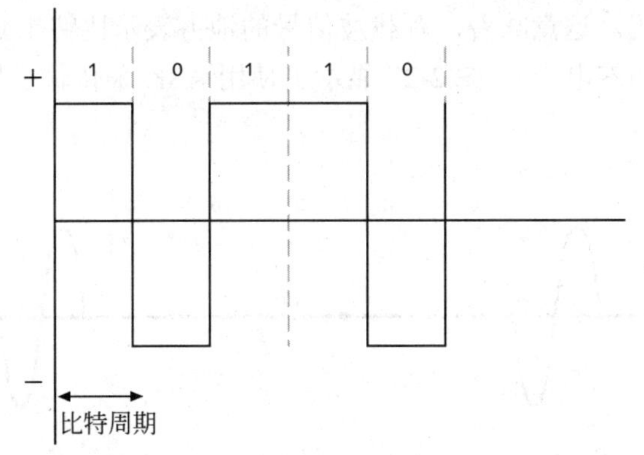

图 2-25　两极不归零（不归零电平（NRZ-L））

NRZ-L 的一个变体技术是不归零，倒转一（non-return-to-zero, invert-on-ones，NRZ-I）。这种技术也可用于减少传输一个数字信号所需的波特。在 NRZ-I 中，电平的变化表示比特 1，电压没变化表示下一个比特为 0。NRZ-I 如图 2-26 所示。

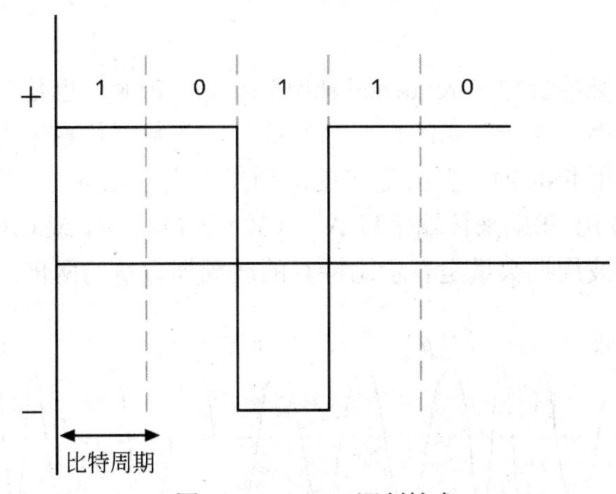

图 2-26　NRZ-I 调制技术

为什么会有这么多二进制信号调制方法呢？这里有两个重要的原因：

- 数字电路容易使信号的电平平均。其结果是，信号电平的转换次数就越多，电路越有可能降低信号的最大振幅，使得接收器检测到信号传输越困难。使用两极信号对解决整个问题有帮助，但不能完全解决。

- 发射器与接收器互相之间容易变得不同步。如果发射器发送了一长串的 1 或一长串的 0，由于此时缺少信号电平的转换，使得要保持两个设备之间的同步很困难。

因此，在使信号电平转换次数最小化的同时，又必须要有足够的次数，以确保发射器与接收器之间有良好的同步。上面所介绍的方法是以较低速度传输时的最基本技术。在电线或电缆上传输信号还有很多更复杂的方法，但这些方法都超出了本书的范围。在以后更高级的课程或图书中，肯定会学习到这些技术。

2. 幅移键控

幅移键控（amplitude shift keying，ASK）是一种二进制调制技术，类似于调幅技术，可以改变载波信号以表示比特 1 或比特 0。在调幅技术中，比特 1 和比特 0 都有载波信号，而 ASK 通常使用 NRZ 编码。这意味着，有载波信号的地方表示比特 1（正电压），而没有载波信号的地方表示比特 0（零电压）。图 2-27 显示了使用 ASK 来传输字母 A（ASCII 码为 0x41 或 01000001）。

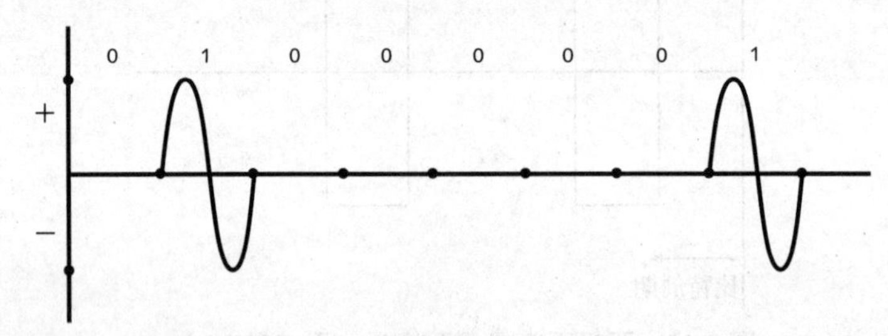

图 2-27　幅移键控（ASK）

使用二进制调制的传输信号，在这里仍然显示为正弦波，因为无线传输使用的介质（电磁波）只支持模拟信号。注意，纯数字信号（离散脉冲）的直接传输，只能使用导电的介质，如铜线。

3. 频移键控

与调频技术类似，频移键控（frequency shift keying，FSK）也是一种二进制调制技术，它改变了载波信号的频率。由于发送的是二进制信号，在数据传输停止时，载波信号会有开始和结束。例如，当使用 FSK 时，需要更多的波周期来表示比特 1，表示比特 0 的波周期则更少。图 2-28 显示了使用 FSK 来传输字母 A（ASCII 码为 0x41 或 01000001）。在这个示例中，用于表示比特 1 的波周期数量是表示比特 0 的波周期数量的两倍。

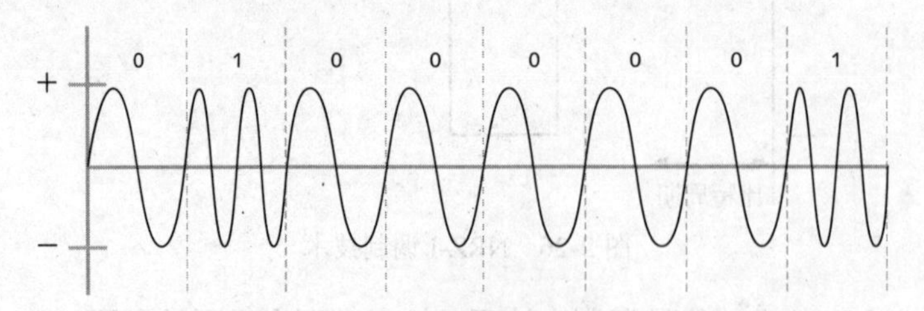

图 2-28　频移键控（FSK）

4. 相移键控

相移键控（phase shift keying，PSK）是一种二进制调制技术，类似于相位调制，其中，发射器会改变波的起点。不同之处是，PSK 信号有开始和结束，因为它是一种二进制信号。图 2-29 显示了使用 PSK 来传输字母 A（ASCII 码为 0x41 或 01000001）。

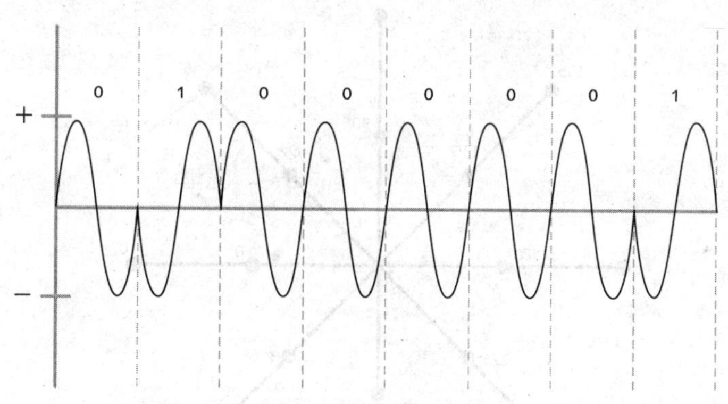

图 2-29　相移键控（PSK）

注意，只要被传输的比特从 1 变成了 0（或是从 0 变成了 1），起点（也就是波的方向）就会变化。例如，在第一个 0 由“正常的”载波周期表示后，下一个比特为比特 1。当由另一个正常载波周期表示该比特时，该信号不是进入正区间（在正弦波中是上升），而是进入负区间。起点的改变（上升而不是下降）表示所传输的比特发生了变化（从 0 到 1）。

在前面的示例中，波起点的改变，意味着该波开始向反方向移动，在这里是从原始方向旋转 180°。注意，相位调制可以在不同点（角度）改变起点，如图 2-30 所示。

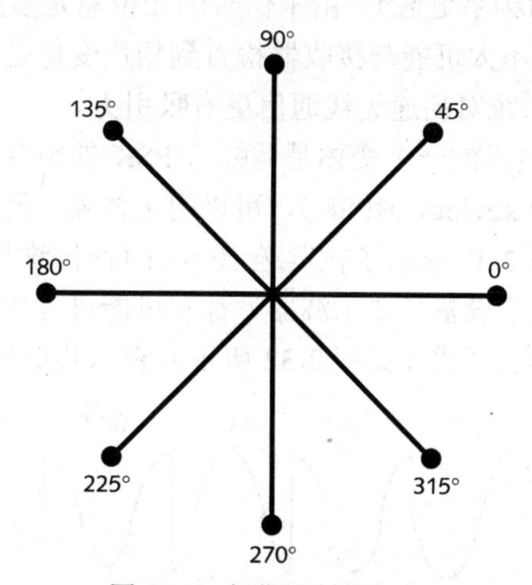

图 2-30　相位调制的角度

在这种情况下，信号有 8 个可能的起点（0°、45°、90°、135°、180°、225°、270°和 335°），图中的每个点表示一个不同的起点。从前面可知，要传输一个三元比特（每个信号变化或每波特为 3 比特），需要 8 个不同的信号。使用 45°的相位调制可以产生 8 种不同的信号。然而，在今天的无线通信中，相位调制与调幅一起使用，这使接收器更容易检测到非常小的相位改变，可以提供 16 个或更多的不同信号。

在图 2-31 中，每个点表示一个不同的信号，总共 16 种不同的组合，可以用来传输四元比特。调幅与相位调制组合使用的技术称为正交调幅（quadrature amplitude modulation，QAM）。由于可能增加结果信号的复杂性，QAM 的大多数图形表示只用一个点来显示每个波的起点。这种表示方法称为星座图（constellation diagram）。

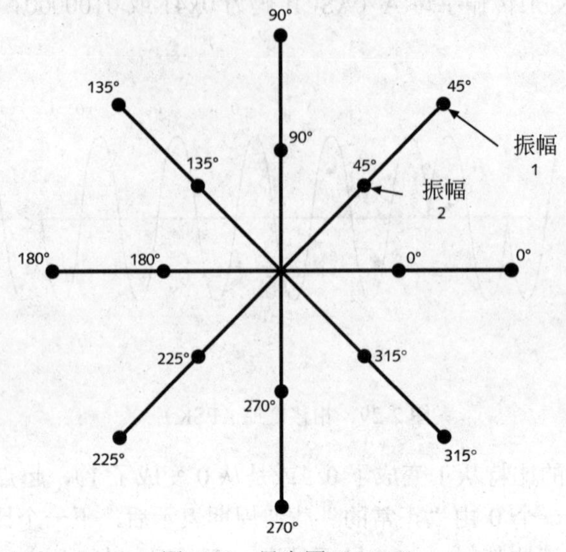

图 2-31 星座图（QAM）

在没有背景电磁波噪声（干扰）的情况下，接收器对相位改变的检测比对频率或振幅变化的检测更可靠。噪声可以被检测为信号振幅的突然变化，也可以被检测为在某个点变成了更高频率（这种情况发生的频率更低）。由于信号的相位总是参照正确检查出的最后一个波周期的相位，噪声发生时，不太可能与接收器检查到相位变化是同时的，这是因为噪声是随机的。这使得基于 PSK 的系统对高速无线通信更有吸引力。

前面介绍的 PSK 调制技术的一个变体是调幅与 PSK 的组合。这种变体技术称为二进制相移键控（binary phase shift keying，BPSK），可以用来传输二元比特（四个信号变化，等于每个信号变化 2 个比特）。图 2-32 显示了在发送 10 个比特时，这种调制技术波形的大致表示。在实际中，用任何形式的电子设备（如示波器）都不可能可视化表示这种信号，但这种简单的调制使得我们可以以图形的形式（如图 2-32 所示）表示其形状。

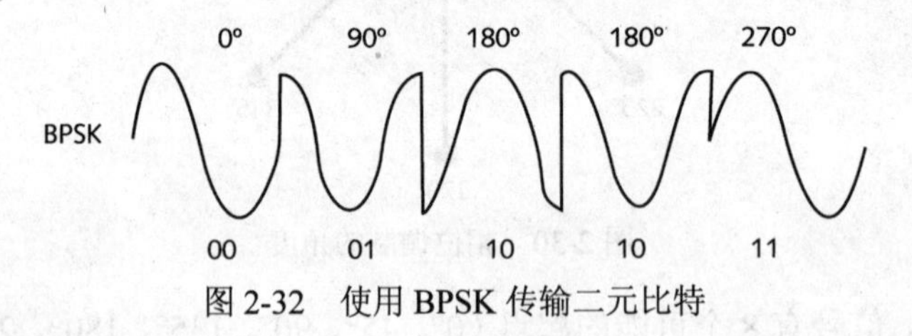

图 2-32 使用 BPSK 传输二元比特

2.3 扩频

在自然情况下，无线电信号是以窄带传输的。这意味着每个信号是在一个频率或一个非常窄的频率段上传输的。例如，FM 广播的无线电台会告诉其听众“调整到 90.3 MHz”，因为这是它广播所用的频率。更低频率 90.1 MHz 和更高频率 90.5 MHz 可能被其他电台所用的。这样就确保 90.3 MHz 的电台可以大致在 90.2 MHz 到 90.4 MHz 之间广播而不会受其他电台的干扰。FM 电台使用的实际带宽比 90.2 MHz 与 90.4 MHz 之间的差更小，使得在更低频率的电台所用的最高频率与更高频率的电台之间有一些未使用的“频率空间”。

窄带传输容易受到其他外部信号的干扰。其他信号可以以广播频率（在上面示例中是 90.3 MHz）或近似频率进行传输，很容易使无线电信号不可操作，或者使得很难检查或解码信号所含信息。

无线电广播台使用窄带传输可以高效工作，因为每个电台只允许用特定区域的某个频率传输。无线电台使用大功率发射机进行广播，并且每个电台使用不同的频率，在美国，电台所用频率是经美国联邦通信委员会许可的。反之，大多数 WLAN 设备使用相同频率，但以非常低的功率传输。这意味着信号具有较短的有效范围，确保干扰的发生最小化。

要替代窄带传输，可以使用**扩频传输**（spread spectrum transmission）。扩频是这样一种技术，它把窄带信号扩展到频率带更宽的部分，如图 2-33 所示。扩频传输对外部干扰有更强的抵抗力，因为任何噪声都只可能影响信号的一小部分而不是整个信号。比如模拟信号，8 条通道中的某一条可能不畅通，但仍有其他 7 条可用。通常，扩频可以获得更少的干扰和更少的错误。在扩频传输中，两种常用的方法是频跳扩频和直接序列扩频。

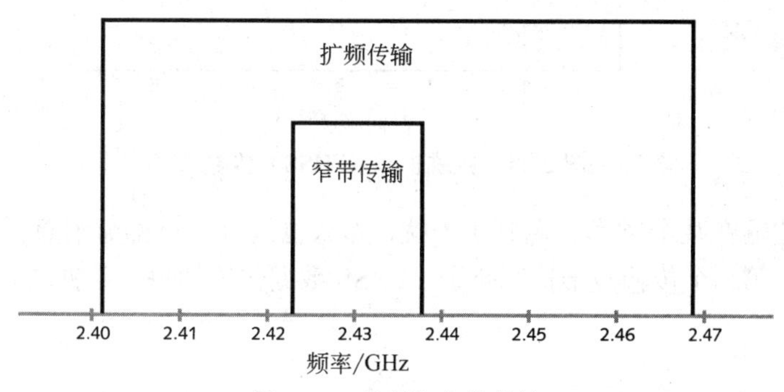

图 2-33　扩频与窄带传输

2.3.1　频跳扩频

频跳扩频（frequency hopping spread spectrum，FHSS）不是只在某个频率上传输，而是使用一个频率段，在传输期间，多次改变载波频率。使用 FHSS，一小段数据在某个频率上传输，另一小段数据则在另一频率上传输，反复如此，直到整个传输完成。

Hedy Lamarr（20 世纪 40 年代著名的女演员）和 George Antheil（曾经从事给动画片配音乐的工作）在第二次世界大战早期，发明了频跳扩频。他们的目的是防止美国的鱼雷攻击德国军舰。1942 年，Lamarr 和 Antheil 因这一思想获得了美国专利。

图 2-34 显示了一个 FHSS 传输，开始时，以 2.44 GHz 频率传输一段数据，用时 1 微秒。然后在下一微秒时，该传输切换到频率 2.41 GHz。在第三微秒时，该传输的频率为 2.42 GHz。不断进行这种频率切换，直到整个传输完成。这一系列的频率变化就称为跳频码（hopping code）。在图 2-34 所示的示例中，跳频码为 2.44–2.41–2.42–2.40–2.43。接收站必须知道这个跳频码，以便正确接收该传输。跳频码是预先定义好的，通常是无线电电路设计与实现标准的一部分。跳频码可以改变，这样，多个无线电在同一区域里，使用各不相同的一个频率系列，互相之间永远也不会干扰，但在使用哪个系列之前，发射器与接收器必须达成一致。

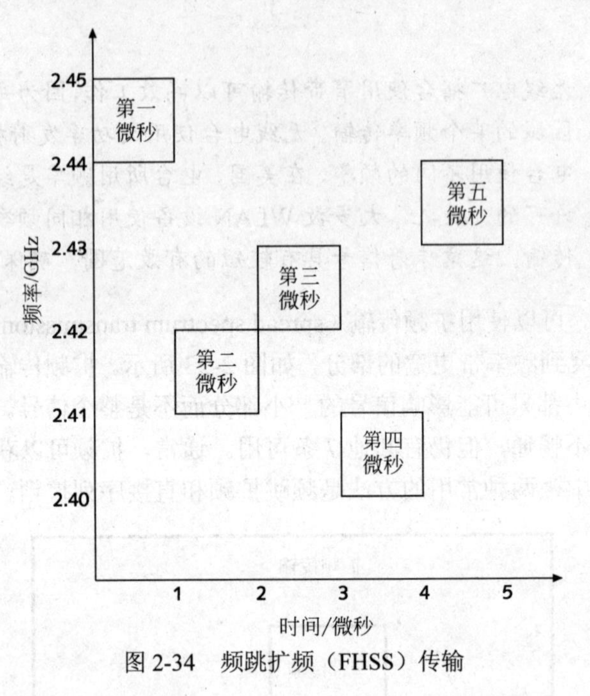

图 2-34 频跳扩频（FHSS）传输

如果 FHSS 传输在某个频率上遇到了干扰，那么也只有一小部分消息丢失。图 2-35 显示了一个示例，其中第二个传输被干扰影响了。FHSS 数据传输的每一数据块都只有大约 400 字

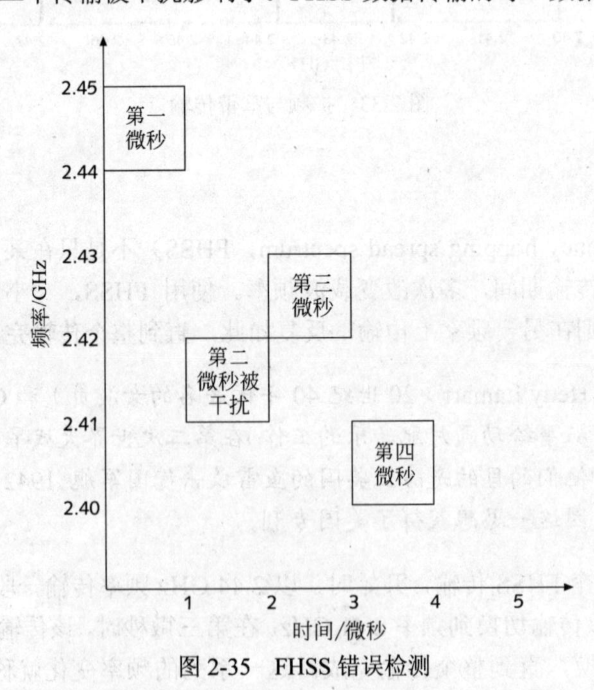

图 2-35 FHSS 错误检测

节长，FHSS 系统可以在下一协议层检测错误，并在把该数据传递给上一协议层之前，请求重传。一些传输技术使用提前错误检测（forward error correction，FEC）。FCC 是这样一种错误检测技术，它发送冗余数据，使得需要重传消息的可能性最小。第 3 章将介绍下一协议层中的错误处理，以及错误检测与纠正。

频跳可以减少来自其他无线电信号干扰的影响。只有当干扰信号与 FHSS 信号以相同的频率且同时传输时，才会影响 FHSS 信号。由于 FHSS 是在一个较宽的频率范围中传输一小段数据，任何干扰的可能性都非常小，通常，错误检测可以检测出错误，消息也可以很容易重传。此外，FHSS 信号对其他信号的干扰也非常小。对非目标接收器来说，FHSS 传输只出现一个非常短暂的持续时间（类似于噪声），除非该接收器知道确切的频率跳频系列，否则要窃听该消息非常困难。

有不少设备使用 FHSS。这些设备中不少是面向用户的产品，因为 FHSS 设备的制造相对便宜。无绳电话，包括用于小型企业的对讲机，通常都是使用 FHSS。蓝牙（第 5 章将介绍）也是使用 FHSS。

2.3.2 直接系列扩频

扩频技术的另一种类型是直接序列扩频（direct sequence spread spectrum，DSSS）。DSSS 使用一个扩展的冗余码来传输每个数据比特，然后再使用一种调制技术，如正交相移键控（quadrature phase shift keying，QPSK）。这意味着一个 DSSS 信号经过了两次调制。传输开始之前的第一步如图 2-36 所示。在该图的顶部是要传输的两个初始数据比特：一个 0 和一个 1。

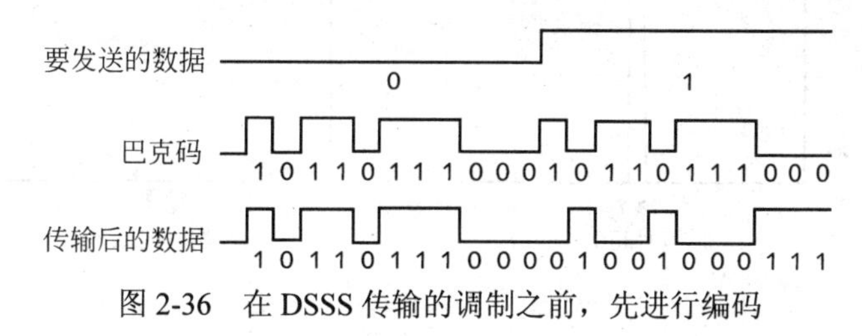

图 2-36 在 DSSS 传输的调制之前，先进行编码

然而，这里不是简单地在载波上把这两个比特进行编码以供传输，每个数据比特的值首先与一个二进制数字系列中的 1 或 0 相加。这个数字系列称为巴克码（Barker code）。巴克码（或称为碎片码）是一个特殊的 1 和 0 系列，它非常适用于调制无线电波，并可以被接收器正确检测到。这些 1 和 0 称为碎片，以免与实际的数据比特相互混淆。碎片码有时候也称为伪随机码，因为它通常是经过数学计算和实际经验得来的一个数字。

只有在以 1 和 2 Mbps 为速率的 802.11 传输中，才使用术语巴克码。在基于 DSSS 的系统（如 CDMA 蜂窝手机）中，术语伪随机码、PN 码、扩展码和碎片码的使用可以互换。

这种相加的结果是，1 和 0（碎片）的实际集合也将在载波上被调制和传输（见图 2-36 的底部）。下面来看看碎片系列是如何创建的。如果有一个比特 1 要传输，那么就把 1 与碎片码的每个比特相加：

要传输的比特：1　　1 1 1 1 1 1 1 1 1 1 1

与巴克码相加： 1 0 1 1 0 1 1 1 0 0 0
得到发送信号： 0 1 0 0 1 0 0 0 1 1 1
如果要传输一个比特 0，那么就把 0 与碎片码的每个比特相加：
要传输的比特：0 0 0 0 0 0 0 0 0 0 0 0
与巴克码相加 1 0 1 1 0 1 1 1 0 0 0
得到要发送的信号 1 0 1 1 0 1 1 1 0 0 0

碎片码与特定值的相加，是通过逐位进行布尔运算“非或”（XOR）得到的，这等价于以 2 为模的加法运算。在以 2 为模的加法中，没有进位，这意味着 1+1=0，1 不会进位到左边的下一位。除此之外，以 2 为模的加法与两个数字的和完全一样。有关布尔运算“非或”（XOR），请参见 www.cplusplus.com/doc/papers/ boolean.html。

DSSS 系统传输的是碎片码的组合，而不是单个的 1 或 0。传输碎片码 11 比该数据传输率要快 11 倍，换句话说，该数据传输率是不会变化的。然而，以更高速率传输的结果是，信号扩展到了更宽的频率带上了。继续前面的示例，在 802.11 的情况下，信号往中心频率的两边扩展 11 MHz，最后占用 22 MHz 的总带宽。图 2-37 显示了这一结果。

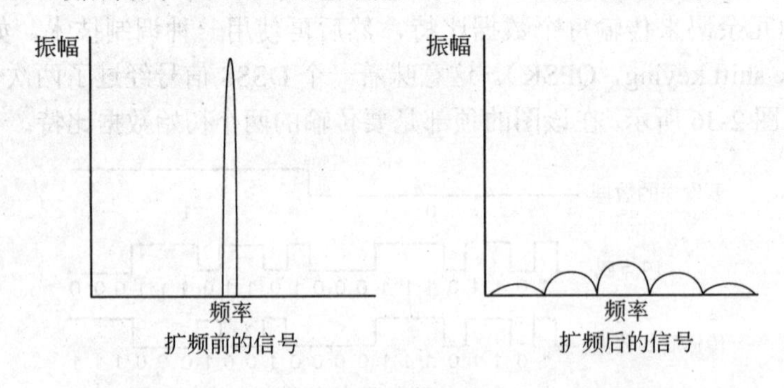

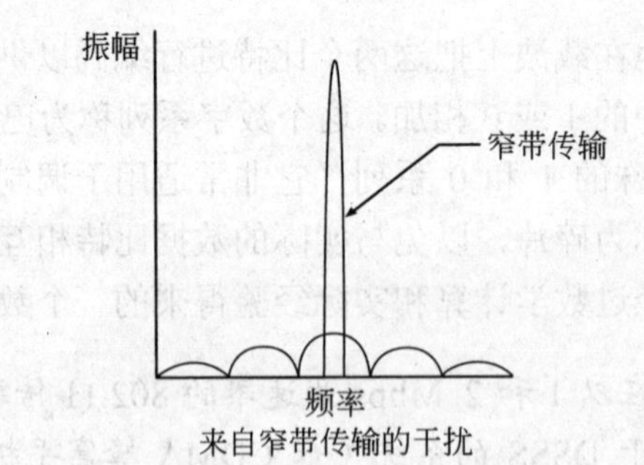

图 2-37 把信号扩展到更宽范围的频率上

这种扩展信号有 3 个重要特征。

- 信号的数字部分的频率（或碎片率）比初始数据的高很多。
- 信号频谱的某一小段看起来很像一个随机噪声。
- 初始信号中包含的所有信息（一个比特 0 或一个比特 1）仍然在这里。

然而，最重要的不是信号的扩展，而是在任意给定的频率中，功率（振幅）大大降低了。

与 FHSS 类似，对非目标接收器来说，DSSS 信号像是低功率的噪声，这也是该方法的一个主要优点。

在接收器端，信号首先被解调，然后缩频。被接收器用来检测所传输的是哪个比特的技术之一是，计算碎片的数量。如果所接收的碎片含有 6 个 0，数据比特的值为 1。反之，如果含有 6 个 1，那么数据比特的值为 0。

使用 DSSS 与碎片码的另一个主要优点是，在正常的窄带传输中，如果有任何干扰，即使只是丢失了一个比特，也要求重新发送整个消息，这是很费时间的。在 DSSS 中，如果某些噪声或其他类型的窄带干扰引起了某些碎片值的改变，接收器可以利用嵌入的统计技术（数学算法），恢复初始数据比特，这样避免了重新传输的必要。

使用 DSSS 的设备通常是更高端的产品，因为它们的生产比 FHSS 系统更昂贵，但它们也比 FHSS 有更多的优点，如前所述。WLAN 使用 DSSS 与有关产品，它们把几栋大楼里的网络连接起来，构造一个环境网络设置，如学校、大公司、制造工厂或会议中心。

用于扩频传输的传输技术不只有 FHSS 和 DSSS，还有其他一些技术，甚至对干扰有更强的抵抗力，对可能导致数据丢失或降低无线传输性能的各种不同现象也有更强的抵抗力。其中一些技术是基于 DSSS 变体的，其他一些则完全不同。本书后面将介绍一些更复杂技术，以及可能影响无线传输的各种问题。

本章小结

- 美国信息交换标准码（American Standard Code for Information Interchange，ASCII）是使用 0～127 的数字进行编码一种编码方案。对于那些要被计算机存储或传输的字符，首先要转换成相应的 ASCII 码，然后把该数字以二进制的字节形式进行存储。
- 传统的有线通信使用铜线或光纤电缆发送和接收数据，无线传输则没有使用可见的介质，而是以电磁波进行传输。无线信号的发送和接收通过两种基本类型的波：红外线与无线电波。
- 在光谱中，红外线靠近可见光，有很多与可见光相同的特征。红外无线传输可以是定向的，也可以是发散的。定向传输从发射器发送一束红外光给检测器。发散传输使用的则是反射光。
- 传输无线信号的第二种方式是使用无线电传输。无线电波是现今无线通信的最常用最有效方式。无线电波的局限性比光波更少。
- 无线电传输使用载波信号。载波信号是一种振幅（电压）和频率不变的连续波。这种信号基本上是一种上下波，称为振荡信号或正弦波。由模拟无线电传输发送的载波信号，只是一种不携带任何信息的连续电信号。
- 载波信号经过 3 种类型的调制（即改变）后，就可以使其携带信息：信号的高度、信号的频率以及信号的起点。调幅（AM）改变的是信号高度。跳频（FM）改变的是一秒钟里波周期出现的次数。相位调制（PM）改变的是波周期的起点。
- 在数字调制中，也有 3 种类型的改变，使得载波可以携带信息：信号的高度、信号的频率以及信号的起点。幅移键控（ASK）通过改变载波的高度来表示比特 1 或比特 0。频移键控（FSK）是一种改变载波信号频率的调制技术。相移键控（PSK）是一种类似于相位调制的调制技术，与之不同的是，PSK 信号有起点也有终点，因为它是一种二进制信号。

- 无线电信号在自然情况下是一种窄带传输，这意味着它们是在一个无线电频率或一个非常窄的频谱上传输的。替代窄带传输的是扩频传输。扩频技术是把一个窄信号扩展到无线电频率带中的较宽部分。
- 把信号扩展到一个较宽的频率范围，并降低振幅，其优点是，使得该信号对非目标接收器来说，就像是噪声，减少了发生干扰的可能性。
- 最常用的扩频方法之一是频跳扩频（FHSS）。频跳不是只在某个频率上发送，而是使用一个频率范围，在传输期间，改变频率。另一种方法是直接序列扩频（DSSS）。DSSS 使用一个扩展的冗余码来传输每个数据比特。

复习题

1. 电磁波的哪个范围不可能被可见光干扰？
   a. 紫外线　b. γ射线　c. 红外线　d. 黄色光
2. 波的一个正波峰与下一个正波峰之间的距离称为________。
   a. 频率　b. 波长　c. 弹性　d. 密度
3. 在把人类的声音直接调制到载波中时，使用哪种类型的传输？
   a. 模拟传输　b. 数字传输　c. 发散传输　d. 定向传输
4. 为什么计算机与数字传输设备使用二进制？
   a. 它们是电子设备，电子只有两种状态　b. 基数 2 太难使用
   c. 基数 10 是在二进制之前开发的　d. 二进制比四进制简单
5. 8 个二进制数字在一起组成了下面的哪一个？
   a. 字节　b. 比特　c. 二进制　d. 两个四进制
6. 美国信息交换标准码（ASCII）可以表示 1024 个字符。对还是错？
7. 字母和符号用 ASCII 码存储，但在计算中不使用数字。对还是错？
8. 红外线尽管是不可见光，但它具有很多可见光的特征。对还是错？
9. 红外无线系统要求每个设备只有一个组件：要么是传输信号的发射器，要么是接收信号的检测器。对还是错？
10. 红外无线系统利用光波的密度（而不是利用光信号是处于开状态或关状态）来发送数据。对还是错？
11. 红外无线传输可以是定向的或是________。
    a. 模拟的　b. 数字的　c. 发散的　d. 被检测的
12. 在波中传输的无线电话或无线电称为________波。
    a. 电磁　b. 模拟　c. 磁　d. 电
13. 与数字信号不同，________信号是连续信号，中间没有隔断。
    a. 磁　b. 可见　c. 光　d. 模拟
14. 改变一个信号，把数据编码到其中，称为________。
    a. 波特　b. 解调　c. 调制　d. 连续性

15. PSK 是一种 ________。
    a. ASCII 编码　　b. 统一编码　　c. 相位调制　　d. 数字调制
16. 请解释一些无线电天线在传输信号时的工作原理。
17. 请解释一下 bps 与波特率之间的差别。
18. 请解释一下调幅、跳频与相位调制之间的差别。
19. 何谓正交调幅（QAM），其工作原理如何？
20. 请列出并描述一下 3 种不同类型的二进制信号技术。

动手项目

项目 2-1

在本项目中，请用十六进制和二进制写出你的名字。

1. 使用本书附录中的 ASCII 表，查找你姓氏中每个字母的十六进制 ASCII 值（注意，ASCII 表含有大写字母和小写字母的 ASCII 码）。下面是本书作者姓氏的十六进制值，为便于阅读，字母之间用短线分隔：

O–l–e–n–e–w–a = 4F–6C–65–6E–65–77–61

2. 把每个十六进制值转换成二进制值。最容易的方式是，把每个字符的十六进制码分成两个单独的数字。比如大写字母 O，就是 4 和 F。每个数字用一个字节中的 4 位来表示（又称为半位元组）。

3. 把每个数字转换为 0000（0x0）到 1111（0xF）范围内的等价二进制值，再把两组的 4 位二进制值组合成一个字节。由于本项目的需要，最高有效位（通常用于表示奇偶）总是为 0。

4. 以二进制形式写出你的完整姓氏。同样在 8 位组之间加一短线，以便阅读。本书作者的姓氏如下：

01001111–01101100–01100101–01101110–01100101–01110111–01100001

在下面项目中将会使用到这些结果。.

项目 2-2

本项目帮助你掌握调制的知识，以及在无线介质上传输数据（模拟或数字）。如前所述，本书介绍了几种不同的无线技术，它们使用各种调制技术。在本项目中，将使用调幅技术。

1. 在图 2-38 所示的网格顶部显示了一个模拟输入信号。要绘制经调幅后的波，首先把该输入信号复制到图 2-38 所示网格的最上面两行中。其目的是方便绘制载波，显示经调制后的样子。使用虚线绘制输入信号。

2. 在网格底部的两行中，通过镜像（在垂直方向上颠倒）输入信号来完成包络线。这里同样使用虚线。

3. 下面准备绘制调制后的载波。假设载波频率为 4 Hz，这样就可以容易绘制和可视化，绘制一个正弦波，每秒有 4 个完整周期。该波必须在上一步绘制的包络线内。在网格的每个一秒时间间隔中，调制后的载波频率必须保持为 4 Hz 不变。调制后的载波的高峰和低峰必须在前面绘制的包络线之内。

4. 请你的教师检查一下你的绘制结果，或者参见图 2-20 看看绘制是否正确。

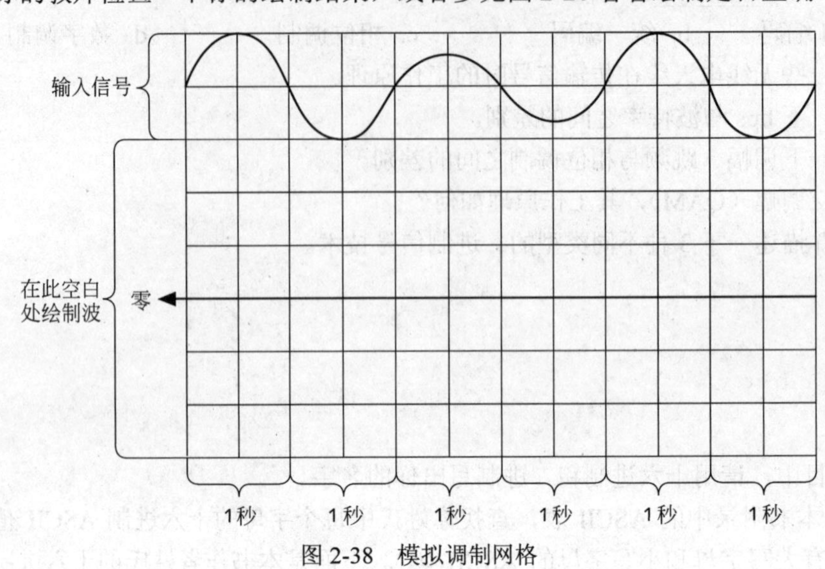

图 2-38 模拟调制网格

项目 2-3

如前所述，数字调制使得我们可以用模拟介质（如电磁波）来传输数字信号。在本项目中，绘制一个波形，说明是如何利用每次相位变化一比特（PSK）的方式把数字信号编码到载波中的。

1. 在图 2-39 中显示了一个网格和模拟参照波，没有输入信号。在网格顶部的空格中，输入你姓氏的第一个字母。

2. 调制后的载波应具有与初始载波相同的振幅。从网格左边的 0 开始，绘制一个 4 Hz 的载波来表示第一个比特 0。

3. 在第一秒钟的末尾，继续绘制载波，如果第二个最高比特是 1，改变相位。如果不是，则以相同的相位继续绘制载波。

4. 继续绘制 4 Hz 的载波，根据比特值为 1 或 0，按要求改变相位。

5. 在为全部 8 个比特（以 ASCII 码表示）绘制完载波后，把你所绘制的结果与图 2-39 进行比较，看看是否正确。

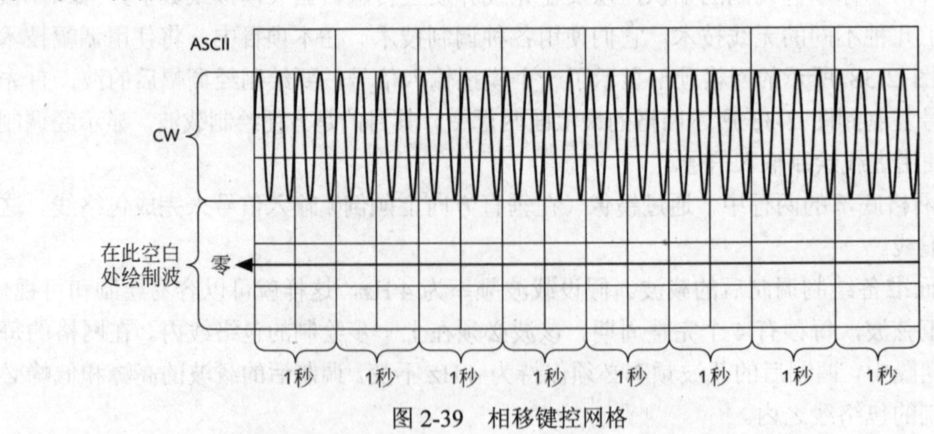

图 2-39 相移键控网格

真实练习

TBG（The Baypoint Group）是一家有 50 个员工的公司，从事企业与组织机构的网络规划与设计，你受雇于该公司。该公司的一个老客户 Woodruff 医药集团公司需要你帮助完成如下任务。

练习 2-1

有一家设备提供商试图向 Woodruff 医药集团公司销售红外 WLAN 办公设备。由于设备具有专利，成本很高，这是他们最关心的。尽管在敏感的医疗设备周围不会铺设网络设备，办公室管理员还是倾向于红外设备，因为他认为，其他类型的无线网络设备，可能会干扰 125 米外另一栋大楼里的医疗设备。

练习 2-2

准备制作一个 PowerPoint 演示，大致介绍一些红外线传输与无线电传输的工作原理。这些将要向办公室管理员（他不懂技术问题）和 LAN 管理员（他具有较强的技术背景）展示。应列出这两种传输的优点和缺点。该演示文件应至少含有 10 张幻灯片。你只有 2 分钟来解释这两种传输技术。

练习 2-3

在观看了你的展示后，办公室管理员有几个问题。其中一个问题涉及无线传输的速度。办公室管理员在家里有一个“56 Kbps 波特”的拨号调制解调器，想知道其传输速度与红外 WLAN 和 RF WLAN 的比较如何。他还不理解波特与 bps 之间的区别，他多次听到这两个术语，但还没有一个解释能让他满意。为此，办公室管理员想要一个书写报告，而不是一个展示文档。请归纳总结一下不同的传输速度，应包括 bps、波特、波特率和带宽等的信息。并说明为什么 bps 并不一定等于波特。

挑战性案例项目

一所本地社区学院向 TBG 公司咨询有关网络类型的调制问题，TBG 公司把这个任务交给了你。组建一个两三人的团队，研究一下 AM、FM、PM、ASK、FSK 和 PSK。尤其注意如何使用它们，以及它们各自的强项和弱项。请你给出结论，认为这些方法中的哪个，或哪些方法的组合，现在是无线数据通信的主要方法，你认为为什么会是这样。

第3章

射频通信

本章内容：

- 列出射频系统的组成部分。
- 描述影响射频系统设计的因素。
- 介绍标准的好处，列出主要的电信标准组织。
- 阐述射频频谱。

射频（Radio frequency，RF）通信是最常用的无线通信类型。它包含使用无线电波（从无线电广播到无线计算机网络）的所有类型的射频通信。在本书中，主要介绍的是无线数据通信。由于技术的融合，例如，蜂窝手机和卫星的数据通信，本章也涵盖了这些类型的 RF 通信。

基于光的通信也是无线通信，本章将简要介绍它。但 RF 通信与之不同，它可以传输很长的距离，不会被信号传输路径中的物体阻碍（基于光的通信会被物体阻碍）。RF 还是一种成熟的通信技术，第一次射频传输是在 100 多年前发生的了。

RF 通信很复杂，但本章试图简明扼要地来介绍这个内容。本章首先介绍 RF 通信的基本组成部分。然后，探讨一下与 RF 系统的设计和性能有关的问题。接下来，介绍一下创建和推进 RF 标准的各种组织。最后，介绍了 RF 频谱的分布。

3.1 射频系统的组成

尽管射频系统的功能各不相同，但所有射频系统都有一些常见的硬件组成。这些组成包括滤波器、混合器、放大器和天线。前面 3 个组成部分在本章介绍。第 4 个（即天线）很重要，尤其是无线数据通信领域的加速发展，足以自成一章（第 4 章）。

3.1.1 滤波器

正如其名所示，滤波器把不需要的 RF 信号去除掉。我们的周围都充满着 RF 信号，涵盖了电磁波频谱中的每种频率（回见图 2-1）。这些信号大部分是由传输设备（如蜂窝手机、通信卫星以及射频与电视台的发射机）产生的，其他一些则来自外空。在射频接收器接收了这些 RF 波后，滤波器会过滤掉那些不想接收的频率。看看家里使用的水过滤器，它可以过滤掉一些颗粒和其他杂质。还有汽车的汽油过滤器，它可以防止较大的杂质进入发动机，而汽油本身则可以通过。RF 过滤器根据信号的频率，允许或拒绝该信号通过。表示滤波器的方块图如图 3-1 所示。

在表示无线电波与微波元件时，方块图符号比较通用和常见。

有 3 种类型的 RF 滤波器：低通滤波器、带通滤波器和高通滤波器。对于低通滤波器，设置了最高频率阈值，低于该值的所有信号都可以通过，如图 3-2 所示。

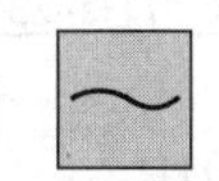

图 3-1　过滤器符号

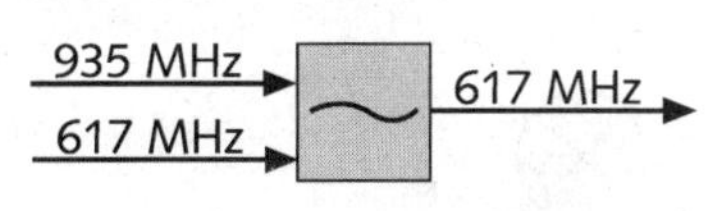

图 3-2　低通滤波器

高通滤波器不是像低通滤波器那样设置最高频率阈值，而是设置最低频率阈值。高于这个最低阈值的所有信号都可以通过，低于该阈值的则被阻塞。此外，在调制含有要传输的数据的信号时，所产生的“杂散”信号称为**谐波**（harmonics），这种波位于要传输的频率范围之外，也是必须要过滤掉的。高通滤波器如图 3-3 所示。

带通滤波器既不设置最低频率阈值，也不设置最高频率阈值，而是设置一个频率范围（称为带通），其中包含有最低频率阈值和最高频率阈值。位于带通范围内的信号可以通过带通滤波器，如图 3-4 所示。

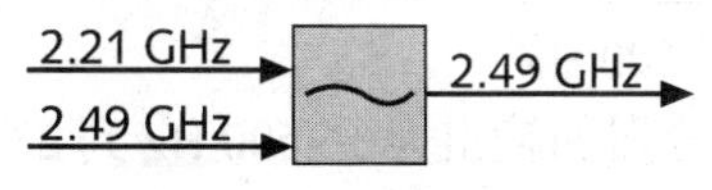

图 3-3　高通滤波器

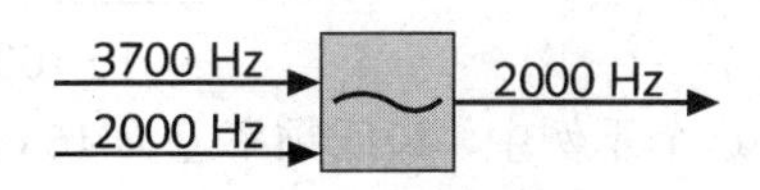

图 3-4　带通滤波器

在一些描绘滤波器的图形中，会显示有多个输入。这只是为清晰起见而已。滤波器通常只有一个输入。

在发射器中也有滤波器，在这里，滤波器用来去除不想要的频率（称为谐波振荡），这些频率是在传输之前，在调制信号的过程中产生的。滤波器在发射器中的工作方式如图 3-5 所示，这是其中的一部分方框图。其输入是要发送的信息，它可以是音频、视频或数据形式。发射器接收输入数据，通过改变正弦波的振幅、频率或相位（参见第 2 章），对信号进行调制（通过模拟调制或数字调制）。调制过程的输出称为**中频**（intermediate frequency，IF）信号，它包含 8 MHz 到 112 MHz 之间的频率。然后，IF 信号通过带通滤波器过滤，以去除不想要的高频或低频信号，得到一个 10 MHz 到 100 MHz 之间的频率范围。

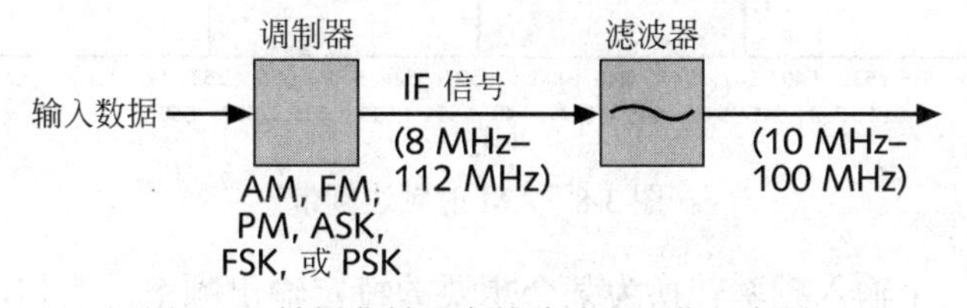

图 3-5　射频发射器中的滤波器工作示意图

3.1.2　混合器

混合器的作用是把两个输入合成单个输出。混合器符号如图 3-6 所示。混合器的输出是两个频率的最高频率和与最低频率差之间的频率范围。在图 3-7 中，输入信号（要传输的信息）为 300 Hz 到 3400 Hz 之间，载波频率为 20 000 Hz。

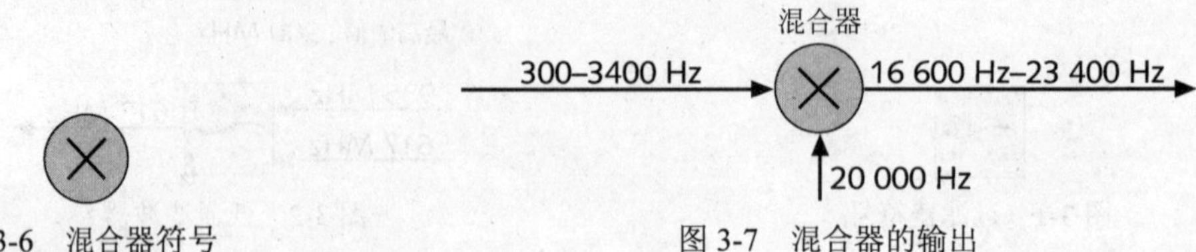

图 3-6　混合器符号　　　　图 3-7　混合器的输出

混合器把输入频率与混合频率相加，得到和：

$$\begin{array}{r} 20\,000\ \text{Hz} \\ +\quad 300\ \text{Hz} \\ \hline 20\,300\ \text{Hz} \end{array} \qquad \begin{array}{r} 20\,000\ \text{Hz} \\ +\ 3\,400\ \text{Hz} \\ \hline 23\,400\ \text{Hz} \end{array}$$

在这个示例中，23 400 Hz 为最高频率和。混合器还要确定输入频率与混合频率之间的最低频率差，例如：

$$\begin{array}{r} 20\,000\ \text{Hz} \\ -\quad 300\ \text{Hz} \\ \hline 19\,700\ \text{Hz} \end{array} \qquad \begin{array}{r} 20\,000\ \text{Hz} \\ -\ 3\,400\ \text{Hz} \\ \hline 16\,600\ \text{Hz} \end{array}$$

在这个示例中，最低频率差为 16 600 Hz。因此，混合器的输出为 16 600 Hz 到 23 400 Hz 之间的频率。这个频率和与频率差就称为载波频率的边频带，因为它们位于载波信号频率中心之上或之下。

要理解边频带的一种方式是看看 AM 射频信号。AM 广播的射频为 535 kHz 到 1605 kHz 的频率范围。在 AM 广播的射频信号中，边频带通常为 7.5 kHz 宽，因此，AM 的无线电台使用总共大约 15 kHz 的带宽来传输一个声频或音频。图 3-8 显示了一个边频带示例。

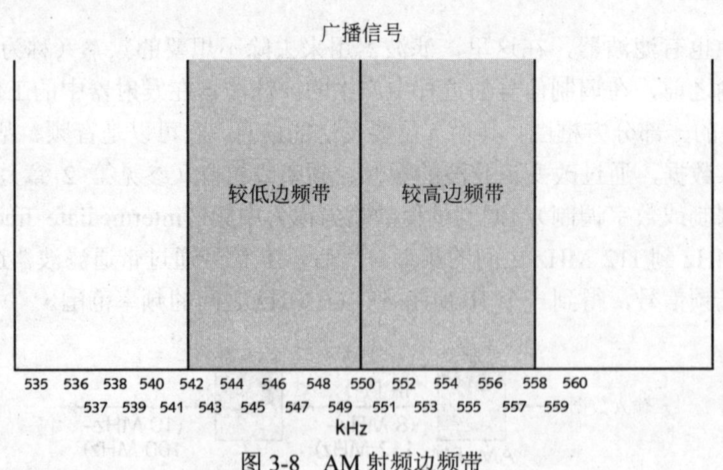

图 3-8　AM 射频边频带

混合器用于把一个输入频率转换为某个想要的特定输出频率。例如，假设希望使用 800

MHz 的载波来传输数据。图 3-9 显示了混合器在射频发射器中的工作情况。发射器接收输入数据，并把该信号调制，产生一个 IF 信号。在这个示例中，来着调制器的输出是 8 MHz 到 112 MHz 之间的频率，其中也包含了一些不想要的谐波频率。然后，把该信号输入到带通滤波器，得到范围为 10 MHz 到 100 MHz 之间的想要的 IF 信号。再把这个 IF 信号与所需的 800 MHz 载波信号作为混合器的输入。混合器的输出为 698 MHz 到 903 MHz 频率范围的一个信号，该信号最后通过另一个带通滤波器，去除掉传输范围之外的所有频率（也就是那些位于既定边频带之外的频率）。

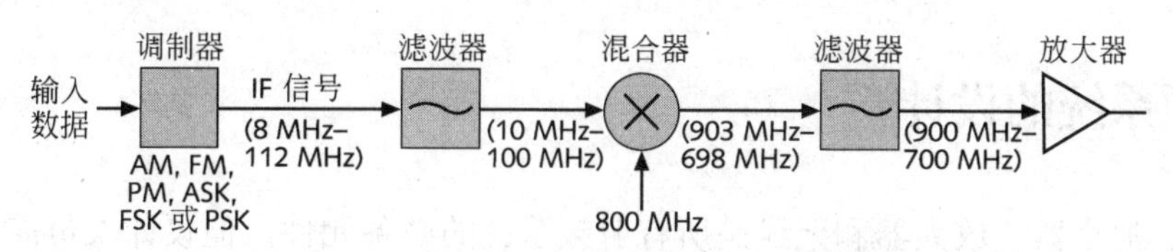

图 3-9　混合器在射频发射器中的工作情况

3.1.3　放大器

放大器用于增加 RF 信号的振幅。图 3-10 显示了放大器的符号。在图 3-9 中，放大器位于射频电路的最后阶段，其功能是把从滤波器接收而来的信号在传输出去之前放大。在射频系统中，放大器是很重要的元件，因为 RF 信号在穿过电路、空气或空间时，强度会减弱。滤波器和混合器是无源设备，这意味着它们不会增加信号的能量，相反，它们还会带走信号的一部分能量。同样，当携带有经调制后的信号的电磁波从天线发出，并从发射器传输到接收器天线时，其能量的很大一部分也被丢失，或者由于被空气中的水分子、墙面、树木等吸收而减弱（振幅降低）。

放大器是一种有源设备。这样，要让它能工作，必须给它供电。放大器使用这些电来提高输入信号的强度，然后输出具有更高振幅的信号，该信号与输入信号完全相同，只是振幅更高。

3.1.4　天线

要传输或接收一个 RF 信号，就必须把发射器或接收器与天线连接，天线的符号如图 3-11 所示。表 3-1 显示了射频系统元件列表，各元件的功能及其符号。第 4 章将详细介绍天线。

图 3-10　放大器符号　　　　图 3-11　天线符号

表 3-1　射频系统的元件及其符号

元件名	功　能	符　号
滤波器	接收或阻止 RF 信号	
混合器	把两个射频输入组合成一个输出	

续表

元件名	功　能	符　号
放大器	提高信号的强度	
天线	发送或接收电磁波	

3.2 射频系统的设计

滤波器、混合器、放大器和天线是所有射频系统的必备元件，但设计人员需要考虑如何使用系统。在射频信号广播中，这比较简单，只需确定天线的大小和位置，以及保证信号足够强，能覆盖一个较大区域就可以。然而，在一些集成了双向通信的射频系统中（例如，通过无线网络的蜂窝手机连接），还有其他一些因素需要考虑，包括多址访问、传输方向、信号转换和信号强度。

3.2.1 多址访问

由于用于射频传输的频率数量有限，因此充分使用频率很重要。一种方式是，让多个用户共享某个频率，从而减少所需的频率数量。在图3-12中，有一组人在使用移动电话，所有用户都在同一信道中。如果左边的3个人同时传输数据，那么右边的3个人就不可能理解所传输的数据。要让所有用户共享一个信道的唯一方式是，让他们轮流进行数据传输。

多址访问的另一个示例是，某公司员工从某个办公室往另一个办公室发送多封信或多个包裹。所有这些信封和包裹都是同时在同一条邮路上用同一辆邮车寄送（多址访问）。但当邮车到达另一个办公室时，会把信封和包裹分拣，递送给各自的接收人。

有多种方法可实现多址访问。在无线通信中，最重要的是**频分多址**（Frequency Division Multiple Access，FDMA）、**时分多址**（Time Division Multiple Access，TDMA）和**码分多址**（Code Division Multiple Access，CDMA）。

1. 频分多址

频分多址（FDMA）是把一个信道的带宽（一个频率段）分为几个较小的频带（较窄的频带或信道）。例如，一个50 000 Hz带宽的传输频带可以分为1000个信道，每个信道的带宽为50 Hz。然后在把每个信道专门分给某个用户。该概念如图3-13所示。FDMA最常用于模拟传输。

有线电视信号是使用FDMA在同轴电缆上传输的。每个模拟电视信号使用电缆500 MHz带宽中的6 MHz。

再看看图3-12的示例。如果左边的每个人在移动电话上选择一个不同的信道，使用相同频带中的不同部分，右边的每个人则选择3个传输信道中的一个，那么左边的每个人就可以同时传输数据，右边的每个人也可以接收不同的传输。

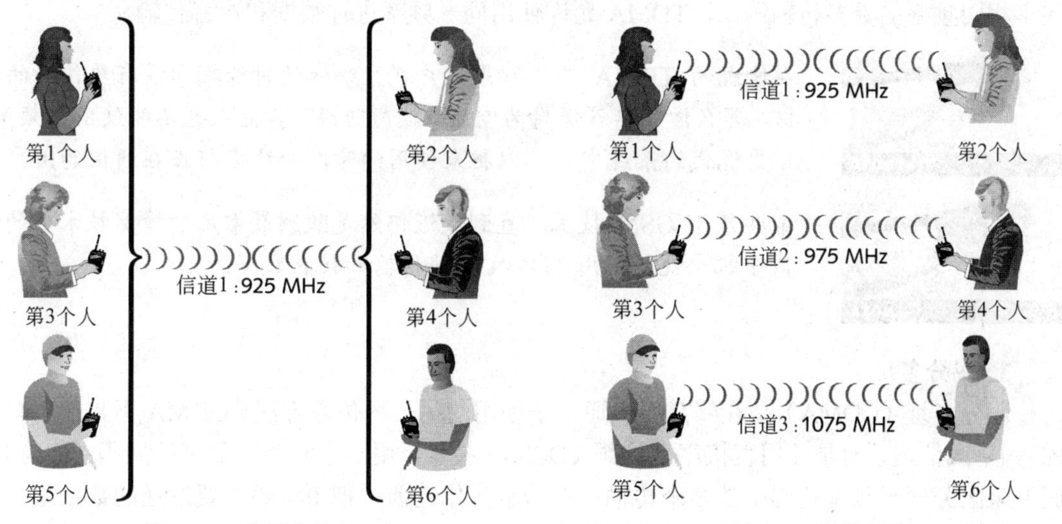

图 3-12　多用户访问　　图 3-13　频分多址

FDMA 的缺点之一是，当以分组比较靠近的频率发送信号时，来自一个频率的错误信号可能会闯入相邻频率中。这些现象（称为串扰）会在其他频率上引起干扰，并可能中断传输。

2. 时分多址

为克服窜话问题，人们开发了时分多址（TDMA）。FDMA 是把带宽分成几个频带，TDMA 则是把传输时间分为几个时隙。根据一种固定的轮换机制，把这个频带分给每个用户一段时间。由于每个时隙都很短，因其他用户占用频带而发生的延时并不明显。图 3-14 阐述了用于 6 个用户的 TDMA。TDMA 大部分情况下用于数字传输。

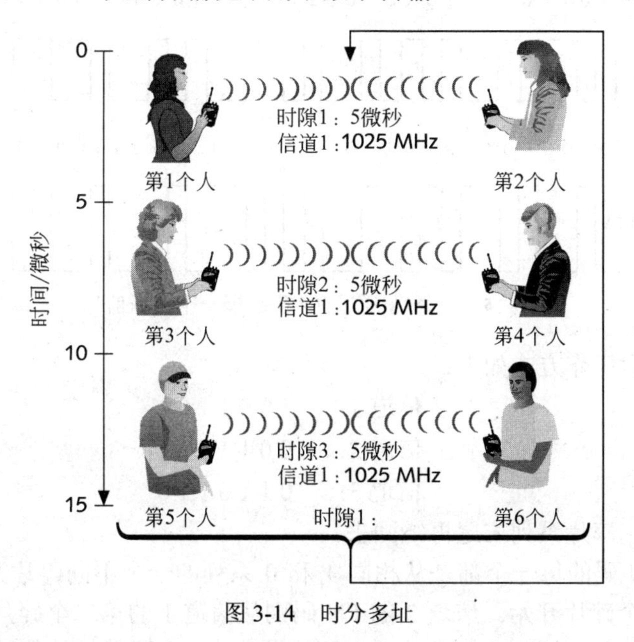

图 3-14　时分多址

与 FDMA 相比，TDMA 有两个主要优点。第一，它使用用带宽更高效。研究表明，当使用一个 25 MHz 的带宽时，TDMA 可以获得的容量是 FDMA 的 20 倍，这意味着它可以处理共享相同频率的更多传输第二，TDMA 允许使用同一频率进行数据和声音传输。

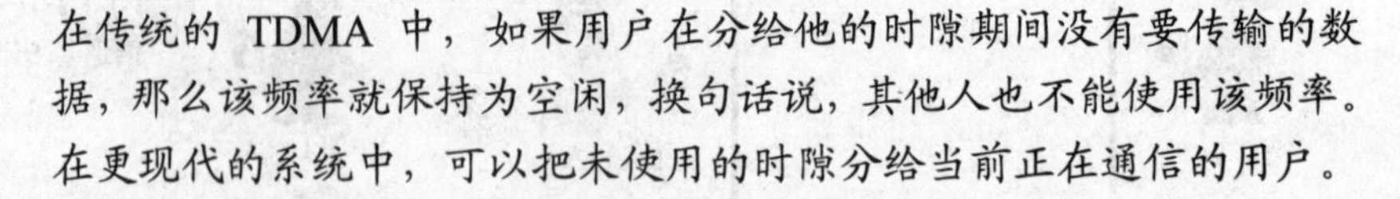

在传统的 TDMA 中，如果用户在分给他的时隙期间没有要传输的数据，那么该频率就保持为空闲，换句话说，其他人也不能使用该频率。在更现代的系统中，可以把未使用的时隙分给当前正在通信的用户。

某些基于 GSM 技术（直到最近仍然是欧洲最常用的蜂窝技术）的蜂窝手机，就是使用 TDMA 方法传输和接收数据。

3. 码分多址

码分多址（CDMA）是在蜂窝手机通信中使用的另一种传输方法。CDMA 不是使用单个 RF 频率或信道，而是使用直接序列扩频（DSSS）技术，用一个唯一的数字扩展码（称为 PN 码）来区分同一频率范围中的多个传输。在传输开始之前，把 PN 码与要发送的数据组合在一起，在这一步中，把信号扩展到一个较宽的频带上。

CDMA 非常类似于第 2 章介绍的扩频传输技术。CDMA 与之不同的是，要实现多址，首先要给每个用户传输 PN 码的一系列碎片。回忆一下，在 DSSS 中，扩展码的 1 和 0 称为“碎片”，以免把它们与数据比特混淆了，这在数据中烙下了一个唯一地址。然后，每个“地址”只能被共享频率的某一个用户使用。图 3-15 阐述了扩展码的概念。

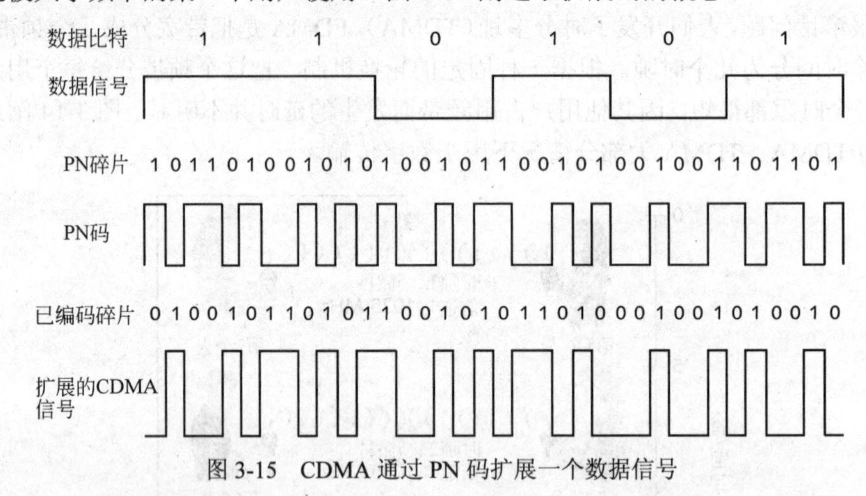

图 3-15　CDMA 通过 PN 码扩展一个数据信号

唯一地址的概念工作方式如下：

信道 1：　1 0 0 1 1 0 1
信道 2：　0 0 1 1 0 1 1
信道 3：　0 1 1 0 1 1 0

以此类推，直到碎片系列末尾再绕回去。

注意，这些 PN 码的每一个都是从相同 1 和 0 系列的一个不同碎片开始。信道 2 的 PN 码从信道 1 的第二个碎片开始。信道 3 的 PN 码则从信道 1 的第二个碎片开始，以此类推，直到没有更多的唯一码可用为止，碎片系列再绕回来。PN 码越长，能够共享某个信道的用户数量就越大。在前面的唯一地址示例中，每个 PN 码有 7 个碎片，有 7 个唯一码。

PN 码中的碎片数量确定了被传输数据所占用的扩展或带宽数量。因为扩展数量受分配给系统的带宽限制，扩展码的长度也确定了唯一码系列的数量，因此，也就确定了共享该频带的用户数量。

在 CDMA 技术中，扩展码又称为**伪随机码**（pseudo-random code，PN code），因为该码看起来像是一个 1 和 0 的随机系列，但实际上它是不断重复的。

在接收器那里，把扩展过程倒过来，把 PN 码解扩，以抽取出所传输的原始数据比特。由于所有接收器都在同一频率上，它们全部接收相同的传输。设计 PN 码，这样，当某个接收器接收到由另一个接收器所用的 PN 码扩展的信号，并试图恢复原始数据时，解码后的信号看上去仍然是一个高频信号而不是数据，因此会忽略它。图 3-16 显示了 CDMA 中的数据解码，图 3-17 显示了当一个接收器试图解扩另一个接收器的信号和恢复数据比特时的示例。

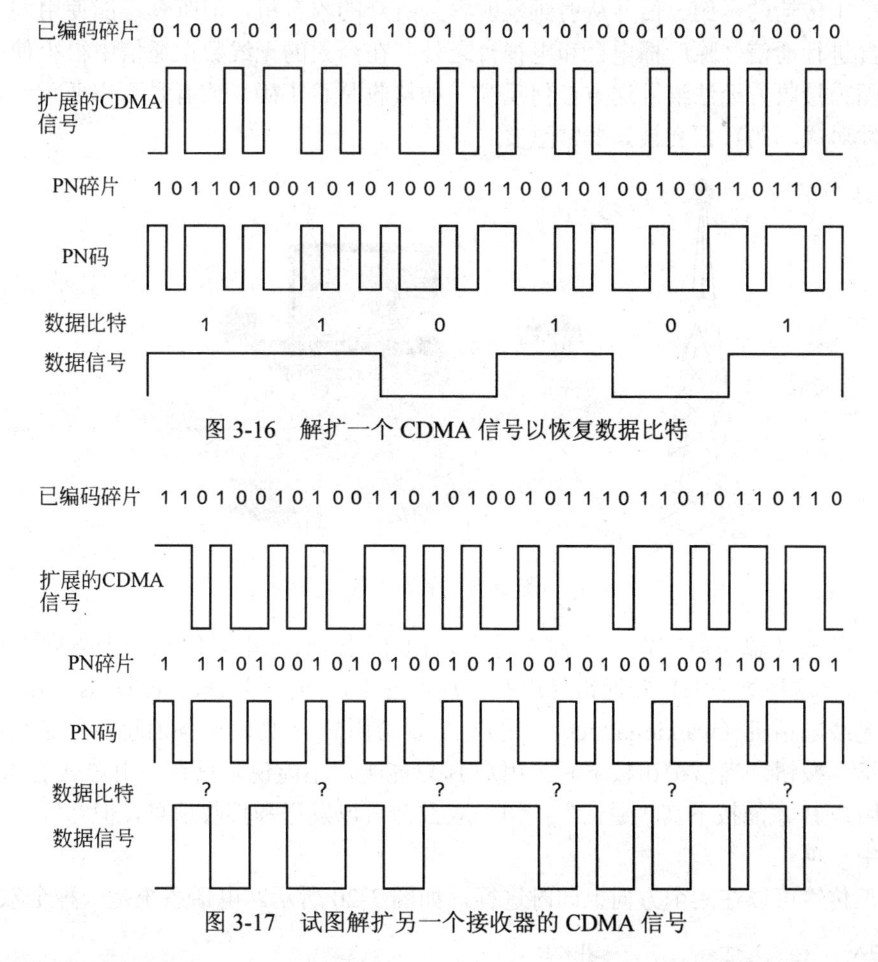

图 3-16　解扩一个 CDMA 信号以恢复数据比特

图 3-17　试图解扩另一个接收器的 CDMA 信号

要理解 CDMA，想象房间里有 20 个人，同时进行一对一对话。假设每一对都在以不同的语言同时对话。忽略房间的噪声问题，由于每两个人的对话其他人都听不懂，因此他们的对话不会相互干扰。

CDMA 有如下一些优点。

- 它可以携带数据量是 TDMA 的 3 倍。
- 传输很难被窃听，因为侦听者很难接收扩展到在整个频率上的某个对话。

- 窃听者必须知道某个传输开始的确切碎片，如果用户发生了移动，其蜂窝手机连接到一个不同的发射塔了，那么 PN 码会发生改变，这使得窃听非常困难。

基于 CDMA 的蜂窝技术非常复杂。因为本书不是专门介绍 CDMA 技术的，以上描述只是对这种多址技术给出一个大致介绍。

3.2.2 传输方向

在大多数通信系统中，数据必须可以在两个方向上传输，并且可以对数据流进行控制，使得发送和接收设备知道何时有数据达到，或何时需要传输数据。有 3 种类型的数据流：单工传输、半双工传输和全双工传输。

单工传输只能在一个方向上进行，即从设备 1 到设备 1，如图 3-18 所示。广播无线电台就是一个单工传输的示例。信号从射频发射器到听众的收音机，但听众不能使用同一个射频信号与电台进行通信。除广播电台和电视台之外，在今天的无线数据通信中很少使用单工传输。这是因为接收方无法给发送方任何反馈，如接收是否正确，或者是否需要重新发送等。这种可靠性对成功的数据交换是非常重要的。

图 3-18 单工传输

半双工传输传输可以在两个方向上进行，但在同一时间里只能在一个方向上传输，如图 3-19 所示。这种类型的传输通常使用在客户设备中，如民用波段（citizens band，CB）射频或手提无线电话机（walkie-talkies）。用户 A 要给用户 B 传输一条消息，他必须在讲话时按下“通话”按钮。当该按钮按下时，用户 B 只能听，不能说。只有在用户 A 松开“通话”按钮后，用户 B 才能按下其“通话”按钮。双方都可以发送和接收信息，但在同一时间里只能进行其中一项。

全双工传输可以在两个方向上同时进行，如图 3-20 所示。电话系统是一种全双工传输。

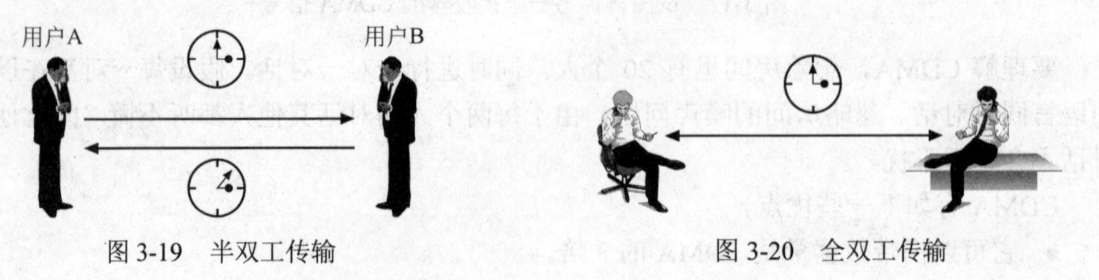

图 3-19 半双工传输

图 3-20 全双工传输

通话的双方在同一时间里都可以说话，通过该通话，都能听到对方说话。大多数的现代无线系统，如蜂窝手机，使用的就是全双工传输。

如果无线传输和接收使用的是同一天线，那么滤波器就可以用于全双工传输。大多数以全双工模式工作的 RF 通信设备是在不同的频率上发送和接收信号的。天线在接收频率上接收传输，传递给滤波器，并发送给接收器，同时，在发送频率上的传输也传递给同一天线，如图 3-21 所示。

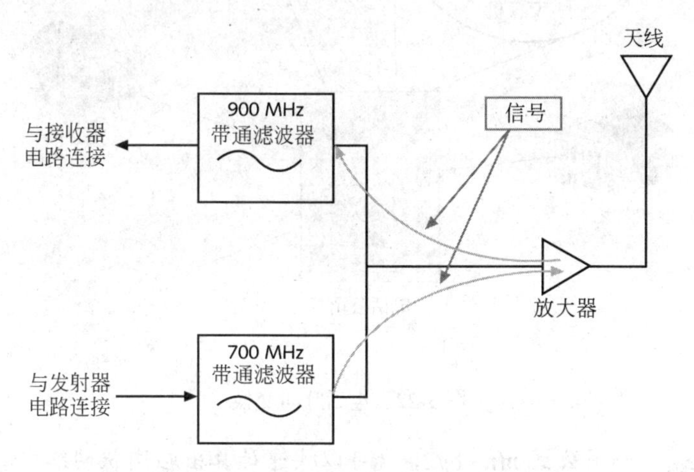

图 3-21 在全双工 RF 通信中使用一个天线

3.2.3 信号交换

交换（switching）概念对所有类型的电信都很重要，不论是有线的还是无线的。转换包括把信号从一条电线（或一个频率）移到另一条电线（或另一个频率）。看看你家里的电话。你可以使用它来呼叫同一街道上的朋友，另一个城市的同学，或同样具有电话的其他任何人。一部电话怎样用来呼叫世界上任何其他电话呢？这是由电话公司的交换机来完成的。来自你电话的信号从你的电话线到电话公司的交换机，然后交换或移到你朋友的电话线。此过程如图 3-22 所示。

最初的电话交换不是自动的，操作员负责手工把两个线连接（交换）起来。今天的电话系统称为公用电话交换网络（Public Switched Telephone Network，PSTN），在该网络中使用的各种设备（包括家庭电话机），在数据通信领域通常称为普通老式电话系统（Plain Old Telephone System，POTS）。

为了更好地理解为什么需要交换，设想有一个电话网络，如果不使用交换，其中的每部电话都必须与其他电话用电线连接起来。如果该网络有 500 部电话，每部电话需要 499 条电缆与其他所有电话相连接，这样总共需要 124 750 条电缆。如果你在纸上绘制一个有 5 部电话的网络，会发现需要 10 条电缆来连接它们全部。这种类型的连接称为“网状网络”。

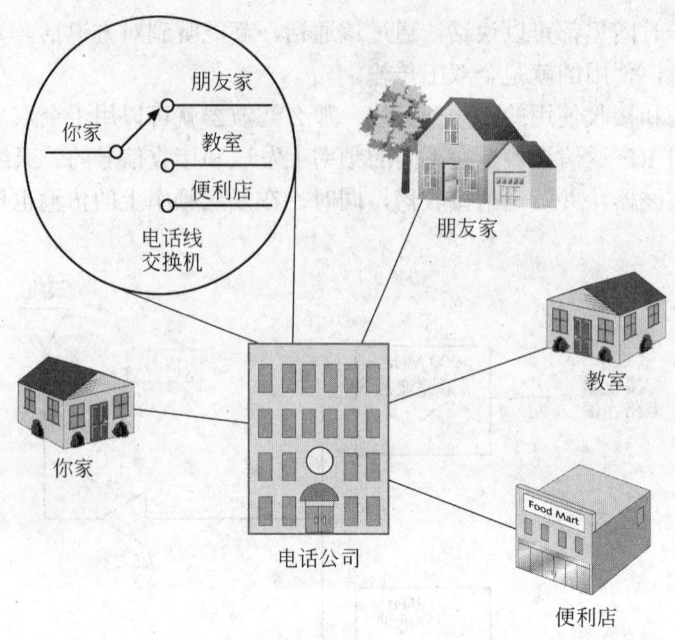

图 3-22　电话呼叫交换

利用公式 n(n−1)/2，就可以快速计算出在网状网络中，需要多少条电缆来连接其中的电话或计算机，其中 n 是要连接的设备总数。当然，这并不是一个很实际的解决方案。如果要把某个城市 100 000 部电话全部连接起来，那么每部电话都需要数量非常巨大的电线。

今天电话系统所使用的交换类型，称为**电路交换**（circuit switching）。当进行一个电话呼叫时，通过交换，会在呼叫方和接听方之间创建一条直接的物理连接。当该电话呼叫进行时，这条连接是“专用的”，只对这两个用户开放。此时，如果不考虑今天电话网络的其他高级功能，在该通过进行时，其他呼叫无法与这两个相互连接的电话连接，任何试图呼叫该电话的人都会收到一个忙音。这个直接连接会持续到通话结束，此时，交换机停止该连接，使这两部电话又可以接收或发出呼叫。

在有线电话系统和第二代无线蜂窝电话系统中使用的都是电路交换。

电路交换非常适合语音通信，而在传输数据时效率不高，因为数据传输以“脉冲”形式发生的，在两个脉冲之间有延时。由于在延时期间不会进行传输，因而导致时间浪费。数据网络使用的不是电路交换，而是**分组交换**（packet switching）。分组交换要求把数据传输分割成较小的数据单元（称为**分组**（packet））。然后把每个分组通过网络单独发送到目的地，如图 3-23 所示。

分组交换对数据传输有两个重要优点。一个优点是，它可以更好地使用网络。在图 3-23 中，如果 PC-A 没有要发送的数据，PC-B 和 PC-C 可以使用网络的可用带宽来发送更多的数据。电路交换则是要占用通信线路，直到传输完成为止，而分组交换则允许多台计算机共享

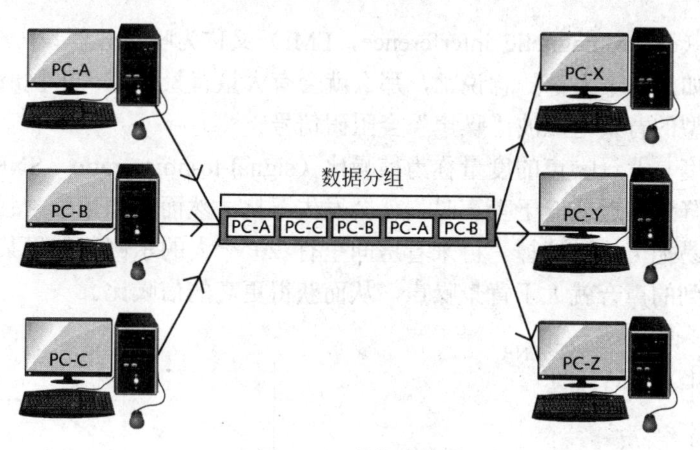

图 3-23 分组交换

同一条线路或频率。这是因为来自几个不同计算机的分组，在传输时可以交织在一起。另一个优点是纠错处理。如果某个传输发生了错误，通常只会影响某个或某几个分组。只有那些受影响的分组（而不是整个消息）才需要重新发生。

3.2.4 信号强度

在射频系统中，信号必须有足够的强度，使信号可以达到其目的地时具有足够的振幅，以便天线能接收到，并从中抽取出信息。在无线系统中管理信号强度比在有线网络中要复杂得多。由于不只是限于一对电线中传输的，很多类型的电磁波干扰会对传输造成破坏。此外，很多物体，静止的和移动的，都会对信号产生影响，阻碍或使其发生反射。电磁波干扰包括高压电线、太阳发出的各种射线以及闪电（如图 3-24 所示）。

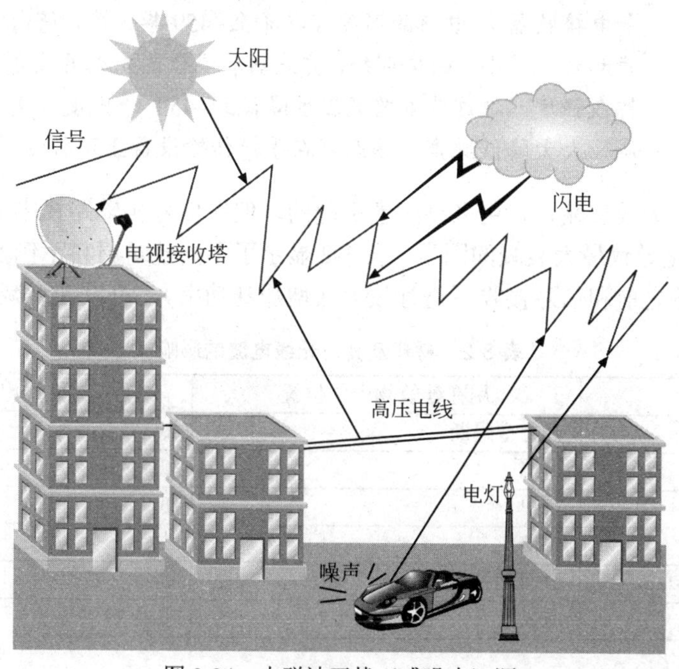

图 3-24 电磁波干扰（或噪声）源

电磁波干扰（electromagnetic interference，EMI）又称为噪声。假设一个房间里有 20 个人，两两谈话。如果每个人都随意说话，那么就会有大量背景噪声，干扰所有谈话。对于无线电波，各种类型的背景电磁波“噪声”会阻碍信号。

比较信号强度与背景噪声的度量称为信噪比（signal-to-noise ratio，SNR），如图 3-25 所示。当信号强度降到接近或低于噪声时，就会发生干扰。然而，如果信号强度远大于噪声，那么就可以很容易把干扰过滤掉。再来看房间里有 20 个人的示例。如果某人靠近他的谈话对象，这样他听到的声音就大于背景噪声，从而获得更高的信噪比。

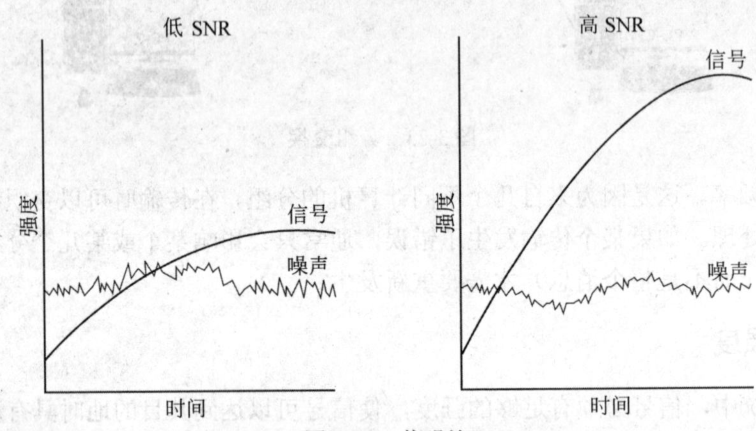

图 3-25 信噪比

降低由噪声引起的干扰有多种方式，从而得到一个可接受的信噪比。可以使用功率更大的放大器来提高信号强度，可以在接收端过滤信号，或者使用诸如频跳扩频之类的技术。使用复杂和昂贵的设备（如超灵敏度的射频射电接收器），电路的温度可以降至–459 华氏度，使由电路本身产生的噪声和衰减最小。回忆可知，滤波器和混合器是无源设备，会降低信号的振幅或强度。把这些电路的温度降低到–459 华氏度，实质上就可以去除衰减，大大降低噪声。然而，在手持传输设备上这样做是不实际的。

信号强度的丢失或衰减，是由多种因素引起的，但在信号传输路径中的物体，包括人造物体（如墙面），是导致最大衰减的因素。表 3-2 显示了不同建筑材料示例及其对射频传输的影响。在信号传输之前和信号接收后进行放大（增加其功率），可以使衰减最小化。

表 3-2 材料及其对无线电波的影响

材料类型	用在建筑物中的位置	对无线电波的影响
木材	办公室隔断	低
塑料	内墙	低
玻璃	窗户	低
砖块	外墙	中
混凝土	地面和外墙	高
金属	电梯	非常高

在某些频率中，降水（如雨雪）也会引起衰减。因此，随着海拔的升高，衰减降低，因

为海拔越高，空气和水蒸气的密度降低。

射频信号传输时，电磁波会散布出去。其中一些波可能会在较远的平面上发生反射，并继续往接收器方向传播。这使得所接收的相同信号，不仅来自不同方向，而且来自不同时间，因为从较远平面反射而来的波到达接收器花费时间更长，如图 3-26 所示。

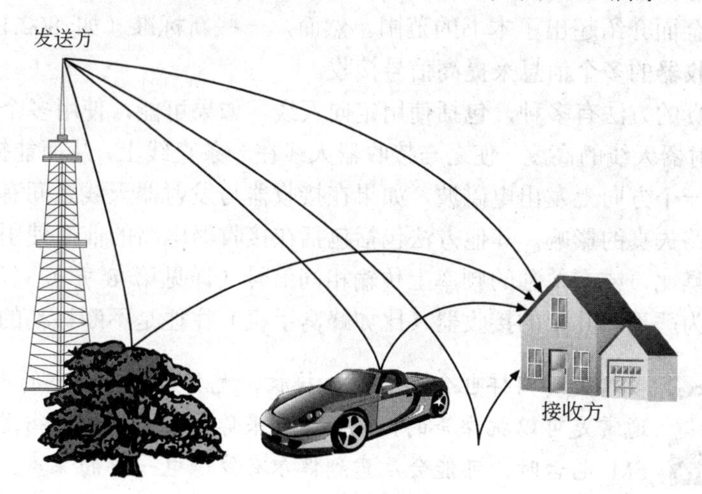

图 3-26　多路干扰或失真

这种现象（称为多路失真（multipath distortion））会引起干扰问题，影响信号的强度。这会妨碍接收器接收足够强的信号，如图 3-27 所示。

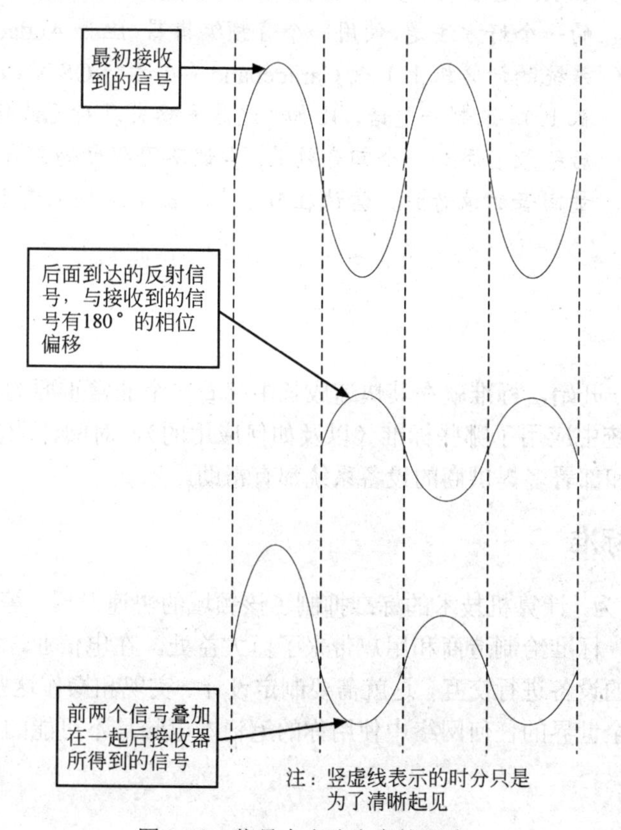

图 3-27　信号中多路失真的影响

多路失真的名称来源于这样一个事实，一些波发生了反射，从发射器到接收器的传输经历的是不同路径，以不同的时间达到接收器天线，与以更直接路径到达的波相比，发生了相位变化。接收器输入端的信号发生了失真，因为这些信号的波峰会彼此进行叠加。结果是，接收器天线的信号振幅可能减弱或增强，这都会引起问题。多路失真是一个非常复杂的问题，有个这个问题的全面介绍超出了本书的范围。然而，一些新标准（如 802.11n）则充分利用不同时间到达接收器的多个信息来提高信号接收。

减少多路失真的方法有多种，包括使用定向天线，如果可能，使用多个接收器射频和天线，或者改变发射器天线的高度，使之与接收器天线在一条直线上，从而能提供更强的信号。定向天线只在某一个方向上发出电磁波，如果在接收器与发射器天线之间有一条直线，有助于降低或消除多路失真的影响。其他方法包括包括在接收器电路的前面使用一个更大功率的放大器来提高信噪比，或在单独的频率上传输相同信号（详见第 8 章）。多路失真在有大型建筑的城市中尤为严重，其中的接收器（比如蜂窝手机）往往是不断移动的。

多路失真同样也会影响 FM 接收，尤其是在大城市的街道上。FM 电台通常是可以抗噪声的，然而，如果你是在大城市的街道上行驶，在收听 FM 电台时，可能会注意到偶尔有像静电一样的噪声。这种噪声就是从大型建筑物反射回来的信号所引起的，这些信号达到接收器时发生了相位移动，有时候这种信号很快就消失了。

在 RF 通信中，多路失真的原理非常类似于回音的影响。模拟多路失真的一个好方法是，使用一个音频编辑器，比如 Audacity（在运行 Windows 系统的计算机上）或 Garageband（在运行 OS X 的苹果 Macintosh 计算机上），录制一句话，比如“这是多路失真对无线传输的影响结果”，然后给录音添加一个回音效果。尝试不同程度的回音。当你在播放含有大量回音的录音时，尝试在句话中挑出单个词来看看。

3.3 理解标准

几乎从电信业一开始，标准就在其快速成长中起着一个非常重要的作用。今天，如果了解了在无线通信系统中应用了哪些标准（以及如何应用的），对阅读业界新闻、技术文章、系统说明以及设计和部署多提供商的设备系统都有帮助。

3.3.1 为何需要标准

一些 IT 人士认为，计算机技术的标准抑制了该领域的快速发展，等待标准的制定，放缓了发展速度。但是，标准给制造商和用户带来了巨大益处。在电信业，某个制造商的设备，需要与其他制造商的设备进行交互，这就需要制定设计、实现和操作这些设备的标准。例如，没有标准，要想在全世界的任何网络中使用你的笔记本电脑是不可能的。

世界上首个电信标准是由国际电信联盟（International Telegraph Union，ITU）于 1885 年发布的。该标准起源于很多国家的政府希望有一个可兼容的电波操作规范。第一个电信标准的产生和发布历时 20 年。

3.3.2　标准的优缺点

在电信业，标准的开发与应用既有支持也有反对。标准的好处主要体现在互操作性与企业竞争上，缺点主要体现在行政上。

1. 标准的优点

电信标准的第一个优点是，保证某个提供商的设备可以与其他提供商的设备相互操作。不遵循标准的设备，可能无法与其他提供商的类似设备相互连接和通信。标准确保从提供商 A 购买的发射器可以无缝集成到含有从提供商 B 购买的接收器的通信网络中。

标准的第二个优点是，它们促进了竞争。标准对任何人都是开放的，任何想要进入市场的提供商都可以。因此，标准可以促进提供商之间的竞争，这种竞争可以带来不少益处。它可以使得客户的成本更低，促使提供商开发更好的产品。由于没有竞争，提供商生产的专有设备，如果降价就会减少获利。因此，在无竞争的市场中，它就会随意提高价格。但是，如果提供商是遵循相同的标准来生产产品，为了在市场中竞争，可能就会降低价格。这种竞争往往会使客户的成本降低。

竞争也会使制造商成本降低。由于已经制定了标准，制造商无须在研发上投入大量资金。它们可以以标准作为生产的蓝图。这就降低了起动成本以及把产品投放市场所需的时间。而且，由于标准提高了对遵循标准的产品的市场需求，制造商更愿意使用大规模生产技术，获得更大的经济效益。这样，产品成本降低，这些节约也就使得用户受益。

标准的第三个优点是，有助于保护客户在设备上的投资。经常有专有设备的制造商淘汰某个产品的生产线。购买这种生产线的企业有两种选择。它们继续支持这种过时的老式系统，但成本非常高，零件替换也越来越难。或者把现有的全部弃用，购买一个新系统。这两种选择都是很昂贵的。

标准有助于升级改造。制定最初标准的组织通过修改其标准，可以不断融入新技术。通常，这些修改是向后兼容的，降低了老式系统无法与新技术兼容的风险。

2. 标准的缺点

一些大国（如美国）把国际标准视作一种威胁，因为它们的国内市场得面对海外竞争了。小国家的制造商的企业管理成本可能较低，使得它们生产的设备比大型制造商的更便宜。标准使得这些制造商可以在国外生产和销售其产品，这往往会威胁国内制造商的市场份额。当然，从另一个角度看，标准可以使小国家获利。

标准的另一个缺点是，尽管可以使产品得到统一，但也有副作用。在某个时期，某个国家可能制定一个标准，并把它作为一个全球标准提供给其他国家。然而，另一个国家由于政治原因，没有参与该技术标准的制定，可能会反对这个标准，试图制定自己的标准。电视广播标准就是这样的一个示例。全世界的很多国家制定了各种标准，作为保护国内市场和文化传统的一种手段。随着 Internet 与全球贸易的到来，这种保护主义将被淘汰，但还是会有多个电视标准存在，使得很多制造商必须设计和生产支持多种标准的电视机和视频录像机。最终用户不得不为维护这些更复杂的设备付费。

大多数专家一致认同，标准是利大于弊的，标准在各行业（如电信业）中是至关重要的。

3.3.3 标准的种类

在电信业，有两种主要类型的标准：事实标准和法定标准。第三类标准行业联盟标准，对标准的制定发挥着越来越大的影响。

1. 事实标准

事实标准（de facto standard）不是官方标准。它们只是由于各种原因被行业遵循的常用惯例，因为它们容易使用，或者可能是传统上一直就在使用，或者已被大多数用户采用。事实标准大部分是由于在市场中的成功使用而形成的。例如，业内的大多数专家一直认为Microsoft Windows已成为个人计算机操作系统的事实标准。据估计，全世界大约85%的计算机用户在他们的计算机上运行Windows系统（2011年11月的数据）。没有哪个组织宣布过Windows是一种标准，但由于它的广泛使用，足以形成标准。

术语“de facto”来自于拉丁语，其含义是“来自事实”（from the fact）。正如在计算机与通信技术中的那样，那些被市场自愿采用的技术就成为了事实标准。

2. 法定标准

法定标准（de jure standard），又称为官方标准，就是那些被某个组织或团体控制的标准，这些组织或团体受委托制定标准。每个标准组织都有其成员规则。在下一节将介绍其中一些组织。

制定标准的过程非常复杂。通常，组织机构规划负责某个技术的小组委员会。每个小组委员会由不同的工作组构成，这些工作组是行业专家团队，其任务是制定标准文档的初始草案。然后把该草案发布给各成员（包括个体成员和公司），征求请求注解（requests for comments，RFC）。这些成员包括开发人员、潜在用户和其他对该领域感兴趣的人。委员会负责评阅这些注解，修订草案。然后，把最终草案提交整个组织机构评阅，并且在最终标准发布之前，通常要进行投票。

有时，事实标准经过委员会批准，可以成为法定标准。今天的TCP/IP网络通信协议就是这样一个示例，它的使用非常广泛，后来成为了一个官方标准，互联网工程工作小组（Internet Engineering Task Force，IETF）也成为了一个官方标准团体。

3. 行业联盟标准

对法定标准一个主要的抱怨是，要完成一个标准的制定，需要花费大量时间。例如，无线局域网的初始标准用了7年时间才完成。对电信和IT业来说，用这么长的时间才把产品推向市场，是非常漫长的，而且，在某些情况下，制造商已经推出产品很长一段时间了，标准才批准，最新的高速WLAN标准就是如此。

作为对这种批评的回应，现在经常由行业联盟来制定标准。行业联盟是由企业发起的组织结构，其目的是促进某个技术的发展。与法定标准团体不同，行业联盟的成员并不是对任何人都开放，而是由实力强的公司组成和运作行业联盟。行业联盟的目标是开发一个标准，以比官方标准组织更短的时间周期促进它们的某个技术。

最著名的行业联盟之一是万维网联盟（World Wide Web Consortium，W3C），这是由行业巨头如 Microsoft 公司、Netscape 公司、SUN 公司和 IBM 公司组成的。W3C 负责制定今天在 Internet 上广泛使用的标准，包括**超文本置标语言**（hypertext markup language，HTML）、**级联样式表**（cascading style sheets，CSS）和**文档对象模型**（Document Object Model，DOM）。

3.3.4　电信标准组织

在电信领域，标准组织有国家级、跨国级和国际级几种。下面介绍这几种组织。

1. 国家标准组织

在美国有几种标准组织，每种组织都在电信标准制定中发挥着作用。美国国家标准协会（American National Standards Institute，ANSI）就像是美国各种标准开发的情报交易所。大多数的 ANSI 标准都是由其超过 270 个附属组织中的某一个开发的。这些附属组织包括各种团体，如美国水质保护协会和美国电信工业协会，以及最初负责创建在计算机与数据通信中使用的 ASCII 码的协会。据 2011 年的数据，ANSI 吸引了超过 125 000 家公司和 350 万专业人员的目光。

美国电信工业协会（Telecommunications Industries Association，TIA）是 ANSI 的附属组织之一。它是由来自电信、电子器件、消费电子以及电子信息等行业的提供商组成的。通过与这些提供商的合作，TIA 发布业界遵循的各种推荐标准（Recommended Standards，RS）。例如，TIA 开发并发布了一个标准，定义计算机串口、连接器管脚和电子信号的工作原理。这个标准通常称为 TIA RS-232。有关 TIA 的更多信息可访问网站 www.tiaonline.org。

TIA 有超过 600 家公司，这些公司为全球通信制造或提供产品和服务。TIA 的作用是为立法机构提供政策建议，在这样 5 个领域制定标准：面向用户的设备、网络设备、无线通信、光纤通信和卫星通信。

在制定电信技术标准时，还有两个组织发挥作用。互联网工程工作小组（Internet Engineering Task Force，IETF）是一个大型的、开放的（任何感兴趣的人都可以加入）社区，包括网络设计人员、操作人员、提供商，以及关注 Internet 体系结构发展与 Internet 平稳运行的研究人员。尽管这是一个美国的组织机构，它可以接受来自世界上任何国家或地区的成员，关注电信协议的上层研究。就是该组织设计和开发了在 Internet 上使用的所有协议。IETF 已正式存在很多年了，但直到 1986 年才成为官方标准团体，由互联网架构委员会（Internet Architec-ture Board，IAB）把它正式化了。

IAB 负责定义 Internet 的整体架构，它还作为互联网协会（Internet Society，ISOC）的技术顾问组。互联网协会是一个由 Internet 专家构成的专业成员组织，负责评估各种政策和实际应用，监督负责网络策略问题的其他委员会和工作小组。有关 IETF 及其上级组织的更多信息，可访问网站 www.ietf.org。

与 IETF 一样，电子电气工程师协会（Institute of Electrical and Electronics Engineers,

IEEE）也是为电信业制定标准。然而，它还制定其他更广泛的IT标准。IEEE最著名的标准包括IEEE 802.3（该标准涵盖了局域网的以太传输）和IEEE 802.11（该标准涵盖了无线局域网传输的较低协议层）。

访问网站 www.ieee.org 可以进一步了解 IEEE。你也可以从下面网站免费获得与网络技术和无线网络有关的 IEEE 802 标准（只要这些标准发布时间超过了 6 个月即可）：
standards.ieee.org/getieee802/portfolio.html.

2. 跨国标准组织

跨国标准组织可以跨越不止一个国家，它们中很多是在欧洲。例如，欧洲电信标准协会（European Telecommunications Standards Institute，ETSI）开发了在整个欧洲使用的电信标准。其成员由欧洲的公司和欧洲政府部门构成，但也与其他国家（包括美国）的组织相互合作。有关ETSI请访问www.etsi.org。

3. 国际标准组织

由于电信技术真正是全球性的，因此也是由全球性的组织来制定行业标准。最著名的是国际电信联盟（International Telecommunication Union，ITU），这是一家负责电信业的联合国机构。ITU由200多个政府部门和私有公司组成，它们从事全球的电信网络与服务。与制定标准的其他团体不同，ITU真正是一家条约协定机构。由ITU制定的规章，对签定了该条约的国家或地区具有法律约束。

ITU有两个附属组织，它们负责准备有关电信标准的建章。ITU-T主要负责电信网络，ITU-R主要负责基于RF的通信，包括应使用的射频频率以及支持它们的射频系统。尽管这些建章不是强制性的，对签约国家没有约束，但几乎所有国家都会选择遵循ITU的建章，这些建章几乎是作为全球性标准发挥着作用。有关ITU请访问www.itu.int。

ITU-T 取代了名为 CCITT 的标准组织，该组织成立于 19 世纪 60 年代，负责电报标准制定工作。

国际标准化组织（International Organization for Standardization，ISO）位于瑞士日内瓦（注意，这里是“ISO”，而不是“IOS”，因为在希腊语中，“iso”的意思是“equal”，该组织希望使用全球统一的缩略语，而不是某种语言的某个单词）。从1947开始，ISO就开始在科学、技术和经济领域提交国际协作与标准。今天，有来自100多个国家的团体隶属于ISO。有关ISO的详情可访问www.iso.org。

看起来标准组织太多了，但实际上所有这些组织，包括美国的各种组织，都是相互协作的，不会跨越另一组织的职权范围。后面章节将介绍这些协作关系。

一些隶属于 ISO 的团体实际上是标准组织。例如，TIA 就与 ISO 相互协作。

4. 管理机构

对电信业来说，制定标准很重要，执行电信规章也同样重要。从某种意义上说，是国家和国家商业活动保证了某些标准的执行。例如，拒绝遵守蜂窝手机传输标准的公司，将会发现没人购买它的产品。然而，电信规章必须由一个外部管理机构来强制执行，其作用是确保所有缔约方遵守既定标准。这些规章通常包括在广播一个信号时，谁可以使用某个频率的约定。几乎所有国家或地区都有一个管理机构，保证电信政策的落实和执行。一些小国家则是采用其他国家使用的规章。

在美国，美国联邦通信委员会（Federal Communications Commission，FCC）是电信业的主要管理机构。FCC 是一个独立的政府机构，直接归美国国会管理。它因 1934 通信法案而成立，负责管理射频、有线电视、卫星、电缆等的州际和国内通信。FCC 的管辖范围包括美国 50 个州、哥伦比亚特区以及美国所属领土。

为了保持其独立性，FCC 由 5 个委员领导，这 5 个委员是由美国总统任命的，经参议院批准，任期 5 年。只能有 3 个委员是同一党派的成员，任何成员不能具有在与 FCC 相关商业领域的金融投资。

FCC 的职责非常广。除了开发和实施法规，它还负责授权和其他建档工作，化解投诉，实施调查，参与国会听证会。FCC 还代表美国参与和其他国家就通信问题的谈判工作。

FCC 在无线通信领域也发挥着重要作用。它负责监管无线电台和电视广播台，以及有线电视和卫星电视。它还负责监管蜂窝手机、寻呼机和双向射频通信的授权、遵守、实施以及其他方面。FCC 管理射频频率的分配，以满足商业、当地政府、公共安全服务提供方、飞机与轮船操作员以及个人的通信需要。

RF 频率是有限资源，这意味着只有某些范围的频率才可用于射频传输。由于有这种限制，在全世界不同国家，通常都是由监管机构授权。在美国，这种监管机构就是 FCC，它有权分配频率段。广播公司只能用已获得许可的某个频率或几个频率进行传输。从事商业活动的公司，如无线电台和电视台必须为某个频率的使用权付费（有时费用还比较高），自然，它们并不希望在它们所辖区域内还有其他人使用相同频率。FCC 与其他国家的有关机构会持续进行监管，确保不会有人未经许可使用某个频率，也不允许使用超过所许可的功率进行数据传输。

3.4 射频频谱

射频频谱就是从 10 kHz 到超过 30 GHz 的整个射频频率范围。该频率划分为 450 个不同部分或波段。表 3-3 列出了主要波段、相应的频率及其常见用途。

表 3-3 射频波段

波段（缩写）	频 率	常见用途
超低频（VLF）	10～30 kHz	在海上船对岸的通信
低频（LF）	30～300 kHz	射频定位，如 LORAN（Long Range Navigation，远程导航） 时间校准信号（WWVB）

续表

波段（缩写）	频　率	常见用途
中频（MF）	300 kHz～3 MHz	AM 广播
高频（HF）	3～30 MHz	短波调幅广播，单边带通信
甚高频（VHF）	30～144 MHz 144～174 MHz 174～328.6 MHz	TV 频道 2～6，FM 广播 出租车广播 TV 频道 7～13
特高频（UHF）	328.6～806 MHz 806～960 MHz 960 MHz～2.3 GHz 2.3～2.9 GHz	公共安全：救护车、警察等 蜂窝手机 空中交管控制雷达 WLAN（802.11b/g/n）
超高频（SHF）	2.9～30 GHz	WLAN（802.11a/n）
极高频（EHF）	30 GHz 及以上	射频天文学

其他常用设备的射频频率包括：

- 车库门开启器、警报系统：40 MHz。
- 婴儿监护：49 MHz。
- 雷达控制飞机：72 MHz。
- 射频控制车：75 MHz。
- 野生动物追踪项圈：215～220 MHz。
- 全球定位系统（GPS）：1.227 和 1.575 GHz。

美国遵守由 ITU 制定的国际频谱分配。然而，只要不与国际规则或协定发生冲突，美国国内的频谱使用可能与国际分配有所不同。

直到时隔 20 年后的 1993 年，ITU 才举行会议，审查国际频率分配。从那以后，ITU 会议每两到三年召开一次。

美国商务部的美国国家电信和信息管理局（National Telecommunications and Information Administration，NTIA）是美国总统的主要顾问，负责美国国内和国际通信与信息问题。它还在美国国会、美国联邦通信委员会、外国政府和国际组织面前代表执行机构的立场。

要想在某个频率上发送和接收需要获得 FCC 的许可，但这里有一个例外，这就是**免许可的频谱**（license exempt spectrum）或**不受管制波段**（unregulated band）。事实上，不受管制波段就是那些对任何人都可用的射频频率，不需要付费，也不需要许可。使用这些波段的设备可以是固定电话或移动电话。FCC 指定了一些不受管制波段，以促进各种新设备的开发，激励新产业的发展。

表 3-4 列出了本书所介绍技术使用到的一些不受管制波段。ITU-R 发布了推荐使用的很多其他不受管制波段，正如前面所述，并不是每个国家的国内市场都遵循所有的 ITU-R 建议。

FCC 对使用不受管制波段的设备设定了功率限制，这样就减少了它们的有效范围。这就防止一些设备（如远距离的手提无线电话机）制造商在它们的设备中用这些频率来取代受管制频率。

工业、科学和医药（Industrial, Scientific and Medical，ISM）波段就是一个不受管制波段，它是FCC在1985年批准的。今天，诸如以1 Mbps到300 Mbps速率传输的WLAN设备就是使用这个波段。另一个免许可波段是免许可的国家信息基础设施（Unlicensed National Information Infrastructure，U-NII），于1996年批准。U-NII 波段主要用于短距离、高速无线数字传输的设备。U-NII 设备为教育机构、图书馆、医疗机构提供了一种与基础和高级电信服务连接的手段。由于有了免许可波段的无线网络，医护人员可以获得病人的现场数据、X射线和病历，让医护人员可以访问电信服务，从而提高医疗机构的服务质量，降低医疗成本。

表 3-4　不受管制波段

免许可波段	频　率	总带宽	常见用途
工业、科学和医药(ISM)	902～928 MHz 2.4～2.4835 GHz 5.725～5.875 GHz	259.5 MHz	无绳电话、WLAN、无线公用交换机
免许可的个人通信交换系统	1910～1930 MHz	20 MHz	WLAN、无线公共部门
免许可的国家信息基础设施（U-NII）	5.15～5.25 GHz 5.15～5.25（低） 5.25～5.35 GHz（高） 5.47～5.725（全球） 5.725～5.825 GHz（上层）	555 MHz	WLAN、无线公共部门 WLAN 无线公用交换机、校园应用、长时间户外链接
毫米波	59～64 GHz	5 GHz	家庭连网应用

最近两种开发对拥挤的射频频谱产生了影响。第一种与射频信号的方向有关。目前，当射频信号离开发送方的天线时，是向外扩散或辐射的（单词 radio 就是来着术语 radiated energy），可以被多个接收方接收。新技术**自适应阵列处理**（adaptive array processing）用一个天线元件的阵列来取代传统天线。这些天线元件把RF信号发送给特定的用户，而不是以分散的模式发送信号。这可以防止未授权用户的窃听，同时也使得在给定的频率范围内可以进行更多的传输。

第二种开发称为**超宽带传输**（ultra-wideband transmission，UWB）。UWB 不是使用传统的载波在受管制频谱上发送信号，而是使用低功率的定时脉冲能量，工作在与低端噪声（例如，由计算机芯片、电视监视器、汽车点火器和电扇等发出的噪声）相同的频率上。当前，UWB 只使用在受限的雷达和定位设备中。IEEE 已经批准了它在无线网络通信中的使用标准。一个示例是 IEEE 802.15.3c，该标准用于 WirelessHD 和 WiGig。

本章小结

- 使用射频（RF）的通信系统有几个主要的硬件：滤波器、混合器、放大器和天线。在所有射频系统中都有这些元件。

- 过滤器用于接收或阻止某个射频频率信号。低通滤波器设置一个最高频率阈值。低于该最高阈值的所有信号都可以通过。与低通滤波器设置最高频率阈值不同，高通滤波器设置的是最低频率阈值。高于该最低阈值的所有信号可以通过，低于的则被拒绝。带通滤波器设置一个具有最低和最高阈值的通过波段。
- 混合器的作用是把两个输入组合成单个输出。该输出是这两个输入频率的最大和与最小差。
- 放大器可以提高信号的密度或强度，天线则是把RF信号从发射器转换成电磁波，这种波携带信息穿过空气或太空。
- 滤波器、混合器、放大器和天线是射频系统必备的元件，在创建一个射频系统时，还需要考虑其他设计因素。由于只有有限的频率数量，保护频率的使用很重要。一种方式是在多个用户之间共享一个频率。
- 频分多址（FDMA）把频率的带宽分成几个较窄的频率。时分多址（TDMA）把带宽分成几个时隙，每个用户在一个较短的时间内使用整个频带，每个用户轮换着使用。码分多址（CDMA）使用扩频技术和唯一的数字扩展码（称为PN码）来区分不同的传输（不是使用单独的射频频率或信道来区分）。
- 在无线系统中，数据传输的方向很重要。有3种数据流类型。单工传输只在一个方向上进行传输。半双工传输可以在两个方向上传输数据，但一次只能在一个方向上进行。全双工传输可以是数据在两个方向上同时进行。
- 交换是把信号从一条电线移到另一条电线，或者从一个频率移到另一频率上。电话系统使用的交换类型是电路交换。当进行一个电话呼叫时，通过交换机，在呼叫方和接收方之间创建一条专用的、直接的物理连接。数据网络使用的不是电路交换，而是分组交换。分组交换要求把数据传输分割成较小的数据单元（称为分组），然后，每个分组通过网络单独发送到目的地。
- 在无线系统中，信号强度的管理比有线系统中的复杂得多。电磁波干扰（EMI）有时也称为噪声，来自于各种人为或自然因素。信噪比（SNR）指的是信号强度相当于背景噪声的度量。信号强度的损失称为衰减。衰减是由各种可以降低信号强度的因素（比如墙面）导致的。在信号传输过程中，电磁波向外传播。其中有些波可能会在平面上发生反射。这使得在接收到的相同信号中，不仅有来着不同方向的，也有来着不同时间的。这就是多路失真。
- 电信标准几乎从电信业一开始就有了，并且在该领域的快速发展中起着很重要的作用。标准有不少优点：包括互操作性、低成本以及升级容易。事实标准本质上不是标准，只是行业遵循的常用惯例。正式标准（又称为法定标准）是由组织或团体控制的标准，这些组织或团体受托于该任务。现在，行业联盟也经常制定标准。行业联盟是由业界发起的组织，目的是促进某个技术的发展。
- 一些标准组织可以跨越多个国家。由于电信是真正的全球现象，因此也就有多个国家来制定标准的情况。在美国，美国联邦通信委员会（FCC）作为通信业的主要管理机构。FCC独立于政府机构，直接对美国国会负责。
- 射频频谱就是已有全部射频频率的整个范围。这个频率范围从10 kHz到超过30 GHz，被划分为450个不同波段。要想在某个频率上发送和接收，通常需要从FCC获得许可，但在美国和其他一些国家，也有无须许可的不受管制波段。两个常见的不受管制波段是 ISM 和 U-NII。

- 最近的两种开发对拥挤的射频频谱产生了影响。自适应阵列处理取代了传统的天线，它具有一组天线元件。这些元件给特定的用户发送 RF 信号，而不是以分散的模式发送信号。超宽带（UWB）传输不是在受管制频谱上以传统的射频信号载波来发送信号，而是使用低功率的定时脉冲能量，工作在与低端噪声（例如，由计算机芯片、电视监视器等发出的噪声）相同的频率上。

复习题

1. 下面________不是 RF 滤波器。
   a. 低通　　b. 高通　　c. 传输频带　　d. 带通
2. ________ 把两个输入组合成一个输出。
   a. 混合器　　b. 编码器　　c. 滤波器　　d. 放大器
3. ________ 主动提高信号的密度或强度。
   a. 发射器　　b. 解调器　　c. 放大器　　d. 天线
4. 使用 PN 码的结果是 __________。
   a. 为信号添加唯一地址　　b. 把信号扩展到一个更宽范围的频率上
   c. 把信号与 IF 混合　　d. 解码信号
5. ________ 是一种传输方法，其中，信息被分隔成更小的单元。
   a. 纠错　　b. 电路交换　　c. 电磁波干扰　　d. 分组交换
6. 传输频带有最低阈值和最高阈值。对还是错？
7. 调制过程的结果输出称为中间频率（MF）信号。对还是错？
8. 在混合两个信号时，两个载波频率的最大和与最小差，以及另一个输入的频率范围，决定了频率载波的边频带。对还是错？
9. TDMA 携带的数据量是 CDMA 的 3 倍。对还是错？
10. 如果不使用交换，要连接 50 部电话，需要 1225 条电缆。对还是错？
11. 在使用同一天线进行全双工通信时，同一频率可同时用于传输和接收。对还是错？
12. ________ 把频率带宽分成几个更窄些的频率。然后，每个用户使用自己的较窄频道进行传输。
    a. TDMA　　b. OFDM　　c. FDMA　　d. CDMA
13. 当信号在一组比较接近的频率上发送时，在临近频率上可能会闯入错误信号，从而引起________。
    a. 频率冲突　　b. 串扰　　c. 时间冲突　　d. 信道混合
14. 下面哪个把频率信道的带宽划分为多个时隙？
    a. FDMA　　b. OFDM　　c. CDMA　　d. TDMA
15. ________ 传输使用扩频技术，并为每个用户使用唯一扩频码。
    a. CDMA　　b. FDMA　　c. TDMA　　d. OFDM
16. 请列出并描述三种类型的数据流。

17. 请列出并描述标准的优点。
18. 何谓交换？电话传输中使用的是哪种类型的交换？数据传输中使用的又是哪种类型的交换？
19. 请解释一下多路失真，以及如何使之最小化。
20. 美国联邦通信委员会如何进行射频频率的授权许可？

动手项目

项目 3-1

在图3-28中，在不同滤波器右边的虚线上填写输出结果频率。首先把输入频率转换为常用单位kHz、MHz或GHz。然后，以你喜欢的单位显示结果（回忆可知，滤波器通常只有一个输入，为清晰起见，这里给出了两个输入）。

项目 3-2

在图3-29中，在右边的虚线上填写输出结果频率。首先把输入频率转换为常用单位kHz、MHz或GHz。然后，以你喜欢的单位显示结果。

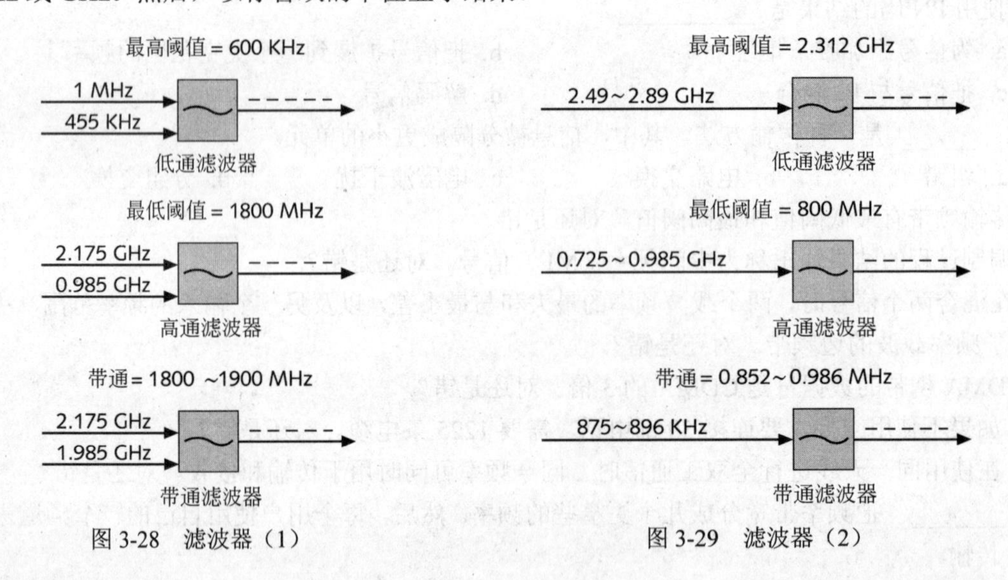

图3-28 滤波器（1）

图3-29 滤波器（2）

项目 3-3

在图3-30中，在右边的虚线上填写输出结果频率。首先把输入频率转换为常用单位kHz、MHz或GHz。然后，以你喜欢的单位显示结果。

项目 3-4

射频信号传输路径中的自然物体和人造物体都会引起信号的衰减，即信号强度的损失。本项目要求你具有一台备有无线LAN网卡的笔记本电脑，连接到AP或无线家庭网关。下载、安装并配置inSSIDer，监视笔记本电脑所连接的网络信号强度。

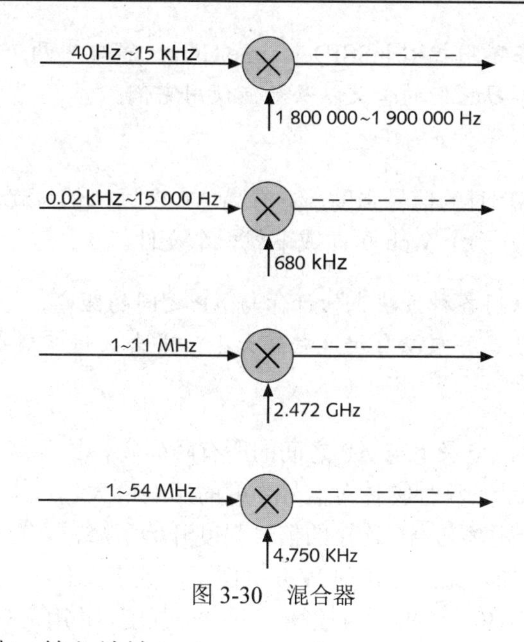

图 3-30　混合器

1. 在 Web 浏览器中，输入地址 www.metageek.net。

2. 单击 Downloads，将自动打开 inSSIDer 下载包。

3. 把文件保存在你指定的位置，然后找到文件 inSSIDer-Installer-x.x.x.x.exe，这里 x.x.x.x 是该程序的最新版本。双击该文件，可以在你的计算机上安装该程序。接受所有默认设置。

4. 程序安装完成后，依次单击“开始”，“所有程序”，Metageek，然后单击 inSSIDer。

5. 打开 inSSIDer 程序，使 inSSIDer 应用窗口最大化。默认情况下，inSSIDer 会检测并显示在你周围所有的无线网络列表。

6. 单击 MAC Address 左边的方框（就在地址 inSSIDer 窗口菜单栏的下面）去除下面各列的核选符号。在下一项目中，将只监视你的计算机所连接的网络。

7. 如果还不明白，请你的指导教师提供网络的 SSID。在 inSSIDer 窗口中找到 SSID 列，单击你的网络 SSID 的 MAC 地址左边的方框。此时应在该方框中出现一个核选符号，该行也高亮显示。

8. 在 inSSIDer 窗口的中，会发现一系列的选项卡，单击 Time Graph 选项卡。

在下面项目和本书的其他章节中，将会使用到 inSSIDer 程序。

项目 3-5

在本项目中，将使用 inSSIDer 来监视 AP 的信号强度。

1. 在 inSSIDer 窗口下部 Time Graph 选项卡中的线条显示了计算机从 AP 接收到的信号强度。如果信号强度高，该线条就靠近选项卡窗口的顶部，如果信号强度低，则靠近窗口的底部。

现在不用担心 inSSIDer Time Graph 窗口中两边的数字的含义。第4章将学习它们的含义以及如何使用它们。

2. 监视一下从远离 AP 时的信号强度。看看离 AP 多远，信号就太弱，无法进行可靠连接。为此，你需要尝试打开一个 Web 页面或下载一个文件。

可以用各种方法来估计你与 AP 之间的距离，比如，通过计算地面的地砖数量并乘以每块地砖的大小，或者通过步数来计算与 AP 之间的距离。

3. 当逐渐远离 AP 时，记录下与 AP 之间的所有障碍物，比如墙面、门、窗户和隔断。当你监视信号强度时，记录下哪种物体对信号强度的影响最大。

4. 记录一下，在哪个距离与 AP 连接的信号强度开始下降，在哪个距离变得非常慢，在哪个距离没有信号了（比如，无法再访问 Web 页面了，或者文件下载停止了）。

5. 在距离 AP50 英尺（30 米）的地方监视一下信号强度，并用下列东西盖住网卡的天线：

- 你手掌（短时间盖住）。
- 一块铝片。
- 一张纸。
- 一块塑料（比如一个购物袋）。
- 里面有一些金属物体的钱包或公文包。

如果网卡是内置在笔记本电脑中，用双手盖住屏幕背面或电脑的底部，直到你看到信号强度明显减弱为止。

项目 3-6

研究一下下表左列列举的一些组织机构的网站，然后列出这些机构发布的一些标准。以第一行为例，列出这些机构发布的其他标准类型。

ISO（International Organization for Standardization） www.iso.org	螺纹、集装箱、计算机协议
IEEE（Institute of Electrical and Electronic Engineers） www.ieee.org	
ITU（International Telecommunication Union） www.itu.int	
ANSI（American National Standards Institute） www.ansi.org	
ETSI（European Telecommunications Standards Institute） www.etsi.org	

真实练习

TBG（The Baypoint Group）是一家有 50 个技术顾问的公司，主要从事网络规划与设计的咨询工作，请你作为它的一个技术顾问。撒玛利亚服务中心是一家帮助本地区贫困人员的机构，它准备对其办公设备进行现代化改造。作为 TBG 公司社区宣传计划的一部分，TBG 公司请你负责帮助撒玛利亚服务中心进行技术改造。

撒玛利亚服务中心想在其办公室安装一个无线网络。当地的一家设备提供商试图向它推销一个专用系统，该系统是基于 5 年前的一种技术，不符合现在的标准。产品的价格和安装费用都较低，因此对该中心比较有吸引力。该中心的管理者向 TBG 公司咨询。

练习 3-1

请制作一个 PPT，简要介绍一下不同无线技术类型的标准、各种标准的优缺点以及为什么需要这些标准。请给出一些不符合标准的产品示例，这些产品已经从市场上消失了。由于该中心马上要购买产品了，因此 TBG 公司要求你的介绍必须要非常有说服力。你必须说服他们，为什么要购买符合标准的产品。

练习 3-2

你的介绍让他们对购买该提供商的专用产品产生了动摇，但还没有完全说服该中心应该购买符合标准的产品。TBG 公司刚刚得知，该提供商的专用产品使用的是许可频率，这要求该中心从 FCC 获得频率许可并支付费用。TBG 公司请你准备另一个 PPT，介绍一下不受管制频段的优缺点。由于该中心董事会成员里的工程师会到场，因此你的 PPT 必须详细且有技术含量。不要把介绍重点放在该提供商方案的缺点上。要准备回答一些问题，比如，来自附近办公室其他无线网络用户的干扰，需要采取哪些措施来避免干扰或应对其他可能出现的问题。

挑战性案例项目

当地的一个工程师用户组织与 TBG 公司联系，请公司派技术顾问去介绍一下多址接入技术（FDMA、TDMA 和 CDMA）。请组建一个两三人的技术顾问团队，详细研究一下这些技术。尤其注意如何使用这些技术，如何发挥它们的长处，克服它们的弱点。你们的观点认为未来哪种技术将占主导地位。

第 4 章

天线工作原理

本章内容：

- 定义分贝、增益与损耗
- 介绍天线的作用
- 介绍不同天线的类型、形状、大小及其应用
- 介绍 RF 信号的强度与方向
- 介绍天线的工作原理

至此已经介绍了无线电频率信号的特性，生成这些信号所需的大部分元件，如何把一些意义的信息（不论是像音乐或声音之类的模拟信息，还是本书要介绍的数字数据）加载到这些信号中（调制）。传输这些信号需要的最后一个元件是天线。天线涉及的内容很多，因此值得单独占一章。

天线甚至对一些 RF 工程师和技术人员来说都是比较神秘，因为它们是 RF 通信的“魔法”所在。天线的作用是把电流转换成电磁波，在发射端，电磁波从天线传播出去。在接收端，天线把电磁波转换回电流。

无线通信领域的发展非常迅速，每周都有新标准和新技术引入。服务提供商已经开始在到处部署无线设备，机场、酒店、火车站、饭馆、咖啡厅、商城甚至是公园。在过去的三十年，蜂窝手机的使用经历了爆发式增长。各行各业的员工都开始装备有智能手机，这样他们可以在世界的任何地方任何时候通过声音和电子邮件保持联系，他们还可以访问应用和公司数据。无线网络与无线 Internet 热点成了一些场所吸引商业人士和普通民众的常用手段。安全、隐私以及干扰等问题正备受关注，尤其是对于那些使用免许可波段的设备。不论使用哪种类型的 RF 通信，都需要有某种类型的天线。

在成功部署任何类型的无线网络中，天线起着关键性作用。要求正确部署和安装天线，以确保有良好的信号覆盖，允许具有用户移动性，使干扰最小化或消除，在某些情况下还要提高安全性。蜂窝服务提供商要花费大量时间和精力来规划和分析使用模式和流量模式，以便在给定区域里能够使用其系统的客户数量最大化，并且允许数据和语音的连续连接。今天，无线网络大量涌现，但很多网络在部署时，很少考虑信号从何而来，或能达到多远。

本章介绍天线技术，包括天线类型、大小、应用以及一些实现问题。本章首先介绍功率增益与损耗，然后介绍天线的物理特性。本章主要介绍在无线通信技术有限范围内的天线使用问题。然而，这些基本概念也同样适用于其他 RF 通信技术，这里介绍的内容，同样也可以扩展到其他类型的天线系统实现中。

4.1　增益与损耗

要理解 RF 信号传输，需要了解：

- 发射器发送或接收信号所用的强度或功率。
- 因电缆、连接器和其他元件所引起的信号强度衰减量。
- 传输介质（大气或真空）。
- 接收器为了还原由发射器发送的数据，所需要的最小信号强度。

这些要求意味着我们需要知道，在各个点，信号强度的损耗量或增益量。例如，信号分析可以确定输入到天线中的信号，在从发射器到接收器的传输中，由于障碍物损失了多大的信号强度。

考虑家庭网络中的一个无线电缆/DSL 路由器，该路由器发送的信号功率通常为 32 毫瓦（0.032 瓦）。路由器在房屋的一楼，当信号到达二楼卧室中笔记本电脑的无线网卡时，其信号强度大约为 0.000000001（10^{-9}）瓦或 1 毫微瓦。接收到的信号强度有时候是发射信号的几百万倍之一，要进行这种运算很有挑战性，阅读、书写或输入这些一长串的数字，即使是用计算器，也很容易出错。工程师对这种巨大数字或巨小数字也会面临同样困难，因此，20 世纪 20 年代，美国贝尔实验室提出了一种简化这种计算的系统。

从前面章节可知，放大器可以提高信号的功率，这种情况称为**增益**（gain）。反之，电缆和连接器有电阻，会降低信号的功率，也就是说，介质本身会减少电磁波的能量，这种情况称为**损耗**（loss）。了解 RF 系统中无线电发射器、接收器、电缆、连接器和天线产生的信号增益或损耗，有助于 RF 工程师和技术人员选择正确的元件，正确安装这些元件，以实现可靠的信号传输和接收。

信号的功率通常不是线性变化的，而是对数变化的。图 4-1 显示了两个数值的变化情况，其中一个线性变化，另一个对数变化。

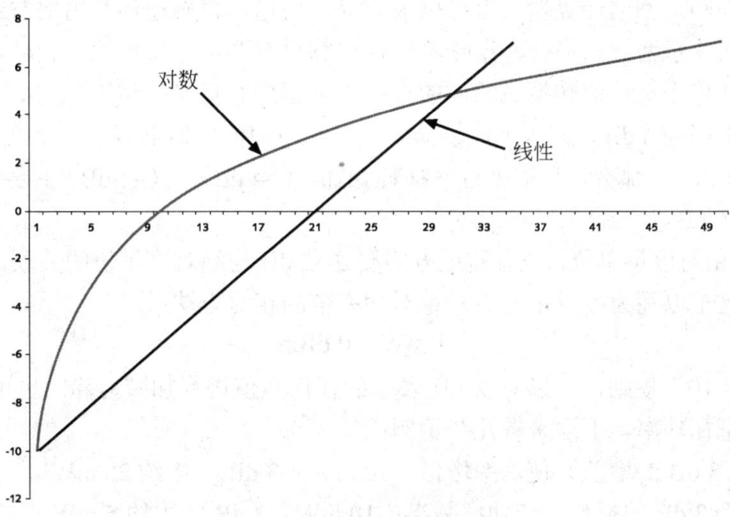

图 4-1　线性变化与对数变化

增益与损耗是相对概念，这意味着需要知道两个不同地点（比如发射天线与接收天线处）的信号功率。相对概念最好用相对度量值来量化，比如百分比。例如，对于计算家庭网络中的无线电缆/DSL路由器，要使用百分比来计算其信号损耗，仍然需要使用到那些难以阅读、书写或输入的数字。下面来介绍一种计算增益与损耗的更简单方法，该方法无须使用那种一长串的数字。

4.1.1 分贝

分贝（decibel，dB）是两个信号量之比，是一种相对度量（也就是说，一个值与另一个值相关），它使得表达和计算功率增益与损耗更简单。下面来介绍它是如何做的。

分贝是为了纪念电话发明人Alexander Graham Bell而命名的。这也是dB中的B要用大写字母的原因。

在任何情况下，要计算增益，需要记住：

- 3 dB的增益（+3 dB）意味着信号是两倍大。
- 10 dB的增益（+10 dB）意味着信号是10倍大。

损耗如何呢？它与增益相反：

- 3 dB的损耗（–3 dB）意味着信号为二分之一。
- 10 dB的损耗（–10 dB）意味着信号为十分之一。

说“负3 dB的损耗”（–3 dB）是不正确的。正确的应该是“3 dB的损耗”。

这些规则称为RF数学的“3和10”规则。正如在下面示例中将要看到的那样，只要按照这些简单的规则，不用计算器，就可以很容易、快速、精确地计算出增益或损耗。

使用dB来表示增益和损耗，意味着这种计算只需要进行简单的加和减，不需要乘、除或其他复杂的计算来把数值转换成相同的单位以便得到有意义的结果。例如，如果发射器连接一条电缆（损耗为4 dB）和两个连接器（一个在电缆的发射器端，一个在电缆的天线端，每个的损耗为1 dB），那么，只需把这些损耗相加：（–4 dB）+（–1 dB）+（–1 dB）= –6 dB，即全部损耗为–6 dB。

dB是一个相对度量单位，但有些地方需要建立dB与绝对度量值的关联。dBm就是这样的一个示例，这是以瓦为度量单位表示绝对功率值的相对方法：

$$1\ \text{mW} = 0\ \text{dBm}$$

使用“3和10”规则，可以对以dB表示的任何数值进行加减运算，也可以把一个dBm值直接转换为毫瓦功率。下面来看几个示例：

- +3 dB（3 dB的增益）使功率增倍：10 mW + 3 dB = 大约20 mW。
- –3 dB （3 dB的损耗）使功率减半：10 mW – 3 dB = 大约5 mW。
- +10 dB使功率为原来的10倍：10 mW + 10 dB = 大约100 mW。
- –10 dB使功率为原来的十分之一：10 mW – 10 dB = 大约1 mW。

转换为 mW 并不意味着改变了分贝的相对度量特性。它只是表明计算中所用数值的参照点，如果都是以相同的单位表示，仍然可以对任何 dB 值进行加减运算。

因此，如果要知道某个发射器发射的某个信号的绝对功率，知道了输出信号为+36 dBm，就可以把这个数字分解为如下所示：

$$36 \text{ dBm} = +10 \text{ dBm} + 10 \text{ dBm} + 10 \text{ dBm} + 3 \text{ dBm} + 3 \text{ dBm}$$

由于 0 dBm 等于 1 mW，上式计算如下：

- 加 10 dB 使信号功率成为 10 mW，或 1 mW 乘以 10。
- 加另一个 10 dB，使信号功率乘以 10，得到 100 mW。
- 再加另一个 10 dB，使信号功率乘以 10，得到 1000 mW，或 1 W。
- 加 3 dB，使信号功率增倍，得 2 W。
- 加另一个 3 dB，使信号功率增倍，得 4 W。

这里“3 和 10”规则不起作用了，把毫瓦（mW）转换为 dBm 的公式是：$P_{dBm} = 10\log P_{mW}$。因此，把 dBm 转换为 mW 的公式是：$P_{mW} = \log^{-1}(P_{dBm}/10) = 10$ dBm。PmW 是以毫瓦为单位的功率，P_{dBm} 是以 dB 为单位的等价值。这里给出这些公式，仅供参考。

当为天线增益赋给一个 dB 因子时，其度量必定与某个绝对值相关。电磁波的最佳辐射器是**各向同性辐射器**（isotropic radiator），其辐射能量形成的一个完美球体，理论上是在任何方向上都是相等的。不可能制造真正的各向同性辐射器，因为总是需要有电线或电缆在球面上的某点与之连接。有了电缆连接，就意味着这个球体不再是完美的了，因此也就不可能在任何方向上的辐射是等强度的。然而，各向同性辐射器为天线增益的表示提供了一个参考，通常用 dBi（dB isotropic）表示，这是一种与各向同性辐射器的增益相对比的天线增益度量单位。

最接近各向同性辐射器的是太阳。然而，由于有太阳黑子现象存在，因此，即使太阳也不是完美的。太阳黑子是太阳表面的黑暗区域，这种区域是周期性变化的，辐射出来的能量与其他表面的不同。

对于微波天线和更高频率的天线，其增益通常用 dBd（dB dipole）表示。偶极天线是可以制造的最小、最简单也是最实用的天线类型，因而其增益也是最小的。偶极天线相对于各向同性辐射器具有固定增益 2.15 dB。因此，如果天线的增益为 5 dBd，要转换为 dBi，只需把 2.15 与 5 相加得 7.15 dBi。表 4-1 显示了 RF 通信中使用的分贝值。

表 4-1　分贝值及其参照

术　语	描　述	参　照
dBm	dB 毫瓦	0 dB = 1 mW
dBd	dB dipole	在相同频率上，某天线相对于偶极天线具有的增益
dBi	dB isotropic	某天线相对于理论上各向同性辐射器具有的增益

4.2 天线的特性

已经理解了增益与损耗，下面来介绍天线的类型、大小和形状。

天线是一种互反的设备，这说明，天线既可以在某个频率范围上传输信号，也可以在相同频率范围上接收信号。

4.2.1 天线的类型

无线通信中使用的天线可以归纳为无源天线或有源天线。每种类型的天线都可以构造为无源的或有源的，但大多数天线是无源的。

1. 无源天线

无源天线（passive antennas）是最常用的类型，由金属、电线或类似的导体材料构成。无源天线不会以任何方式来放大信号，它只会以天线连接器处同样大小的能量（该能量是经过电缆和连接器损耗后的能量）发射信号。然而，正如下面将要学习到的那样，某些形状的无源天线是在某个方向辐射由发射器提供的 RF 能量，因而可以获得类似于信号放大一样的有效增益，这种增益称为**定向增益**（directional gain）。这就等同于使用手电筒，通过相对于灯泡旋转反射镜，可以聚焦光束。光束聚焦得越窄，光照射得越远。如果把光束扩散，就可以照射更大的区域，但随着光扩散的区域越大，到达目标的光就越少，也就使得照射的距离就越近，如图 4-2 所示。

图 4-2　定向增益

2. 有源天线

有源天线（active antennas）基本上就是内置了放大器的无源天线。放大器直接与构成天线的金属连接。大多数有源天线只有一个电源连接。RF 信号和放大器的功率是由同一个导体提供。这可以降低有源天线的成本，并使得有源天线的安装更容易。

4.2.2　天线的大小与形状

根据如下的 3 个特性，天线可以有各种大小和形状：

- 天线传输和接收的频率。
- 辐射电磁波的方向。
- 天线传输所需的功率，或接收非常弱信号的敏感度。

天线的大小与天线传输或接收信号的波长成反比。信号频率越低，要求的天线越大。反之，信号频率越高，要求的天线越短。例如，以 530 kHz（530 000 Hz）频率发射信号的 AM 无线电台，其天线为 566 英尺（172.5 米）长，而在 900 MHz（900 000 000 Hz）频率上运行的蜂窝手机，其天线只需 13 英寸（33.33 厘米）长。根据特定的应用，天线的形状各不相同。

1. 全向天线

全向天线（omnidirectional antennas）用于以相对等同的信号强度在各个方向传输和接收信号。图 4-3 显示了两个在 IEEE 802.11 无线网络中使用的全向天线示例。左边的是磁性天线，含有一个集成电缆，用于 WLAN 应用。这些天线有助于提高内置在笔记本电脑和永久嵌入在无线网络上的天线的信号接收。磁性天线可用于办公场所，可以很容易把它们安装在任何金属表面，或安装在汽车和卡车车顶上供移动使用。在图 4-3 的右边是“泡罩”型吸顶天线。泡罩型天线通常是为了使天线隐藏起来，或使它与装修合为一体。

较长的全向天线通常具有更高的增益，但其安装和隐藏也更困难。在本书后面，将学习到天线的大小是如何影响其增益的。图 4-4 显示了一个高增益全向天线示例。

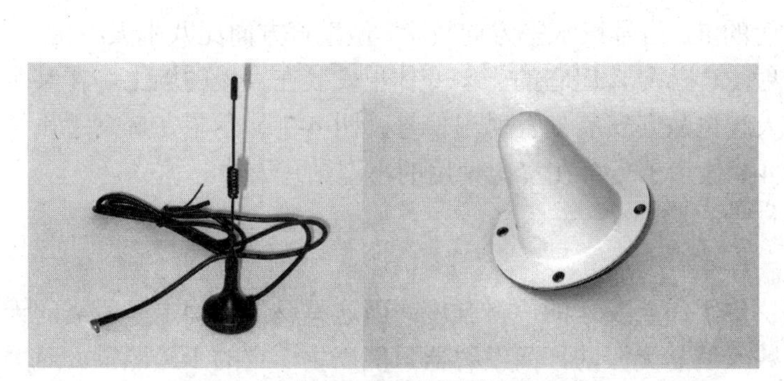

图 4-3　磁性天线与泡罩型全向天线

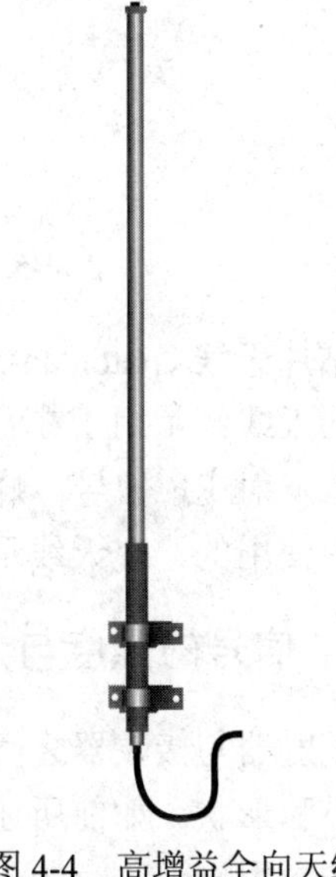

图 4-4　高增益全向天线

全向天线具有增益，是因为它们只在二维（而不是三维）上发射信号，各向同性辐射器则是在三维上发射信号。如果从全向天线的一边来看形象描述，RF 波形成了一个圆环状，天线位于其中心。这意味着从天线发出的能量在一定程度上是聚焦的。

2. 定向天线

发射出去的 RF 波的方向也影响着天线的形状。**定向天线**（directional antenna）用于只在一个方向传输信号。这听起来好像很明显，但它与全向天线有着重要的不同。定向天线通过把 RF 波主要聚焦在一个方向，使能量集中在该方向（或从该方向接收到更大的能量），从而比全向天线有更高的有效增益。

一些类型的定向天线可以比其他天线聚焦更多或更少的 RF 能量。**八木天线**（yagi antenna）发射的是更宽的无聚焦的 RF 能量束，而**蝶形天线**（dish antenna）发射的是更窄的聚焦更好的 RF 能量束。八木天线用在室外的有效距离约为 16 英里（25 千米），蝶形天线用在室外的有效距离超过 16 英里（25 千米）。蝶形天线的一个常见应用是接收卫星信号。图 4-5 显示了八木天线的两种不同模式。图左边封装模式的是 2.4 GHz WLAN 天线，右边开放模式的用于寻呼系统。图 4-6 显示了一个典型的蝶形天线。在蝶形天线中，蝶形抛物面用于把接收到的信号反射到天线元件中。在传输时，从天线元件发射出来信号被蝶形抛物面反射，并只在某一个方向上离开天线。

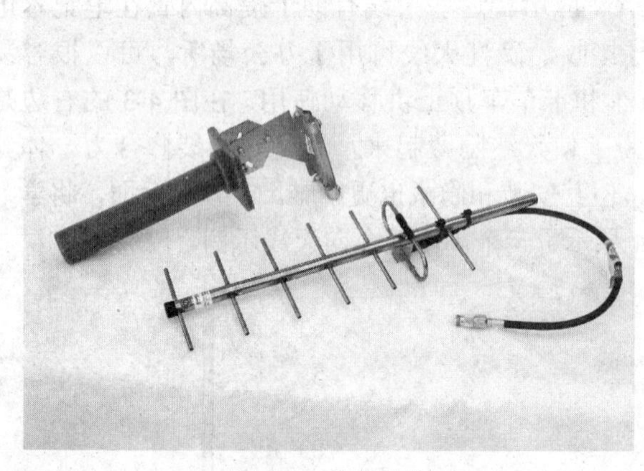

图 4-5　八木天线

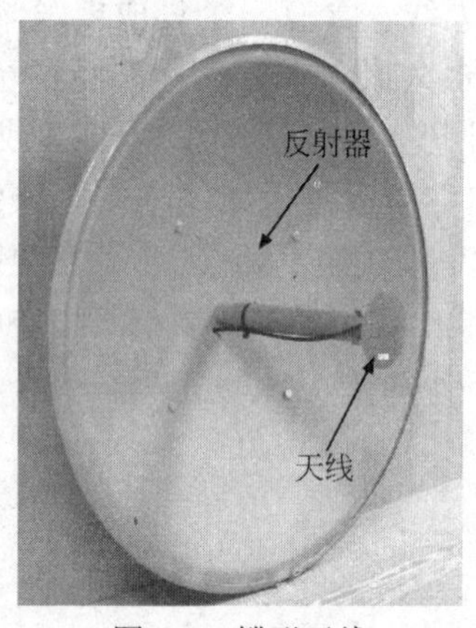

图 4-6　蝶形天线

贴片天线（patch antenna）发射的 RF 信号束水平方向较宽，但垂直方向比八木天线更高。半全向天线经常用于在长廊里发射 RF 信号，但它的一些变体也安装在大楼的墙上，在某个方向上发射 RF 信号。蜂窝手机天线也从其安装处发射出信号。图 4-7 显示了在蜂窝手机发射塔中使用的一个天线示例。图 4-8 显示了一个在室内使用的小型贴片天线。

4.2.3　信号的强度与方向

发射器与接收器之间的距离决定了需要发送的信号强度，而这又反过来确定了所需的天线大小和形状。如前所述，大多数天线是无源的，而发射器只能产生一定的 RF 能量。对大多数的应用来说，有源天线非常昂贵，频率许可限制又限定了所发射信号的功率。

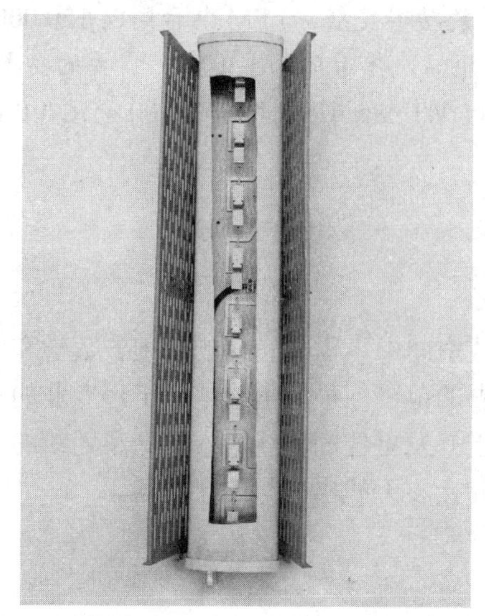

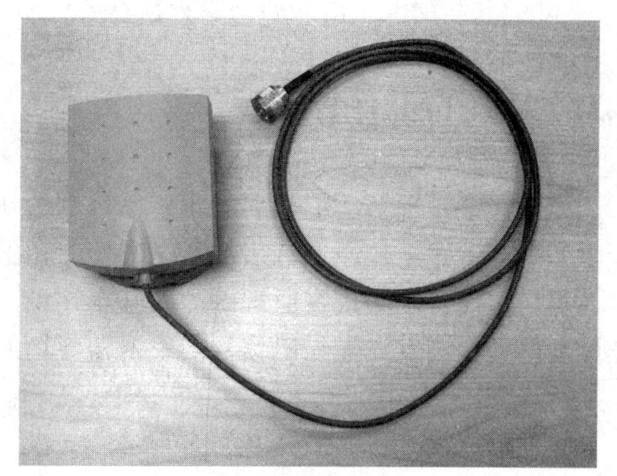

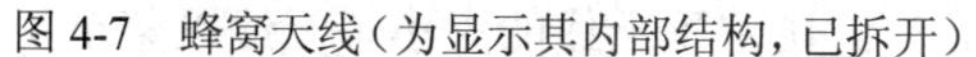

图 4-7 蜂窝天线（为显示其内部结构，已拆开）

图 4-8 室内贴片天线

那么最好的解决方案是什么呢？在中心位置的高处，安装一个全向天线，可以给所有方向发送信号，但在天线的 360°周围，信号强度的分配并不相同。而定向天线在天线指示的方向上发送全部的信号，因此，它的 RF 波比从全向天线发送的传输得更远，因为其功率集中在一个方向上，就像前面介绍的手电筒那样。

当电磁波从天线发出时，信号也会丢失能量。这种行为主要是**自由空间损失**（free space loss）。在自由空间损失中，RF 波从信号源（天线）往外扩散开，类似于在池塘里投一块石头产生的圆形水波。水波离石头落水点越远，其能量就越小，因为石头击水时产生的水波能量被分散到更大的区域。最后，在再也看不到水平面波动的地方，水波消退。如果在水平面放置两个漂浮物，一个位于石头击水点附近，另一个则离得较远处。更靠近击水点的漂浮物移动比远离击水点的更大，因为到达较远漂浮物的水波能量更少。这种能量损耗与远离发射器的接收器天线情况类似。由于 RF 波是在所有方向上传播其能量，离发射器较远的接收器天线接收发射器发送的能量较少。然而，如果往狭窄空间（比如浴缸）的水中丢石头，那么产生的水波在消退之前，会在其中来回传播。

根据从发射器发出的信号强度、电缆和连接器产生的损耗、天线的增益以及传输信号的介质（大部分情况下是空气），可以计算出自由空间损耗。使用你熟悉的搜索引擎，查找“free space loss calculator”，可以在 Internet 上发现很多自由空间损耗计算器工具。

记住，对于无源天线，天线增益是因为能量在某个方向上聚焦而产生的定向增益（不是功率增益）。

无线电台在所有方向传输其信号，以便可以到达最大数量的听众。尽管它们以大功率发射，当你离开从电台所在的城市时，信号会变得越来越弱，直到你的接收器再也检测不到信号为止，此时所听到的全部是噪声。

美国的一些 AM 电台以 50 000 瓦的功率发射，而 FM 电台则以 150 000 瓦的功率发射。要到达同样远的距离，信号的频率越高，需要的功率也越高。相比而言， IEEE 802.11 WLAN AP 平均只以 100 毫瓦（0.1 瓦）的功率发送信号。

4.3　天线的工作原理

设计天线，理解它们如何把 RF 信号发送到空气或空间中，需要较深的物理、数学和电子学知识。天线工作原理背后的科学知识，超出了本书的范围，最好留给电子工程专业的大学课程。然而，了解天线原理的一些基本知识，有助于开发更佳的天线。本节介绍天线的工作原理，并介绍发送无线电信号的发射器（辐射器）和接收无线电信号的接收器。

4.3.1　波长

单个 RF 正弦波的长度，称为**波长**（wavelength），它决定了天线的大小。天线以某个频率传输和接收信号时，如果与波的全长相等，那么效率最高。这种天线也就称为**全波天线**（full-wave antenna）。在大多数情况下，这是不实际的。例如，AM 电台的全波天线大约得 1857 英尺（超过 566 米）长，而蜂窝手机的天线则超过 13 英寸（33.33 厘米）长。从实用的角度出发，更常见的是把天线的长度设计为波长的几分之一，这些天线称为半波天线（half-wave antenna）、四分之一波长天线（quarter-wave antenna）以及八分之一波长天线（eighth-wave antenna）。尽管不如全波天线效率高，但这些天线尺寸更小，也能很好工作。例如，AM 电台的天线可以设计为四分之一波长天线，大约 464 英尺（141 米），这样也仍然是比较大，蜂窝天线使用相同的比例，其长度只有 3.25 英寸（8.25 厘米）。

如果要求天线有更高的增益，就需要增加天线的尺寸。更大的天线可以获得比较小天线更高的增益。几乎所有金属物体或任何能导电的物体都可以用作天线，但如果所使用的天线比频率波长短太多，那么它可能无法发射出足够的 RF。反过来，如果天线太大，那么它发射 RF 能量的效率不是很高，这可能会影响发射器电路的可靠性。

RF 信号的波长通常以米制值表示。假定 RF 波以光速（300 000 千米每秒）在空气或太空中传输，计算波长的公式是：波长 = 光速 / 频率。如果使用英尺每秒或英寸每秒表示光速，那么得到的波长是以英尺或英寸为单位。以英里每秒为单位，光速为 186 000。

4.4　天线的性能

天线性能是对天线发射 RF 信号效率的度量。天线的设计、安装、大小和类型都对其性能有影响。

4.4.1　辐射图

在天线设计中，诸如扣件、支架和支承结构等都会影响天线发射 RF 波的方式。在测试天线相位时，工程师通过测量天线发出的信号，绘制**天线辐射图**（antenna pattern）。天线辐射图表示了从天线发出的 RF 信号的方向、宽度和形状。天线辐射图通常为俯视图。对于某些定向天线，有时会看到有一个箭头，表明 RF 信号的发出方向。图 4-9 显示了一些天线辐射图示例。

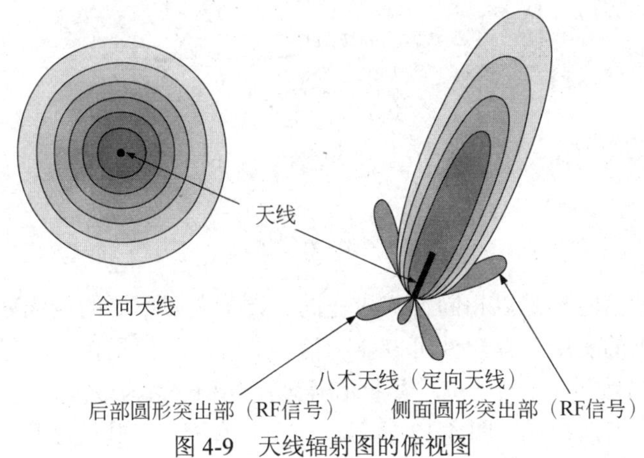

图 4-9　天线辐射图的俯视图

前面已知，天线是从两个方向（水平方向和垂直方向）发出信号的。天线规范说明几乎都含有特定天线发出的垂直信号束角度。图 4-10 显示了全向天线发出的 RF 波侧视图。

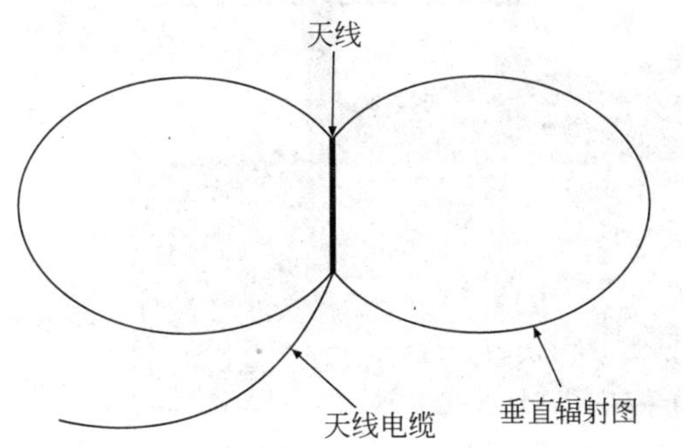

图 4-10　垂直的天线辐射图（全向天线辐射图的侧视图）

4.4.2　天线极化

当信号从天线发出时，正弦波有一个特定的方位，换句话说，它们是在水平方向或垂直方向上振荡的。波从天线发出时的方位称为**天线极化**（antenna polarization）。如果你竖直手握一部便携式蜂窝手机，天线为垂直的。从该天线发出的信号也是垂直两极分化的，这意味着正弦波从天线发出时，是上下传播的。如果你在用蜂窝手机打电话时躺下了，那么信号是水平两极分化的，这就是说，正弦波是在水平面上传播。蜂窝基站（发射塔）天线是垂直安装的，发出的信号也是垂直极化的。天线极化很重要，因为当发送和接收天线是同样极化时（也就是说都是垂直或水平极化的），传输和接收信号的效率最高。图 4-11 显示了这个概念。

笔记本电脑中的大多数无线网卡都有天线，从笔记本电脑的一侧伸出，是水平极化的（假设笔记本电脑是在正常条件下使用，比如在桌子上，或者你的膝盖上）。那些往笔记本电脑无线网卡发送数据或从那里接收数据的设备，通常都是垂直安装的，这意味着其信号与笔记

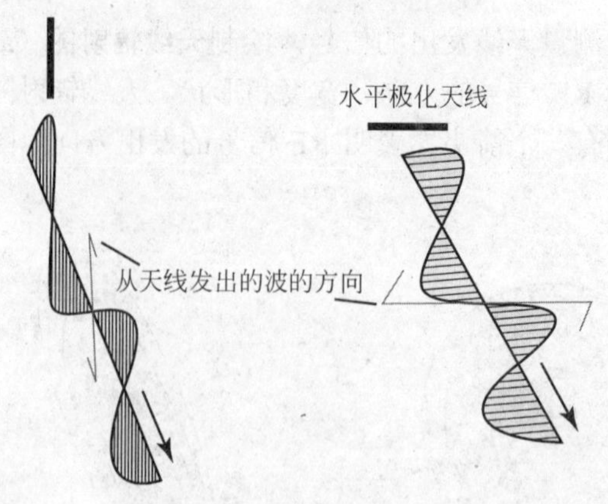

图 4-11 天线极化

本电脑发出或接收的信号不是以相同方式极化的。设备之间不同的极化使得它们之间的通信不好。无线网卡提供的实用工具软件可以显示信号的强度。如果接收信号不好，可以把笔记本电脑侧立起来（当然要小心一些），看看信号强度如何。由于天线具有相同的极化，你很可能会发现信号强度有所提高。图 4-12 显示了一台具有网卡（其天线是水平安装的）的笔记本电脑，以及一个天线是垂直安装的 AP。

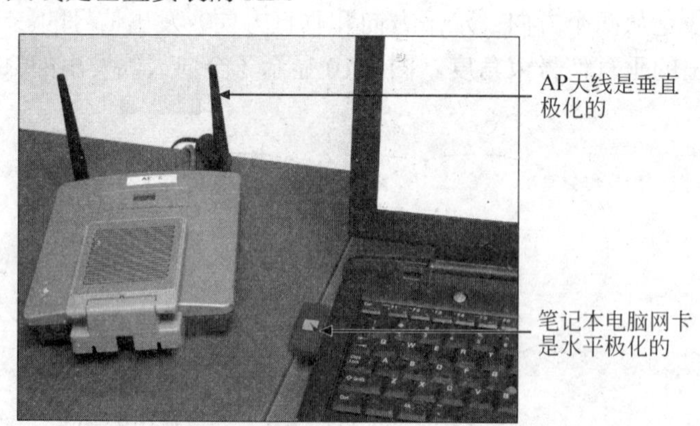

图 4-12 垂直与水平的天线极化

4.4.3 天线的维数

天线的设计与构造确定了它是一维还是二维结构。

1. 一维天线

一维天线基本上就是有一定长度的电线或金属。这些天线可以是直的，也可以是弯曲成一定形状的，比如，放置在电视机上的老式“兔耳”天线。

单极天线基本上是一段电线或金属，通常是四分之一波长，无反射元件也不接地。如前所述，偶极天线是最小、最简单、最实用的天线类型。偶极天线通常是把两个单极天线的底部（即电缆与天线连接的地方）安装在一起构成的，这两个天线放置成一条直线，两端是反方向的。图 4-13 显示了一个偶极天线示例。

单极天线的效率比偶极天线的低。偶极天线比较大，因为它们通常是水平放置的。为了能很好工作，单极天线要一端接地（或非常接近地面）或安装在其他类型的可导电的大型结构上。因为地面是一个导体，因此它可以作为一个反射体，使得单极天线像是一个偶极天线，从而提高其效率。另外，单极天线也可以安装一个较大的金属底座（称为地平面），以模拟地面的反射效果。最常见的地平面应用是有光纤玻璃船体的船。光纤玻璃不是导体，因此，航海无线电的天线通常或者是一个放置在甲板上的水平金属圆盘，或者是从甲板水平伸出的一段电线，起着地平面的作用。

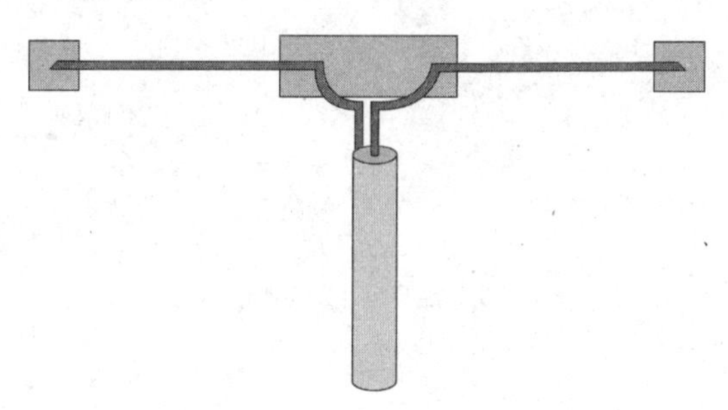

图 4-13　常见的偶极天线

2. 二维天线

以二维模式构成的天线，既有一定的宽度，也有一定的高度，称为**二维天线**（two-dimensional antenna）。这种天线的示例包括**贴片天线**（patch antenna）和**碟形卫星天线**（satellite dish antenna）。碟形卫星天线就像一个信号收集器，可以接收与该天线中心轴在一条直线上的信号。贴片天线通常是一块金属平板，根据垂直和水平辐射角度，有不同的高度和厚度。另一种类型的二维定向天线是**喇叭形天线**（horn antenna），如图 4-14 所示。这些天线在电话网络中常见，用于在两个相距较远的发射塔之间传输大功率微波信号。

图 4-14　有两个喇叭形天线的电话发射塔

4.4.4　智能天线

天线技术的最近发展是**智能天线**（smart antenna）。智能天线主要用于蜂窝技术和 WiMAX，它根据移动设备的信号强度，“获悉”该设备的位置，跟踪它，并把 RF 能量集中在该设备的方向上，以避免浪费能量，防止来自其他天线的干扰。智能天线不是用较宽的信号束来发送信号，而是朝接收器发送较窄的信号束。图4-15显示了这一概念。图的左边显示的是一个常规的定向天线。图的右边显示的是一个可跟踪移动接收器的智能天线。

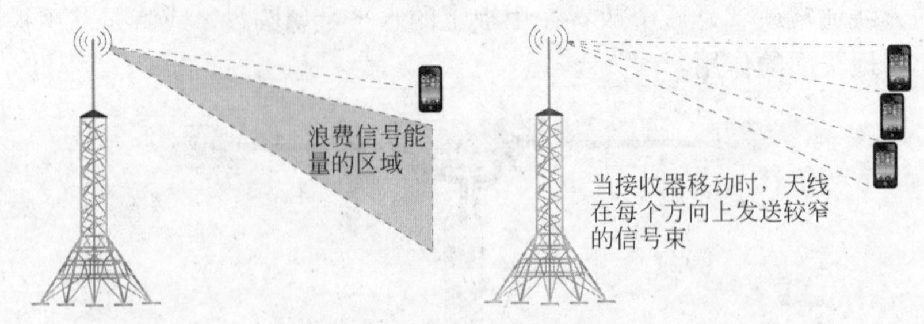

图4-15 定向天线与智能天线

智能天线有两种类型：

- **交换信号束天线**使用几个较窄的指向不同方向的信号束天线，当接收器移动到某个信号束路径中时，该信号束天线开启，当接收器移出时，该信号束天线关闭。
- **自适应阵列天线**或**相位阵列天线**类似于贴片天线，但它使用的不只是一片金属，而是一个辐射元件阵列。当移动用户在天线前面移过时，基于计算机的信号处理器控制天线系统中的电路，开启或关闭阵列元件，调制传输信号的相位。这会影响在某个方向上发送的能量束，通常称为“束组成”。信号处理器用于检测哪个元件接收了较强信号，这确定了移动用户的方向。

相位阵列天线广泛使用在超现代雷达系统。例如，你可能注意到，现在新式军舰具有的旋转雷达天线比老式的少了。相位阵列天线也同样开始出现在其他应用中了，比如蜂窝移动电话和移动WiMAX。图4-16显示了一个相位阵列天线示例。注意，这里有构成阵列的众多天线元件。

图4-16 相位阵列天线，有一个由传输元件（小方块）组成的矩阵

4.5 天线系统实现

要正确安装天线，不仅要求用户掌握一定的知识，还要有处理各种挑战（包括物理障碍、市政大楼编码以及其他规章限制）的能力。

正如本章开始所述，蜂窝提供商花费了大量时间和精力设计和测试其天线网络，以便提高最佳的信号覆盖，从而为其客户提高最佳的服务。它们还需要了解某个区域中的客户流量模式。它们需要了解如何获得正确的许可。在北美，从政府或者从私有土地或大楼拥有人那里获得许可，比在世界上其他国家花费的时间要更长，而且更昂贵。因此，蜂窝提供商需要在使覆盖区域最大化而干扰最小化上表现得更明智、更深思熟虑。

对于单个 RF 天线或由多个天线构成的天线系统，其目的是使一组用户不用电线就可以可靠地进行通信。系统的性能、可靠性和安全性是 RF 技术人员主要关心的。这在今天更是如此，因为现在免许可频率往往是用信号功率限制的最大值来发射，在产生冲突或干扰时也没有管理机构的干预，未经训练和没有经验的用户和黑客都可以很容易地访问各种设备。

当使用支持无线设备的天线来实现无线通信时（比如创建一个无线 LAN），要求你把发射器和接收器放置在可以获得良好连接的低峰。然而，如果你需要超出标准设置，假如你购买了几种不同的室外天线，以确保不同地区有良好的信号接收，或者要创建一个远距离的室外连接，那么还需要考虑其他一些因素。下面来简要介绍。

如果没有受过正规培训，不要试图在室外安装发射塔或天线。不论你是要在发射塔上、大楼的一侧或楼顶安装室外天线，都应该雇用一个专业的、有资质的安装人员来安装。

4.5.1　天线电缆

大多数天线是使用同轴电缆来与发射器或接收器连接。这种类型的电缆里面有金属丝层（可导电）和绝缘层（不可导电）。图 4-17 显示了同轴电缆的结构。

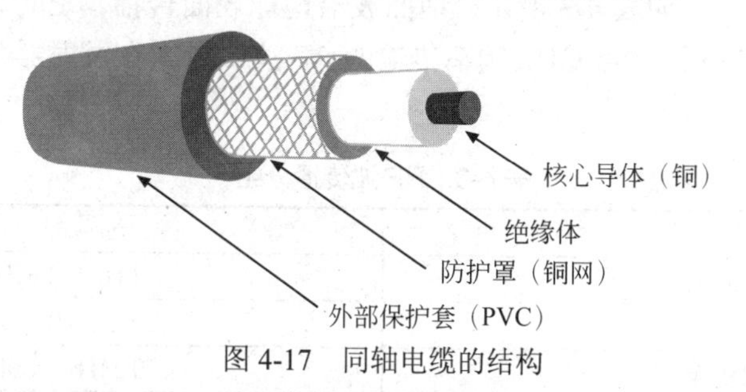

图 4-17　同轴电缆的结构

同轴电缆也用在音频、有线电视和其他各种应用中。在各种应用中使用电缆时，应遵行正确的规范说明，以避免出现难以解决的问题。

同轴电缆有各种大小（厚度）和规范。在 RF 系统中，根据设备和天线制造规范说明来使用正确的电缆类型很重要。在规范说明中有电缆阻抗的介绍，用字母“Z”表示，以欧姆（Ω）为单位，阻抗是电路的电阻、自感应和电容的组合。电缆的阻抗必须与发射器电路的阻抗和其他天线的阻抗相匹配。当需要与一个外部天线连接时，不能把它与发射器输出直接连接，必须考虑到由连接器和电缆本身引起的信号损耗。几乎所有的导电材料都有电阻。这在天线电缆中尤为重要，在以非常低功率传输的设备（比如在 IEEE 802.11 WLAN 中使用的设备）中更是如此。

电缆损耗可以相对于电缆的长度来度量。电缆越长，损耗越大。然而，可以使用特别低损耗的电缆来使信号损耗最小化。表 4-2 列出了在频率为 2.4 GHz 时，每 100 英尺不同厚度的 LMR 低损耗电缆的损耗情况。

表 4-2 低损耗 LMR 电缆

类型编号	直　径	频率为 2.4 GHz（每 100 英尺）
LMR-100	1/10"	– 38.9 dB
LMR-240	3/16"	– 12.7 dB
LMR-400	3/8"	– 6.6 dB
LMR-600	1/2"	– 4.4 dB

要计算电缆的总损耗，先用 100 英尺的损耗除以 100，然后再乘以所需电缆的长度。例如，如果要安装的天线距离发射器大约 10 英尺（3 米），那么 LMR-100 电缆的损耗为 3.9 dB（39 dB 除以 100 等于 0.39 dB 每英尺，乘以 10 等于 3.9 dB），这意味着在发射器输出产生的能量有一多半被损耗了，而且这还没有计算连接器的损耗！如果使用 LMR-400，那么由电缆引起的损耗大约为 0.7 dB。

为了使损耗最小化，可能需要使用的电缆，比发射器与天线中使用的连接器更厚。因此，在决定更换制造商提供的天线或设备内置的天线时，首先需要考虑的发射器与天线的位置。此外，应该知道，LMR 电缆比常用的同轴电缆要贵很多。

4.5.2 RF 传播

无线电波在发射器与接收器之间通过地球的空气传播或移动的方式，与信号的频率有关。RF 波可以分为 3 组，如表 4-3 所示。地面波沿地球表面传播。空间波在电离层与地球表面之间反弹。在 30 MHz 至 300 GHz 频率传输的 RF 波，要求在发射器与接收器天线之间是一条视线路径。

表 4-3 RF 波传播分组

分　组	频率范围
地面波	3 kHz～2 MHz
空间波	2～30 MHz
视线波	30 MHz～300 GHz

图 4-18 显示了不同波通过地球空气的传播方式，以及其对天线系统实现的影响。

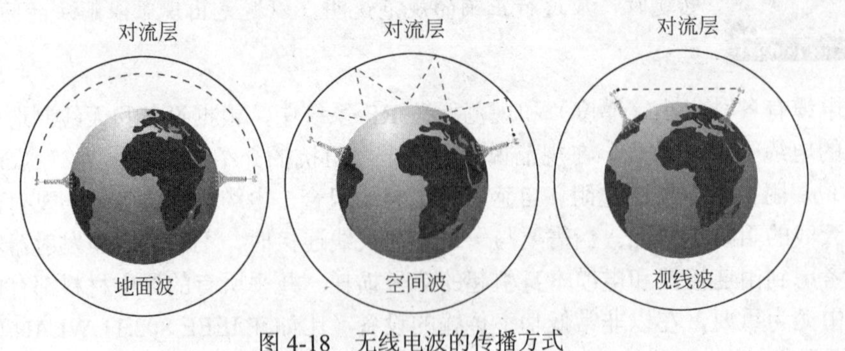

图 4-18 无线电波的传播方式

4.5.3　单点对多点链接

在大多数无线通信应用中，一个发射器可以与多个移动客户进行通信。这称为**单点对多点无线链接**（point-to-multipoint wireless link）。如果接收器安装在固定位置，比如校园里中央大楼与其他大楼的无线链接，通过在中央大楼使用全向天线，在其他大楼使用定向、高增益天线，就可以使有效信号距离最大化。图 4-19 显示了这种应用。

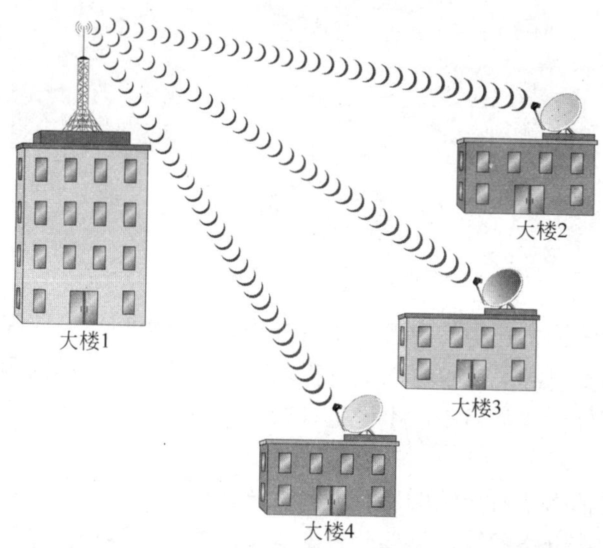

图 4-19　使用全向天线与定向天线的单点对多点链接

4.5.4　点对点链接

不同大楼里的两个计算机网络可以通过点对点无线链接来连接起来。在这种情况下，定向天线可以提供传输 RF 波的最可靠方法。较窄信号束和高增益，可以确保 RF 波的大部分能量是在两个天线之间使用。损耗往往很低，性能相当于数字电话公司的电话线，甚至还更高。对远距离的语音和数据通信，电话公司广泛使用点对点微波链接，而不是电缆。尽管需要中转发射塔，但维护无线链接的成本经常比安装和维护电缆更低，电缆连接很容易被破坏，故障排除更困难。图 4-20 显示了一个点对点链接的示例。

图 4-20　使用定向天线的点对点连接

4.5.5　菲涅尔带

点对点链路的传输路径经常用一条直线来表示，但从前面可知，RF 波是往四周扩散的。这意味着两个天线之间的空间用类似于椭圆的形状来表示更为准确（如图 4-21 所示）。这种椭圆形区域称为**菲涅尔带**（Fresnel zone），其形状是无线链路中的一个重要考虑因素。在规划无线链路时，必须确保60%的菲涅尔带不被阻挡，这可能会影响到天线发射塔的高度。

名称“Fresnel”（发音为 Fray-nel）来自法国物理家 Augustin-Jean Fresnel，他研究出了光波的极化现象。

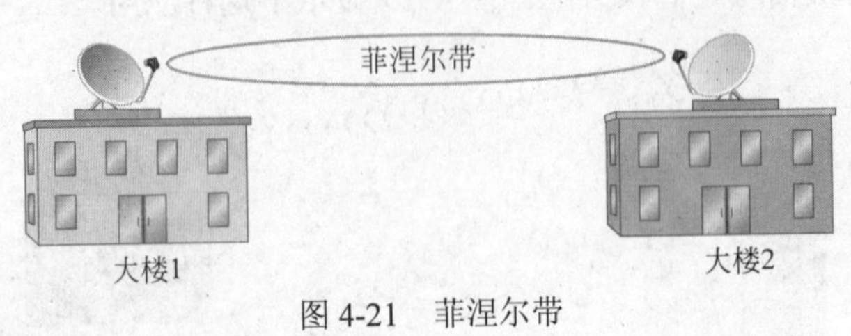

图 4-21　菲涅尔带

4.5.6　链路预算

在考虑好了信号传输所使用的电缆、传播方法、链路类型以及菲涅尔带后，还需要计算是否有足够的信号强度以满足接收器的最小需求。这种计算称为**链路预算**（link budget），它使用在每种类型的室外无线链路中，不论是只相隔一条公路的链路，还是卫星与地面基站之间的链路。

这个计算过程包括本章所介绍的所有因素。该计算并不太复杂，在 Internet 上也有很多链路预算工具。要计算链路预算，需要从设备规范说明获得各种信息，包括天线的增益，接收器与发射器所用电缆和连接器的损耗，接收器的敏感度，以及自由空间损耗图等。

4.5.7　天线校准

实现点对点链路的挑战之一是，把天线安装在同一高度，相互对准，使得信号强度最大化。如前所述，必须确保60%的菲涅尔带不被阻挡。安装天线的高度受树木、建筑物和地球表面曲线的影响。一些发射器和接收器装备有各种工具，帮助安装人员校准两个天线。其他发射器和接收器则需要租借或购买相关工具，以确保准确的校准。下面是这样一些基本的工具：

- 指南针，用于定位天线的准确方向。
- 射弹观测镜（如果天线位置在可见范围内）。
- 一种通信工具，如手提无线电话或蜂窝手机。
- 一个光源（如果距离比较近），比如，手电筒或激光笔。

对于经常需要进行远距离链路安装，以及需要高精度校准天线（如碟形天线）以确保最大可靠性的技术人员，通常需要使用频谱分析仪，如图 4-22 所示。该工具可以显示信号振幅和频率，还可以检测在某个频道上的干扰。频谱分析仪功能强大，也比较昂贵，根据可用的频率范围和其他特性，价格大约在 10 000 到 100 000 美元之间。

天线系统实现包括校准与故障排除，需要一些时间的实际培训。尽管这超出了本书的范围，但这里介绍这些问题，可以使读者对这些复杂问题有个大致的了解。在介绍无线通信的其他更实际问题之前，下面来讨论一下影响无线系统实现（尤其是室外链路实现）的其他一些挑战。

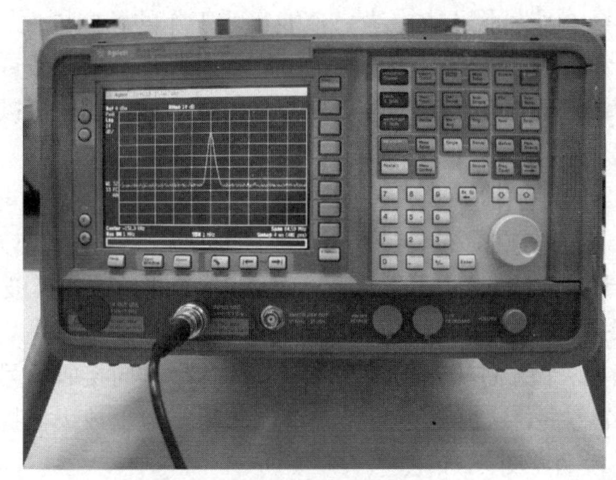

图 4-22　频谱分析仪

4.5.8　室外链路的其他挑战

如前所述，无线电波会发生反射、衍射或被各种物体吸收。天气（比如浓雾、大雨、灰尘或暴风雪）、空气扰动（比如在沙漠和其他很热地方的地面，由于太阳升起，空气从地面快速上升）、深谷里一天中温度的剧烈变化，都会影响无线链路的性能和可靠性。季节变化也会影响无线链路。例如，如果无线链路是在冬天创建的，此时树木没有树叶，当春天来临时，树叶可能会阻挡超过40%的菲涅尔带，吸收掉大部分的RF波。

在规划室外链路时，还要考虑到链路性能被严重影响或链路完全失效的可能性。查阅该地区的天气历史记录。与城市规划部门、公园管理部门和建筑许可部门联系，以确定可能干扰无线链路的短期和长期规划。同时还要考虑天线的位置是否会受春天草木生长的影响。

另一个需要关注的是，其他公司或个人创建的链路是否会干扰。如果你使用的是免许可频率，比如ISM或U-NII波段，那么就不可能从管理部门得到帮助。当然，你也应该是一个好市民，不要去干扰在你之前创建的室外链路。

本章小结

- RF信号到达接收器的时间，是它从发射器发出所需时间的十亿分之一。电缆、连接器、天线以及发射器与接收器之间的距离，都是影响信号传输与接收时能量大小的因素。如果信号功率增大，则称为发生了增益，例如，信号的大部分能量集中在某个方向，或者在传输给天线时通过了放大器，都会发生增益。如果信号的能量减少了，则称为发生了损坏。
- 分贝（dB）是工程师和技术人员所使用的一种相对度量，用于简化增益与损坏的计算，以及用于表示信号强度。3 dB的增益将使信号的功率翻倍。3 dB的损坏则使信号的功率减半。10 dB的增益使信号强度增加为10倍，10 dB的损坏则使信号强度减少为十分之一。以dB为单位的增益与损坏，可以用于做加法或减法运算。
- 各向同性辐射器的辐射能量理论上形成一个完美球体，在任何方向上的辐射能量都是相等的。两种最基本的天线类型是理论各向同性辐射器和偶极天线。理论各向同性辐射器只用在参考（因为不可能构建一个能实际工作的各向同性辐射器）。

- 最常见的天线类型是无源天线，这种天线基本上就是一条电线或一块金属，只能用发射器提供的功率来辐射信号。有源天线具有内置的放大器，可以提高信号功率，补偿由电缆和连接器引起的损耗。
- 天线的大小主要与用于传输或接收的频率或频率范围有关，这与信号的波长成比例，与频率成反比，也就是说，天线越长，需要的频率越低。为了使天线大小在可控范围，大多数天线是半波天线（波长的一半）、四分之一波长天线（波长的四分之一）或八分之一波长天线（波长的八分之一）。
- 全向天线可以往各个方向传输信号，也可以从各个方向接收信号。定向天线只把信号能量集中在某个方向，这使得无源天线可以获得类似于放大器提供的增益（称为定向增益），但它并没有额外增加电能。
- 八木天线、贴片天线和蝶形天线是不同类型的定向天线。
- 自由空间损耗是 RF 波在传播过程中的自然损耗，是对发射器天线与接收器天线之间的信号强度损耗的度量。
- 天线越大，增益越高，反之，天线越小，增益越低。天线有水平辐射图和垂直辐射图。天线还可以发射出垂直极化或水平极化的信号。当发射器与接收器的天线具有相同的信号极化时，其传输链路效率最高。
- 有两种基本类型的一维天线：单极天线和偶极天线。偶极天线的效率比单极天线的更高。没有安装在地面上或接近地面上的单极天线，可以使用人工地平面。贴片天线、相位阵列天线和抛物线天线是二维天线的示例。
- 智能天线主要使用在蜂窝手机中，可以跟踪移动用户，直接给用户发送较窄但更高效的 RF 能量束，防止干扰其他发射器天线。交换式信号束天线使用几个较窄的信号束天线，这些天线指向不同的方向。自适应阵列（或相位阵列）天线有一个辐射元件矩阵，使用一个处理器来启用或禁用这些元件，以便给某个方向的移动用户发送一个集中的 RF 能量束。
- 使用特定的 LMR 天线电缆，可以减少发射器与天线之间是损耗。
- 根据信号的频率不同，RF 波的传播也不同。地面波沿地球表面传播。空间波在电离层与地球表面之间反弹。在 30 MHz 至 300 GHz 频率传输的 RF 波，要求发射器与接收器天线之间是一条视线路径。
- 使用无线链路，定向天线可以在两栋大楼之间创建点对点链路，电话载波为远距离微波通信链路也使用定向天线。单点对多点链路也可以使用一个全向天线和多个定向天线来创建。
- 菲涅尔带是两个定向天线之间的一个椭圆形区域。以这种方式创建无线链路时，要维持一个可靠的连接，被障碍物阻隔的菲涅尔带不能超过 40%。
- 必须对定向天线进行校准，以便使两个天线之间的信号强度最大化。一些无线设备制造商内置了天线校准工具，但技术人员还可以使用频谱分析仪来确保无线链路的高可靠性和准确性，并可以进行无线链路的故障排除。
- RF 波可能被天气和环境（比如大雨、尘土和暴风雪）部分或全部阻隔。在设计远距离无线链路时，应向当地部门核实，确保该区域不会计划建设大楼或种植树木，因为这些都会干扰无线连接。

复习题

1. ________ 的作用之一是往空气或太空发射电磁波信号。
   a. 天线　b. 调制器　c. 过滤器　d. 混合器
2. 分贝是一种相对度量，要求有一个 ________ 。
   a. 距离　b. 天线　c. 功率　d. 对比　e. 增益
3. 6 dB 的增益，意味着信号水平或强度________ 。
   a. 增加非常小　b. 翻倍　c. 翻两倍　d. 根本不增加
4. 发射器产生一个 15 dBm 的信号，使用一条电缆连接到天线，出现了 3 dB 损耗。该电缆有两个连接器，每个连接器出现 2 dB 的损耗。那么，在天线的输入端信号水平是多少？
   a. 8 dBm　b. 10 dB　c. 22 dBm　d. 3 dB
5. 最简单、最实用的天线类型是 ________ 。
   a. 电线　b. 偶极天线　c. 八木天线　d. 单极天线　e. 无源天线
6. ________ 天线在所有方向上发射的信号强度都相等。
   a. 多方向　b. 相位阵列　c. 定向　d. 全向　e. 智能
7. 在发射天线与接收天线之间，信号总是会发生 ________ 。
   a. 增益　b. 放大　c. 自由空间损耗　d. 反射　e. 衍射
8. 为在发射器与接收器之间获得最佳性能，其中的两个天线应具有相同的 ________ 。
   a. 大小　b. 角度　c. 增益　d. 极化
9. 在直接的点对点链路中，被阻隔的菲涅尔带不能超过 ________。
   a. 40%　b. 60%　c. 30%　d. 50%
10. 要像偶极天线那样有效工作，单极天线要求具有________。
    a. LMR 电缆　b. 更长尺寸　c. 地平面　d. 放大器
11. 低频率信号使用________天线，高频率信号使用________天线。
    a. 较短，较长　b. 较长，较短　c. 较高，较低　d. 较低，较高
12. 天线增益是对天线辐射图某个传输方向上________的度量。
    a. 集中度　b. 长宽　c. 大小　d. 高低
13. 定向天线的增益通常较低。对还是错？
14. 无源天线设计为在某个方向传输信号，可以有效地提高信号强度。对还是错？
15. 天线的 ________ 与 RF 信号的频率和增益有关。
    a. 长度　b. 放大　c. 宽度　d. 高度
16. 在规划一条无线链路时，应预留一定的________，确保信号到达接收器时，能满足最小信号强度要求。
    a. 自由空间损耗　b. 传播　c. 链路预算　d. 规范说明
17. 请列举出两种类型的定向天线。
18. 智能天线的工作原理如何？

19. 空间波是如何传播的？
20. 如果有人设置了一对天线，干扰了你的点对点链路（该链路连接两栋大楼，使用的是免许可频率），会怎么样？

动手项目

项目 4-1

借助 Internet 和其他工具，介绍一下自适应阵列天线或相位阵列天线系统。除了蜂窝技术和军事雷达之外，这种天线还在哪里应用？其优缺点是什么？

项目 4-2

一个发射器产生 36 dBm 的信号，传输到街道对面的大楼，要求信号的功率为 4 瓦，请推荐天线类型和增益。发射器安装在室内，天线安装在屋顶。假设电缆为 500 英尺的 LMR-400 类型，它比连接天线与发射器所需的长度长 10 英尺。请写出实现的所有步骤。

项目 4-3

利用天线的规范说明，或从 Internet 上查找到的天线规范说明，绘制以下天线的水平和垂直辐射图：泡罩型天线、八木天线、蝶形天线和高增益全向天线。

项目 4-4

使用 Internet，研究一下 IEEE 802.11 无线网络的家庭用天线。然后，使用 DSL/电缆路由器或装备有可移动天线的接入点，构建并测试这些低成本的天线。使用笔记本电脑或其他可显示信号强度的设备来测试，并记录结果。编写一个报告，介绍一下，与只使用由路由器或接入点提供的常规天线相比，使用这些家用无线天线可以扩展多大的无线连接范围。

真实练习

练习 4-1

TBG（The Baypoint Group）是一家有 50 个员工的公司，帮助组织机构和商业公司解决网络规划与设计问题，这里再次要求你作为该公司的一个服务顾问。

Triangle 农场是一个农业合作社，在 Vermont 州 Bennington 市郊有两个相距 6 英里的温室。在这两个温室里准备分别安装一个无线网络，并要求两个网络之间要能相互连接。当地的电话公司建议安装一条数字专用线来连接 Triangle 的两个温室，认为无线连接不可靠，而且每个月的费用比数字专用线要高 1500 美元。Triangle 向 TBG 公司咨询。TBG 公司让你负责，因为你是这方面的专家。

TBG 公司一个给出了网络设计与实现，以及实现该连接所需的所有无线网络设备，但还没有提供连接这两个温室的天线。温室所在位置可以相互瞄准，而且因为是在机场附近，在该区域里不允许有高建筑。

Triangle 的每个温室都有一个办公室，大约 10 名员工。办公室区很大，也很开阔。每个温室有两条 500 英尺长的走廊，在这里要求能访问无线网络，因为员工要对种植池进行定期检查。员工希望能使用无线网络，把更新信息和检查结果直接上载到中心服务器上。

制作一个幻灯片，介绍一下各种连接方式和天线，以及它们各自的优缺点。列举一下示例，以图片和叙述的形式，介绍一些类似的成功无线连接。TBG 要求你的幻灯片很有说服力，因为 Triangle 与电话公司处在签订合同的边缘了。你不仅要展示事实，还要说服他们为什么应该选择无线连接。

在看了你的展示后，TBG 公司要求你准备一个幻灯片，介绍使用不受管制波段的优点。由于 Triangle 一方有一个工程师在场，该幻灯片应比较详细，比较专业。

挑战性案例项目

当地的一个工程师用户组织邀请 TBG 公司派遣一个报告人，来介绍不同天线（如碟形天线、八木天线和喇叭形天线）的优点。请你组建一个两三人的团队，详细研究一下这些技术。尤其注意如何使用这些天线，以及它们的强项和弱项。你们认为，哪种类型的天线在未来的中长距离无线连接中将占主导地位？

第5章 无线个人区域网

本章内容：

- 介绍无线个人区域网（WPAN）
- 介绍不同 WPAN 标准及其应用
- 阐述蓝牙与 ZigBee 的工作原理
- 介绍低速 WPAN 技术是安全性

多年以来，如果不使用电缆，就无法把 PDA、蜂窝手机或智能手机与笔记本电脑或台式计算机连接和同步。要实现它们的连接，需要用户有一种新的外设来使用不同类型的电缆。在市场上最早出现的无线技术之一是使用红外线（infrared light，IR）。红外设备的出现已经有好长时间了，但 IR 的最高速率为 115 200 bps，限制了与便携式无线设备的同步能力。随后，IR 规范得到了改进，速率可达 16 Mbps，可以与快速以太网匹配了。然而，尽管 IR 安全，非常容易使用，但要求近距离、点对点连接，缺乏移动性，最终迫使制造商放弃了在便携式设备世界占领了 20 多年主流的接口技术。

从 20 世纪 90 年代后期开始，在市场上出现了很多其他技术，这些技术的主要目标是不需要电缆，允许数据设备和外设不需要电缆就可以进行通信。本章介绍现在流行的蓝牙技术，在计算机、蜂窝手机、PDA 和其他产品上都装备有蓝牙设备。本章还介绍一些在近距离个人区域网络中的最新发展，这些产品使得在家庭、办公大楼的灯光、环境温度控制等应用中，不需要电线了。

5.1 何谓 WPAN

个人区域网（wireless personal area network，WPAN）是一组近距离通信技术，从几英寸到 33 英尺（10 米），偶尔能到达 100 英尺（30 米）。这些技术大多数都是为了在设备（如计算机、PDA，甚至是房间灯光与安全系统）互连时省去大量电线和电缆的使用。本章介绍的 WPAN 主要是支持不需要高速传输的应用。例如，大量蓝牙设备最大只支持 723.5 Kbps 的速率。这足以应付三同时语音信道。低速 WPAN 技术目前和未来的应用包括：

- 家庭控制系统（智能家庭）。
- 耳机与计算机、蜂窝手机与智能手机以及语音和视频设备进行语音通信和接听。
- 便携式设备数据交换。
- 工业控制系统。
- 实时定位服务，即用于定位家或办公室旁边的人的智能标签。

- 安全系统。
- 交互式玩具。
- 资产和库存跟踪。

除了可以免用电线和电缆之外，WPAN 还有两个主要优点。第一，因为它们都是设计为近距离通信的，它们使用的功率非常小，因此，为设备供电的电池续航时间非常长。第二，这种近距离也有助于确保安全性和隐私，而这些是其他无线技术长期以来关注的一个问题。

5.1.1　已有标准与未来标准

IEEE 已经为 WPAN 制定了一些标准。这些标准涵盖了蓝牙的两个底层协议、ZigBee 以及本书介绍的其他技术。在 OSI 协议模型第 2 层以上，有关 WPAN 的规则说明由各自的行业联盟制定。本章将学习两个技术的标准：针对蓝牙的 IEEE 802.15.1，以及针对 ZigBee 的 IEEE 802.15.4。这两种技术用于作用不同的无线连接。

IEEE 802.15.x 标准涵盖了 WPAN 的所有工作组。该标准中的最后一个数字（上面以“x”表示）代表特定的工作组，如“1”代表蓝牙，“4”代表 ZigBee，“3”代表高速 WPAN。

IEEE 制定的标准，既适用于 OSI 的物理层（physical layer，PHY），也适用于全部或部分数据链路层。其中，物理层负责把数据比特转换成电磁波信号，并在介质上传输它，数据链路层负责在同一网段的不同结点之间传输数据，并提供错误检测。

尽管 OSI 模型主要是与局域网相关，但实际上它可以用作大部分类型的数据通信协议的模型。

1. OSI 模型与 IEEE 802 之间的关系

几乎在 ISO 开始创建 OSI 模型的同时，IEEE 就开始了项目 802 的工作，该项目是要确保 OSI 最低两层的数据网络产品之间的互操作性。OSI 是有关通信网络功能的理论模型，而 IEEE 802 为硬件和软件设备的实现制定实际的标准。IEEE 以 OSI 模型作为项目 802 的框架，但有一些重要的不同，如图 5-1 所示。

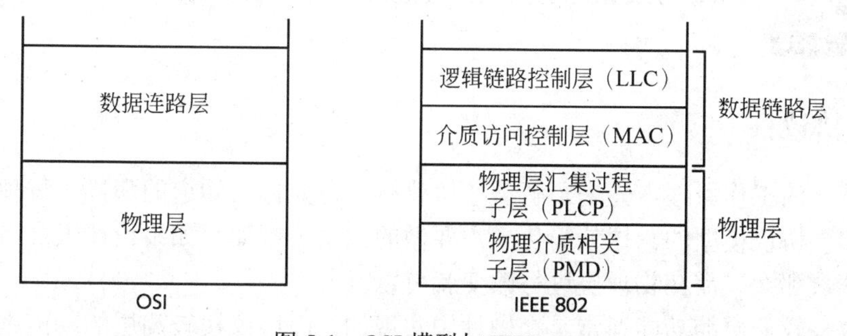

图 5-1　OSI 模型与 IEEE 802

IEEE 802 把 OSI 模型的数据链路层分成两个子层：**逻辑链路控制层**（Logical Link Control，LLC）与**介质访问控制层**（Media Access Control，MAC），其中，逻辑链路控制层负责创建和维护与本地网络的连接，介质访问控制层负责硬件寻址，以及错误检测和纠正。

IEEE 802 的物理层也分成两个子层：PLCP（Physical Layer Convergence Procedure，物理层汇集过程）子层与 PMD（Physical Medium Dependent，物理介质相关）子层。PLCP 负责把从 MAC 接收来的数据格式化，增加一个首部和一个尾部，生成一个数据帧，就像用信封封装一封信那样。随后，数据帧就成了数据链路层的分组，其中含有 PMD 传输所需的首部和尾部。就是在 PMD 中（在无线网络中称为无线电频率）定义了传输和接收数据的准确方法。

5.2 RF WPAN

本章剩下的内容主要介绍 RF WPAN 的标准，首先介绍 IEEE 802.15.1 和蓝牙，最后介绍 IEEE 802.15.4 和 ZigBee。

5.2.1 IEEE 802.15.1 与蓝牙

蓝牙是一种行业规范，它定义了主要在 2.4 GHz ISM 波段上运行的小型、低耗、近距离无线射频通信。2012 年，有超过 14 000 个成员（包括硬件和软件制造商）参与了 SIG（Bluetooth Special Interest Group）。

为确保蓝牙网络可以与 IEEE 802.11 Wi-Fi 网络运行在相同区域（因为它们都是使用 2.4 GHz 频段），干扰最小，IEEE 使用了蓝牙规范的一部分作为 IEEE 802.15.1 的基础。新标准于 2002 年 3 月 2 日获最终批准，然后融入到蓝牙规范 1.2 版中了。要更多了解这种 WPAN 技术，可以访问 www.bluetooth.org 和 http://ieee802.org/15。

今天销售的大部分智能手机和蜂窝手机都是与蓝牙兼容的，这意味着它们可以使用无线耳机，与计算机同步设备的电话本，从有照相机的手机上下载图片。你还可以找到打印机、打印服务器、GPS 设备、计算机键盘、计算机鼠标、医疗设备、PDA，甚至是微波炉，未来很多其他设备也可能植入这种技术。现在大多数的笔记本电脑都有蓝牙接口，即使没有，只需插入一个微小的、低功耗的 USB 适配器，并安装少量软件就可以实现蓝牙功能。

要了解具有蓝牙功能的其他产品，可以访问 www.bluetooth.com 或 www. palowireless.com/bluetooth/products.asp。

5.2.2 蓝牙协议栈

要学习蓝牙的工作原理，先来了解蓝牙协议栈。正如你所知道的那样，每种无线网络技术都是基于多层协议模型的。这就简化了需要做的改变，例如，如果设计人员需要只改变传输所用的频率，那么只需在物理层进行改变就可以。

蓝牙协议栈较低层的功能通常是在硬件中实现的，而协议栈较高层的功能则是在软件中实现的。这些功能在随后章节中将介绍。图 5-2 显示了蓝牙协议栈，及其与 OSI 协议模型的对比，以供参考。

1. 蓝牙 RF 层

蓝牙协议栈的最低层是 RF 层。它定义了控制无线电传输的基本硬件是如何工作的。在该层中，数据比特（0 和 1）被转换成无线电信号并传输。如图 5-2 所示，该层等价于 OSI 的物理层。

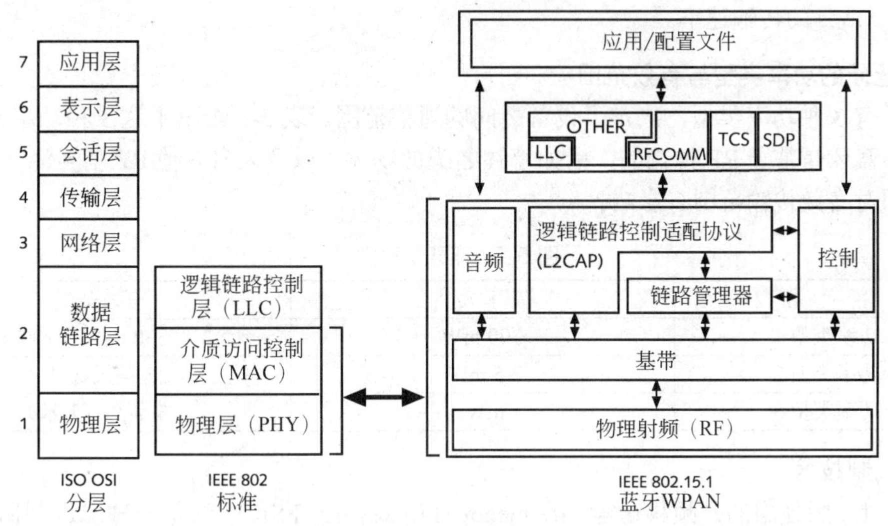

图 5-2　蓝牙协议栈与 OSI 协议模型的对比

2. 无线电模块

蓝牙 RF 层的核心是一个无线电传输器/接收器，称为蓝牙无线电模块（图 5-3 显示了其大小）。该设备含有一个微小的蓝牙芯片，其中内置了无线电模块，但不含天线，这是蓝牙发挥功能的唯一硬件。图 5-3 中显示的设备还含有一个 USB 接口和一个蓝色的 LED。蓝牙设计使得完成所有 MAC 和 PHY 层全部功能的传输接收器集成在一个芯片上，且尽可能通用，低成本，元件支持最简单。

图 5-3　蓝牙传输接收器（传输器/接收器）

把所有蓝牙硬件置于一个芯片上意义重大。不需要昂贵的外部设备（如 PC 卡）来驱动蓝牙功能，蓝牙功能在生产过程中已经置入产品自身中了。由于内含蓝牙芯片的设备已经有了蓝牙传输接收器（且通常还有一个全向天线），因此，一旦供电后，就可以发送和接收蓝牙传输了。

蓝牙 1.1 版和 1.2 版的传输速率可达 1 Mbps。大多数设备给出的最大速率是 723 Kbps，该速率是双向传输情况下的，其中一些时隙用于在一个方向上传输数据，其他一些时隙则在另一个方向上传输数据。蓝牙2.1版增加了两个模块，使得蓝牙设备可以获得2.1 Mbps或3 Mbps的速率，同时完全向后兼容1 Mbps的1.1版和1.2版。这种特性称为**增强型数据速率**（enhanced data rate，EDR）。蓝牙3.0版把数据传输速率提高到最大24 Mbps。蓝牙4.0版增加了**低能耗**（(low-energy，LE)）性能，在低速率情况下可以延长电池的寿命，同时向后兼容低至1 Mbps的传输速率。

3. 蓝牙的功率类型与有效范围

蓝牙有3种功率类型，决定了设备之间的通信范围。表5-1给出了这3种功率类型。记住，由于蓝牙是基于RF传输的，诸如墙体之类的物体，以及来自其他RF信号源（如Wi-Fi网络）都对有效传输范围有影响。

图5-1　蓝牙功率类型

名　　称	功率大小	有效范围
功率类型1	100 mW	330英尺（100米）
功率类型2	2.5 mW	33英尺（10米）
功率类型3	1 mW	3英尺（1米）

4. 调制技术

蓝牙1.x版使用的是**频移键控**（frequency shift keying，FSK），这是一种二进制调制技术，它改变的是载波信号的频率（第2章已经介绍了FSK）。在高频传输的比特值为1，在低频发送的比特值为0。蓝牙所用的FSK调频技术称为**双高斯频移键控**（two-level Gaussian frequency shift keying，2-GFSK）。

频率的高低变化值称为**调制索引**（modulation index），位于280 kHz与350 kHz之间，如图5-4所示。

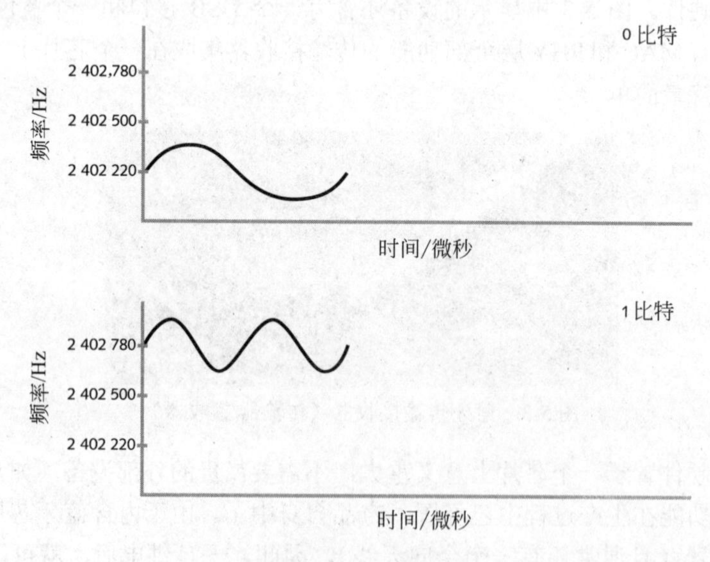

图5-4　双高斯频移键控（2-GFSK）

蓝牙2.x版增加了两种调制技术：pi/4-DQPSK（用于2 Mbps传输）和8-DPSK（用于3 Mbps传输）。图5-5显示了一个pi/4-DQPSK传输波形。8-DPSK只能用于两设备之间的信号比较健壮时，换句话说，就是干扰比较小或没有干扰时。事实上，如果附近没有其他微微网或 Wi-Fi 网络时，才有可能达到 3 Mbps 的速率。

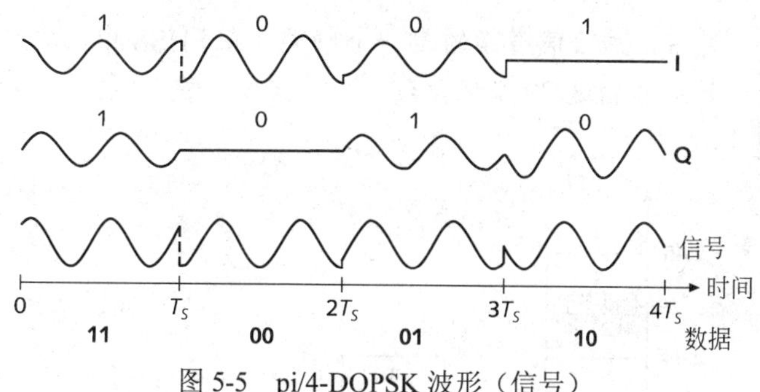

图 5-5　pi/4-DQPSK 波形（信号）

蓝牙 3.0 版增加了操作的低功耗模式，使得电池续航时间更长，3.0+HS 版增加了 MAC/PHY（AMP）。AMP 使用一个单独的无线电模块，它使用与 IEEE 802.11（在第 7 和 8 章介绍）相同的方法进行传输。所有蓝牙版本都向后兼容 1.x 和 2.x 版，首先使用 RF 层来创建通信。如果两个设备都支持 AMP，那么就会切换到另一个无线电模块来进行数据传输。由于蓝牙协议栈更简单，因此可以获得高达 24 Mbps 的速率。在这种情况下，所有控制通信都是由 RF 层来处理，这是与蓝牙 1.x 版兼容的。

蓝牙 4.0 于 2010 年 6 月 30 日批准，引入了蓝牙低功耗（Bluetooth low energy，BLE），也称为超低功耗（ultra low power，ULP）。BLE 是基于 Nokia 公司的 Wibree 技术，该技术是在 2001 年开发的，具有 BLE 功能的设备，其最高传输速率为 200 Kbps（通常情况下为 128 Kbps），这可以有效地把传输范围扩大到 50 英尺（15 米），同时把功耗从几十毫安较低到几微安。与当前蓝牙设备相比，这可以使一块纽扣电池的供电时间长达一年之久。该技术最初是为了与**近场通信**（near-field communications，NFC）进行竞争的，只需提高现有的蓝牙无线电设计就可以实现，因此避免了设计和开发其他设备以支持 NFC 的成本。BLE 还可以与 ZigBee（本章后面将介绍）进行竞争。

新一代的蜂窝手机和平板电脑已经可以支持使用 BLE 的智能蓝牙（Bluetooth Smart Ready）。例如，Apple 公司 2011 年 3 月发布的 iPhone 4S 和 iPad 2，已经支持蓝牙 4.0 版，并与很多设备兼容，包括跑步者与骑行者的心率监测仪，在大型停车场定位汽车的设备，可以显示呼叫人 ID 信息的智能手表，以及其他即将发布的一些设备。毋庸置疑，在未来几年，业界还会发布很多新设备和新应用。

5. 蓝牙基带层

在蓝牙协议栈中，基带层位于 RF 层的顶部。该层负责管理物理信道和链路，处理数据包，进行呼叫与请求以定位区域内的其他蓝牙设备。

6. 无线电频率

蓝牙所有的频段是 2.4 GHz 的 ISM（Industrial, Scientific, and Medical，工业、科学和医药）频段。蓝牙把 2.4 GHz 频率划分为 79 个频率，每个之间的间隔为 1 MHz，使用**频跳扩频**（frequency hopping spread spectrum，FHSS）技术来传输数据。所使用的特定频率序列（跳频序列）称为**信道**（channel）。换句话说，在传输时，传输数据所用的频率可以在这 79 个不同频率之间跳转。FHSS 技术如图 5-6 所示。在蓝牙传输的一秒时间里，频率变换了 1600 次，即每 625 微秒变换一次。

通常，术语**信道**指的是一个频率。在 FHSS 中，该术语也用于指构成跳频系列的这 79 个频率组。

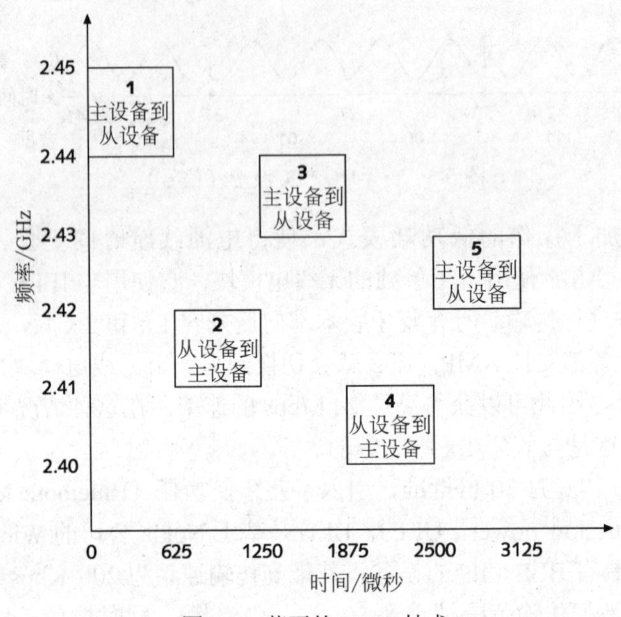

图 5-6 蓝牙的 FHSS 技术

蓝牙跳频序列变换比大多数家用无绳电话（这些电话也是工作在 2.4 GHz 波段，通常每秒钟变换频率大约 100 次）快得多。由无绳电话引起的对蓝牙传输的干扰，可以导致数据错误或语音数据流中的明显中断。这种干扰比蓝牙传输本身的作用范围大得多。

由于与 IEEE 802.11b/g/n WLAN 使用相同的频率，蓝牙传输会干扰 IEEE 802.11 WLAN，反之亦然。然而，在 IEEE 802.15.1 以及蓝牙 1.2 版标准批准后，蓝牙网络与 IEEE 802.11 WLAN 可以共存了，相互干扰非常小。这是因为蓝牙 1.2 版增加了**自适应频跳**（adaptive frequency hopping，AFH），这大大地提高了与工作在 2.4 GHz 波段上的 IEEE 802.11 WLAN 的兼容性。通过允许蓝牙网络中的主设备变换跳频序列，从而使该设备不会使用微微网区域中被 IEEE 802.11 占用的频率，蓝牙技术实现了与 IEEE 802.11 WLAN 的兼容。

在 IEEE 802.15.2 标准中涵盖了与使用免许可频段的其他无线设备的共存性问题。详情参见 http://standards.ieee.org/getieee802/index.html。

7. 蓝牙网络拓扑

蓝牙设备可以扫描无线介质，发现其传输范围内的设备并与之连接。蓝牙设备的传输范围与所用设备的类型有关（后面将详细介绍）。蓝牙网络（称为**微微网**（piconet））可以有多达 7 个从设备与主设备相连接。主设备发起对 RF 范围内从设备的查找，并控制该微微网中的所有通信。微微网有时候也可以与其他微微网连接，这种情况下的蓝牙网络就称为**分散网**（scatternet）。

当两个蓝牙设备进入各种的传输范围之内时，可以自动相互连接。主设备控制所有无线传输。其他设备（从设备）执行主设备的命令。蓝牙网络含有一个主设备，以及至少一个从设备，使用相同的 FHSS 信道来构成一个微微网。图 5-7 为微微网示例。

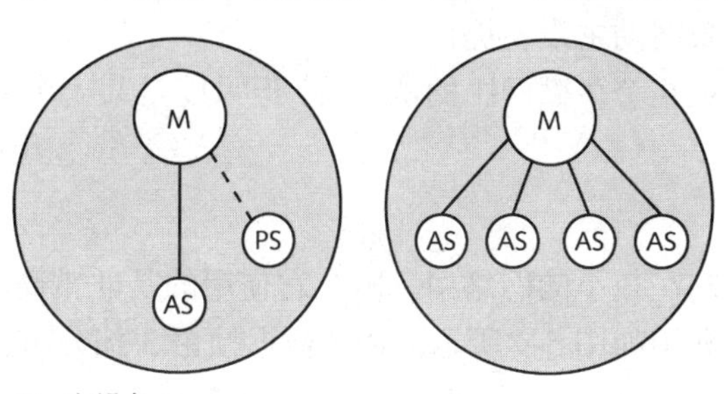

图 5-7　蓝牙微微网

每个蓝牙设备都预置了一个地址，在加入或没加入微微网都是需要的。表 5-2 描述了蓝牙微微网中使用的不同地址。

表 5-2　微微网无线电模块的地址

名　称	描　述
蓝牙设备地址	唯一的 48 比特数字（IEEE 802 硬件或 MAC 地址），是在硬件中预置的
激活设备地址	一旦设备成为微微网中的一个激活从设备，只有 3 比特数字有效
休眠设备地址	一旦设备成为一个休眠从设备，只有 8 比特数字有效，休眠设备不会保留 3 比特的激活设备地址

微微网中的所有设备都必须在相同序列中同时改变频率，以便进行通信。调频系列中的定时（称为相位）是由蓝牙主设备的时钟确定的。每个处于活动状态的从设备与主设备的时钟同步。每个微微网的调频序列是唯一的，由蓝牙主设备的设备地址确定。

在微微网中，主设备与从设备交替进行传输。主设备只在偶数编号的时隙开始其传输，从设备只在奇数编号的时隙开始其传输。

8. 蓝牙连接过程

蓝牙设备之间的最初连接，称为**配对**（pairing），是一个分两步骤的处理过程。第一步，称为**查询过程**（inquiry procedure），使得设备发现在其范围内有哪些其他设备，然后确定这些设备的地址和时钟。当一个蓝牙设备进入其他设备的范围内时，它首先是查找该区域的其他蓝牙设备。第二步，是**寻呼过程**（paging procedure），可以创建一个真正的蓝牙连接。一旦一个蓝牙设备与另一个设备进行了配对，有了一个 3 比特的活动成员地址，就不再需要查询过程了。主设备周期性地发出一个寻呼，试图与已知或配对的设备创建一个连接。发出寻呼并创建一个连接的设备，自动成为该连接的主设备。

在同一区域里可以有多个微微网，每个微微网可以含有多达7个从设备。由于每个微微网具有一个不同的主设备和调频系列，发生冲突（即两个设备试图在相同频率上同时发送数据）的风险很小。然而，如果同一区域里增加的微微网太多，发生冲突的概率将增加。冲突的发生将降低网络的性能和吞吐量。

如果在同一区域里有多个微微网，某个蓝牙设备可以是其中两个或多个微微网（分散网）的成员，如图5-8所示。为了在每个微微网中进行通信，该设备必须使用某个微微网的主设备地址和时钟（由该微微网的主设备提供）。

一个蓝牙设备可以是几个微微网中的从设备，但只能是某一个微微网中的主设备。然而，主从角色可以互换。

9. 蓝牙数据帧

因为蓝牙传输被限制在很小的网络中，因此它使用的是非常简单的数据帧结构。蓝牙传输的物理层（PHY）数据帧如图5-9所示。每个数据帧由3部分组成：

- 接入代码（72比特）：用于时钟同步、寻呼和查询。
- 首部（54比特）：用于分组确认、分组编号、从设备地址、载荷类型以及错误检测。
- 载荷（0～2745比特）：可以包含数据、语音，或数据和语音。

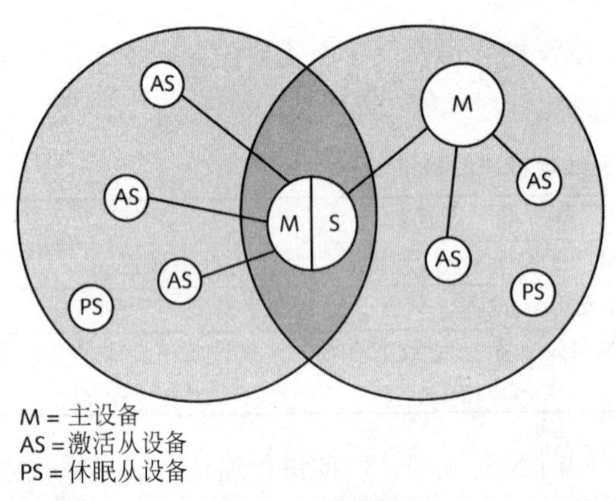

图5-8 蓝牙分散网

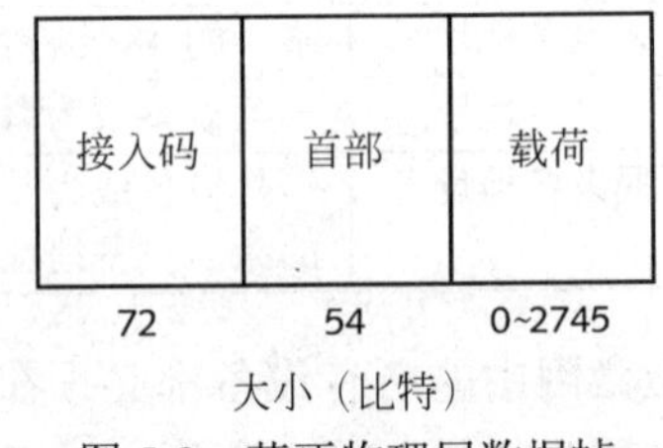

图5-9 蓝牙物理层数据帧

5.2.3 蓝牙链路管理器层

蓝牙栈的链路管理器层可以划分为两个主要功能：管理微微网和保证安全性。链路管理器层的功能介绍如下。

1. 管理蓝牙设备之间的链路

微微网的管理包括规定从设备与主设备建立连接和断开连接的步骤，以及检测主从设备角色的转换。为此，需要在蓝牙设备之间创建不同类型的链路。在设备之间有两种类型的物理链路：同步的面向连接（synchronous connection-oriented，SCO）链路和异步的无连接（asynchronous connectionless，ACL）链路。

- 同步的面向连接链路是主设备与单个从设备之间的对称的点对点链路。这种链路的功能像一个电路交换链路，使用保留的固定时间间隔的时隙。主设备和从设备都可以同时支持多达3个SCO链路。SCO链路主要进行语音传输，速率为64 Kbps。这种传输可以在两个方向上进行，如前所述。

- 异步的无连接链路是用于数据传输的分组交换链路。ACL 链路有时候又称为单点对多点链路，是从主设备到微微网中所有从设备的链路。在微微网的主设备与多达 7 个从设备之间，只能支持一条 ACL 链路。没有为 SCO 链路保留时隙，主设备可以创建一条 ACL，把数据传输给任何从设备。已经加入了某条 SCO 链路的从设备，也可以再有一条 ACL 链路。

表 5-3 显示了微微网的 ACL 链路类型，其中也显示了 SCO 链路。

表 5-3　支持的蓝牙链路配置

配置选项	最大上行传输速率	最大下行传输速率
同时 3 条语音信道（SCO）	64 Kbps × 3 条信道	64 Kbps × 3 条信道
对称数据（SCO）	433.9 Kbps	433.9 Kbps
不对称数据（ACL）	723.2 Kbps	57.6 Kbps
不对称数据（ACL）	57.6 Kbps	723.2 Kbps

如果在 ACL 分组中发生了错误，那么将重传该分组。如果在 SCO 分组中发生了错误，则不会重传。

2. 错误纠正

链路管理器层的另一个管理功能是错误纠正。在蓝牙协议中使用了 3 种类型的错误纠正。

- 1/3 速率的前向纠错（1/3 rate Forward Error Correction，FEC）：重复每个比特 3 次用于冗余。这样，最大速率就要除以 3，因此称为“1/3 速率”。
- 2/3 速率的前向纠错（2/3 rate Forward Error Correction，FEC）：增加额外的比特位，由接收设备查看这些比特位，以判断在传输中是否发生了错误。例如，如果发送了 8 比特的数据，那么会扩展为 11 比特，其中包含了纠错数据。这些额外的比特位会降低最大传输速率，但使得接收方可以检测出多个比特错误，纠正单个比特错误，避免重传该数据。
- 自动重传请求（automatic retransmission request，ARQ）：不断重传只含数据或包含数据与语音的分组中的数据字段，直到收到一个确认或超时为止。

3. 蓝牙电能使用

由于大多数蓝牙设备都是移动的，而且它们是从笔记本电脑、PDA 或类似设备获得电池供电，因此节能很重要。蓝牙设备的电能消耗根据它们的连接模式不同而不同。通过耳机的语音传输只使用 10 毫安。这样，一个常见的电池可以使用长达 75 小时。数据传输只使用 6 毫安，这意味着电池可以使用长达 120 小时后才需要充电。在不进行传输时，蓝牙设备只使用 0.3 毫安，这意味着如果不进行数据传输，电池可以持续使用 3 个月。当然，电池的寿命各不相同，蓝牙设备的类型和物理大小，会影响最大通话时间和数据传输时间。要想明确了解这些，请参看特定蓝牙设备的说明手册。

蓝牙设备一旦与某个微微网连接后，该设备就可以处于以下 4 种电能模式之一：

安培与瓦容易混淆。可以把瓦看作是发送无线电信号所用实际电能的度量，而把安培看作是把无线电信号发送出去所需电能的度量。

- 主动模式：在主动模式下，蓝牙单元主动参与到信道中，此时的耗电量与传输的数据类型有关。在功率类型 2 设备中，平均耗电为 2.5 毫瓦。
- 监听模式：在监听模式下，从设备以较低监听频率侦听微微网主设备，这样耗电更少。其监听频率是可编程的，且与应用有关。这是最不省电模式。
- 保持模式：主设备可以把从设备置于保持模式，此时，只有从设备的间隔定时器处于运行中。从设备也可以要求置于保持模式。当从设备从保持模式切换回主动模式时，可以立即重新开始数据传输。当没有进行传输时，耗电保持为最少。
- 休眠模式：休眠模式是最省电的模式，在这种模式下，设备仍然保持与微微网同步化，但并不参与任何传输。这些从设备有时候会侦听主设备以便重新同步化，接收广播消息。这种模式的耗电量只有 0.3 毫安。

5.2.4 其他蓝牙协议层及其功能

本节简要介绍一下蓝牙协议层的其余层（参见图 5-2）。逻辑链路控制适配协议（Logical Link Control Adaptation Protocol，L2CAP）是负责拆分和重组数据分组的子层，这些分组然后通过用于传输的标准数据协议（如 TCP/IP）发送出去。射频虚拟通信端口竞争（Radio Frequency Virtual Communications Port Emulation，RFCOMM）协议层为蓝牙数据提供串口竞争。该协议层把数据进行封装，使得数据像是从计算机的标准串口发送而来的。这是蓝牙的又一个特性。

在设备之间也会进行控制信息（比如，从主设备切换至从设备的指令）的传输。这些控制信息来自链路管理器层，但会经由 L2CAP 层（只是在传输数据流时才使用该层）。

设备能完成某些类型的功能，是由位于蓝牙协议栈中应用层的配置文件决定的，并由蓝牙设备所使用的软件驱动程序来实现。为了使某个蓝牙设备用作一个远程控制（例如，用于控制 Microsoft PowerPoint 的幻灯片显示），它必须支持 AVRCP（Audio/Video Remote Control）配置文件。耳机通常都实现了高级音频分发配置文件（Advanced Audio Distribution Profile，A2DP）。在蓝牙开发人员网站，可以找到当前被 SIG 采用的蓝牙配置文件完整列表：http://developer.bluetooth.org/KnowledgeCenter/TechnologyOverview/Pages/ Profiles.aspx。

5.2.5 IEEE 802.15.4 与 ZigBee

用于替代电缆和电线的另一个 WPAN 技术是 ZigBee。ZigBee 是基于 IEEE 802.15.4 标准的，主要针对简单静态设备或移动设备之间的无线连接，如远程控制，这种连接要求的速率非常低（20 Kbps 到 250 Kbps 之间），耗电量少，连接距离从 33 英尺（10 米）到 150 英尺（50 米）。尽管已经有了其他几种能完成类似功能的技术规范，但 ZigBee 是唯一真正的全球标准。

成立于 2002 年的 ZigBee 联盟，为无线网络连接产品的监视和控制创建了一套规范。那时，还没有全球的开放式标准，能让制造商生产可以低成本设备，与其他国家生产的设备交互作用。无线计算机网络对监控传感器和控制系统的需求是不同的。尽管制造商可以使用 IEEE 802.11 或蓝牙来制造用于控制和监视功能的设备，但这两种技术太复杂，其最初设计目标是用于大量数据的传输、替代电缆或用于音频与视频传输的。此外，不像 ZigBee，蓝牙与 IEEE 802.11 的最初设计并不支持网状网络。ZigBee 规范更开放，更松散，这样，由于简化了通信协议，有助于降低实现成本。

ZigBee 规范为 PHY 和 MAC 层使用 802.15.4 标准。在本节中，IEEE 802.15.4 与 ZigBee 是可以互换使用的等价名称。然而需要注意的是，ZigBee 联盟与 IEEE 是两个完全不同的组织机构，ZigBee 规范也超出了 IEEE 802.15.4 标准定义。关于 ZigBee 规范参见 www.zigbee.org。IEEE 802.15.4 则位于 http://standards.ieee.org/getieee802/ index.html。

今天，ZigBee 联盟扩展了规范，包括一些针对特定工业的可互操作标准集，如 ZigBee 医疗（ZigBee Health Care）、ZigBee 智能家庭（ZigBee Home Automation）、ZigBee 智能用电（ZigBee Smart Energy）、ZigBee 电信服务（ZigBee Telecom Services）、ZigBee 智能大厦（ZigBee Building Automation）和 ZigBee 零售服务（ZigBee Retail Services）规范。

ZigBee 和 IEEE 802.15.4 工作频率为 868 MHz、915 MHz 和 2.4 GHz，这些都属于 ISM 波段。具有 ZigBee 功能的设备应用包括：

- 灯光控制。
- 天然气、电、水和类似系统的自动读取器。
- 无线烟雾与一氧化氮检测器。
- 门窗的家庭安全传感器。
- 供暖和空调系统的环境控制。
- 窗户遮光板与窗帘的控制。
- 无线病人监控设备，如心率和血压。
- 电视机顶盒的通用遥控，包括家庭控制功能，如灯光和温度控制等。
- 远程机器监控的工业和大楼自动控制。

1. ZigBee 概述

ZigBee 规范是基于相对低的性能需求的传感器和控制系统的。具有 ZigBee 功能的设备可以长时间保持静止（不进行通信）的状态。

如果 ZigBee 设备已经与网络连接，但不再需要时，可以自行断开，从而耗电更少。因此，由电池供电的 ZigBee 设备能使用好几年后，才需要更换电池。在需要进行通信的任何时候，都可以唤醒设备，按照网络接入协议，在特定网络信道上（该信道是已知的，就是设备第一次与网络连接的那条信道）传输数据。一旦完成其功能后，就可以再次断开连接，回到休眠模式。平均工作周期（即它们传输或接收数据的时间百分率）为 0.1%到 2%之间，这意味着 ZigBee 设备使用非常少的电能。例如，如果 ZigBee 设备每隔 60 秒唤醒一次，当它在 PAN 上通信时，其无线电发射持续 60 微秒，那么其电池可以使用好几年。

尽管 ZigBee 通信范围非常短，但 ZigBee 规范包含了整个网状网络。这意味着一些 ZigBee 设备可以把数据包路由给其他设备，从而使得数据包的传输超出其无线电的有效作用范围。

事实上，假设每个网络可以同时支持64 000个结点，那么一个ZigBee网络可以覆盖一个很大区域，比如整个房子、会议中心、办公大楼或制造车间。这使得ZigBee非常适用于大型建筑（如工厂、仓库，甚至是高层写字楼）里的传感器和控制应用。

IEEE 802.15.4标准支持网状网络，但不是其中的一部分。这意味着使用IEEE 802.15.4的其他技术可能支持网状网络，也可以不支持。然而，网状网络是ZigBee规范一个重要且不可分隔的部分。

在ZigBee网络中有3种基本设备类型：

- 全功能设备（full-function device，FFD）：全功能设备可以与其他全功能设备相连接，把数据帧路由到其他设备，还可以与存在父子关系中的端点设备相连接。它可以维护与多个设备的连接。
- PAN协调器（PAN coordinator）：在某个区域中，第一个开启的全功能设备将成为PAN协调器，它将启动并维护网络。协调器总是要插入主电能，且不会关闭，这使得ZigBee网络对其他设备总是保持可用的。
- 精简功能设备（reduced-function device，RFD）：这是一种端点设备（比如电灯或电灯开关），只能与网络中的全功能设备相连接，且只能作为一个子设备加入到网络中。子设备不能与其他子设备相连接。

2. ZigBee协议栈

ZigBee协议栈是基于OSI七层模型的，但只定义了为获得ZigBee规范所需的特定功能的一些层。如图5-10所示，ZigBee协议栈有如下特征：

- 它的两个PHY子层工作在不同的频率范围中。较低频率的PHY子层既涵盖了在欧洲使用的868 MHz波段，也涵盖了在诸如美国和澳大利亚等国家使用的915 MHz波段。较高频率的PHY子层涵盖的是2.4 GHz波段，它是全球使用的。
- MAC子层控制对无线电信道的访问。其职责包括同步化，提供一种可靠传输机制（纠错）等。
- 逻辑链路控制（Logical Link Control，LLC）子层遵循IEEE 802.2的LLC子层，负责管理数据链路通信、链路寻址、定义服务接入点以及数据帧系列化。在ZigBee规范中包含的第二个LLC子层用于对其他协议和功能的支持。

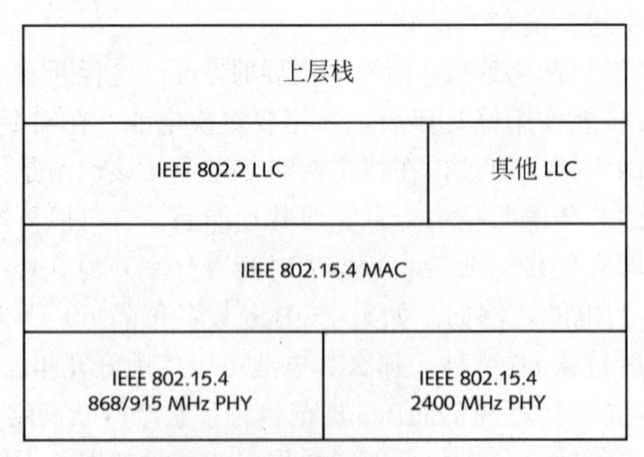

图5-10 ZigBee协议栈

ZigBee 协议栈的上层包括特定的处理过程，比如，设备用来加入网络（称为关联）、离开网络（称为解除关联）、为数据帧增加安全性以及完成路由等。这些子层还负责设备发现、维护路由表以及存储相邻设备的信息。

ZigBee 设备的 PHY 子层负责打开或关闭无线电收发器、检测当前所选择信道中的 RF 信号、为接收的分组分析和报告链路质量、在开始一个传输之前评估信道是否清晰、选择要传输的信道，以及传输和接收数据。

在 IEEE 802.15.4 可使用的各种波段中总共有 27 条信道。在 868 MHz 波段中，有 1 个信道，为 600 kHz 宽，在 915 MHz 波段中，有 10 个信道，每个信道为 2 MHz 宽，在 2.40 GHz 波段中，有 16 个信道，每个信道为 5 MHz 宽。表 5-4 显示了 802.15.4 WPAN 的波段与数据传输率。

表 5-4　IEEE 802.15.4 波段与数据传输率

PHY 子层/MHz	频率范围/MHz	码片速率	调制方式	比特率/Kbps
868/915	868～868.6	300	BPSK	20
	902～928	600	BPSK	40
2450	2400～2483.5	2000	O-QPSK	250

从第 2 章可知，二进制相移键控（BPSK）调制使用的是模拟波的两个不同起点（通常是 0°和 180°），用来把一个数字信号编码到模拟波中。然而，由于 DSSS 传输会把信号扩展到信道的整个带宽上，因此在 868 MHz 和 915 MHz 波段上，载波是用 15 个码片系列（而不是数据本身）来调制的。要发送二进制 1，将以表 5-4 所示的码片速率传输序列 000010100110111，要发送二进制 0，传输的是系列 111101011001000。

在 2.4 GHz 波段，使用了 16 个不同的 32 码片序列（称为符号），它们是表示单个比特或几个比特组合的数据单元。在这种情况下，该波段中这 16 个不同的 32 码片序列，每一个都是使用一个不同的 4 比特组合来传输的。

然后，这些 32 码片序列使用偏移正交相移键控（offset quadrature phase shift keying, O-QPSK）技术来调制，它使用不同频率的两个载波，相位正好相差 90°，因此不会相互干扰。该技术在一个载波上对其中一些码片进行调制，在另一个载波上对其他码片进行调制。最后，把两个信号组合起来并传输。图 5-11 显示了每个信号的调制，一个是 I-Phase（表示 in-phase），另一个是 Q-Phase（表示 quadrature signal）。把这两个载波组合后得到的波形，类似于第 2 章介绍的 QPSK。

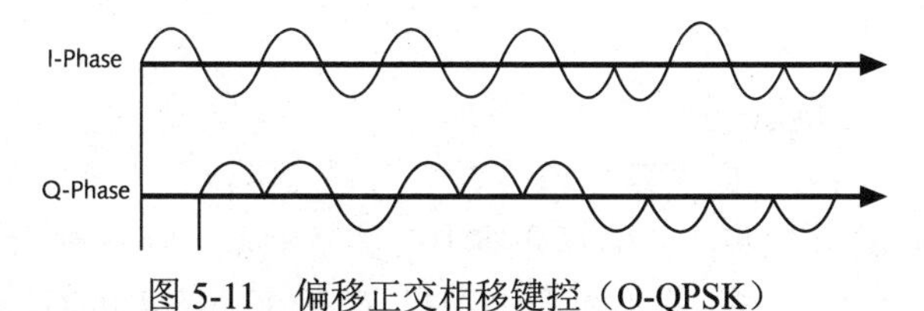

图 5-11　偏移正交相移键控（O-QPSK）

3. IEEE 802.15.4 的 PHY 数据帧格式

IEEE 802.15.4 的 PHY 数据帧如图 5-12 所示，具有如下格式：

- 前导码（32 个二进制 0）：用于同步化。
- SFD（8 比特）：比特的固定形式，表示前导码的结束，数据的开始（start of the data,

SFD）。

- 数据帧长度（8比特）：前7个比特表明载荷长度，可以是1～127个八位字节，最后一个为附加的保留位，使得该字段为一个八位字节长。
- 载荷字段（长度可变）：该字段可以是5个八位字节长（含有一个确认信息），或8～127个八位字节长。长度为0～4、6或7个八位字节的数据帧，为标准所保留。

4个八字节	1个八字节	7比特	1比特	变长
前导码	SFD	数据帧长度	保留	载荷

图5-12　ZigBee的PHY数据帧格式

4. IEEE 802.15.4的MAC子层

IEEE 802.15.4的MAC子层负责处理从上层到物理无线电信道的所有访问，包括：

- 如果设备是PAN协调器，生成时间同步化数据帧。
- 把数据同步化数据帧（下面将介绍）同步化。
- 实现关联和解除关联。
- 支持设备安全性，以及支持由上层实现的安全性机制。
- 管理信道访问。
- 在特定时间，为某些设备给予优先传输权。
- 维护一条可靠链路（纠错）。IEEE 802.15.4使用一个16比特的ITU周期冗余检测，用于验证数据。

对无线介质的访问是基于竞争的，这意味着所有设备在传输之前，先要侦听该介质，以确定频率信道是否空闲。这称为**带冲突避免的载波侦听多路访问**（carrier sense multiple access with collision avoidance，CSMA/CA）。在无线传输时，因为只有一个数据包不被目标接收器所理解，得不到确认消息，才能检测出一个冲突，从而可以避免无线传输的冲突（但并没有真正检测）。

在以太网中，是在电缆中使用电压感应器来检测冲突的，而在无线传输中，无论是在发射器还是接收器端，由于衰减导致的变化，无法知道信号的振幅如何。使用单个无线电的无线设备，如果没有从目标接收器接收到确认消息，通常就假定肯定发生了冲突（或其他可能损坏数据帧的现象）。

5. ZigBee与IEEE通信基础

当某个ZigBee设备需要判断某条信道是否空闲时，可以使用下面两种方式之一来完成。第一种方式是，让接收器来检测，并估算介质中的信号能量。在这种情况下，该些设备不会接收或解码任何数据，也就是说，它们不会去查找IEEE 802.15.4传输，只是去估算无线介质中的能量水平。能量水平可以表明另一个设备是否正在同一频率信道中传输数据（注意，在能量检测中，可能有其他类型的设备（比如笔记本电脑，不一定是另一个ZigBee设备）在同一频率信道中传输数据）。这种过程称为**能量检测**（energy detection，ED）。

ZigBee设备判断某条信道是否空闲的第二种方式是进行载波侦听。在这种情况下，设备查找某个特定的 802.15.4 信号，在确定该信号忙之前，试图对数据传输进行解码。如果不清楚信道的传输内容，那么该设备就蛰伏（即不进行传输）一个随机数量的时间。不断反复这个过程，直到频率信道传输的是该设备所能读取的其他 802.15.4 信号。

6. 有信号浮标的通信与无信号浮标的通信

在 IEEE 802.15.4 中使用有两种网络接入类型：基于竞争的网络接入和无竞争的网络接入。在基于竞争的通信中，要在某个频率中进行传输的所有设备，都使用 CSMA/CA 来判断某个信道是否忙。在无竞争的通信中，PAN 协调器为某个设备分配进行传输的时隙。这称为**有保证的时隙**（guaranteed time slot，GTS）。

在有信号浮标的网络中，PAN 协调器可以传输控制信息，控制允许哪些设备进行传输以及何时进行传输，并且还可能包含有分时周期，在分时周期里，其他设备为接入介质而竞争。信号浮标是以固定时间间隔传输的。

在有信号浮标的网络中，IEEE 802.15.4 有一个超级帧选项。超级帧是用于在微微网中管理传输时间的一种机制。超级帧由一个不断重复的帧构成，该帧含有竞争接入周期，还含有 GTS，用于关键设备在两个信号浮标之间传输优先数据。超级帧总是以一个信号浮标开头。信号浮标表明了一个超级帧的开始，并且在信号浮标之间的时间周期中，含有时隙的类型与数量。信号浮标也是网络的时间同步化数据帧，当网络使用超级帧时，是关联所需的。ZigBee 协调器负责分配 GTS，但总是留有可用时隙，用作两个信号浮标之间的竞争接入周期。每个时隙由一个完整的 PHY 数据帧构成，而 PHY 数据帧又含有一个 MAC 数据帧。图 5-13 显示了一个 IEEE 802.15.4 超级帧示例。

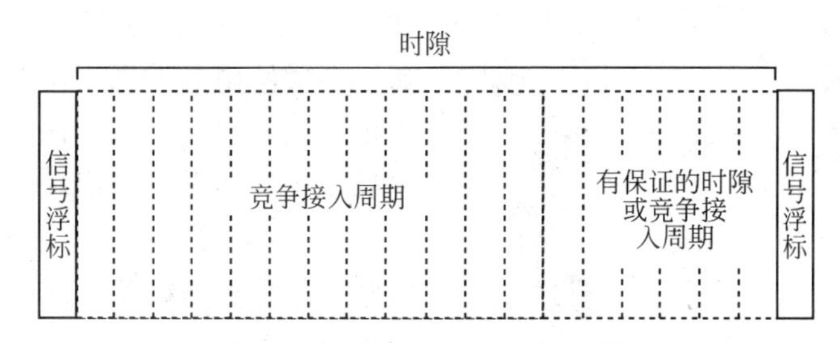

图 5-13　IEEE 802.15.4 超级帧

设备到设备的通信不需要信号浮标数据帧。在无信号浮标网络中，PAN 协调器会周期性地发送信号浮标，因为它们含有与网络关联的新设备的地址和分时信息。

在 IEEE 802.15.4 中，与网络关联、加入网络和路由等的所有过程都嵌入在硬件中，而不是在客户端软件与配置所需的驱动程序中。这意味着，在大多数情况下，排除 ZigBee 网络故障仅限于配置某个灯或某组灯的开关。ZigBee 网络中的其他故障排除是判断来自某个设备的 RF 信号是否达到了另一个设备，使得它们可以可靠地进行通信。

一旦供电，ZigBee 设备就自动与网络关联，并加入网络中。根据系统的特定需要，在最初安装时就确定了网络拓扑。当第一次给 ZigBee 设备供电时，该设备会侦听网络中的数据流，扫描传输介质，以确定使用的是哪条 RF 信道。然后，设备才会发送一条加入网络的请求。

ZigBee 设备可以查询其他设备，以确定连接到网络中的设备数量及其位置，这个过程称为**设备发现**（device discovery）。一旦设备与网络关联，它们还可以进行**服务发现**（service discovery），以确定作为 WPAN 成员的特定设备具有的功能。

7. 与其他标准的共存性

对IEEE 802.15.4接收器来说，相关的宽带干扰（如由IEEE 802.11b网络产生的干扰），看起来像白噪声，因为这样一部分的IEEE 802.11b功率位于IEEE 802.15.4接收器带宽中。同样，来自蓝牙（IEEE 802.15.1）设备的干扰也很小，因为它们的频率信道的带宽要小得多。

IEEE 802.15.4设备只会对79跳的蓝牙传输干扰其中的大约3跳，即大约为4%。对IEEE 802.11b接收器来说，来自IEEE 802.15.4发射器的信号就像是窄波干扰。较低的任务周期（因为传输比较少，数据帧比较短比较简单，这是ZigBee设备常见的）更是降低了干扰的影响。

8. 网络寻址

ZigBee规范定义了4级地址，用于在PAN中标识设备：IEEE地址、网络（PAN）地址、结点地址和端点地址。IEEE地址又称为扩展地址，是一个64比特的静态硬件地址，嵌入在每个无线电发射器中。PAN地址是在某个区域中每个PAN的唯一16比特标识符。该地址是由PAN协调器分配的，只用于单个网络或单个网络群中。结点地址是一个16比特的地址，由PAN协调器或其父设备指定。该地址来自由协调器分发的一组地址，对网络中的每个无线电是唯一的。结点地址的作用是提高ZigBee传输的效率（假定IEEE地址为64比特长）。端点地址唯一标识每个端点设备或由单个无线电控制的服务（例如，灯泡）。

要理解多级寻址，请参见图5-14，其中有两个开关，可以控制电灯上3个灯泡，这些开关本身是由一个无线电发射器控制的。左边的开关A控制最底下的灯泡，右边的开关B控制上面两个灯泡。控制开关的ZigBee模块在物理位置上离电灯较远。在这种情况下，无论哪个开关给电灯发送一个命令，都需要PAN地址（因为它是可以变化的）、结点地址（用来标识电灯的无线电模块）和端点地址（用来标识单个灯泡）。在灯泡与开关之间创建一个关系的过程称为**绑定**（binding）。只有在构建或重新设置WPAN时才需要进行绑定。

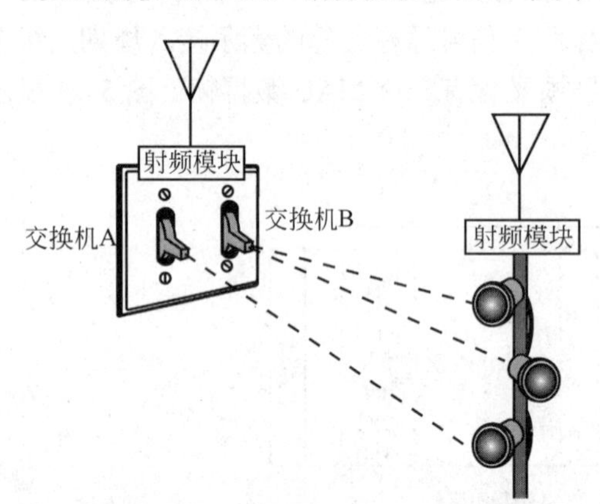

图5-14　一个无线电发射器控制多个端点

注意，并不是在每个数据帧中都会使用上面所述的全部地址，使用哪个地址，由微微网中哪两个设备通信确定。尽管图5-14所示的示例很简单，但同样的处理可以应用于高层写字楼或大型工厂的端点设备。如果办公室布局要发生改变，利用ZigBee，就可以重新设置所有电灯开关。而在传统的安装中，可能需要大量的重新布线，这往往是比较昂贵的。

9. ZigBee网络拓扑

如图5-15所示，ZigBee网络有3种基本拓扑结构：星形、树状和网状。

在树状和网状拓扑结构中，如果临近设备关闭或断开了与网络的连接，可以使用其他路径来传输数据包。然而，在树状或树状群网络中，如果在无线电范围内还有另外一个FFD，那么其他路径可能只能到达其子设备或FFD。如果子设备丢失了与其FFD的连接，那么它就成为了一个孤结点。孤结点可以成为范围内另一个FFD的子设备，重新加入网络。如果某个全功能路由设备丢失了与另一个全功能设备的连接，那么它会自动使用其他另外一条连接

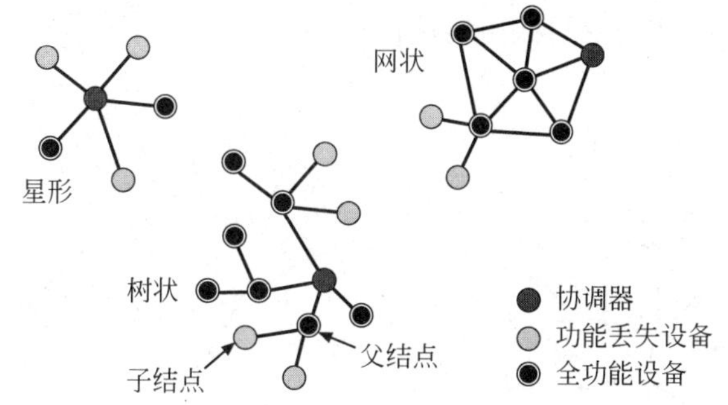

图 5-15　ZigBee 网络支持的拓扑结构

(如果存在)，这样仍然保持其路由功能。在安装 ZigBee 网络时，这些是需要重点考虑的。

IEEE 802.15.4 标准只定义了两种拓扑结构：星形与点对点，因为树状群网络是由多个星形拓扑网络构成的。

图 5-16 显示了 ZigBee 网状网络中可以路由数据包的多条路径。注意，网状网络本身是由全功能设备组成的，这些设备是以点对点的方式连接的，但这些设备可以有其他 RFD 子设备与之连接。假设所有全功能路由设备都可以与其他设备连接，形成一个类似网状的拓扑结构，那么数据包就可以在整个网络中路由。

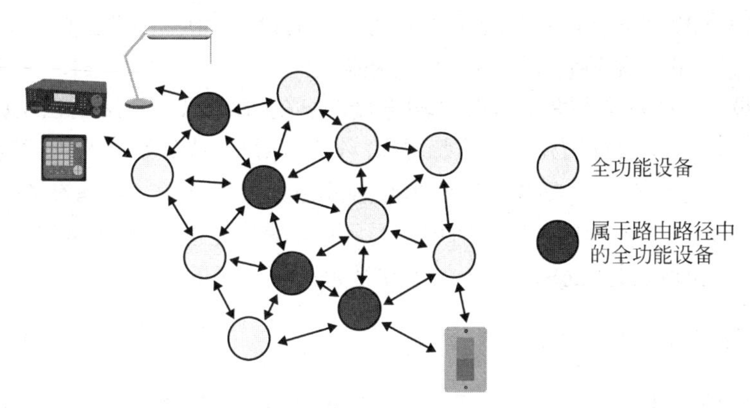

图 5-16　ZigBee 网状网络中的数据包路由

在星形拓扑结构中，由一个设备（即 PAN 协调器）控制网络。其他所有设备都称为端结点，不论它们是否还有其他功能。由于大多数设备是与协调器连接的，因此它们只能与协调器直接通信。

树状群拓扑结构是由两个或多个树状拓扑网络构成的，这些树状拓扑网络是通过 FFD 相互连接的。与网状网络相比，树状群网络更佳一些。在网状网络中，性能不好，因为每个全功能结点都必须维护一个完整路由表，在转发数据包时，需要决定最佳路由。然而，树状群网络的可靠性不如网状网络的高，因为相互连接设备的故障，可以禁止整棵树与网络中其他树或其他设备的通信，可能会使某个电灯开关无法打开写字楼或办公楼另一端的电灯。

图 5-17 显示了一个更大的树状群网络。这里需要注意树之间的连接，还要注意每个树的设备之间使用的是不同信道。每个 ZigBee 路由器（FFD）必须可以在两条信道上进行通信，

以便可以作为树状群拓扑结构中两棵树的接口。

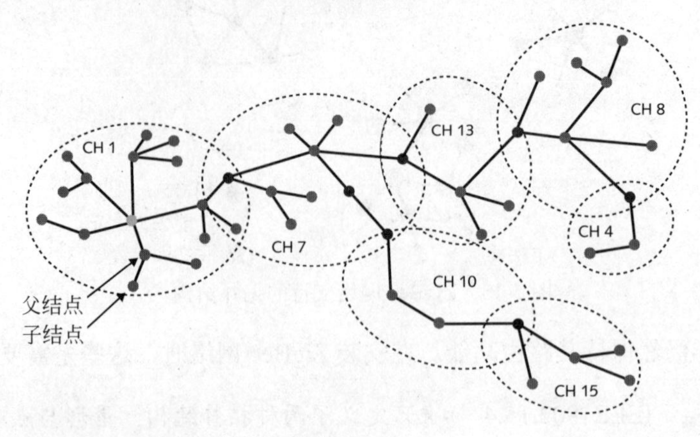

图 5-17　ZigBee 树状群网络

10. ZigBee 网络中的电能管理

数据包路由需要大量处理和一些额外的流量，这会降低 ZigBee 设备的节能效果，还会降低数据吞吐量。此外，ZigBee 设备设计得非常小（比如电灯开关），为此，它们往往装备的是低速、能效高的 CPU。在 ZigBee PAN 中，只有执行路由或作为协调器的设备工作量大，因此耗能高。IEEE 802.15.4 标准更推荐使用电池供电的设备，但也不禁止设备与其他电源（比如电源插座）连接，也不限制设备具有其他的数据处理能力。大多数 FFD（这些是具有路由功能的 ZigBee 设备）通常会与其他外部电源连接，但在断电时，也可以靠电池供电运行。一个示例是含有温度感应器的 FFD，设置为每隔 30 秒传输数据，比如那些监视关键机器的 FFD。

在 ZigBee 规范中含有一些参数，这些参数必须由设备来维护。这些参数包括 PAN ID、网络地址、每个关联子设备的地址以及所用信道。地址信息使得 ZigBee 网络无须用户干预就能恢复。这种类型的功能对 ZigBee 设备的可靠性也是很关键的。

5.2.6　使用 IEEE 802.15.4 的其他技术

还有其他两种技术充分利用了 IEEE 802.15.4 MAC 层和 PHY 层：6LoWPAN 和 WirelessHART。

1. 6LoWPAN

6LoWPAN 是在 WPAN 上实现 IPv6 的协议，使得 WPAN 与 Internet 的交互更简单，因为它在 IPv6 的 MAC 层与网络层之间使用了一个自适应层，把 IP 信息翻译成某种格式，使用满足 IEEE 802.15.4 标准的硬件的 MAC 数据帧格式，可以传输。

6LoWPAN 支持网状网络，可用于具有有限内存空间和处理能力的结点中，像 ZigBee 那样，自适应层使用压缩算法来减少 40 个八位字节 IPv6 首部的大小，通过分段，把 IPv6 数据包（1280 个八位字节）最小化，从而可以按 IEEE 802.15.4 载荷（最大为 127 个八位字节）形式进行传输。这就使得可以像其他 IP 设备一样访问和管理网络结点。

2. WirelessHART

HART（Highway Addressable Remote Transducer）协议是为有线网络中的工业自动化应用设计的，如过程控制、设备与处理监视，以及提前诊断等。HART 支持总线拓扑（多个设备与同一条电缆连接）和点对点连接（允许数字信号和模拟信号在同一条电缆上发送）。2007 年，HCF（HART Communications Foundation）批准了 WirelessHART，以保护制造商在 3000 万台 HART 设备上的投资，同时允许它们在无线链路上使用。

5.3　低速 WPAN 的安全性

由于 WPAN 的大多数传输都是限制在较近的物理范围之内，安全性不是它很关心的问题，但仍然存在黑客入侵设备和网络的危险。本节将介绍本章前面所述的每种 WPAN 技术的安全模式。

最严重的问题之一（也是终端用户经常忽视的）是**社会工程**（social engineering）。黑客可以在任何人不知晓的情况下瞄准某个公司。因此，公司员工应经常监视可能引起安全风险的情况。例如，除非有特定的用户授权，否则，在办公室外面使用的设备应设置为拒绝任何类型的文件传输，即使是使用了安全防护也不行。失窃的设备或借出去的设备也会构成安全威胁，因为已授权用户可能会有意或无意地为其他人提供密码或安全编码，或者会修改配置参数，从而使设备可以进行未认证数据的传输。如果真这样，必须立即修改整个公司的安全密钥。

WPAN 的安全性设计比其他网络技术困难得多。单个解决方案不可能满足所有安全需求。用户希望能随意移动，同时还能保持连接，但又不希望其他人窃听他们的通话，访问他们的私有信息，窃取信号，或以任何方式干扰他们的系统。同样，小型设备往往只有有限的处理能力和不多的电量，因此它们自己无法实现复杂的安全性措施。

银行和电子金融交易对 WPAN 来说更困难。要保证交易安全，必须验证用户身份和交易。这通常是利用公钥基础设施和一个认证机构来实现的。公钥基础设施（public key infrastructure，PKI）使用一个由认证机构提供的唯一安全码（或密钥），而认证机构是一家专门验证每个用户真实性的公司，以防止欺诈。在金融领域采用 WPAN 技术之前，这种认证必须已得到广泛使用。

数据传输也必须得到保护，以防止被篡改，否则，黑客可以截获一个数据包，修改它，然后把修改后的同一数据包发送出去。这称为**中间人攻击**（man-in-the-middle attack）。要防止这种攻击，可以使用序列化的数据包有效期信息以及消息完整性检测（或消息完整码）。本章后面将介绍这两种安全机制。

安全性是一个广泛而复杂的话题，它大大超出了本书的范围，然而，在本书的每章中，当介绍每种技术时，会简要介绍一下相应的安全性问题。

5.3.1　蓝牙 WPAN 中的安全性

蓝牙通过认证和或加密来提供安全性。认证是基于识别设备本身，而不是使用设备的人。为此，蓝牙使用了握手-响应策略来确定新设备是否具有一个密钥。如果有，就允许它加入微微网。

蓝牙网络也可用加密服务，但因为蓝牙设备是由电池供电的，而且CPU速度较低，加密并不是一个好主意（政府或军事应用除外，在这些应用中，加密往往是不可避免的）。

加密就是使用数学算法，把数据搅乱的过程，这样如果传输被截获，必须解密才能得到原始数据，这样就可以挫败很多黑客的攻击。蓝牙规范支持3种加密模式：

- 加密模式1：都不加密。
- 加密模式2：从主设备到某个从设备的数据流加密，从主设备到多个从设备的数据流（广播）则不加密。
- 加密模式3：所有数据流都加密。

认证密钥与加密密钥是两种不同的密钥。之所以区分它们，是因为这样可以使用更短的加密密钥，而不会降低认证密钥的强度。

有3中级别的蓝牙安全性：

- 级别1：无安全性。蓝牙设备不会采用任何安全措施。
- 级别2：服务级安全性。在创建连接后，在协议栈的较高级别上实施安全性。
- 级别3：链路级安全性。在创建连接之前，在协议栈的较低级别上实施安全性。

注意，很少有制造商在蓝牙中实现的安全性超过了配对密钥。在传输非语音或视频的数据时，蓝牙用户可以选择是否在传输之前进行加密。然而，应该注意到，加密往往会显著增加字节数量，从而降低了微微网的速度和效率。

5.3.2 ZigBee与IEEE 802.15.4 WPAN中的安全性

ZigBee WPAN为认证和加密使用对称密钥。对称密钥是一个数字和字母系列，很像一个密码，必须由所有设备上的认证用户输入。在IEEE 802.15.4标准中，没有包含自动密钥分发或密钥旋转，但在较高协议层上可以实现这些选项。密钥长度可以是4、6、8、12、14或16个八位字节，密钥越长，提供的安全性越高。

除对称密钥安全性外，IEEE 802.15.4标准还提供数据帧完整性、接入控制和安全性服务等。数据帧完整性是一种技术，它使用消息完整性校验码（message integrity code，MIC），这是一个比特序列，该序列是基于数据本身的一个子集、长度字段以及对称密钥的。接收设备使用该校验码要验证数据在从发送方到接收方的传输中是否被篡改。在接入控制中，设备维护有一个其他设备的列表，该设备可以与这些设备进行通信。该列表称为接入控制列表（access control list，ACL）。例如，该技术使得大型建筑物中的ZigBee只与属于自己网络的设备进行通信，不能与其他网络中的设备进行通信。序列更新（sequential freshness）是一种由接收设备所用的安全服务，确保相同的数据帧不会传输多次。网络负责维护一个序列号，该序列号不断增加，设备不断跟踪这个系列号，以验证到达的数据是否比最近传输的数据更新。这可以防止数据帧被不具有加密密钥的黑客捕获并重放。

在IEEE 802.15.4标准中有3中安全模式：无安全模式、ACL模式（使用接入控制）和受保护模式（使用完全认证和加密）。在受保护模式中，MAC子层可以提供（也可以不提供）数据帧完整性和序列更新。

本章小结

- 计算机网络要想正确工作，要求所有网络组件遵循一定的规则。网络协议就是这样的规则集，它指定了在两个或多个通信设备之间进行交换的消息的格式和顺序。网络协议是以分层形式组织的。当把网络协议集看作为一个整体时，就称为网络协议栈。
- 蓝牙是一种无线技术，使用近距离无线电频率（RF）传输，使得用户无须使用电缆，就可以与各种设备相连接。蓝牙还可用于创建一个小型网络。
- 蓝牙已被超过 2500 家硬件和软件提供商支持，这些提供商组成了蓝牙特别兴趣小组（Special Interest Group，SIG）。IEEE 使用了一部分蓝牙规范作为 IEEE 802.15.1 标准的基础。IEEE 802.15.1 标准完全兼容蓝牙 1.2 版和更高版。
- 根据实现方式，蓝牙协议栈的功能可以划分为两部分：较低层和较高层。较低层功能由硬件实现，而较高层功能由软件实现。在蓝牙协议栈的最低层是 RF 层。该层定义了基本硬件如何控制无线电传输功能。蓝牙的核心是一个无线电发射器/接收器，它完成了所有必需的功能。蓝牙可以以 1 Mbps 的速率进行传输，有 3 种不同的传输功率类型。
- 从蓝牙 1.2 版开始，使用了双高斯频移键控（two-level Gaussian frequency shift keying，2-GFSK）调制，运行在 2.4 GHz 的工业、科学和医药频段（ISM）。蓝牙使用频跳扩频（frequency hopping spread spectrum，FHSS）技术来发送一个传输。蓝牙 2.0 版增加了两种调制方式，使得它可以获得 2 Mbps 和 3 Mbps 的速率。版本 3 增加了运行的节能模式，另一个 MAC 层和 PHY 层使用了另一个无线电和 Wi-Fi，所有这些使得它可以获得高达 24 Mbps 的传输速率。
- 当两个蓝牙设备进入相互的有效范围内时，会自动相互连接。一个设备为主设备，另一个设备为从设备。蓝牙网络含有一个主设备和至少一个从设备，使用相同的信道，构成一个微微网。蓝牙设备可以是同一区域中两个或多个微微网的成员。不同微微网之间存在连接的一组微微网，称为分散网。
- 在蓝牙协议中有 3 种类型的纠错方案：1/3 速率的前向纠错（FEC）、2/3 速率的前向纠错以及自动重传请求（ARQ）。
- 微微网中的设备可以处于主动模式、监听模式、保持模式和休眠模式。在省电模式下，设备的活动性较低。
- ZigBee（由 Zigbee 联盟创建）是一种有关低速 WPAN 的规范。它为监视和控制小型、低功率、性价比高、无线网络产品提供了一个全球标准。
- ZigBee 技术可以适用于灯光控制、无线烟雾与一氧化碳检测、温度与其他环境控制、医疗感应器、远程控制以及工业与大楼自动化等设备。
- ZigBee 规范包括完全网状网络，允许网络环绕整个大楼。全功能设备可以把数据帧通过网络路由到远程设备。精简功能设备是终端设备，如电灯开关或电灯。
- 有 3 种 ZigBee 网络拓扑：星形、树状和网状。
- IEEE 802.15.4 标准定义了 3 个频段：868 MHz、915 MHz 和 2.4 GHz ISM 波段。协议栈有两个 PHY 子层。一个支持 868/915 MHz，另一个支持 2.4 GHz。在这 3 个波段中，有

27条信道。868/915 MHz使用的是BPSK调制技术。2.4 GHz使用的是O-QPSK调制技术，其中有16个码片的固定集，每个码片表示一个4比特的数据模式（又称为符号）。

- IEEE 802.15.4可以与工作在相同频率范围中的其他WPAN和WLAN技术共存。对介质的接入是基于竞争的，但通过使用超级帧，也提供有保证的时隙。
- 蓝牙中的安全性只支持设备认证和有限的加密。在标准中不提供安全密钥分发。ZigBee在MAC层支持消息完整性，也可以检测消息更新，以确保相同数据帧在微微网中不会传输多次。

复习题

1. 蓝牙信道是由 ________ 组成的。
   a. 某个频率信道　　b. 一个IEEE 802.15.1信道
   c. 一个含有79个频率的跳频系列　　d. 信号在其上传播的一个频率范围
2. 下面哪个不属于蓝牙通信?
   a. 从蜂窝手机到PDA　　b. 从笔记本电脑到PDA
   c. 从硬盘驱动器到内存　　d. 从笔记本电脑到GPS
3. 下面哪个不是蓝牙的特性?
   a. 省电　　b. 主从设备角色互换
   c. 从设备为主设备进行认证　　d. 不对称传输
4. 开发并促进蓝牙产品，由超过2500家硬件和软件提供商构成的组织机构名称是什么?
   a. 蓝牙SIG　　b. IEEE 802.15.1工作组
   c. 蓝牙TIA　　d. 蓝牙标准组织
5. WPAN协议栈的低层是在________ 中实现的。
   a. 软件　　b. 硬件　　c. IR　　d. 数据链路层
6. 蓝牙协议栈的最低层是________ 层。
   a. RF　　b. LMP　　c. TCP/IP　　d. IR
7. 下面________是WPAN设备的特性。
   a. 可以在较远距离传输信号　　b. 它们比较小，可以用电池来供电
   c. 它们传输的信号不能透过墙面　　d. 其用户不能漫游
8. ________ 是ZigBee设备为优先传输保留的时间。
   a. 竞争接入　　b. 有保证的时隙　　c. 信号浮标　　d. 时间同步化
9. 蓝牙的哪种方法使用两个不同的频率来表示比特1或0?
   a. DSSS　　b. FHSS　　c. GFSK　　d. DPSK
10. 蓝牙频率在280 kHz与350 kHz之间变化的数量，称为________ 。
    a. 直接序列　　b. 调制索引　　c. 跳频序列　　d. I-Phase
11. 蓝牙把2.4 GHz频率划分成79个频率，每个频率之间的间隔是多少?
    a. 5MHz　　b. 22 MHz　　c. 11 MHz　　d. 1MHz
12. ZigBee协调器不能为设备分配有保证的时隙以供数据传输。对还是错?
13. 蓝牙设备有7种传输功率类型。对还是错?

14. 物体（如墙面）以及来自其他信号源的干扰不会影响蓝牙传输的有效范围。对还是错?
15. 蓝牙设备通常比较小，可移动，因此省电是必要的。对还是错?
16. ZigBee 的最大传输速率是多少?
    a. 2 Mbps　b. 723.5 Kbps　c. 250 Kbps　d. 40 Kbps
17. ZigBee 网络可以使用哪个频段?
    a. ISM　b. U-NII　c. 3.1 GHz　d. 60 GHz　e. 以上全部
18. 下面哪种拓扑结构是 ZigBee 所支持的?
    a. 分散网与 SCO　b. 树状、星形和网状
    c. 倒置树与 ACL　d. 微微网与主/从结构
19. 下面哪种拓扑结构是蓝牙所支持的?
    a. 分散网与微微网　b. ACL 与 SCO
    c. WMAN 与 WLAN　d. 星形与树状群
20. ZigBee 规范提供了哪种类型的安全性?
    a. 加密　b. MIC　c. 近距离传输　d. ACL　e. 以上全部

动手项目

项目 5-1

不同的蓝牙接口可能有不同的软件与过程。在本项目中，需要有两台装备有蓝牙接口适配器的计算机。本项目下面的说明与解释是基于 Windows 7 的 Dell 笔记本电脑的，该笔记本电脑使用了一个内置 Dell 365 蓝牙模块。如果你使用的不是 Dell 笔记本电脑，或者使用的是外接蓝牙适配器，可能需要调整某些步骤以适应你的硬件。

如果你使用的是 Windows XP，且安装的是外接 USB 蓝牙适配器，可能需要卸载 Microsoft 驱动程序，重新安装提供商的软件，详细信息请参见 http://support. microsoft.com/kb/889814/en-us，并遵照相应指导步骤。

1. 首先，需要使得至少一台计算机是可发现的。在 Windows 7 中，如果在系统托盘中看不到蓝牙图标，单击屏幕右下角的向上箭头，以便显示隐藏的图标。然后，单击蓝牙图标，再单击 Open Settings。你将看到如图 5-18 所示的箭头。

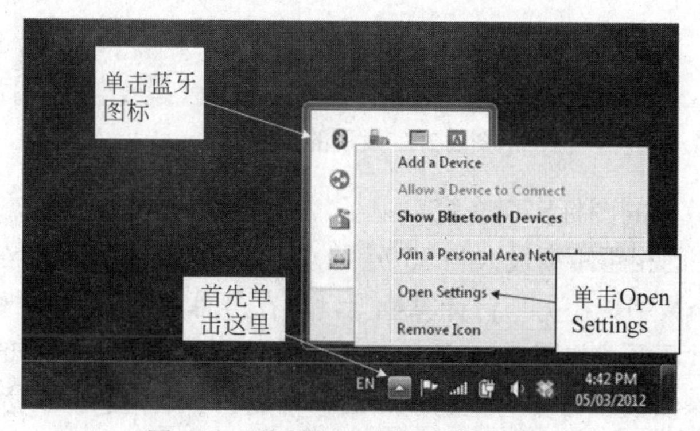

图 5-18　从系统托盘打开蓝牙设置

2. 在 Bluetooth Settings 对话框中，单击 Options 选项卡，通过单击每个选项旁边的核选框，确保所有选项都被选择，如图 5-19 所示。单击 OK 按钮。

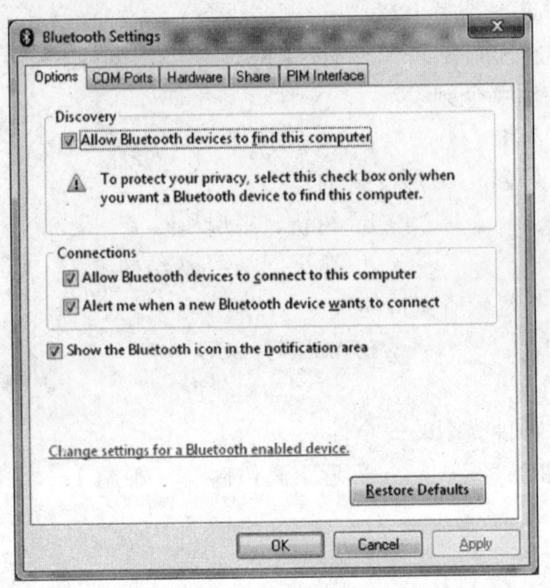

图 5-19　配置蓝牙设置

3. 接下来需要匹配两台计算机。一旦已使得第一台计算机是可被发现的，单击第二台计算机系统托盘上的向上箭头，然后单击 Add a device。Windows 将查找设备并显示它所发现的设备，如图 5-20 所示。

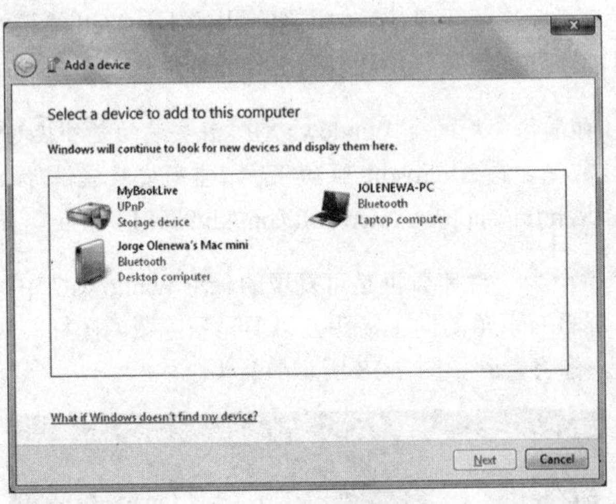

图 5-20　发现的蓝牙设备

4. 一旦其他计算机的图标出现在窗口中了，就可以单击并选择它，然后单击 Next 按钮。记住，两个蓝牙设备的相距距离最大为 33 英尺（10 米）。Windows 将显示一个对话框，其中含有自动生成的一个数字。在另一台计算机上，将在屏幕右下角显示一个信息提示气泡。单击该气泡打开一个对话框，如图 5-21 所示，要求你确认匹配码是一样的。单击 Next 按钮以接受它。在 Windows 安装了必要的驱动程序后，将显示一条消息，表明匹配成功。如果匹配不成功，可能需要在再次匹配之前，关闭蓝牙设备。

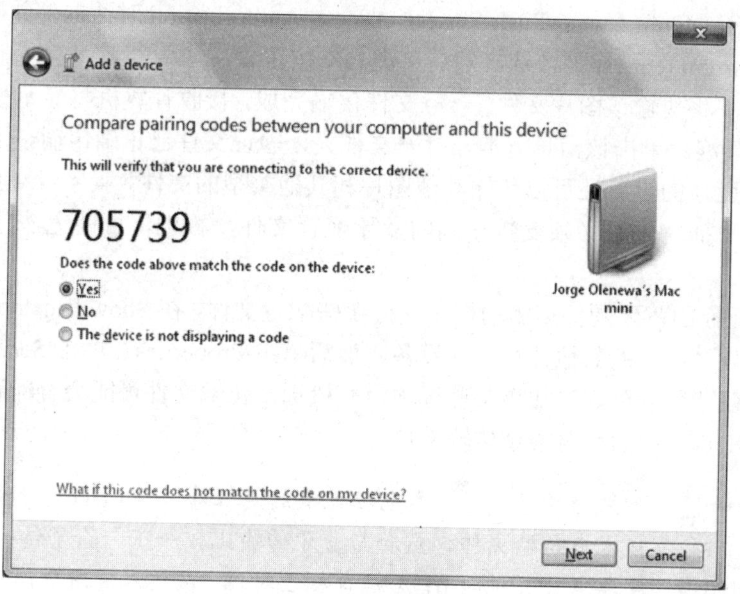

图 5-21　蓝牙匹配

5. 在第二台计算机上打开 Windows 系统托盘，单击蓝牙图标。在上下文菜单中，单击 Show Bluetooth Devices，你应该能看见由名称标识的其他计算机，双击它，打开如图 5-22 所示的对话框。

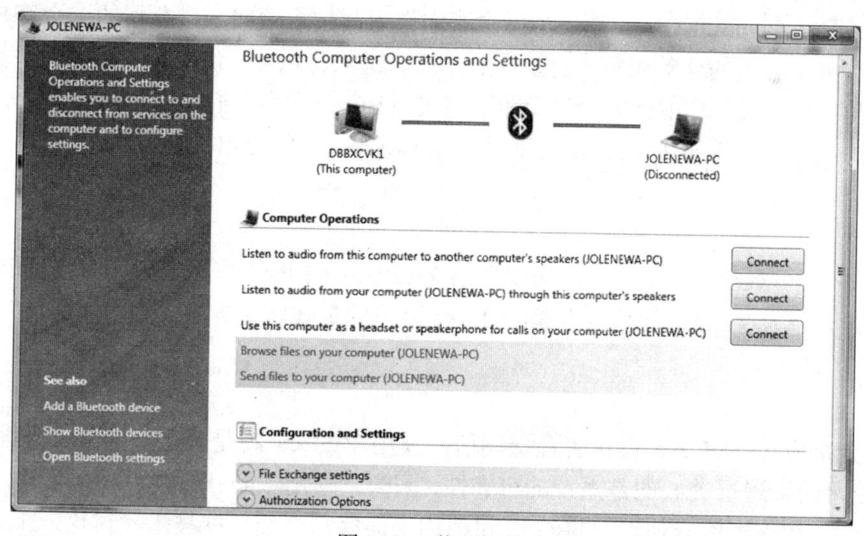

图 5-22　蓝牙操作

6. 单击 Send files to your computer<另一台计算机的名称>。Windows 将打开一个对话框，选择要发送的文件。单击 Browse Files 按钮，从 Windows Pictures 文件夹中选择一个图片。单击 Open 按钮，然后单击 Next 按钮。

7. Windows 将打开一个对话框，需要你选择目标文件夹，并显示另一台计算机的名称。单击 Send 按钮。在另一台计算机上，Windows 将显示一个消息气泡，确认连接成功，并显示另一个消息气泡，为发送文件的计算机请求认证，以便通过蓝牙复制一个文件。单击该消息气泡，打开 Bluetooth Image Push Service Access Authorization 对话框，并确保只有 Allow access for the current request 被核选。然后单击 OK 按钮。

8. Windows 将传输该图片文件。一旦文件传输完成，接收计算机将显示另外一个文件传输通知的消息气泡。单击该消息气泡，打开文件夹，验证文件已正确传输。

9. 装备有蓝牙的设备还可以传输其他图片和其他类型的文件。蓝牙网络有些复杂，有时候还显得有些笨拙。设备必须支持正确的蓝牙配置文件，否则，可能无法传输某些类型的文件。

10. 要验证你的蓝牙硬件和驱动程序支持哪些配置文件，在 Show Bluetooth Devices 对话框中，右击要与之通信的其他计算机或设备，然后单击 Properties。单击 Services，查看其他设备能提供的蓝牙服务列表。如果某些选项没有核选，传输文件可能会有问题，单击所有服务，并单击 OK 按钮，然后再尝试传输文件。

如果你的老式笔记本电脑配备的是红外端口（IrDA），可以尝试使用该技术来传输文件，然后与蓝牙传输比较一下。除了传输距离限制，以及要求计算机的 IrDA 端口相互对准，该技术使用更简单，可以在计算机之间传输所有类型的数据，速率通常为 4 Mbps。

真实练习

TBG（The Baypoint Group）公司再次请你作为其技术顾问。该公司的一个客户 DeLuxe 建筑公司希望其未来的建筑工程（包括用于电灯、供热与供冷、供电管理）都确保基于标准。DeLuxe 建筑公司知道 ZigBee 是全球标准，希望 TBG 公司为它们建议如何推进。

TBG 公司负责评估正确的技术类型，并向 DeLuxe 公司提出推荐意见。

练习 5-1

制作一个 PowerPoint 幻灯片，简要介绍 ZigBee 技术的工作原理。应介绍标准所用的信息，优缺点，以及 ZigBee 为什么会是 DeLuxe 公司的最佳解决方案。

练习 5-2

以上介绍应使 DeLuxe 公司管理层确信，使用 ZigBee 将是一个好的解决方案。然而，DeLuxe 公司的管理层关心的是系统的可靠性，因为它使用 2.4 GHz 频率进行传输，该频段同时也被 Wi-Fi 和无绳电话使用。TBG 公司请你来向客户介绍这些技术，讨论一下 ZigBee 为什么能与使用相同频段的其他系统共存，ZigBee 设备为什么也可以使用其他频段。

挑战性案例项目

在 Microsoft 公司的 Windows XP Service Pack 2 以及 Windows 7 系统中支持蓝牙。今天大多数设备直接支持使用 Microsoft 驱动程序。

蓝牙设备制造商通常会列举出其硬件的性能，但很少会给出支持哪些配置文件。如果你有很多蓝牙设备，或需要了解设备的具体信息，但在 Internet 上找不到这些信息，那么，就可以从你的设备中获得这些信息。

从一些 Internet 网站可以下载一个免费实用工具，该工具最初是由 AirMagnet 开发的。该公司归 Fluke Networks 所有，它开发并销售各种软件，帮助用户设计、部署 Wi-Fi LAN，排除网络故障。该实用工具名为 BlueSweep，可用于识别附近的蓝牙设备、它们提供的服务或支持的配置文件。

在装备有蓝牙适配器（使用 Microsoft 驱动程序）的计算机上下载并安装 BlueSweep。与该驱动程序兼容的大多数蓝牙设备都可以工作。现在，打开蓝牙设备，让 BlueSweep 运行几分钟，识别附近的所有设备，看看它们都提供哪些蓝牙服务。你应该可以识别蜂窝手机、PDA、耳机等等（注意，Apple 公司的 iPhone 手机不会报告其性能）。保存文件，生成一个报告列表，列出所标识的设备和蓝牙服务。

在一些情况下，BlueSweep 是比较有用的。查看一下由 BlueSweep 提供的文档。写一个报告，简要列出如何使用 BlueSweep 来为客户解决连接性或可用服务问题。

第6章

高速无线个人区域网

本章内容

- 定义高速无线个人区域网（high-rate wireless personal area network，HR WPAN）
- 列出不同 HR WPAN 标准及其应用
- 阐述 WHDI、WiGig、WirelessHD 与 UWB 的工作原理
- 列出 WPAN 技术面临的问题
- 描述每种 HR WPAN 技术的安全性

在第 5 章学习了两种低速**无线个人区域网**（wireless personal area network，WPAN）技术，即蓝牙与 ZigBee，这些技术满足了相对低速通信的市场需要。本章将学习其他一些标准和技术（其中一些仍在开发中），使得商业和家庭用户可以部署在整个办公室或家庭里传输视频、音频和音乐的娱乐系统。这种高速（即高数据速率）网络可以在计算机与外设之间以 1～28 Gbps 的速率传输数据，从而使得它们很适合处理音频、视频和数据。这意味着，通过 HR WPAN，两个人可以观看不同的电影，同时，一人听着高质量的音乐，另一人浏览 Internet。

高速无线技术的成功，与哪些制造商以及多少制造商采用它们有关。当前，消费者电子设备（数字与高分辨率电视、游戏控制台以及环绕音响系统）大行其道。最早的高速无线设备出现在 2010 年，但多种规范之间的竞争、IEEE 802.11n 的开发以及来自 IEEE 的吉比特无线标准，再加上一些国家对支持这些技术的 RF 频谱许可授权的拖延，影响了高速无线技术的开发。

6.1 高速 WPAN 标准

由于在使用哪种调制技术和编码系统上缺乏一致意见，IEEE 一度中断了针对高速 WPAN 的 IEEE 802.15.3 标准开发。2005 年，IEEE 批准了 IEEE 802.15.3b，2009 年，发布了 IEEE 802.15.3c 修订版以及用于网状网络的 IEEE 802.15.5 标准。

IEEE Project 802.15 涵盖了用于无线个人区域网（WPAN）的所有不同工作组，包括 IEEE 802.15.1 蓝牙与 IEEE 802.15.4 PHY 和 MAC 层。

IEEE 802.15.3c 使得在家里可以实现移动与固定消费设备之间的多媒体连接。使用低成本、低功率无线电模块，超过 200 种无线设备与该标准兼容。WirelessHD 社团基于 IEEE 802.15.3c，为无线数字接口制定了一个规范，可以在 60 GHz 频段上把高分辨率视频、多媒

体音频以及用于多媒体数据流的数据组合起来。该社团制定的规范还支持多媒体数据流的智能格式化，以及由媒体生产者许可的内容保护。还为高速 WPAN 引入了如下另外两种规范，这两种规范没有使用 IEEE 802.15.3c：

- 来自 WHDI（Wireless Home Digital Interface，无线家庭数字接口）社团的 WirelessHD。该社团是由 AMIMON（一家集成电路设计公司）、Hitachi、Motorola、Samsung、Sharp、Sony 和 LG 等公司组成的。
- WiGig 规范（由无线吉比特联盟开发），该规范设计为与 IEEE 802.11ac（吉比特 WLAN）标准一起工作，可以使用 2.4 GHz 和 5 GHz 频段，在 60 GHz 频段可以与 IEEE 802.11ad(（多个吉比特 WLAN）一起工作。

前面已经介绍了蓝牙和 ZigBee WPAN。为什么还要有另一种 WPAN 技术呢？其答案很简单。尽管 IEEE 802.11 和蓝牙保护了用于传输多媒体信号的 MAC 和 PHY 层优化，但之前并没有为多媒体单独开发无线标准，以便允许未压缩视频和音频数据的传输，从而获得更好的用户体验。今天大多数的技术都支持这种数字化和压缩数据的传输，而这意味着接收设备在屏幕上显示数据，或在立体声系统通过麦克风播放音频之前，必须能够处理这些数据。MP3（Moving Picture Experts Group Audio Layer III，移动图像专家组音频层 III），是随着音乐播放器（如 iPod）的出现而变得流行的，它就是这样的一个设备，要对数字化音频文件进行解码和解压缩，并重新生成声音。需要考虑的重要一点是，无论何时以何种方式压缩视频和音频，都会出现损耗，降低视频或音频的质量。这就是前面介绍的 3 个组织为无线传输或未压缩数据创建规范的重要原因，这比其他类型的数字化数据需要更多的带宽，在有助于减少（或完全去除）对电缆的需求同时，也要维护其他多媒体产品质量。

潜在的高速 WPAN 应用包括：

- 把数码相机与打印机和信息服务亭连接。
- 把笔记本电脑与多媒体投影仪和音响系统连接。
- 把装备有摄像机的蜂窝手机和 PDA 与笔记本电脑和打印机连接。
- 把立体声音响系统的话筒与放大器和 FM 接收器连接。
- 连接多个显示监视器（包括平板电脑、计算机和 TV），用于进行同时的视频分发。
- 把视频信号（来自电缆、卫星或电话线接收器上的 IP）分发给房间里的电视机顶盒。
- 把来自 CD 或 MP3 播放器的高质量声音发送给无线耳机或话筒。
- 用移动的远程取景器自拍。

这些应用，不论是消费电子产品，还是专业应用，都有一些共同的需求：

- 高吞吐量，通常最小为 20 Mbps，以支持视频与多信道的高质量音频。
- 低功率的收发器，使得它们可用于手持式、可移动、由电池供电的设备。
- 低成本，使得制造商无须较大幅度地增加设备的终端用户价格，就可以实现无线通信功能。
- 具有服务质量（Quality-of-Service，QoS）功能，使得设备可以请求多个信道接入时间，从而为大容量、时间敏感的数据流（比如语音数据流）赋予较高优先级。
- 简单且自动连接，系统的设置无须技术知识。
- 无须额外安装或配置，就可以与多个其他设备连接，换句话说，可以向其他设备告知其功能和性能，可以因特定作用而自动连接。

- 安全特性，包括防止入侵。
- 数据访问，使用设备可以与Internet连接，例如，允许把数字电视机用作无线计算机显示。

6.1.1 音频、视频与其他I/O设备连网

3个从事音频和视频发布协议的组织，每个都定义了不同的网络与RF体系结构。当前，消费电子设备和计算机的制造商支持这3个标准的大多数（即使不是全部），一些制造商已经生产了集成这些规范的产品。

访问这3个组织的网站（www.wirelesshd.org、www.wigig.org或www.whdi.org），可以找到有关这3个组织、支持它们的制造商以及可用产品的其他一些信息。

1. WHDI

联盟开发的WHDI（Wireless Home Digital Interface，无线家庭数字接口）规范，主要用在电缆连接上，以相同的高分辨率，传输未经压缩的视频和音频。该规范用于简单而高效地把多个设备的频率镜像到TV屏幕（不使用电缆）。这种屏幕镜像意味着视频可以在诸如移动设备上的小屏幕上显示，同时可以以完整分辨率在高分辨率电视屏幕上显示。这使得来自蓝光播放器的视频流，可以在移动设备和高分辨率电视机上显示，这些都不需要使用电线来连接设备。当然，音频也同样重要。WHDI的工作频段为5 GHz，可以与IEEE 802.11a和IEEE 802.11n共存，同样也可以与5.8 GHz无绳电话共存，不会引起干扰。5 GHz频段还使得WHDI的最大有效范围大约为100英尺（30米），并且可以穿透墙面。

WHDI可以把来自蓝色光盘播放器的媒体传输给TV屏幕，或者把来自计算机或类似数据设备的视频存储和传输（这通常需要使用压缩解码软件（CODEC）），这意味着什么呢？使用诸如Netflix、Hulu或YouTube的Internet数据流服务，通常需要特定的软件来解压缩视频流文件，例如，YouTube需要Adobe Flash Player。

尽管现在的一个电视机装备有Wi-Fi接口，可以显示多种类型的媒体，但往往需要定期的软件更新，因为视频编码的方法有很多，这会给终端用户添加麻烦。另一种方法是使用特殊的硬件设备（比如西部数据公司的WDTV Live），这种设备可以解码多种不同类型的视频流，然而，这意味着需要其他的设备和电缆，把每个电视机连接起来，同样仍然要求软件更新。

WHDI的目标是通过把电视机只作为显示设备，使用户可以在电视机上显示任何想要显示的内容。在这种情况下，计算机、平板电脑、移动电话或其他任何可以播放视频的设备，都可以解码文件，这也就减少或完全避免了多条电缆连接的需要。不同视频或音频压缩的方法仍由播放文件的设备负责，从而使电视机或立体声系统的复杂性和兼容性问题最小化。

WHDI接口不需要在数据设备上安装特殊的软件驱动程序。外部适配器可以插入到具有HDMI或USB-to-HDMI适配器的任何数据设备中。如果数据设备制造商没有在其产品中直接集成WHDI接口，那么这些设备可以与电视机直接兼容，而且，老式电视机可以升级一个外部WHDI接收器，从而可以支持多种输入设备。

WHDI 使用了专用集成电路以及由 AMIMON 设计的专属技术，支持最新版本的 HDMI 规范，包括版权保护方案。这些接口的专属特性以及它们的通信协议，意味着很少出现无线故障。详细信息通常只有 WHDI 联盟的成员（如 TV 和接口制造商）才可获得。WHDI 不是一种开放标准，限制了用户的使用，但其概念看起来既有效也不错。

外部 HDMI 接口是可用的，可以连接到任何装备有 USB 2.0 接口的数据设备。苹果公司的 iPhone、三星公司的 Galaxy 以及其他品牌的智能手机都有 HDMI 适配器，这使得这些设备可以很容易与装备有 WHDI 的电视机相互作用。

有关 HDMI 的讨论超出了本书的范围，更多信息可访问 HDMI 论坛：www.hdmi.org

2. WiGig 体系结构

WiGig（Wireless Gigabit，无线吉比特）规范在某种意义上是比较独特的，它与 IEEE 802.11n 标准和 IEEE 802.11ac 标准兼容。它还在 60 GHz 波段上支持 IEEE 802.11ad，在这个波段上，具有比其他两个波段多得多的频谱（但可用频谱的数量与具体的国家或地区有关）。规范要求 WiGig 能够在每种 IEEE 标准所用的频段之间无缝切换。

WiGig 也定义了协议适配层（protocol adaptation layer，PAL），这使得它可以绕过高层 WLAN 协议（如 TCP 和 IP），直接在 PHY 和 MAC 层支持 A/V 显示标准，如 HDMI 和 I/O（USB 和 PCI）。图 6-1 显示了 WiGig 协议栈的简化图。

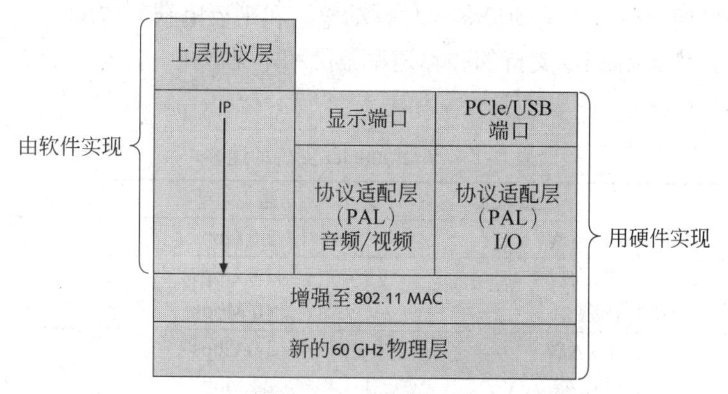

图 6-1　WiGig 协议栈

WiGig 联盟近期宣布，IEEE 将在 IEEE 802.11ad 标准中包括 MAC 和 PHY 增强层。这将使得这些层可以在硬件中实现，从而使得在使用 WiGig 进行 A/V 显示时，在数据与显示设备之间可以进行点对点连接，从而为终端用户降低复杂度。记住，60 GHz 频段只适合于近距离连接（最大为 33 英尺，即 10 米），因为在高频中有信号衰减，空气中的氧分子都可以明显降低 RF 信号强度。

为了在更高频率上维持可靠的连接，WiGig 使用了**束波成形**（beamforming）技术，这种技术使传输设备可以使用多个无线电和多个天线，从而使得在接收器那里的信号振幅最大化。本章后面将更详细介绍束波成形技术。

WiGig 除了支持较低频段中的已有 Wi-Fi 调制方案外，还在 60 GHz 频段上支持如下两种类型的调制和编码方案，提供更高的传输速率：

- 单载波调制，类似于 IEEE 802.11b。它使用更低的功率，因此更适用于移动设备，它还能获得高达 4.6 Gbps 的速率。
- 正交频分多址（Orthogonal frequency-division multiplexing，OFDM），它能支持更远的有效距离，因为它可以处理信号反射，使用障碍物（如墙面）作为信号反射器来保持设备处于连接状态。使用 OFDM，WiGig 可以获得高达 7 Gbps 的传输速率。

WiGig 还规定对更高级安全性的支持，可以使用更高效率的协议，在硬件中直接实现。这在商用网络中尤其重要，其中，WiGig 使用标准企业安全机制，并在点对点 A/V 连接中，仍然以非常高的速率维持高强度的安全性。新的调度接入模式使得设备在处理数据流时可以节约电源。

3. WirelessHD 与 IEEE 802.15.3c

如前所述，当前，WirelessHD 联盟是把 IEEE 改进版标准 IEEE 802.15.3c 用于多媒体发布的唯一组织。这也是来自 IEEE 和该联盟的适合发布全文档的唯一标准。前面所讨论的其他两种规范仅限于联盟的单个成员和公司成员。比如 WHDI，一些技术领先的制造商已经生产出集成了 WirelessHD 技术的消费产品。有关这些产品的其他信息，最好查看一下 WHDI 网站，因为制造商在决定集成 WHDI 时，经常会改变。访问 www.wirelesshd.org 并单击 Consumers/Product Listing 链接。

记住，IEEE 803.15.3c 改进版只在 60 GHz 波段中实现，尽管原来的 IEEE 802.15.3 标准包括了对 ISM 波段的支持，WirelessHD 并不支持在低频段上的传输。然而，它支持以不同速率传输的设备，以便由电池供电的设备（如移动电话和平板电脑）省电。

表 6-1 显示了 WirelessHD 支持的传输速率范围和常见应用。注意，表 6-1 只显示了它所支持的速率的一小部分。

表 6-1 WirelessHD 支持的速率

数据源	接收器	速　率	传输的数据流数量
HD A/V	HD A/V	3.0 Gbps	1
HD A/V	HD 视频 音频	3.0 Gbps 40 Mbps	2
HD A/V 已压缩 A/V	HD A/V 已压缩 A/V	3.0 Gbps 24 Mbps	2
HD A/V HD A/V	HD A/V HD A/V	1.5 Gbps 1.5 Gbps	2
HD A/V 已压缩 A/V	HD 视频 已压缩 A/V 音频	1.5 Gbps 24 Mbps 40 Mbps	3
音频	音频	30 Mbps	1
HD A/V	HD A/V HD A/V	1.5 Gbps 1.5 Gbps	2
数据源	数据接收器	1.0 Gbps	1

续表

数据源	接收器	速　率	传输的数据流数量
HD A/V HD A/V	HD A/V HD A/V Audio	0.5 Gbps 0.5 Gbps 40 Mbps	3
HD A/V HD A/V	HD A/V 音频 音频	1.5 Gbps 40 Mbps 40 Mbps	3
HD A/V 音频	HD A/V 音频	3.0 Gbps 40 Mbps	2

源设备是传输 A/V 或数据的设备，而接收设备是接收器。接收器不一定是显示器或音频设备，它可以是录音设备。表 6-1 显示了视频或音频数据流在传输前进行了压缩的情况，以及视频数据流被压缩但音频数据流没有压缩的情况。此外，一些视频数据流嵌入了音频，其他的则没有。

WirelessHD 支持如下视频分辨率和传输速率：

- 分辨率为 2560×1440 的未压缩视频，传输速率为 8.0 Gbps。
- 720p（1280×1440）的 3D 未压缩视频，传输速率为 4.0 Gbps。
- 1080p（1920×1080）的未压缩视频，传输速率为 7.5 Gbps。
- 大于 1.0 Gbps 的文件传输。
- 其余已压缩与未压缩音频和视频传输的组合。

WirelessHD 规范把 PHY 层划分为如下 3 个部分：

- 低速率 PHY（Low-Rate PHY，LRP），支持 2.5～40 Mbps 的速率。
- 高速率 PHY（High-Rate PHY，HRP），支持高达 7 Gbps 的速率，当使用**空分复用**（spatial multiplexing）技术时，速率可超过 25 Gbps。这里，空分复用技术把数据帧分成多个部分，相同数据帧的每个部分使用一个单独的无线电和天线进行传输，这样，通过并行发送数据，可以有效地提高传输速率。
- 高或中速率 PHY（High-or-Medium-Rate PHY，HMRP），支持 476 Mbps～2 Gbps 的速率。

WirelessHD 同时支持使用 USB 2.0 或 3.0 把多个设备与集线器和 HDMI 连接，使得各种已有计算机与其他移动设备和外设实现无线连接。

移动设备（如智能手机和平板电脑）可以处理、解码和显示一些已压缩视频和音频数据流，但现在还不支持 HRP，主要是因为它们需要省电。这也是与 WirelessHD 兼容的设备需要为不同设备能够同时支持多种速率的原因所在。此外，WirelessHD 可以支持具有多个无线电和天线的设备，可以利用**束波成形**（beamforming）来提供瞄准线和无瞄准线传输。

视频分辨率的介绍超出了本书的范围。这里介绍的内容，是为了显示在 60 GHz 频段中的 WirelessHD 和 IEEE 802.15.3c 的性能。有关 WirelessHD 的详细信息，可访问 WirelessHD 联盟的网站：www.wirelessHD.org。

束波成形使用多个无线电和天线，把一个信号瞄准在接收器方向。如果在发射器与接收器之间有物体隔断了直接信号，使得它们不能再通信了，那么发射器把信号束转变到另一个方向，使得信号反射后仍然能到达接收器，且具有足够强度，能正确解码。束波成形充分利用了多路反射（而不是降低信号强度的多路传输）来创建**相长干涉**（constructive interference）。通过改变由多个无线电发送的相同信号的相位和振幅，发射器可以在目标接收器处生成有效的振幅提升。这个概念类似于相位阵列天线发送信号，但这里要求发射器跟踪目标接收器位置。图 6-2 显示了束波成形的一个简化示例。图 6-3 显示了推荐的 WirelessHD 协议层实现，后面章节将具体介绍。

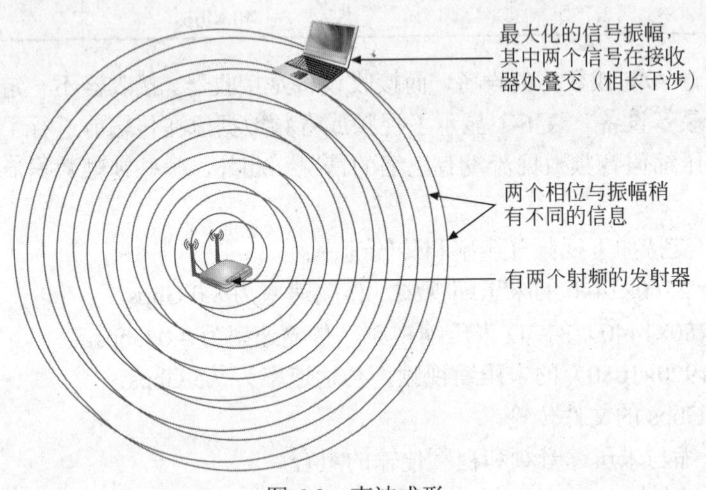

图 6-2 束波成形

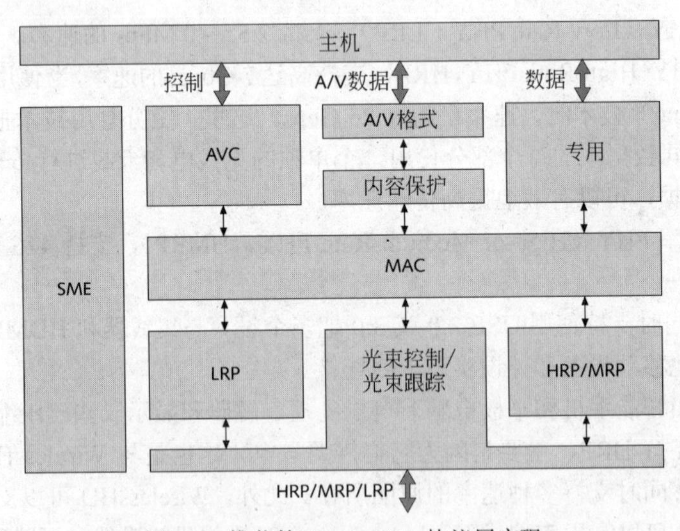

图 6-3 推荐的 WirelessHD 协议层实现

4. WirelessHD 与 IEEE 802.15.3 MAC 层

与 WirelessHD 网络连接的设备，首先与微微网协调器关联。PNC 通常是一个音频或视频接收设备（比如电视机），也可以是个人视频记录器。协调器还充当一个工作站，规范称之为**无线视频区域网**（wireless video area network，WVAN）。移动设备不能成为 WPAN（更不能是 WVAN）中的协调器，因为它们可能移出该区域，而且，因为它们是由电池供电的，它们经常可能会关闭或进入省电模式。微微网协调器应该是一个接插电源插座的设备。图 6-4 显示了一个 WVAN 拓扑示例。

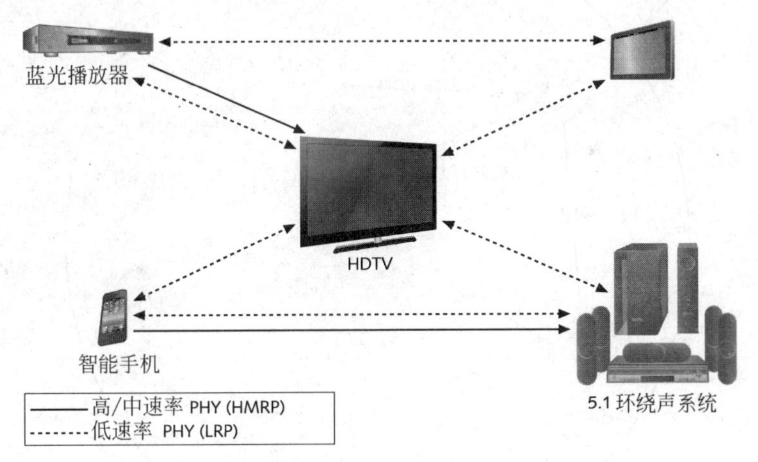

图 6-4　WVAN 拓扑示例

假定区域中的第一个接收设备起着**微微网协调器**（piconet coordinator，PNC）的作用，该设备提供了微微网中的所有基本通信分时。为此，PNC 要发送一个信号浮标。如前所述，信号浮标是含有关于微微网信息（比如微微网的唯一标识符）的一个数据帧。信号浮标还表明，何时允许设备进行传输，传输多久。微微网是点对点的，设备之间可以直接传输数据，但它们只有基于 PNC 发送的信号浮标中的分时指令，才能这么做。

PNC 还负责 QoS 的管理，这在音频传输是需要的，因为如果声音对话或音乐中出现暂停或中断，对用户来说是不可接受的。在视频传输中少量的暂停（每秒出现一些丢失帧）通常是可容忍的。由于 PNC 可能关闭，标准规定，PNC 可以把微微网的控制权转交给其他设备，该设备将成为新的 PNC。记住，PNC 几乎总是静态设备，比如 TV 或蓝光播放器。图 6-5 显示了一个 IEEE 802.15.3 拓扑，其中有 PNC 发送的信号浮标。

在 IEEE 802.15.3c 标准中，还可以构成另外两种类型的微微网，称之为相关微微网，因为它们与初始或父微微网是相关的：

- 子微微网是与初始微微网独立的一个微微网。子微微网有自己的微微网 ID，但子 PNC 是初始或父微微网的一个成员。子微微网的 PNC 可以与父微微网或子微微网的任意成员交换数据。
- 邻居微微网也是一个单独的微微网，有自己的 PNC，但当其设备允许传输之前，要根据初始微微网的 PNC 来分配专有时间块。这样做，是为了当一个或多个微微网之间没有其他信道用于通信时，共享一个频谱。

子微微网和邻居微微网对扩展微微网的覆盖范围，或把一些处理或存储需求转移给另一设备时，很有用。一个微微网可以有一个或多个子微微网。父微微网中的某个设备，可以与子微微网中的某个设备进行传输，即通过使用子微微网的 PNC 把数据帧传输给该子微微网的设备。子微微网还可以与父 PNC 共享相同的频道，但使用的是不同的安全密钥。这种情况类似于有一个朋友来拜访你，并带来了她自己的游戏或音乐设备，你们俩都想使用这些设备，但你又想使你自己的微微网安全密钥保密。当你购买并安装一套新的音响系统时也会出现类

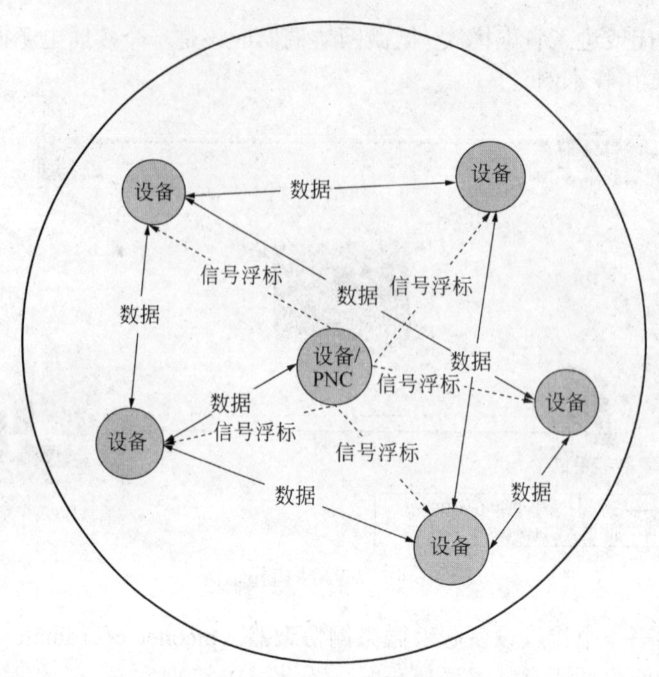

图 6-5 IEEE 802.15.3 微微网拓扑

似情况，该系统预置为由话筒和播放器组成的一个网络，而这些新设备可能使用的是它们自己的预置安全密钥。

邻居微微网主要是为了使在同一区域中可以共同存在其他微微网。只有在有足够的空闲信道时间可用时，父微微网才允许邻居微微网的构成。如果某个设备集不会使用父微微网的安全特性，通过形成一个邻居微微网，这些设备仍然能在同一区域中运行，并共享同一频道，不会引起冲突。图 6-6 阐述了子微微网的概念，而图 6-7 显示的是一个邻居微微网。

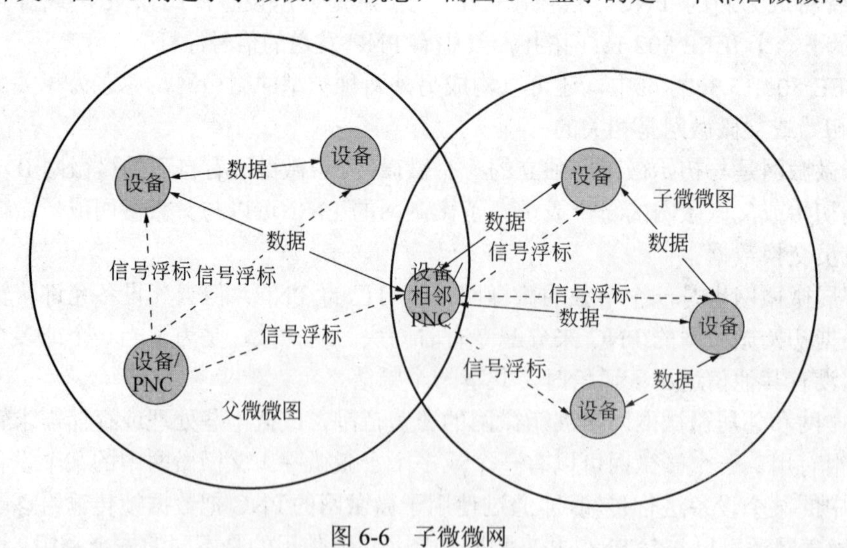

图 6-6 子微微网

5. IEEE 802.15.3 MAC 层的其他功能

IEEE 802.15.3 MAC 层支持如下高速 WPAN 特性：

- 连接时间（关联）快，没有复杂的设置。
- 与微微网关联的设备，可以使用一个较短的八字节设备 ID，以确保快速连接和接入时间。
- 通过关联过程中由 PNC 发出的广播信息，或向 PNC 查询其他设备，一个设备可以获得其他设备的功能信息。设备还可以向 PNC 通告自己的功能信息。这种过程的简易性，确保了快速连接时间。
- 点对点（Ad Hoc）网络技术使得设备之间可以之间进行通信。
- 具有 QoS 的数据传输使得声音、音乐和视频的实现成为可能。
- 安全（本章后面将介绍）保证了秘密。
- 高效的数据传输使得多个设备可以在同一网络中进行通信。

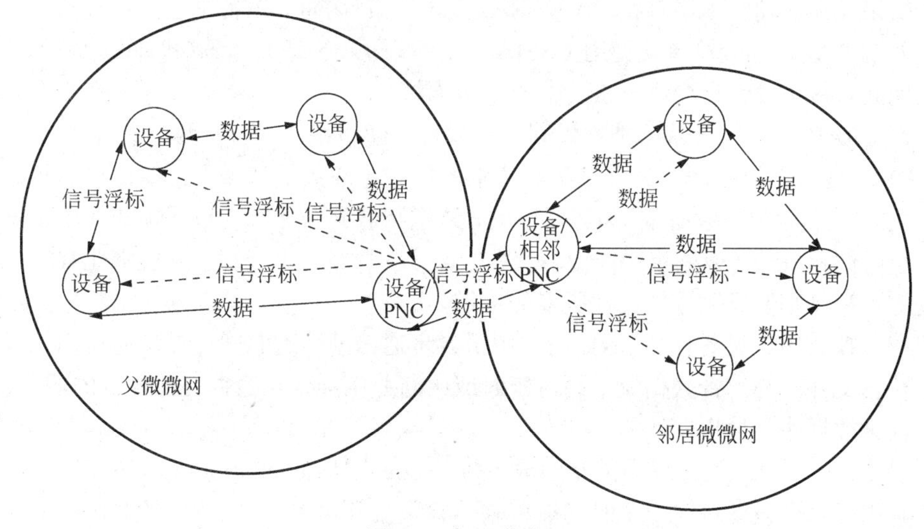

图 6-7　邻居微微网

在 IEEE 802.15.3 网络中，高效的数据传输是使用超级帧来完成的。这里的超级帧与 ZigBee 网络中使用的功能不同，如图 6-8 所示。

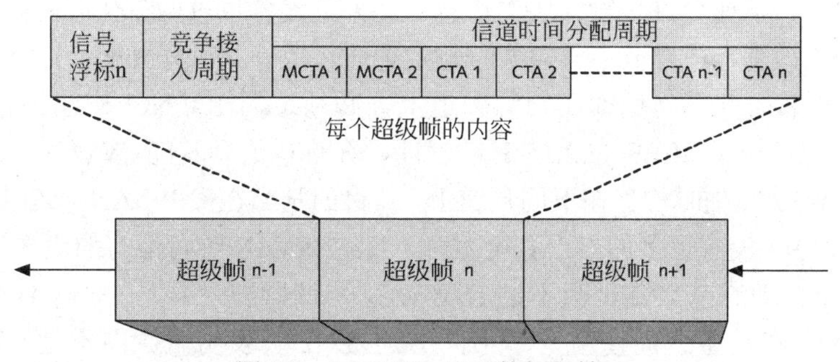

图 6-8　IEEE 802.15.3 的超级帧

每个 IEEE 802.15.3 超级帧是由如下 3 部分组成的：

- 一个信号浮标，用于为微微网中的设备设置时间分配，以及用于微微网中的管理信息通信。
- 竞争接入周期（contention access period，CAP）（可选的），用于关联、命令通信或可能出现在超级帧中的异步数据。

- 信道时间分配周期（channel time allocation period，CTAP）。CTAP 包含有信道时间分配（channel time allocations，CTA）。CTA 是 PNC 分配给单个设备的时隙，用于发送命令或数据。CTAP 还可能包含管理信道时间分配（management channel time allocation，MCTA）周期，用于 PNC 与在当前超级帧中没有分配 CTA 的设备之间的通信。

IEEE 802.15.3 微微网中的通信通常是如下完成的：

- 由 PNC 发送的信号浮标含有一个变量，表明 CAP 的结束。从 CAP 结束到 CTAP，任何设备（包括 PNC）都不允许传输数据。这个过程确保所有设备都有机会进行通信，并防止冲突发生。
- 如果在当前超级帧中存在 CAP，那么在该 CAP 期间，设备发送异步数据。如果没有分配 CAP，那么设备就使用 CSMA/CA（参见第 5 章）竞争该时间。此外，在 CAP 期间，每个设备只允许一次传输一个数据帧。
- 在 CTAP 中，设备基于某种规则（比如每个超级帧，或者每两个或 4 个超级帧）从 PNC 请求信道时间。某个设备所请求的信道时间数量与该设备要传输的数据类型有关。所请求的信道时间称为等时时间，这意味着必须使每个数据帧或几个数据帧用于与时间相关的（或同步）传输，以维护连接的质量。声音和音乐要求比视频更多的信道。视频则要求比数据文件更多的信道。
- 在 CTAP 中，设备也从 PNV 请求用于异步通信的信道时间。异步通信用于发送大型数据文件。与声音数据流不同，延时或中断并不会影响数据文件传输的质量，因此，较大数据块是异步发送的。
- 在 CTAP 期间，通信使用的是**时分多址**（time division multiple access，TDMA）技术，其中的每个设备获得一个时间窗口来传输数据和命令。微微网中的时间以 1 微秒为单位进行分配。超级帧的最小持续时间为 1000 微秒（或 1 微秒），最大持续时间为 65 535 微秒（或约为 65.5 微秒）。PNC 可以把任意大小的 CTA 分配给设备，前提是不超过超级帧的最大持续时间。从前面可知，CAP 是可选的，因此设备获得的时间分配可能非常大，从而允许传输大块的信息。此外，设备也可以在任何时候从 PNC 请求时间分配的改变，或当其不再需要传输数据时，放弃其时间分配。

子微微网和邻居微微网运行在相同频道上，必须遵循由 PNC 构建的相同时分参数。WirelessHD 规范扩展了 IEEE 802.15.3 的功能，允许构成闲置的 WVAN（drone WVAN，D-WVAN）。D-WVAN 临时构建在不同频道上，其目的是当在父 WVAN 或宿主 WVAN（home WVAN，H-WVAN）没有更多的 CTAP 可用时，容纳 WVAN 中可能有的更多连接。D-WVAN 的功能像是一个自动的 WVAN，只不过 D-WVAN 协调器必须维护一个与 H-WVAN PNC 的连接。D-WVAN 在设备之间使用一个不同的连接 ID，表明微微网不是 H-WVAN。构建 D-WVAN 的过程如下：

- 发起设备给目标设备发送一个请求以构建一个 D-WVAN。
- 如果接收了该请求，那么目标设备必须给 H-WVAN 协调器发送一个请求。
- 如果准许了该请求，D-WVAN PNC 通知 H-WVAN PCN，它将进入省电模式（见后面的介绍），然后开始搜索一个可用的频道。

- 如果找到一个可用的信道，目标设备给 H-WVAN PNC 发送一个请求，以进入闲置模式。
- 一旦请求被准许了，D-WVAN PNC 就切换到新频道，开始作为 D-WVAN 协调器发送信号浮标。
- 当发起设备检测到目标设备 6 切换到闲置模式（即当 H-WVAN 协调器准许了请求），它可能切换到与 D-WVAN PNC 相同的信道，并试图与之关联。

6. 一般的 IEEE 802.15.3 MAC 数据帧格式

本节简要介绍一下 MAC 数据帧的格式。所有 MAC 数据帧都含有一个字段集，在每个数据帧中的出现顺序是相同的。这些字段如图 6-9 所示。

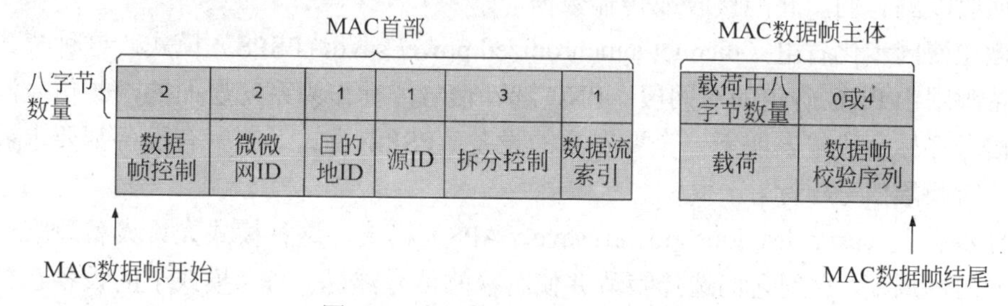

图 6-9　常见的 MAC 数据帧格式

在任何设备中，MAC 层都必须能够验证所接收的数据是没有错误的。在每个 MAC 数据帧中都有一个数据帧校验序列（frame check sequence，FCS）字段，该字段负责数据验证。然而，PHY 层在把数据帧传递给 MAC 层之前，通过使用首部检验序列（header check sequence，HCS），确保接收到的 MAC 首部正确。

数据帧控制（frame control）字段含有协议版本、数据帧类型、是否加密、接收设备应如何确认、是否为上一次发送数据帧的重传、是数据帧的末尾数据还是后面还有其他数据等。微微网 ID（piconet ID，PNID）字段含有每个微微网的唯一标识符，确保设备所发送的数据帧属于某个微微网。目标设备 ID 和源设备 ID 字段含有发送方和接收方的唯一微微网设备标识符。拆分控制（fragmentation control）用于以正确的顺序拆分和重组较大数据块（比如 MP3 文件）。它含有当前拆分的编号、数据流的最后一个拆分编号以及数据帧编号。如果数据帧丢失，接收设备可以请求传输设备重新发送拆分，这样就可以重组整个文件。数据流索引（stream index）字段用于管理和唯一地标识不同异步和同步数据流。

MAC 数据帧载荷（frame payload）是一个可变长度字段，它携带了在两设备之间或一个设备与一组设备之间（多播或广播）传输的实际信息。数据帧校验序列（frame check sequence，FCS）是一个 32 位的循环冗余校验（cyclic redundancy check，CRC）字段，这是用于检测传输错误的常用技术。

一般的 MAC 数据帧格式可以变化，但所有传输的 MAC 首部是标准的。数据帧主体（frame body）可以变化，以容纳不同类型的载荷，以及每种载荷所需的信息。与蓝牙和 IEEE 802.11 WLAN 不同，MAC 是在无线电模块的硬件中实现的。这使得用户对设备的配置最小化，或者根本就不需要用户进行配置。

6.1.2 电源管理

高效使用IEEE 802.15.3设备的最佳方法之一是使设备完全断电，或者长时间减少电源消耗，但又不丢失与微微网的关联。保持这样一段时间，就相对于一个或多个超级帧的持续时间，使WPAN设备的功耗明显降低。IEEE 802.15.3标准提供3种不同的省电方法：

- 设备同步化省电（device synchronized power save，DSPS）模式，这种模式允许设备睡眠几个超级帧的持续时间，但在一个超级帧之中可以唤醒设备来传输或接收数据。微微网中的其他设备被告知一组设备（称为DSPS集）中的哪些设备处于这种模式，何时唤醒它们，并能接收或传输数据。
- 微微网同步化省电（piconet synchronized power save，PSPS）模式，这种模式允许设备睡眠由PNC确定的时间段。PNC选择信号浮标作为系统层面的唤醒信号浮标，在信号浮标字段中表明下一个要发生的设备。PSPS模式下的所有设备都要求被唤醒并侦听唤醒信号浮标。
- 异步省电（asynchronous power save，APS）模式，这种模式允许设备睡眠一个较长的时间周期，直到它们选择唤醒并侦听唤醒信号浮标。APS模式下的设备在关联过期周期（association time-out period，ATP）结束之前，必须与PNC进行通信，以便维护其在微微网中的成员关系。

在唤醒超级帧中，PNC总是会为处于DSPS或PSPS模式下的目标设备分配异步CTA。唤醒超级帧是由PNC指定的一种超级帧，用于唤醒处于省电模式下的设备，并侦听发送给它们的数据帧。当然，不是依靠电池供电的设备，如DVD播放器或扩音器，可以时时保持处于活动模式。不论设备处于哪种省电模式下，如果超级帧的相应字段没有指定它们传输或接收数据，所有设备都可以处于断电状态。图6-10阐述了唤醒信号浮标。

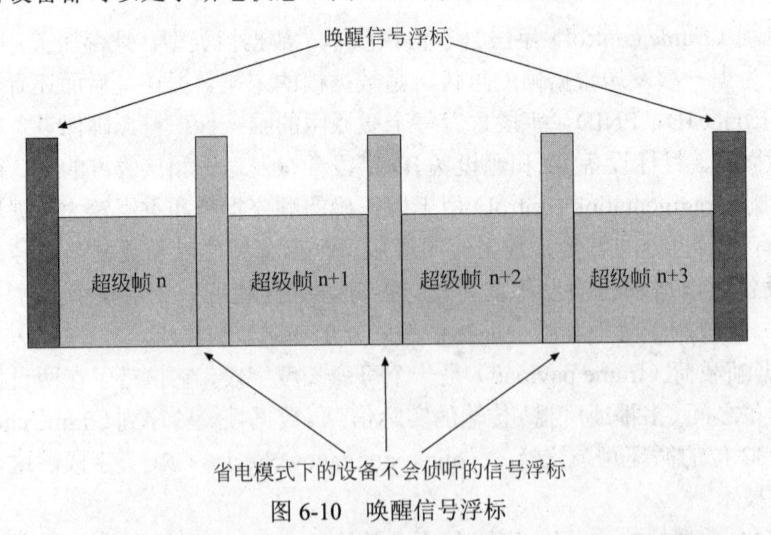

图6-10 唤醒信号浮标

还有另外两种方法有助于设备省电。第一种方法是，PNC可以为关联设备设置最大的传输功率（在标准中这不是强制的，因此不是所有的设备都实现了这点）。该方法还有助于PNC省电，因为PNC与其他设备之间的链路质量是有微微网的覆盖区域确定的。第二种方法允许设备只要知道它可以与其他设备维持一个良好的链路，就可以请求降低或提高自己的传输功率。

6.1.3 IEEE 802.15.3c PHY 层

如前所述，PHY 层负责把数据比特位转换为调制后的 RF 信号，该信号可以在电磁波上传输。IEEE 802.15.3c 是 WirelessHD 规范中定义的唯一标准。它是一个相当复杂的标准，整个标准本书就需要一本书来介绍。本书只介绍该标准的一些基础知识。如果要进一步了解 IEEE 802.15.3c，可以从 http://standards.ieee.org/ about/get/802/802.15.html 下载该标准的一个副本。IEEE 802.15.3c 标准使用 60 GHz 频带，支持的信道如表 6-2 所示。

表 6-2　IEEE 802.15.3c 支持的信道

信道 ID	起始频率/GHz	中心频率/GHz	终止频率/GHz
1	57.240	58.320	59.400
2	59.400	60.480	61.560
3	61.560	62.640	63.720
4	63.720	64.800	68.880

注意，这里只有 4 个信道，每个大约为 2GHz 宽。并不是所有国家或地区都允许使用整个 60 GHz 频带，因此，在某些地方，可用的信道数量要减少，但频带的中心部分足够两个或三个信道之用。标准中介绍了信道聚集（即把多个相邻的信道组合在一起），以便数据传输更快。再结合空分复用技术，使得传输速率可以超过 25 Mbps。IEEE 802.15.3C 的 PHY 层具有一定数量的提高，其中一些是可选的：

- 被动扫描：在加入一个微微网或开始构建一个新微微网之前，每个设备都会扫描信道以检测已有的微微网。某区域中第一个打开的设备，将扫描频率，以找到一个未使用的信道。
- 信道功率检测：允许站点在加入一个微微网之前，不用解码数据，就可检测频率和信号强度。
- 请求信道质量信息：IEEE 802.15.3 设备可以探测或向其他设备请求信道质量信息，然后决定使用哪种调制和信道编码来与其他设备通信。如果远程设备不能使用当前调制（比如，由于干扰），控制设备就可以更改调制和编码以确保可靠通信。
- 链路质量与所接收信号强度的指示：IEEE 802.15.3c 设备可以请求它与其他设备之间的链路质量信息。它还可以监视从其他设备所接收信号的强度，这对电源管理是很重要的。
- 传输功率控制：接收到信道质量和链路质量信息后，设备就可以降低或提升传输功率，以提高链路和所接收信号的质量。
- 邻居微微网与子微微网的功能：IEEE 802.15.3 标准允许获得同一区域中相关微微网的信息，这些微微网依靠控制初始微微网的设备来分配用于通信的信道时间。这个特性使得多个微微网可以在同一区域中共存。
- 两种模式的超级帧传输：当使用全向传输时，只给所有站点发送一次超级帧。当使用束波成形时，超级帧以循环方式，在每个站点方向上传输多次。

- 数据帧最大长度为 8 388 608 个八字节：这有助于最大化吞吐量。

IEEE 802.15.3 根据所用的调制与编码方案、扩散因子以及前向纠错（forward error correction，FEC）方法，定义了多种数据率。FEC 可节省时间，因为它避免了发生错误时的重传。FEC 可以纠正一组数据比特位中某一个位的错误。

总是需要在 FEC 与传输速度之间进行权衡。越是需要依赖 FEC 技术，需要传输的比特位也就越多，数据传输率也就越慢。有关 FEC 的介绍是一个比较高级的主题，超出了本书的范围。

调制

IEEE 802.15.3c 中每种数据速率所用的 RF 调制技术是第 2 章介绍的 BPSK 和 QPSK 调制技术的变体。所有设备都要求使用 LRP 来传输首部。WirelessHD 规范要求所有设备都支持 LRP，但不需要支持 HRP 或 MRP。一旦设备与协调器关联后，它们就告知 WVAN 中的其他设备，它们可以支持的数据速率和调制。设备还将根据所接收的信号质量，建议发射器为后续的传输使用哪些参数（比如调制和数据速率）。

IEEE 802.15.3c 运行在 57～66 GHz 的未授权频段（通常称为 60 GHz 频带）上，这里有比其他所有未授权频段更多的可用带宽。这就要确保 WirelessHD 与使用相同频段的其他系统共存，且使干扰最小化或没有干扰。IEEE 802.15.3c 标准涵盖了 LRP 的单个载波使用，并介绍了 HRP 和 MRP 的 OFDM 编码使用。

表 6-3 归纳了在 WirelessHD 规范 1.1 版中，WirelessHD 设备的功能特性。

表 6-3 WirelessHD 设备的功能特性

更高协议层	
视频格式选择：分辨率、颜色深度等 时针同步化 音频与视频控制消息的编码与解码	服务发现 视频与音频的编码与解码
MAC 子层	
密码认证与密钥生成 信道特征监视，跟踪链路质量，通知更高子层 PHY 信道选择 调度束波成形 往 PHY 层发送数字数据，从 PHY 层接收数字数据 设备发现	带宽预留（CTAP）与调度 关闭与睡眠 开始与停止连接 AVC 数据传送 检测数据传送中的错误
PHY 子层	
天线控制 从所接收的数据帧中检测更高的数据速率 模拟链路质量保证 把信道评估传递给 MAC 子层	验证首部信息 FEC、调制等 在无线介质上发送和接收 RF 数据

6.1.4 网状网络技术（IEEE 802.15.5）

IEEE 802.15.5 是用于网状网络技术的一种标准，其中的每个设备都与范围内的所有其他设备连接，从而为传输创建多条通路。如前所述，网状网络技术的概念集成在 IEEE 802.15.4

（ZigBee）标准中了。IEEE 802.15.5 是一个单独的标准，适用于 IEEE 802.15.3，但其思想基本是相同的。网状网络技术可以使 WPAN 覆盖整个大楼。图 6-11 显示了使用网状网络技术的一个网络示例。

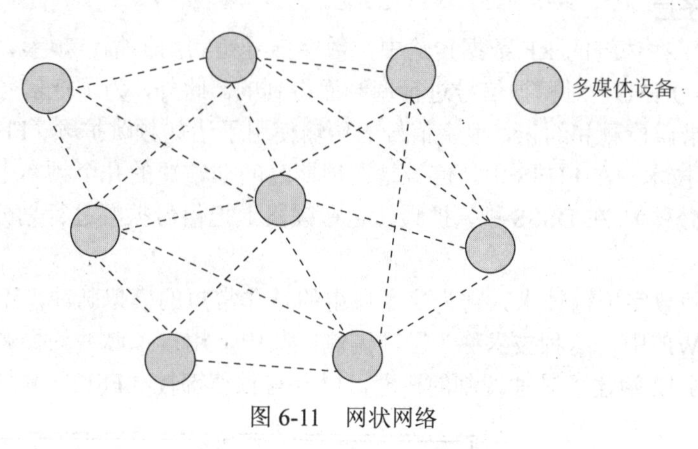

图 6-11　网状网络

6.2　超宽带

超宽带（ultra wide band，UWB）为 RF 频谱中可用频率的短缺提供了一种很有前途的解决方案，它允许基于 UWB 的新传输技术与其他 RF 系统共存，使干扰最小化或没有干扰。实际上，UWB 并不是一种新技术。从 20 世纪 60 年代以来，UWB 就在雷达中使用，是用于地面穿透雷达的一种非常成熟的技术。地面穿透雷达用于给埋在道路或场地下面的管道、电线和其他物体定位，以及其他各种应用。

UWB 的新发展是它在无线数据传输中的应用。由于能获得更高的数据速率，UWB 可以处理多个数据流，包括高分辨率和 3D 电视，其质量与有线系统相当，但只能在近距离内。它还可能开启一种无线 PAN 解决方案，业界专家和分析人员预计，随着网状网络技术的加入，UWB 同样可以扩展到整个家庭和商用网络中。

目前，FCC 允许 UWB 发射器工作在 3.1～10.6 GHz 的频率范围，功率水平限定为–41 dBm/MHz（每 MHz 带宽的功率为大约 75 毫微瓦），这使得干扰最小化。

在数据应用中，UWB 有如下特征：

- 与地面穿透雷达不同，UWB 用于在相对封闭的区域里（如家庭或办公室）传输低功率、近距离的信号。
- UWB 的传输使用非常短的低功率脉冲，只持续大约 1 纳秒甚至更短。这些脉冲不容易被其他模拟设备检测到，因此，UWB 传输不会引起对其他信号的明显干扰。
- 按 FCC 的要求，UWB 的传输至少是在 500 MHz 的带宽上，这种带宽可以防止同时使用的其他 RF 传输技术的干扰。

6.2.1　UWB 的工作原理

本节介绍核心的 UWB RF 传输技术。注意，这里没有讨论 MAC 子层。这是因为，RF

子层的改变，不要求对任何其他子层改变，因此，MAC 子层和其他更高层协议可以保持不变。

UWB PHY 子层

第 2 章学习了在传统的 RF 数据传输中，数字信号是利用振幅、频率、相位或振幅与相位的组合（如 64-QAM），对模拟信号进行调制而得到的。此外，为了把信号扩展到某个宽带上，允许更好的错误检测和纠正，数字信号的传输使用了诸如频跳扩频（FHSS）或直接系列扩频（DSSS）等技术。在 FHSS 中，信号是在周期时间非常短的几个频率中传输的（蓝牙的周期时间为 625 微秒）。在 DSSS 中，扩频就是在频段上把信号振幅进行划分，从而有助于减少干扰。

UWB 是一种数字传输技术。它为信令使用的是非常短的模拟脉冲，不需要依靠传统的调制方法。在 UWB 中，这种技术称为脉冲调制，其中，用模拟脉冲的振幅、极性或位置来表示 1 或 0。图 6-12 阐述了脉冲调制的概念，以及与频移键控（FSK）调制的比较。

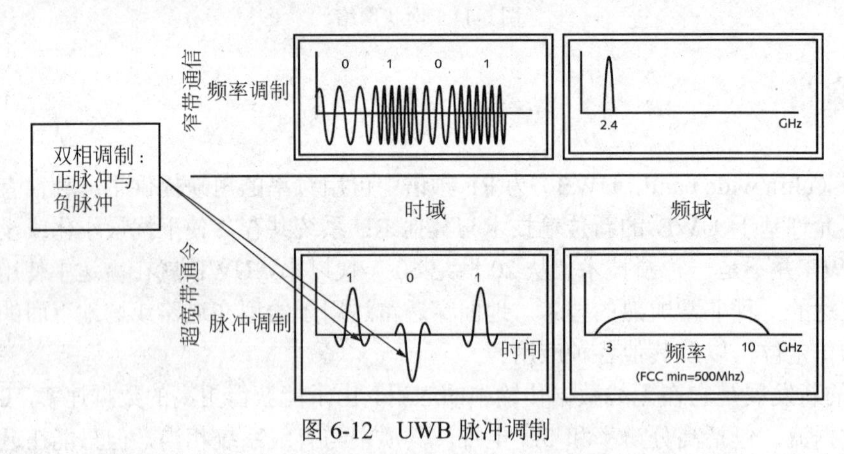

图 6-12 UWB 脉冲调制

UWB 信号可以利用非常简单的发射器电路，使用相对简单的技术进行传输。在 UWB 中可以使用几种不同的调制类型，但最常见的是**双相调制**（biphase modulation），它使用半周期的正模拟脉冲来表示 1，半周期的负模拟脉冲表示 0。这种调制类型可以抵制背景 RF 噪声，不会引起干扰。双相调制要求有两个独立的发射器电路（一个用于产生正脉冲，一个用于产生负脉冲），这使得它更贵一些。双相调制的概念如图 6-12 的左下部分所示。

除以上介绍的调制技术外，还向 IEEE 提交了几种 UWB 传输技术，这些技术使用直接系列和多频带正交频分复用。直接系列 UWB（direct-sequence UWB，DS-UWB）充分利用了这样一个事实，传输脉冲只有一纳秒（甚至更短）的结果是，无须使用任何扩展编码，该信号就自然地扩展在一个非常宽的频段上。在 UWB 中，信号扩展在高频率段的至少 500 MHz 带宽上。它同样把信号的振幅扩展到整个频段上。因此，整个脉冲都位于背景噪声的下面。图 6-13 显示了传输 1 纳秒的脉冲时频域中的情况。

向 IEEE 提交的另一种方法是**多频带正交频分复用**（multiband orthogonal frequency division multi-plexing，MB-OFDM），它是基于 IEEE 802.11g 和 IEEE 802.11a WLAN 传输所用的技术的（第 8 章将学习这些内容）。在 MB-OFDM 中，可用的总带宽划分为 5 组，这 5 组总共含有 14 个频段，如表 6-4 所示。

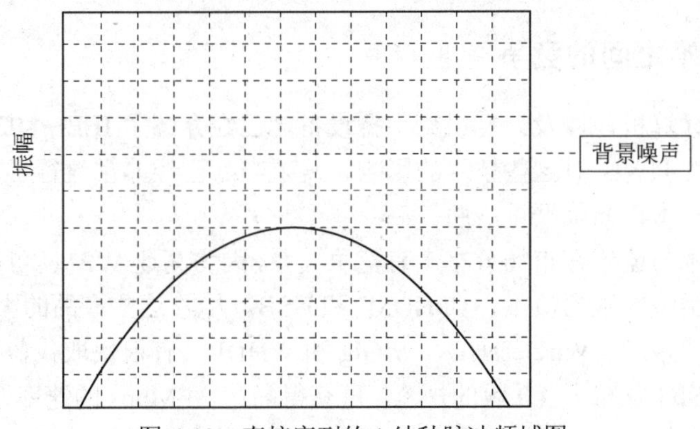

图 6-13　直接序列的 1 纳秒脉冲频域图

表 6-4　MB-OFDM 频段分配

频段组	频段 ID	中心频率/MHz
1	1	3432
	2	3960
	3	4488
2	4	5016
	5	5544
	6	6072
3	7	6600
3	8	7128
	9	7656
4	10	8184
	11	8712
	12	9240
5	13	9768
	14	10 296

每个频段为 528 MHz 宽，这满足 FCC 的要求，它又进一步划分为 128 个频道。这些频道是正交的，这意味着它们之间不会相互干扰。然后，几个数据比特位同时（并行）发送，每个比特位在这些子信道的每一个中发送，每个信道的比特率比较低。只有 128 个信道中的 122 个用于 MB-OFDM 传输。由于有多个数据比特位同时发送，每个在不同的频率上，尽管以更低的速率发送，但 OFDM 发送这些数据比特位仍然能获得较高的数据速率。这种技术类似于并行的打印机电缆，它为每个比特位使用一根电线来把它发送给打印机，因此一次可以传送一个字节。MB-OFDM 使用比 DS-UWB 稍长的脉冲来传输，有 312 纳秒长。尽管这些更长周期的脉冲用电路更容易产生，但批评者认为，MB-OFDM 使发射器变得非常复杂了。

尽管 UWB 有很多优点，但不少制造商都放弃了实现 UWB 的计划，主要原因是对 60 GHz 频段有浓厚的兴趣。到目前为止，无线 USB 是使用 UWB 实现的唯一技术，而且并没有获得很大的成功。除美观因素外，无线 USB 的成本使得它不适合用来替代 6 英尺（1.8 米）电缆（其价格小于 10 美元，而一个无线 USB 连接目前仍需要 200 美元）。此外，USB 3.0（其速度高达 5 Gbps）与 Thunderbolt（由 Intel 公司开发，并由 Apple 公司提出一个技术合作协定）的出现，进一步降低了制造商从事 UWB 的兴趣。

6.3　WPAN 面临的挑战

前面已经介绍了几种 WPAN 技术，下面来介绍一下 WPAN 技术面临的一些挑战。由于 ZigBee 规范是专用于支持以较低速率只传输非常少量数据的设备，因此本节主要把高速 WPAN 与蓝牙进行对比。

6.3.1 WPAN 标准之间的竞争

对于计算机到计算机，以及计算机到手持设备，已经介绍了 IEEE 802.15.1 蓝牙与 IEEE 802.15.3 标准，以及 UWB 对这些技术的影响。蓝牙产品已经非常流行了，并使用在很多不同应用中，但这种技术正面临严重威胁。

本章介绍的技术与蓝牙在市场分享上有竞争关系，因为高速 WPAN 可用于更高的数据速率，并可传输其他类型的数据流量，如 HDMI 和 USB。尽管这些产品的大量应用尚需时日，但作为一种替代电缆技术，WirelessHD、WiGig 和 WHDI 具有很快取代蓝牙的潜力。如果真是这样，尽管蓝牙 SIG 发布了 4.0 版的规范，可获得高达 24 Mbps 的速率，提高了音频连接，但蓝牙技术仍可能会被出局，只能用于蜂窝手机耳机、键盘和鼠标设备的连接了。蓝牙技术要想展开有效竞争，将需要制造商集成更多无线电以支持更高速率。这就可能增加高速蓝牙的成本，使它比其他 3 种技术的成本更高。很难预言，在这种竞争中，哪种技术将最终获胜，但预计一下未来几年业界的发展还是很有趣的。

6.3.2 WPAN 的安全性

尽管 WPAN 的安全问题不如传统有线网络那样严重，因为大多数传输都是限定在较近的距离内，但黑客仍可能入侵设备和网络。本节将介绍蓝牙、ZigBee 和 IEEE 802.15.3c 的安全模型。WPAN 技术在前两章已介绍过了。

1. 蓝牙的安全性

黑客可以使用蓝牙来攻击移动设备，蓝牙安全性正成为一个问题。在 Bluejacking 攻击中，黑客探测一个蓝牙设备，以发现附近的设备，并发送未经请求的消息。另一种类型的攻击是 Bluesnarfing，它使用同样的设备发现功能，在用户未知的情况下，如果该用户在其设备上具有服务器功能，访问其联系信息和其他信息。拒绝服务（denial-of-service，DoS）攻击就是往某个蓝牙设备发送很多的数据帧，使得它无法进行通信。此外，蓝牙设备还可能会感染特洛伊木马、病毒和蠕虫。

这些安全威胁扩展到不只是 PDS 和智能手机了。一些笔记本电脑装备有蓝牙，当这种笔记本电脑利用以太网或 IEEE 802.11 WLAN 连接到公司网络时，就可能对公司网络产生一个后门。黑客给网络添加一个蓝牙设备也是容易且费用不高的，因而就可以利用受信用户的设备。由于是近距离、低功率信号，设备可能很长时间里不会被检测到，尤其是在比较隐蔽的情况下。

但是，蓝牙传输不容易捕获和解码。目前，很多黑客试图开发一个系统来窃听蓝牙数据包并解码其中的信息，但到目前为止，已证明这是一个很困难的挑战。

2. ZigBee WPAN 的安全性

控制大楼或家庭灯光与环境的系统，仍然需要采取一定的安全措施，来防止有意或无意的设置修改。ZigBee 规范使用了信任中心的概念，PNC（信任中心）负责给微微网中的所用设备分发加密密钥。ZigBee 为网络通信使用对称加密密钥。对称加密密钥是由字符、数字或字符与数字的组合构成的一个字符串，用于对数据帧中的数据进行加密。同一网络中的所有设备使用相同的密钥，这称为“对称的”。在 ZigBee 中使用如下两种类型的对称密钥：

- **网络密钥**（network key）通常是通过与设备连接的任何类型的电缆，预编程到每个 ZigBee 结点中，这相对更安全些。还可以对设备进行配置，使得只有 PNC 才具有预设置的密钥，并在安装时，以明文形式在无线介质上分发密钥。这意味着在 ZigBee 微微网中，在密钥分发给设备之前，会有一个短暂的易受攻击时期。当有新设备添加到微微网中时，也是易受攻击的时候。在微微网中的所有设备从 PNC 接收到共享密钥后，后续 PNC 与设备之间的所有通信都使用该网络密钥进行加密。
- 微微网中的任意两个设备，都可以从 PNC 请求一个**链路密钥**（link key），以便在它们之间创建一条安全的通信连接。这种链路密钥是基于网络密钥的，在分发给设备之前，由 PNC 生成并用网络密钥加密而成。

ZigBee 的链路密钥和网络密钥只适用于 ZigBee 协议栈的应用层。潜在的 ZigBee 用户非常关心上面描述的短暂的易受攻击时期，这很容易被意在入侵 ZigBee 微微网的黑客探测到，这些黑客可能只是想证明他们能够这样做，也可能通过修改设置而引起问题，或者从基于 ZigBee 的系统（如智能电力和煤气仪表）收集信息。现在，很多国家的公用事业企业认为智能仪表是收集使用数据的更高效方式，为其用户提供信息，使得他们可以更好地管理能源使用。

除对称加密密钥外，ZigBee 还使用消息完整性校验和序列更新来提高微微网的安全性。**消息完整性校验**（message integrity check）是用来防止黑客修改消息并把修改后的消息重新在网络上发送的处理过程。消息完整性校验使用了一个校验码，该校验码是由发送方生成并包含在每个数据帧中的。在接收端，会再次生成该校验码，并与在消息中接收到的进行比较。如果这两个校验码匹配，说明该消息没有被篡改。**序列更新**（sequential freshness）就是为每个数据帧分配一个序列号，确保在某个时期内，在同一微微网中，每个数据帧只传输一次。

如果不使用这两种安全特性，攻击者就可能实施**中间人攻击**（man-in-the-middle attack），捕获数据帧，修改其内容，然后在同一微微网中重新传输它。如果目标 ZigBee 设备把篡改后的数据帧认为是合法的，并且认为是来自微微网中已认证设备的，那么攻击者就可以捕获足够的信息，用来对网络密钥、链路秘密或这两者进行解密，从而对微微网构成威胁。然而，需要记住的是，一个 ZigBee 数据帧的最大长度是 127 个八字节。这意味着需要相当数量的数据帧以及一个较长的时间周期来捕获足够数量的数据帧，以便能破解安全密钥。此外，ZigBee 设备使用的是体积较小、速度较慢的处理器，这意味着在传输之前，ZigBee 设备要对信息进行加密，捕获足够数据帧需要更长的时间。

3. IEEE 802.15.3 高速 WPAN 的安全性

该标准的安全性是基于**高级加密标准**（Advanced Encryption Standard，AES）的。AES 是一种对称密钥加密机制，由美国国家标准与技术委员会（National Institute of Standards and Technology，NIST）引入的。在 IEEE 802.15.3 中，AES 使用一个 128 比特位的密钥。它的两个安全模式是：

- 模式 0：不以任何方式加密或保护数据。
- 模式 1：应用基于 AES 的强加密，支持对命令、信号浮标和数据帧的保护，以及用于命令和数据帧保护的安全密钥分发。

该标准定义了任意两设备如何创建一个安全的通信会话，在 MAC 和 PHY 子层保护信息和通信的完整性。安全密钥可以由微微网中的所有设备或任意两设备共享。在 IEEE 802.15.3 中，密钥为 13 个八字节长，并基于一定数量的变量，如源地址与目的地址，在网络中所用的当前时间，确保消息完整性的数据帧计数器，以及拆分控制字段的值。这些可确保每个事务处理的密钥是唯一的，使得黑客几乎不可能破解。此外，该标准还提供了一种机制，基于某个周期性基础，改变或轮换对称密钥。新密钥基于用户最初输入的密钥基础之上。定期改变密钥，使得黑客破解它更加困难，解码数据也更加困难。

微微网的认证密钥也是定期改变，或者每次有某个设备离开微微网或不再对信号浮标数据帧做出响应时，都改变认证密钥。这种新的安全实现比以前由蓝牙和 IEEE 802.11 WLAN 实现的方法要好得多。

IEEE 802.15.3 还在 MAC 子层支持消息完整性校验。除数据帧计数器外，消息完整性校验往每个通信会话中添加了某些加密随机数据，这样，接收方可以验证消息在传输期间是否被篡改，或者是否是重复的。如果没有消息完整性校验，黑客会比较容易对微微网发起中间人攻击，捕获数据帧，修改它，并重新传输给目标接收方。

6.3.3　WPAN 组件的价格

今天，蓝牙能支持的设备比其他 WPAN 技术的要更多，但在过去，它饱受组件价格问题的困扰。最初，蓝牙的无线电模块价格超过 75 美元，但是，在大量生产后，其价格降至大约 5 美元，这也是蓝牙在很多不同设备上得到应用的原因。

然而，如果考虑到蓝牙的较低传输速率，使用一个价格为 5 美元的芯片，来替代价格不超过 10 美元但能获得更高数据速率的电缆，并没有太多的经济价值。因此，蓝牙的唯一优点是，它可以广泛地应用于各种设备中。生产与 IEEE 802.15.3 设备兼容的制造商面临的主要挑战是，在把技术集成到产品中的同时，又不会使用户和商业应用显著地增加成本。

6.3.4　业界对 WPAN 技术的支持

业界专家预计，诸如 WirelessHD 和 ZigBee 之类的新技术将更快地得到制造商的拥护。对 ZigBee 的支持最先是熟练的安装技术人员，这意味着这些设备不会经历蓝牙在其早期应用中所经历过的问题。

6.3.5　协议功能的局限性

蓝牙协议的主要局限性之一是，从设备从一个微微网移到另一个微微网时，会丢失与原来微微网主设备的连接。蓝牙设备不能在超出控制通信的设备的通信范围时，不丢失与微微网的连接。即使蓝牙设备立即进入了另一个微微网的有效范围，甚至是与两个主设备都能匹配，它也会丢失与前一微微网的连接。例如，在蜂窝技术中，当用户沿公路行驶时，其手机从一个蜂窝单元或基站切换到下一个，不会丢失与蜂窝手机网络的连接。只要有其他设备可以跨网络路由（即转发）数据帧，那么支持多媒体技术（如 WirelessHD）的设备就可以保持与微微网的连接。这样，尽管某个设备不在目标设备的 RF 直接通信范围之内，该设备仍然可以保持与 PNC 和其他设备的连接。大多数蓝牙设备不能路由数据帧，这使得蓝牙不能用作无绳电话的技术，因为无绳电话需要能够在整个房屋或办公室漫游，会超出微微网主设备的有效范围。

尽管蓝牙设备可以发现区域中的其他设备，但（目前）无法自动判定其他设备的功能。如前所述，蓝牙设备只能与微微网的主设备通信，不能与其他从设备进行直接通信。例如，分散网中的消息必须通过微微网主设备发送给从设备，来自从设备的消息也必须通过主设备转发给其他设备。这意味着微微网中的所有设备任何时候都必须保持在主设备的 RF 有效范围之内，并且在分散网中，两个主设备也必须在对方的 RF 通信有效范围之内。如果蓝牙技术要与 ZigBee 和 WirelessHD 竞争，需要解决这些问题，但这将需要对蓝牙规范进行重大的修改。这里再次说明，本章介绍的其他所有技术（以及 ZigBee）都有其内在的优点，因为它们可以自动识别微微网中其他设备（包括那些已经不在微微网协调器有效范围内的设备）提供的服务和功能。此外，ZigBee 和 IEEE 802.15.3 设备还可以相互之间直接通信。

本章没有介绍任何技术的其他协议局限性了，但要意识到的重要一点是，业界倾向于标准化尽可能多的协议。在大多数情况下，这将意味着在较高层使用 TCP/IP 协议，在较低层则使用 MAC 或 PHY 协议。

6.3.6　频谱冲突

在 WPAN 的所有问题中，频谱冲突是影响其市场成功的潜在因素。频谱冲突就是当几种使用相同频段的技术在相距较近范围内使用时，互相干扰导致性能较差。应用 UWB 或使用 60 GHz 频段的技术可以显著地减少或避免这个问题，而在 Wi-Fi 网络中，由于带宽的有限，会发生频谱冲突。

例如，现在的 IEEE 802.11b/g WLAN 如果与 2.4 GHz 无绳电话在同一环境中使用，性能会很差。这个问题会对在相同频段中使用 FHSS 和 DSSS 的所有技术产生影响。为了使其产品更具吸引力，避免与频谱冲突有关的技术问题，无绳电话制造商根据新版本的 DECT 6.0 规范，改用 1.6 GHz 的频段进行传输。

正如前面所述，蓝牙使用 ISM 2.4 GHz 频段进行传输，它会与相同相同频段的其他技术产生冲突。主要冲突之一是与 IEEE 802.11b 和 IEEE 802.11g WLAN 产生的。早期的蓝牙设备在这些情况下几乎不可用。大多数提供商已经实现了 IEEE 802.15.1 标准，让蓝牙设备与 IEEE 802.11b/g WLAN 共享频谱，首先检查一下看看是否有空闲的波用于传输，并且避免使用会与 Wi-Fi 网络产生干扰的频率。根据所用的频率范围，UWB 可能会干扰 IEEE 802.11a 网络。IEEE 进行的大量测试表明，ZigBee 产品应该可以与 IEEE 802.11b/g 共存，不会产生任何严重的问题。然而，RF 波的经验表明，只有这些产品大规模部署在多种不同环境中之后，才能知道其实际的性能。

本章小结

- 高速 WPAN 是为传输多媒体数字格式的声音和视频文件而进行优化的技术。目前，有 3 种技术可能成为被大家所接受的标准：WHDI、WiGig 和 WirelessHD，每种都是由不同组织提出的。
- WHDI（由 AMIMON 公司提出的）定义了无线连接，它使用 5 GHz 频段把高质量的视频和音频信号分发给显示设备（如电视机和立体声系统）。WHDI 的有效范围为 100 英尺（30 米），可以穿透墙面。它没有了网络的复杂性，使用显示设备或音响系统原始设计的格式来传送数字格式文件，这使得显示或声音再现设备的工作简单化。WHDI 还可以与 IEEE 802.11a 和 IEEE 802.11n 网络在相同频段上共存。它使用由 AMIMON 公司设计的专用芯片技术。WHDI 可以直接支持 USB 和 HDMI 连接，使得它们可以像视频和声音那样在同一个无线连接上工作。

- 无线吉比特联盟（Wireless Gigabit Alliance）定义了一个规范集，包括了协议适配层，以便在 ISM 和 U-NII 频段中使用 IEEE 802.11ac 吉比特无线连接，支持无线 HDMI、USB、PCIe、数据、视频和音频传输。这些规范还可以使用 IEEE 802.11ad 标准在 60 GHz 频段上工作。
- 60 GHz 频段只支持最远为 33 英尺（10 米）的近距离连接（因为在高频段上衰减将增大），并且它不能穿透墙面。为了克服 60 GHz 频段的一些瞄准线限制，发射器使用束波成形技术，使接收设备处的信号强度最大化，并可以克服移动障碍物（比如在接收器与发射器之间走得的人）。
- WiGig 在 ISM 和 U-NII 频段上支持与 IEEE 802.11 相同的调制与编码方案，但为 60 GHz 频段定义了两种新的调制方法：单载波（速率高达 4.6 Gbps）和 OFDM（速率高达 7 Gbps）。OFDM 可以更好地处理信号反射问题。使用 MIMO 和束波成形技术，WiGig 也可以使用障碍物作为反射器，用于维护设备之间的连接。
- WirelessHD 是使用 IEEE 802.15.3c 标准的唯一规范。该标准规定只运行在 60 GHz 频段上。WirelessHD 支持多种不同的传输速率，并可以使用多种不同的移动和静止设备在微微网中传输视频、声音或数据。源设备是传输视频或音频数据的设备，而接收设备可以是视频显示器，比如电视机或立体声系统。
- WirelessHD 定义了 3 个 PHY 子层：LRP（数据速率可达 10 Mbps）、HRP（数据速率可达 7 Gbps，当使用空分复用技术时，速率可超 26 Gbps）以及 MRP（数据速率为 476 Mbps 到 2 Gbps）。WirelessHD 还支持 USB（甚至是 3.0 版），可以在无线链路上携带 HDMI 连接。WirelessHD 微微网又称为 WVAN。
- WiGig 与 WirelessHD 都支持束波成形，这使得具有多个无线电的设备，可以把波束集中在目标接收器方向。束波成形可以使用多路反射来产生相长干涉，有效地提高接收端的信号振幅。
- IEEE 802.15.3c 支持点对点网络技术，但微微网的传输分时总是由 PNC 控制的。PNC 是通过发送一个周期性的信号浮标来实现控制的。这种信号浮标含有关于微微网的信息，比如，设备的唯一 ID，以及允许该设备进行传输的时间。设备之间可以直接进行通信，但只能是在竞争接入周期（CAP）或 PNC 为每个设备分配的时间里进行数据传输。PNC 负责 QoS，并分配预留的时间周期（称为 CTAP）。设备可以从 PNC 请求更多的信道时间。如果 PNC 离开微微网，它可以把控制权转交给另一个设备。
- IEEE 802.15.3 微微网支持子微微网和邻居微微网。子微微网的 PNC 是初始微微网的一个成员。邻居微微网的 PNC 不是初始微微网的成员，但要根据初始微微网的 PNC 来为该邻居微微网中的所有设备分配专用时间块以进行数据传输。两个微微网共享同一频道。子微微网有助于扩展微微网的覆盖范围，或者用于把处理或存储需求转移到另一个设备。WirelessHD 规范扩展了这个概念，当微微网的所有设备没有任何 CTAP 可用时，支持使用不同频道的闲置 WVAN。

- 与微微网的关联过程是在硬件中实现的，以简化安装、使用和维护。PNC 维护有微微网中全部设备的一个表格。它还会把微微网的信息广播给所有设备。当有设备请求时，它只发送有关可用服务的信息。高效的数据传输是通过使用超级帧来实现的，这也是 PNC 用来分配 CAP、CTAP（它包含了 MCTA）和 CTA 的一种机制。对于 CAP 期间进行的通信，设备必须使用 CSMA/CA 机制来避免冲突。设备要进行数据传输时，将侦听传输介质。如果传输介质忙，设备在传输前必须等待。这种等待周期永远不适用于信号浮标的传输。在 CTAP 通信期间，微微网使用 TDMA 方案进行传输。
- 设备可以在 CAP 中发送异步数据，或者在 CTAP 期间为异步通信请求信道时间。CTAP 期间的正常通信是正交同步通信。
- 在 IEEE 802.15.3 中，设备可以处于几种省电模式中的某一种。DSPS 允许设备睡眠几个超级帧的时间，但在传输或发送数据中间可以唤醒。PNC 告知所有设备哪个是唤醒超级帧。在 PSPS 模式中，设备可以睡眠由 PNC 确定的时间间隔，但所有设备都必须同时唤醒，以侦听系统级的唤醒信号浮标。在异步省电模式中，设备可以睡眠较长的时间周期，并可以决定何时唤醒和侦听信号浮标。PNC 还可以在 CAP、信号浮标和 MCTA 时间周期中为设备设置最大的传输功率。这种模式也使得 PNC 可以省电。
- 超宽带（UWB）是一种数字传输技术，支持非常高速的传输（高达 2 Gbps）。在 UWB 中只有 PHY 子层需要改变。MAC 子层保持与其他 RF 传输方法所有的 MAC 子层相同。当前，UWB 只实现为支持无线 USB。这些无线接口的传输速率为 480 Mbps。
- UWB 传输占用至少 500 MHz 的带宽，并且使用非常短的脉冲进行数据传输。UWB 使用一种非常简单的调制方案（称为脉冲调制），但它还可以使用多频带的 OFDM。
- WPAN 面临的挑战包括速度、安全性、价格、业界的支持、干扰以及协议局限性。蓝牙经受的这些限制比其竞争标准要更严重。与蓝牙相比，IEEE 802.15.3 具有不少优点，包括增强的安全性，通过邻居微微网和子微微网扩展网络的能力。
- WPAN 设备体积小，耗电非常少，具有有限的处理能力和存储空间。这使得它要实现复杂的安全机制很困难，而安全机制是使用 WPAN 的一个关注点。

复习题

1. 在微微网中，IEEE 802.15.3 PNC 主要负责 ________ 。
   a. 分时　b. 作为一个路由器　c. 交换　d. Internet 连接
2. IEEE 802.15.3 标准用于 ________ 。
   a. 与蓝牙技术竞争　b. 提供近距离的 PC 网络连接
   c. 支持多媒体　d. 以上全部
3. 在 IEEE 802.15.3 中，协议栈的低层是在 ________ 中实现的。
   a. 软件　b. 硬件　c. 红外设备　d. 数据链路层
4. 在 WPAN 中，协议栈的________层负责处理不同类型的数据流量。
   a. 无线电频率　b. 视频　c. IP　d. 适配器

5. 在 IEEE 802.15.3c 中有________个 RF 信道可用。

a. 2 b. 14 c. 4 d. 11

6. 在 IEEE 802.15.3 中，数据帧冲突只可能发生在________期间。

a. CTAP b. MCTA c. CTA d. CAP

7. 在 IEEE 802.15.3c 中，使用________来防止冲突。

a. CAP b. CTAP c. CSMA/CA d. CSMA/CD

8. 下面的________技术使用 RF 频段，其中的信号可以穿透墙面。

a. WirelessHD b. WHDI c. WiGig d. 以上都不是

9. 在________省电模式中，IEEE 802.15.3c 设备必须侦听系统级的唤醒信号浮标。

a. SPSS b. DSPS c. PSPS d. APS

10. 在 IEEE 802.15.3c 使用的 60 GHz 频段中，RF 信道大约有________的带宽。

a. 2MHz b. 500 MHz c. 2GHz d. 5MHz

11. 大约________与________之间的频率是经 FCC 批准的用于 UWB 技术的整个频率范围。

a. 3.4 GHz; 4.5 GHz b. 5.0 GHz; 9.2 GHz

c. 3.4 GHz; 10.3 GHz d. 6.6 GHz; 9.2 GHz

12. WiGig 的最大数据速率为________Gbps。

a. 1 b. 2 c. 7 d. 4.9

13. 在 WirelessHD 中，PNC 通常是一个视频源。对还是错?

14. 在 ZigBee 中用于确保相同数据帧不会传输多于一次的过程名是________。

a. 对称密钥 b. 序列更新 c. 中间人 d. 消息完整性校验

15. 信号浮标携带了微微网的分时信息。对还是错?

16. IEEE 802.15.3c 中的设备只能通过 PNC 进行通信。对还是错?

17. CAP 是可选的。对还是错?

18. WiMedia 设备不能从 PNC 请求多个信道时间。对还是错?

19. UWB 可以引起用于________中的频段干扰。

a. ISM b. 802.11a c. 60 GHz d. WirelessHD

20. 错误纠正机制________用于确保高速 WPAN 中的可靠传输。

a. FEC b. CRC c. 奇偶位 d. HRC

真实练习

Bay Area 有线电视公司为整个加利福尼亚州州安装家庭娱乐系统。每年大约安装、扩展或更新 10 000 套系统。很多用户正把他们的设备更新为多个电视机顶盒和高清电视。公司每次派遣一名技术人员到用户家或办公场所时，需要支付 150 美元的额外费用，以及 200 美元的人力成本，为不同房间额外的机顶盒安装电缆。

公司的管理层听说了一种提供这种服务的新方式，那就是无线网络，它将大大地降低安装成本。客户也需要能在不同房间或办公室接收到多种媒体数据流（电视或音乐）。公司雇用你作为一个网络专家，帮助它们制定未来 5～10 年的服务发展规划。

练习 6-1：阐述高速 WPAN 的优点

制作一个幻灯片，替 Bay Area 有线电视公司介绍高速 WPAN 的优点。你的幻灯片应涵盖所有已有技术，但还要根据本章的学习，给出一些推荐意见。Bay Area 公司没有问你应选择哪种高速 WPAN 技术，它们更愿意听听你对未来的家庭多媒体分发以及潜在的商业应用的意见。

练习 6-2：高速 WPAN 技术的对比

尽管 Bay Area 公司的管理层正在积极思考，但公司董事会仍不确定是要求管理层继续有线技术，还是开始探求无线技术。他们希望你描述一下不同高速 WPAN 与 Wi-Fi 之间的对比。因此，请你制作一个幻灯片，阐述一下各种高速 WPAN 技术的优缺点，Wi-Fi 在今天和不久的将来都能做些什么。

挑战性案例项目

Microsoft、Hewlett Packard 以及很多其他公司都已经发布支持 Windows 7 Media Center Edition（这种 Microsoft Windows 的一个特殊版本，可以在整个家庭中分发多媒体数据）的硬件。

请你撰写一组报告，介绍一下如何使用本章的一种高速 WPAN 技术来替代 Windows 7 Media Center Edition。你的报告应包括如何把音频、视频和游戏传送给整个家里的多种应用（如电视机、MP3 播放器、平板电脑和 PC），并阐述采用某种设计的优点，不仅可以解决媒体分发，而且可以传送文件，接入 Internet。研究一下 Windows 7 Media Center Edition 和高速 WPAN 的特性，并给出对有效范围和干扰问题的评估。

第 7 章

低速无线局域网

本章内容：

- 描述 WLAN 的使用方法
- 列出 WLAN 的组件与模式
- 描述 RF WLAN 的工作原理
- 解释 IR、IEEE 802.11 与 IEEE 802.11b WLAN 之间的差别
- 介绍 IEEE 802.11 网络提供的用户移动性

WLAN 可能是自从个人计算机进入消费市场以来最吸引人们眼球的技术了。家庭与小型办公室应用驱动了全球无线网络的爆发式增长，但自从 2009 年批准了最新的无线网络标准 IEEE 802.11n 以来，比以前更多的公司开始部署无线网络了。随着吉比特无线网络的发展，这种增长还将继续。无线宽带联盟（Wireless Broadband Alliance，网址为 www.wballiance.com）预计，到 2015 年，全球公共接入（热点）部署就将增加 350%，因为移动电话运营商已经意识到这种技术的重要性，发现一些数据流量已经离开它们的网络了。估计 2014 年的总移动数据流量达到了 1684 万兆兆字节（16 840 000 000 000 000 000 字节）。这个数字包括了智能手机和 WLAN。

正如前面章节所述，WLAN 技术支持非常宽的应用频谱。现在，所有笔记本电脑、平板电脑和智能手机都装备了 WLAN 接口。今天，很多咖啡厅和快餐店，世界上大多数宾馆，甚至是一些航班都提供了无线 Internet 接入。一些城市的公共汽车也为乘客提供无线 Internet 接入。

本章开始介绍 WLAN 的使用方式，主要介绍低速 WLAN（速率为 11 Mbps）。有了这些背景知识后，将有助于理解第 8 章将要介绍的高速技术和新标准。到目前为止，已经学习了各种技术，它们传输的数据并不总是必须保持私密的。WLAN 的介质是公开的，这使得信号在任何地方都是可用的，这意味着更深入地理解 WLAN 的工作原理，不仅是使这些网络更安全的需要，而且在这种场合下工作的需要。

7.1 WLAN 应用

无线网络正变得越来越流行了，尤其是在北美，计算机用户希望能在家里或办公室的不同地方自由地使用移动设备。安装电缆不方便，且非常昂贵，如果大楼已经建设完成后就更是如此。同样，那些能连接高速电缆调制解调器（Cable Modem，CM）或数字用户线路（digital subscriber line，DSL）调制解调器的地方，可能不是工作或学习的理想场所。无线网络能解

决这些问题。而且，有了无线网络，多个用户可以很容易地共享一个 Internet 连接。一些无线网络设备允许 Internet 和打印机共享。无线家庭网关（wireless residential gateway）就是这样一个示例。无线家庭网关集成了路由器、以太网交换、无线接入等功能，在某些情况下甚至还具有电缆或 DSL 调制解调器的功能。无线家庭网关可以提供比把计算机直接与 Internet 连接更好的安全性，因为大部分的无线家庭网关都含有一个安全防火墙，可以防止网络设备免受某种类型的安全攻击。

今天的无线 LAN 应用非常广泛，因此本章大部分内容讲介绍各种使用和应用。在 Interent 上，有很多有关无线 LAN 应用的出版物和白皮书。

7.2 WLAN 的组成

WLAN 需要的硬件非常少。除计算机和用于 Internet 接入的 Internet 服务提供商外，只需要无线网络接口卡（network interface card，NIC）和接入点（access point，AP），供通信之用。

7.2.1 无线网络接口卡

计算机与有线网络连接所需的硬件称为**网络接口卡**（network interface card，NIC）或**网络适配器**（network adapter）。NIC 是把计算机与网络连接的设备，这样，在本地或通过 Internet，它就可以给其他设备发送数据，或从其他设备接收数据。有线 NIC 具有一个用于电缆连接的端口。电缆把 NIC 与网络连接，这样，在计算机与网络之间就创建了一条链路。

无线 NIC 完成与有线 NIC 相同的功能，但有一个主要差别，无线 NIC 没有用于与网络进行有线连接的端口。取而代之的是有一个天线，用于发送和接收 RF 信号。尤其是当无线 NIC 传输数据时，它们将：

- 在传输之前，把计算机的内部数据从并行的改变为串行的。
- 把数据划分为数据包（即更小的数据块），并增加发送计算机与接收计算机的地址。
- 决定何时发送数据包。
- 传输数据包。

无线 NIC 通常是一块单独的卡，可以插入桌面计算机的一个内部扩展槽中。对桌面计算机来说，无线 NIC 可以插入**外围部件接口**（peripheral component interface，PCI）扩展槽。另一种形式是外部无线适配器，可以把它插入计算机的**通用串行总线**（Universal Serial Bus，USB）端口。这些设备的示例如图 1-8 所示。

对笔记本电脑来说，有两种不同形式的无线 NIC 可用。第一种是标准 PC 卡类型 II 插槽，如图 1-8 所示。另一种是小型 PCI。小型 PCI 是一种较小的插卡，它在功能上等同于标准 PCI 扩展卡。它是专门为把集成通信外设（如调制解调器和 NIC）集成到笔记本中而设计的。当笔记本电脑装备有小型 PCI NIC 时，天线通常嵌入在笔记本的屏幕周围。图 7-1 显示了安装在笔记本电脑内部的一个小型 PCI 卡。

更小的设备（如智能手机）则是含有一块无线电芯片和一个天线，用于与 WLAN 的连接。这些较小的无线电芯片是超低功率芯片的发展结果。

WLAN 非常普遍了，因此，单独的无线 NIC 很快就被淘汰了。Intel 公司已经把无线接口卡的所有功能集成到一个芯片组中了，而这个芯片组则已内置到笔记本电脑中了。芯片组

图 7-1 小型 PIC 无线 NIC

直接安装在主板上，从而减少了对物理空间的需求。大多数笔记本电脑制造商使用 Intel Centrino 芯片组或小型 PCI 卡，提供了集成无线 LAN 功能。

无线 NIC 与计算机交互作用的软件既可以是操作系统的一部分，也可以是一个单独的程序。从 Microsoft Windows XP 开始，所有 Microsoft 桌面操作系统无须额外的软件驱动程序，就可以识别无线 NIC，而之前的 Windows 版本需要特定的驱动程序。把这些驱动程序集成到操作系统中，使得安装更容易，并且还可以提供其他的特性，比如，可以创建多个无线配置文件，使得在用户漫游时，设备可以自动与不同 WLAN 连接，而不是手工配置这些设置。一些无线 NIC 提供商为其他操作系统（比如 Linux）和一些专用设备也提供了驱动程序。

7.2.2 接入点

第 1 章已介绍过，正如其名，**接入点**（access point，AP）为无线 LAN 设备提供了一个连接到有线网络的接入之处。AP 由 3 个主要部分组成：（1）射频传输器/接收器，生成信号，用于发送和接收无线数据；（2）天线，用于发射信号；（3）RJ-45 有线网络接口端口，使用一条电缆，把 AP 与标准有线网络连接起来。

在一台标准的 PC 上安装一个无线 NIC（它相对于发射器/接收器），一个标准 NIC（作为有线网络的接口），以及特定软件（这些软件可以使该 PC 作为一个 AP 和安全防火墙），也可以使该 PC 用作为一个 AP。在 www.microtik.com 和 www.m0n0.ch（这里是 0，不是字母 O）可以找到这种软件类型的免费公开域版本。

一个 AP 有两个基本功能：

- 作为无线网络的无线通信基站。具有无线 NIC 的所有设备都往 AP 传输数据，AP 则依次把信号重新定向到其他无线设备。
- 作为无线网络与有线网络之间的网桥。AP 通过网线与有线 LAN 连接，通过它，无线设备可以接入有线网络，如图 7-2 所示。

作为基站，在干扰少、无障碍物的办公环境中，AP 的最大有效范围约为 375 英尺（115 米）。然而，随着信号强度、品质（受干扰影响）或这两者的减弱，数据传输率将下降。数

据传输率开始下降的确切点与特定环境、障碍物的类型与数量以及干扰源有关。根据信号的

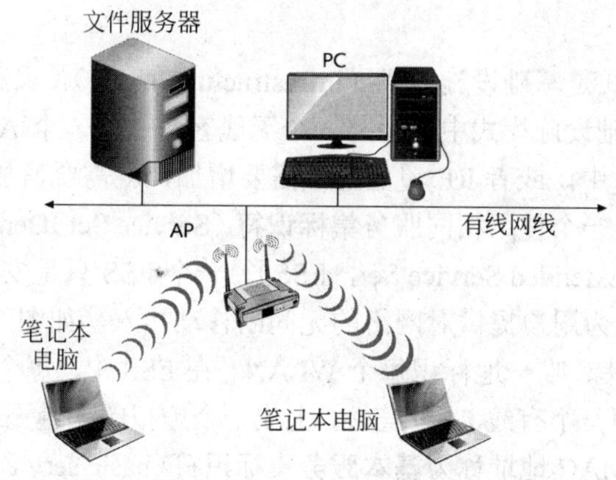

图 7-2　AP 作为与有线网络连接的接入之处

强度和品质，AP 会自动选择可能的最高传输速率。这种过程称为**动态速率选择**（dynamic rate selection），这使得在 WLAN 实现之前，测试信号是部署 WLAN 的一个非常主要部分。第 12 章将详细介绍 WLAN 信号的测试。单个 AP 所能支持的连接设备最大数量各不相同，但通常是 100 个。然而，由于无线电频率网络信号是用户共享的，大多数提供商建议，如果网络的使用负担不重（也就是说，网络主要用于 E-mail 收发，偶尔上网，偶尔传输中等大小的文件），一个 AP 的最大用户数为 50。但是，如果用户主要是传输大型文件（比如数字图像、视频或声音），每个 AP 的最大用户数应保持在 20 到 25 个之间。

当天线直接与 AP 相连时，通常把 AP 置于屋顶或高于地面的类似地方，以确保它处于接收 RF 信号最清晰的路径上。然而，在这些地方往往没有电源插座，由于建筑编码限制，在屋顶附近安装电源插座很昂贵。IEEE 为有线网络的 IEEE 802.3 以太网标准发布了两个增强版，即 IEEE 802.3af 和 IEEE 802.3at，这两个标准定义了制造商如何实现以太网上的电源分布。与从 AC 插座直接接收电源不同，给 AP 传送 DC 电源的电线，就是 AP 与有线网络连接、用于传输数据的非屏蔽双绞（unshielded twisted pair，UTP）以太网电缆。这样就无须在屋顶上或屋顶附近安装昂贵的电线设施，并且使得 AP 的安置也更加灵活。

7.2.3　WLAN 模式

在 RF WLAN 中，数据是以这样两种连接模式之一发送的：Ad Hoc 模式与基础设施模式。

Ad Hoc 模式

Ad Hoc 模式又称为点对点模式（peer-to-peer mode），但在 IEEE 802.11 标准中，其正式名称为**独立基本服务集**（Independent Basic Service Set，IBSS）。在 Ad Hoc 模式中，无线客户端之间不使用 AP，而是直接进行通信，如图 7-3 所示。这种模式适用于那些没有网络基础设施或只是临时需要网络的任何地方，快速且方便地构建一个无线网络。使用 Ad Hoc 模式的地方有宾馆会议室或会议中心。这种模式的缺点是，其无

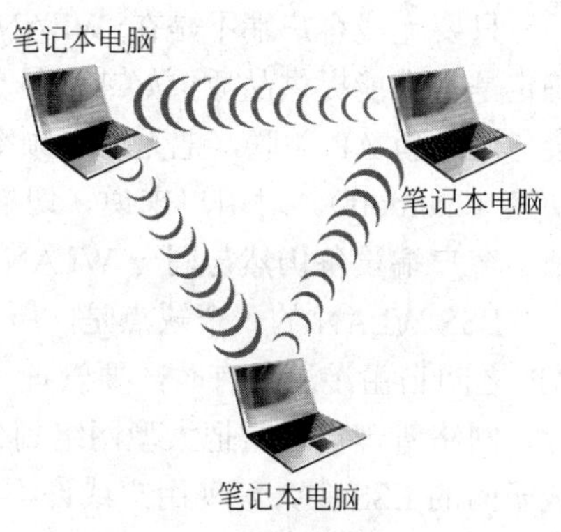

图 7-3　Ad Hoc 模式

线客户端只能在它们之间进行通信，不能接入有线网络。

基础设施模式

另一种无线网络模式是**基础设施模式**（infrastructure mode），又称为**基本服务集**（Basic Service Set，BSS）。基础设施模式中至少有一个无线客户端与一个AP连接。如果有更多的用户需要添加到WLAN中，或者RF覆盖区域需要增加，就需要增加更多的AP。当一个基础设施WLAN具有不止一个使用相同**服务集标识符**（Service Set IDentifier，SSID）的AP时，这就称为**扩展服务集**（Extended Service Set，ESS）。一个ESS只是安装在同一区域中的两个或多个BSS无线网络，为用户提供对网络的无间断移动接入，如图7-4所示。SSID是一个包含文字与数字的字符串，唯一地标识每个WLAN。在ESS中，每个AP调整到一个不同的频道，但所有AP都与同一个有线LAN连接，生成一个虚拟的无缝无线连接。在IEEE 802.11 WLAN中，每个AP的MAC地址称为**基本服务集标识符**（basic service set identifier，BSSID），在ESS中，几个不同AP的SSID是相同的，客户端设备使用BSSID来标识它所连接的是哪个AP。

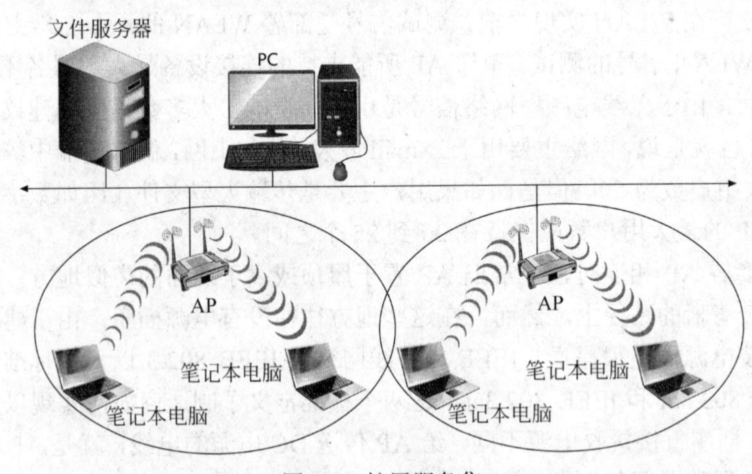

图7-4　扩展服务集

当使用了多个AP时，它们生成的覆盖区域，很像蜂窝中的单个蜂房。然而，与蜂窝不同的是，这些单元是重叠的，以便于漫游。当具有无线设备的移动用户进入多个AP的有效范围之内时，其无线设备通常会根据信号强度，选择一个与之关联的AP。一旦AP接受了来自该设备的连接，该客户端设备就会改用该AP所用的无线电频率。

只要无线客户端不是在WLAN中进行通信，它就会监视网络中的所有无线电频率，以确定是否有能提供品质更好或信号更强的其他AP。如果客户端找到这样一个AP，那么它就会与这个新AP关联，把无线电频率改变为该AP所设置的频率。在ESS中，这种变换称为**切换**（handoff）。对用户来说，切换是无缝的，因为无线设备与有线网络之间的连接没有中断。客户端设备仍然与同一WLAN保持连接。

ESS WLAN的一个缺点是，所有无线客户端与AP必须属于同一网络，以便用户可以在AP之间自由漫游。有时，要管理一个大型网络很困难。性能与安全性可能会相互制约。因此，网络管理员通常把大型网络划分成多个子网，每个子网含有的计算机相对少些。在划分成子网的ESS中，移动用户或许不能在AP之间自由漫游，当他在子网之间移动时，需要重新连接，因为属于某个子网的 IP 地址可能不允许他与其他子网进行通信。与这些子网连接的一些商业网络设备安装有特殊的软件，允许无线设备无须改变 IP 地址就可以被其他子网所接受，并维持连接。在这种情况下，网络中的有线交换与路由器可以允许数据包透明地转发给用户自己的子网中。

7.3 无线 LAN 标准与操作

本节将介绍无线 LAN（WLAN）的第一个 IEEE 标准。大多数 WLAN 都是基于这些最初的 IEEE 802.11 标准的。第 8 章将要介绍的 IEEE 802.11a 和 IEEE 802.11g 也是遵循同样的基本原理的，只不过有一定的改进。这些标准所实现的传输技术，都是基于 PHY 层与 MAC 层的。

7.3.1 IEEE 802.11 标准

最初的 IEEE 802.11 标准是在 1997 年批准的，定义了局域网，为客户端提供无电缆的数据访问，这种客户端可以是移动的，或者是固定位置的，速率为 1 或 2 Mbps，使用漫射红外传输或 RF 传输。此外，使用 RF 技术时，该标准定义了 FHSS 或 DSSS 的 WLAN 实现。

该标准规定，WLAN 的特性对 TCP/IP 协议栈或 OSI 协议模型的上层是透明的。也就是说，PHY 和 MAC 层提供了所有 WLAN 特性的全部实现，因此在任何其他层都不需要任何修改，如图 7-5 所示。由于在 PHY 和 MAC 层中所有 WLAN 特性都是被隔离的，任何网络操作系统或 LAN 应用无须任何修改就都可以在 WLAN 上运行。为了做到这点，一些通常由上层实现的特性，现在在 MAC 层中来完成了。

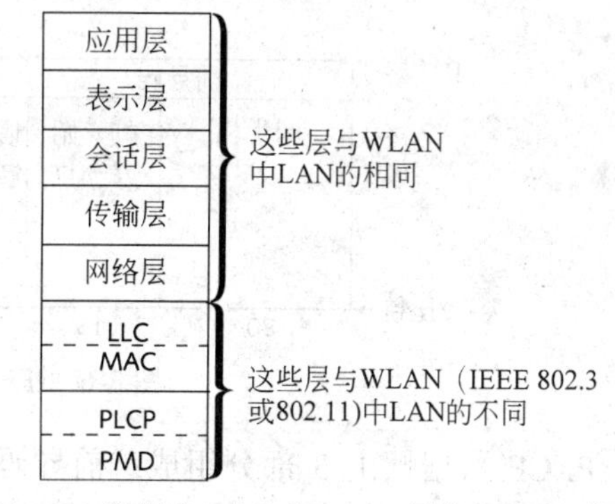

图 7-5　限制在 PHY 和 MAC 层的 WLAN 特性

由于从没有使用 IR 和 FHSS 的 IEEE 802.11 设备进入过消费市场，因此本书不介绍这些技术。本章主要介绍 IEEE 802.11 的基础知识，这些知识可应用于市场上的各种产品。

最初的 IEEE 802.11 标准最大带宽为 2 Mbps，这对大多数网络应用来说是不够的。因此 IEEE 团体在 IEEE 802.11 标准发布后不久就重新进行了审视，看看做些什么修改能提供速率。1999 年发布了 IEEE 802.11b 和 IEEE 802.11a 标准，在 ISM 和 U-NII 波段分别把速率提高到了 11 Mbps 和 54 Mbps。由于用户的需要，2003 年 IEEE 发布了 IEEE 802.11g 标准，把与 IEEE 802.11b 兼容的网络最大速率提高到了 54 Mbps。对更高速率的追求还没有停止。新标准 IEEE 802.11n 把当前的最大速率从 300 Mbps 提高到了 600 Mbps。

记住，最新的 IEEE 802.11 标准仍然与 1997 年最初的最大速率 1 Mbps 或 2 Mbps 兼容。这种向后兼容使得客户端与 WLAN 的最初连接，日后很容易扩展。本章后面也会介绍一些速率较低的可用技术。

7.3.2 IEEE 802.11b 标准

1999 年批准的 IEEE 802.11b 改进版，被 IEEE 称为是 2.4 GHz 波段的**高速物理层扩展**（Higher Speed Physical Layer Extension）。它给 1997 年的标准增加两个更高速率（5.5 Mbps 和 11 Mbps），指定 RF 和直接序列扩频（direct sequence spread spectrum，DSSS）作为唯一传输技术。在 Wi-Fi 联盟成立后不久，IEEE 802.11b 也就称为 Wi-Fi 了。

物理层

记住，IEEE 物理（PHY）层的基本作用是往网络发送信号以及从网络接收信号。如图 7-5 所示，IEEE 802.11b PHY 层又划分为两个部分：物理介质相关（physical medium dependent，PMD）子层和物理层汇聚过程（physical layer convergence procedure，PLCP）子层。IEEE 802.11b 标准只是修改了初始 IEEE 802.11 标准的 PHY 层。

物理层汇聚过程

IEEE 802.11b 的物理层汇聚过程（PLCP）标准是基于直接序列扩频（DSSS）的。PLCP 必须把从 MAC 层接收来的数据重新格式化为 PMD 子层能初始的数据帧。一个 PLCP 数据帧示例如图 7-6 所示。

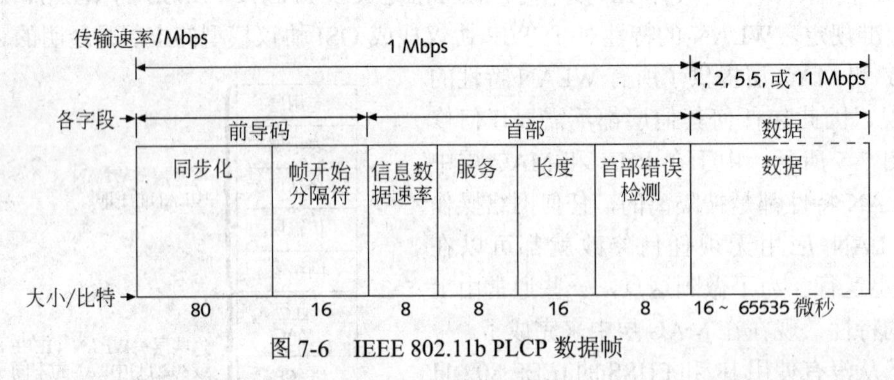

图 7-6 IEEE 802.11b PLCP 数据帧

PLCP 数据帧由 3 部分组成：前导码、首部和数据。前导码允许接收设备准备数据帧的其余部分。首部提供数据帧本身的信息。PLCP 数据帧的数据部分是要传输的信息。PLCP 数据帧的字段如下：

- 同步化：由 0 和 1 组成，告诉接收方正在发送消息，然后，接收设备与接收到的信息同步化。
- 帧开始分隔符：总是相同的比特模式（1111001110100000），它定义了一个数据帧的开始。
- 信号数据速率：表示正在传输的数据速率。
- 服务：本字段中的大多数比特位留作以后使用，必须设置为 0。2、3 和 7 比特位与长度字段一起，用于大于 8 Mbps 的数据速率。
- 长度：表明数据帧（MAC 帧）的长度（以微秒为单位）。数据字段的值为 16～65 535。IEEE 802.11b 标准大约有两页专门介绍数据长度的计算。详细内容超出了本书的范围。
- 首部错误检测：含有一个数值，接收设备可用来判定数据是否正确接收。

- 数据：最多为 4095 个字节（即 IEEE 802.11 MAC 帧的最大长度）。

IEEE 802.11b PLCP 数据帧的前导码和首部总是以 1 Mbps 的速率传输，使得较慢设备与较快设备之间也可以进行通信。较慢的 PLCP 前导码和首部传输速率，使得较慢传输覆盖的区域比较快的更大。使用这种速率的缺点是，较快设备必须使用 1 Mbps 的传输速率来传输前导码和首部，这将影响整个 WLAN 的性能。然而，如果客户款设备支持，数据帧的数据部分可以以更快的速率发送。

物理介质相关标准

一旦 PLCP 格式化成数据帧后，就可以把该数据帧传递给 PHY 层的 PMD 子层。同样，PMD 的工作是把数据帧的二进制 1 和 0 转换成能用于传输的无线电信号。

IEEE 802.11b 使用工业、科学和医疗（ISM）波段（这是一种不受管制的波段，见第 3 章的介绍）。IEEE 802.11b 标准指定了 14 个可用频率，从 2.412 GHz 开始，每个频率增加 0.005（即每个信道的带宽为 5 MHz），信道 14 除外。每个信道的频率如表 7-1 所示。

表 7-1　IEEE 802.11b 的 ISM 信道

信道号	频率/GHz	信道号	频率/GHz
1	2.412	8	2.447
2	2.417	9	2.452
3	2.422	10	2.457
4	2.427	11	2.462
5	2.432	12	2.467
6	2.437	13	2.472
7	2.442	14	2.484

美国与加拿大使用信道 1～11，欧洲允许使用 1～13，在 2454～2483 MHz 之间最大功率限制为 10 mW，日本允许使用全部 14 个信道，但信道 14 只用于 IEEE 802.11b。

PMD 可以以 11、5.5、2 或 1 Mbps 传输数据。通过部署动态速率选择，传输速率将从 1 Mbps 到 2 Mbps、5.5 Mbps 或 11 Mbps 自动调整，并根据信号强度和品种可以降低速率。对于 1 Mbps 的传输，指定双差分二进制相移键控（differential binary phase shift keying，DBPSK）作为调制技术。对 DBPSK 的比特位 0，相位角改变 0°，对比特位 1，改变 180°。以 2、5.5 和 11 Mbps 的传输使用不同的正交相移键控（类似于 QPSK，见第 2 章的介绍），这意味着使用的是四级相位/振幅变化。与只有 0 和 1 的相位变化不同，四级相位变化对双比特位 00、01、10 和 11 有 4 种相位变化。

如前所述，DSSS 使用了一个扩展冗余码（称为巴克码）来传输每个数据比特。当 IEEE 802.11b 以 1 Mbps 或 2 Mbps 传输时，使用巴克码。然而，以大约 2 Mbps 的速率传输时，使用的是互补码键控（Complementary Code Keying，CCK）。互补码键控是含有 64 个 8 比特码字的表。这些码字是唯一的、经数学计算的属性，使得它们可以正确地把一个接收器与另一个接收器区分开来。使用 CCK，5.5 Mbps 速率用每个信号单元为 4 个比特位编码，而 11 Mbp 速率则用每个信号单元为 8 个比特为编码。

IEEE 802.11b 网络的最大传输速率是 11 Mbps，但由于所有 IEEE 802.11 传输使用的是单个频率，因此它们是半双工的，这意味着 IEEE 802.11n 网络的最大可用速率只有 5～6 Mbps。

介质接入控制层

IEEE 802.11b 数据链路层由两个子层构成：逻辑链路控制（Logical Link Control，LLC）层和介质接入控制（Media Access Control，MAC）层。IEEE 802.11b 标准规定，不对 LLC 子层做任何修改（LLC 保持与 IEEE 802.3 有线网络的一样），因此，对 IEEE 802.11b WLAN 的所有修改都是在 MAC 层。

7.3.3 共享无线介质中的传输调整

由于在同一 IEEE 802.11 WLAN 中的所有设备都必须共享介质，在相同频率上进行传输，如果有两台计算机同时开始发送消息，那么将会产生冲突，数据变得混乱。为防止这种情况，无线网络设备必须使用一些不同的信道接入方法。例如，防止网络冲突的一种方式是，让每个设备首先侦听介质，确保没有其他设备在传输数据。此外，设备在传输了一个数据帧后，必须等待以接收来自接收设备的确认消息 ACK。如果没有接收到 ACK，就假定出现了一个冲突。这个过程称为**分布式协调功能**（distributed coordination function，DCF），如图 7-7 所示。

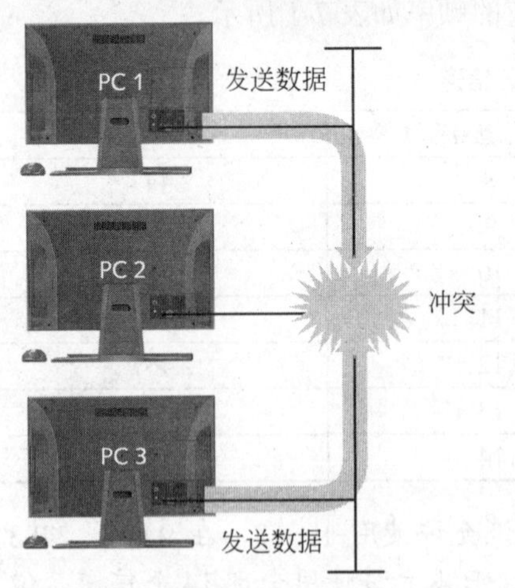

图 7-7 有线网络中的数据帧冲突

第 5 章介绍了**带冲突避免的载波侦听多路访问**（carrier sense, multiple access with collision avoidance，CSMA/CA）接入方法。本章将进一步探讨 CSMA/CA，以及它在 IEEE 802.11 中是如何工作的。这种冲突检测是基于 IEEE 802.3 以太网中所使用的方法。当以太网设备使用共享介质（如同轴电缆）时，或者当它们使用集线器在半双工模式下工作，且只有两条电线进行通信时，它们使用的是**带冲突检测的载波侦听多路访问**（carrier sense, multiple access with collision detection，CSMA/CD）竞争接入方法。CSMA/CD 规定，计算机在开始发送消息之前，应在电缆上侦听，看看是否有其他计算机在传输数据。如果侦听到数据传输，就应该等待，直到该数据传输完成。如果没有侦听到数据传输，那么就可以发送一个数据包。然而，如果有两台计算机都在侦听数据传输，且侦听到在电缆上没有数据传输，然后同时开始发送数据，情况会怎么样呢？此时将发生冲突。CSMA/CD 还规定，每台计算机在发送消息时，还必须不断侦听。如果检测到一个冲突，每台计算机停止发送数据，并在网络上广播一个拥塞信号，告诉其他所有计算机在一个随机时间周期（**退避间隔**（backoff interval））里不要再发送任何消息了。

以太网中的 CSMA/CD 在 NIC 上使用电压感应器。只要检测到一个大于 5 伏的电压，就意味着同时有不止一个设备在传输数据。在无线系统中不能使用这种冲突检查方法。当信号在同一频率上传输和接收时，是无法进行无线传输的冲突检测的。发射器的 RF 信号到达天线时非常强，使得该天线无法同时接收信号。简而言之，设备在传输数据时，没有能力检测冲突。此外，在无线系统中，也不能有效地预测其他设备发送的信号量，因此，度量 RF 信号的电压强度也是不实际的。

以太网的共享介质有最大长度限制，再加上严格的电缆规范要求，使得信号的最大衰减是可预测的。在 WLAN 中，信号会受到环境中未知障碍物以及信号反射的影响，使得信号衰减无法预测。

整个 IEEE 802.11 标准基本上都是使用 DCF 来避免冲突的。DCF 规定使用 CSMA/CA 来进行冲突检测。CSMA/CD 是在冲突发生时进行处理，而 CSMA/CA 是避免冲突发生。

当使用基于竞争的信道接入方法时，大多数冲突发生是在设备完成传输时。这是因为其他所有想要进行传输的设备都在等待介质空闲，这样它们就可以发送消息。一旦介质空闲，它们就都会试图同时进行数据传输，从而导致冲突发生。

DCF 中的 CSMA/CA 是这样处理这种情况的：当介质空闲时，让所有设备都等待一个随机时间（退避间隔），这样就明显地减少了冲突的发生。介质空闲时，设备必须等待一定的时间量（以时隙为单位）。DSSS IEEE 802.11b WLAN 的时隙为 20 微秒。如果某个无线客户端的退避间隔是 3 个时隙，那么它在进行数据传输之前，必须等待 60 微秒（即等于 20×3）。

传输速率为 10 Mbps 的 IEEE 802.3 以太网，其时隙为 51.2 微秒，传输速率为 100 Mbps 的以太网，其时隙为 5.12 微秒。

CSMA/CA 还使用一个显式确认消息（ACK）来减少冲突。接收设备给发送设备发送回一个确认数据帧，以确认每个数据帧已完整到达。如果发送设备没有接收到这种 ACK 数据帧，那么就说明没有完整地接收到初始数据包或 ACK。无论是哪种情况，发送设备都将假定发生了问题，在等待一个暂停时间周期后，重新传输该数据帧。这种显式 ACK 机制还可以处理干扰和其他与无线电有关的问题，比如某个客户端设备可以接收到来自 AP 的数据传输，但无法接收来自太远距离的其他客户端的数据传输。CSMA/CA 与 ACK 如图 7-8 所示。

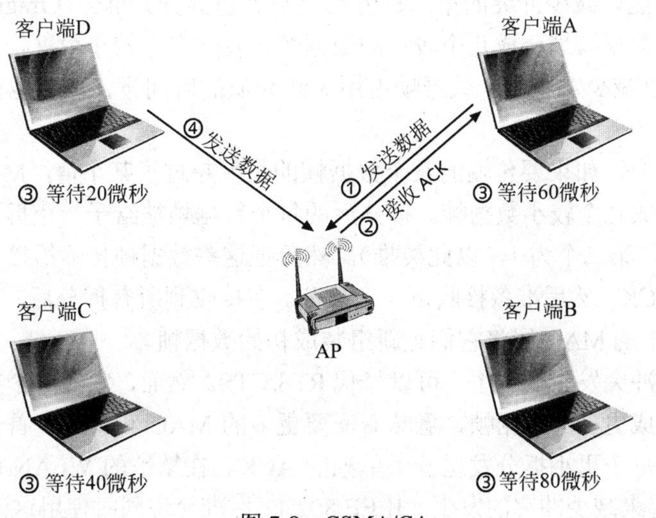

图 7-8　CSMA/CA

CSMA/CA 可以减少但不能避免冲突发生。IEEE 802.11b 标准提供了另外两种机制来减少冲突发生。第一种是 RTS/CTS（request-to-send/clear-to-send）协议，又称为**虚拟载波侦听**（virtual carrier sensing）。RTS/ CTS 如图 7-9 所示。要传输数据的客户端往 AP 发送一个 RTS（request-to-send）数据帧。该数据帧具有一个持续时间（Duration）字段，定义了传输和返回 ACK 数据帧的时间长度。然后，AP 告诉所有其他无线客户端，客户端 B 需要占用介质特定数量的时隙，AP 给客户端 B 返回一个 CTS（clear-to-send）数据帧，同时告诉所有客户端此时介质已占用，因此它们应暂停所有数据传输。一旦给 AP 发送 RTS 的客户端接收到了 CTS 数据帧，它就可以传输其消息了。

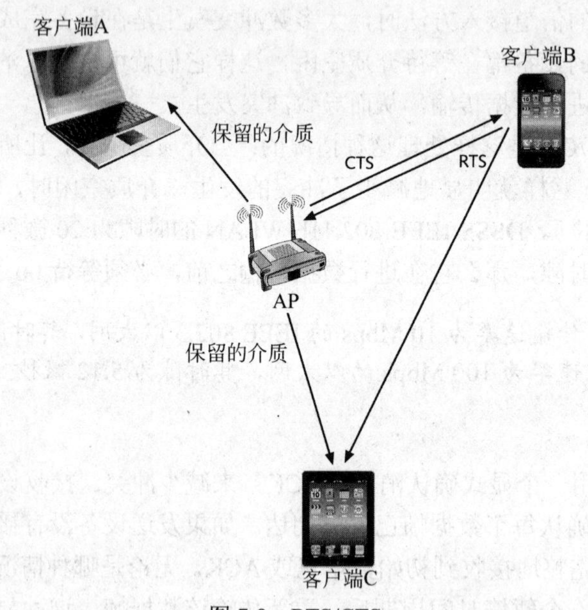

图 7-9 RTS/CTS

RTS/CTS 协议会增加额外的数据流量，一般不使用它，除非由于发生过多的冲突而导致出现糟糕的网络性能。减少冲突的第二种方法是数据包拆分。**拆分**（fragmentation）就是把数据从一个较大的数据帧划分成几个较小的数据帧。发送多个较小数据帧（而不是发送一个较大数据帧），可以减少发送每个数据帧占用无线介质的时间量，因此也就减少了发生冲突的概率。

在数据包拆分中，如果要传输的某个数据帧的长度超过了某个值，MAC 层将把该数据帧划分（或拆分）成几个较小数据帧。拆分后的每个数据帧被给予一个拆分编号（拆分后的第一个数据帧为 0，第二个为 1，以此类推）。然后把这些数据帧传输给接收客户端。接收客户端发送回一个 ACK，然后准备接收下一个拆分。在接收到所有拆分后，根据它们的拆分编号，由 IEEE 802.11 的 MAC 层将它们重新组装成初始数据帧。

拆分可以减少冲突发生的概率，可以替代 RTS/CTS。然而，它在两个方面产生了额外数据量。首先，拆分成更多的数据帧，意味着需要更多的 MAC 和 PLCP 首部。其次，接收设备必须为接收到的每个更小拆分发送一个单独的 ACK。在繁忙的 WLAN 中，可能会使用拆分和 RTS/CTS 一起来减少冲突的发生。IEEE 802.11 标准允许同时使用这两种方法。

7.4　点协调功能

另一种类型的信道接入方法是**轮询**（polling）。利用这种方法，依次询问每台计算机是否要传输数据。在与 AP 关联后，客户端设备只有在轮询到它以后才能传输数据。如果客户端没有要传输的内容，就发送一个数据为空的数据帧给 AP，然后，后一个设备将被轮询。这是以严格的顺序来让每个设备发送消息的。如图 7-10 所示，每个设备给定一个次序。轮询可以很有效地避免冲突，因为每个设备在可以进行数据传输之前，都必须等待以获得来自 AP 的许可。

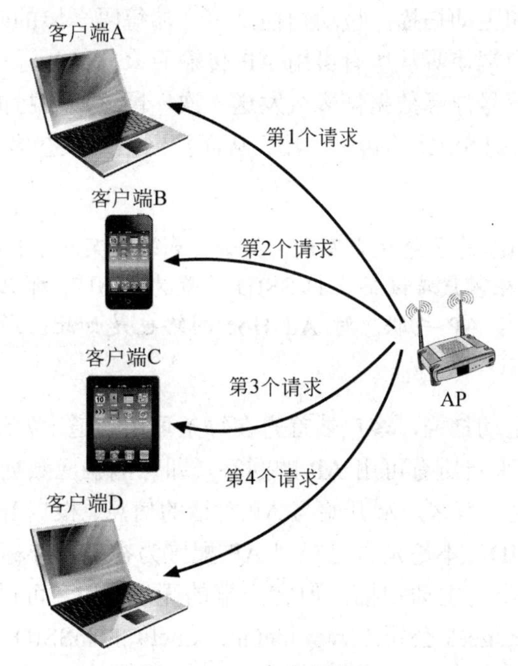

图 7-10　PCF 中的轮询

这种轮询方法称为**点协调功能**（point coordination function，PCF）。利用 PCF，AP 可以作为轮询设备。当使用 PCF 时，AP（点协调器）首先侦听无线数据流量。这是因为，在使用 DCF 的 WLAN 中，为了使其他设备能与 AP 关联，并加入 WLAN，PCF 必须仍然有一些时隙用于竞争接入。如果 AP 在无线介质中没有侦听到数据流量，它就给所有客户端发送一个信号浮标数据帧。该数据帧的一个字段含有一个值，表明使用 PCF（轮询）的时隙数量，以及使用 DCF（竞争）的时隙数量。在已关联的客户端接收到这个信号浮标数据帧后，就必须停止传输一个 PCF 周期。还没有关联的客户端，利用 DCF 周期与 AP 关联，并加入 WLAN。

PCF 用于在 WLAN 中传输对时间敏感的数据帧。在这种类型的传输（通常是声音和或视频）中，每一帧按顺序非常快速地依次到达。这种传输中的延时会使得视频或声音对话不连贯。但数据传输对时间不那么敏感。DCF 无法区分数据帧是声音、视频还是数据。使用 PCF 或 DCF 与 PCF 的组合，就可以平滑地传输对时间敏感的数据帧。

尽管在商业 IEEE 802.11 AP 或无线家庭网关中从没有实现过 PCF，但在该标准的后来修订版中使用了 PCF 和 DCF 的组合，因此，理解 PCF 的工作原理仍然是很重要的。

7.4.1 关联与重关联

IEEE 802.11b 标准的 MAC 层提供客户端加入 WLAN 并保持连接的功能。这种加入 WLAN 并保持连接的处理过程称为关联和重关联。如前所述，在 RF WLAN 中，有两种不同的模式：Ad Hoc 模式与基础设施模式。无论使用哪种模式，客户端首先都必须与其他无线客户端或 AP 进行通信，以便作为网络的一部分被接受。这种接受过程就称为**关联**（association）。

关联过程开始于客户端扫描无线介质以发现所有 AP，客户端从中可以检测 RF 信号。想要连接到无线网络的客户端首先必须侦听介质，以获得开始关联过程所需的信息。这里有两种扫描类型：被动扫描和主动扫描。被动扫描是客户端每隔一定的时间周期（通常是 10 秒）侦听每个可用信道。客户端侦听从所有可用 AP 传输而来的信号浮标数据帧。大多数信号浮标数据帧中的信息含有信号浮标数据帧多久发送一次、网络所支持的传输速率、AP 的 SSID 和 BSSID。在 AP 中可以把 SSID 的传输禁用，从而把网络对某些客户端"隐藏"起来。SSID 的隐藏将在第 8 章介绍。

SSID 是区分大小写的。例如，如果把某个 AP 的 SSID 设置为"AP1"，而在客户端设备上把 SSID 设置为"ap1"，那么客户端使用这个配置无法与 AP 关联。对 Ad Hoc 网络也是如此。所有设备必须使用相同的 SSID。

另一种扫描类型是主动扫描，客户端首先在每条可用信道上发送一个特殊数据帧（称为探测数据帧），然后等待来自所有可用 AP 的回答（即探测响应数据帧）。像信号浮标数据帧一样，探测响应数据帧也含有客户端开始与 AP 对话的信息。根据 IEEE 802.11 标准，探测响应数据帧必须包含有 SSID，不论是否已经把 AP 配置为在信号浮标中传输 SSID。客户端设备通常不会进行无线介质的主动扫描，但客户端的无线 NIC 可以发送探测数据帧。一些 WLAN 软件工具，如 Metageek 公司（www.metageek.net）的 inSSIDer，通过发送探测数据帧，可以使用客户端的无线 NIC 来进行主动扫描。

一旦客户端扫描并从来自 AP 的信号浮标数据帧中接收到连接信息，它就可以与该 AP 协商一个 WLAN 连接。要加入 WLAN，客户端给 AP 发送一个关联请求数据帧，其中含有客户端自己的能力以及所支持的速率。然后，AP 返回一个关联响应数据帧，其中含有状态码和客户端 ID 号，只要客户端与同一 AP 保持连接，就一直使用这个 ID 号。此时，客户端就成为了 WLAN 的一部分，可以开始进行通信了。

如果 WLAN 含有多个 AP，那么客户端就需要从多个不同 AP 中进行选择。这种决策可以基于几个准则。客户端可以配置为只与某个特定的 AP 连接。在这种情况下，客户端含有该 AP 的 SSID，这个 SSID 是客户端进行连接所需要的。同样，一些 AP 可以配置为接收或拒绝来自某些客户端的连接，这通常是基于 MAC 地址来实现的。当客户端接收到来自不同 AP 的信号浮标数据帧时，它将把其预置的配置文件中的 SSID 与 AP 的 SSID 进行比较。只有找到一个匹配时，客户端才会与 AP 连接，此时，它将发送一个关联请求数据帧给 AP。如果没有把客户端预置为与特定 AP 连接，那么客户端将与它所接收到最强无线电信号的 AP 连接。

与一个 AP 连接后，并不会限制客户端与其他 AP 的关联，除非该客户端一次只能与一个 AP 关联。客户端可能会与一个 AP 断开连接，与另一个 AP 重新创建连接。这就称为**重关联**（reassociation）。当移动客户端超出某个 AP 的覆盖范围，并接收到来自同一 ESS 中另一个 AP 的更强信号时，就需要重关联。在这种情况下，客户端与新 AP 进行重关联。当来自某个 AP 的信号因为干扰而变得较弱时，也会发生重关联。

如果某个客户端觉得与其当前 AP 的链路不够好，而且它已经存储有 ESS 中其他 AP 的信息，那么它就会选择具有最强的 AP，并发送一个重关联请求数据帧。如果这个新 AP 接受了重关联请求，那么它就给该客户端发送一个重关联响应数据帧。然后，这个新 AP 通过有线网络，给客户端之前连接的 AP 发送一个解除关联数据帧，终止这个旧 AP 与客户端的关联。该过程如图 7-11 所示。

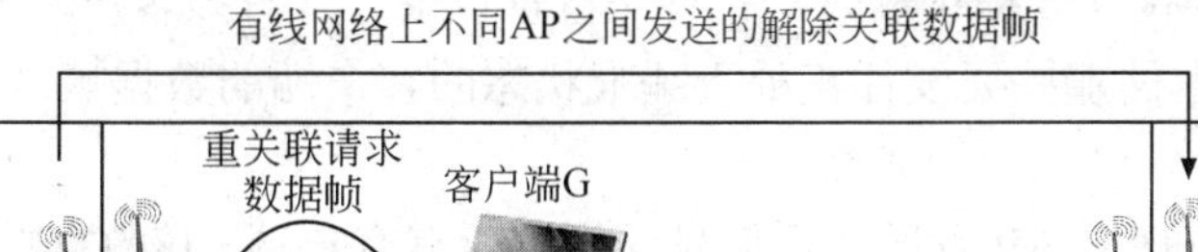

图 7-11　重关联过程

在 IEEE 802.11 和 802.11a/b/g 标准中，AP 之间只能通过网络电缆进行通信。换句话说，它们不能在无线连接上通信。正如第 8 章将要介绍的那样，IEEE 802.11 标准有两个改进，允许 AP 必要时在无线介质上进行相互通信。

7.4.2　电源管理

WLAN 中的大部分客户端是便携式计算机、智能手机或平板电脑，使得用户可以自由移动，其活动范围不受电线长度的限制。当这些设备处于移动状态时（从而也就没有与电源插座连接），它们以电池作为主要供电来源。为了节省电池电量，如果在一段时间里没有进行任何操作，无线设备可以进入睡眠模式，此时，计算机的操作系统会使某些功能（如硬盘、显示器等）临时断电。

注意，Microsoft Windows 的休眠模式（hibernate mode）从文字上讲是使计算机断电了，它与睡眠模式（sleep mode）或待机模式（standby mode）不同。然而，它类似于睡眠模式。正如 IEEE 802.11 所定义的那样，处于睡眠模式的计算机必须保持电源供应，尽管硬盘和显示器被笔记本电脑的省电模式（power save mode）切断了电源。在休眠模式和待机模式下，NIC 也完全断电了。有关 Microsoft Windows 系统这些特性，请参阅 Windows 系统的帮助文档。

当某个客户端成为了 WLAN 的一部分时，它必须保持供电以接收网络传输。因客户端处于睡眠或休眠模式而导致的传输丢失，可能会使得运行在该设备上的某应用程序，丢失与网络中其他地方运行的服务器应用程序的连接。解决由电池供电的客户端关闭其无线电以节省能源的方法是使用电源管理（power management）。在IEEE 802.11标准中，电源管理允许移动客户端的NIC关闭，以尽可能省电，但又不会丢失数据传输。IEEE 802.11标准中的电源管理对所有协议和应用都是透明的，因此不会干扰正常的网络功能。IEEE 802.11b的电源管理功能只有在以基础设施模式下连接时才可用。

电源管理的关键是同步化。WLAN中的每个客户端具有自己的本地计时器。AP以常规的时间间隔发送一个信号浮标给所有客户端，该信号浮标含有一个时间戳。当客户端从AP接收到这个数据帧时，会使它们自己的本地计时器与AP的同步化。

当某个移动IEEE 802.11客户端进入睡眠模式时，它首先向AP告知其状态的改变。AP记录了处于活动状态的客户端与处于睡眠状态的客户端（该客户端的无线NIC接收器和发射器已断电）。当AP接收到数据传输时，它首先检查记录，看看该客户端的NIC是否处于睡眠模式。AP会临时存储那些要发往正处于睡眠状态的客户端的数据帧（这种功能称为**缓存**（buffering））。

在预先确定的时间里，AP发送一个信号浮标给所有客户端。该数据帧含有一个列表（称为**数据待传指示信息**（traffic indication map，TIM）），其中列出了在AP中具有缓存数据帧的客户端网络ID。同时，所有正处于睡眠的客户端都必须唤醒（通过打开其无线NIC），进入主动状态模式。如果某个客户端知道有要发送给它的缓存数据帧，那么它将为这些数据帧给AP发送一个请求。如果在TIM中没有包含某个客户端的网络ID，表明它没有缓存数据帧，那么该客户端就可以返回到睡眠模式。该过程如图7-12所示。注意，处于休眠模式的客户端可以有效地与WLAN断开连接，不能唤醒它去接收数据帧。

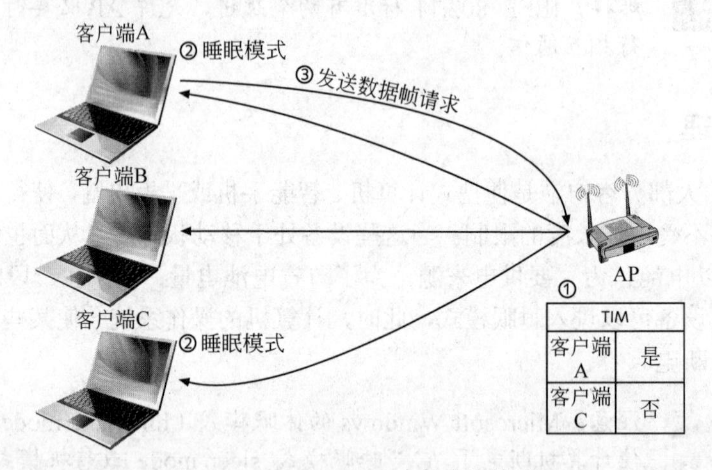

图7-12 IEEE 802.11中的电源管理

移动客户端的最大睡眠时间通常设置为100微秒。这意味着每个100微秒，处于睡眠模式的每个客户端都必须被唤醒并侦听TIM。

7.4.3 MAC数据帧格式

IEEE 802.11b标准规定了3种类型的MAC数据帧格式。第一种称为**管理数据帧**

(management frame)。这些数据帧用于设置客户端与 AP 之间的初始通信。重关联请求数据帧、重关联响应数据帧以及解除关联数据帧都属于管理数据帧。

管理数据帧的格式如图 7-13 所示。**数据帧控制**(Frame Control)字段表明标准的当前版本号，是否使用了加满。**持续时间**(Duration)字段含有传输所需的微秒数。使用点协调功能还是分布式协调功能，该字段的值不同。

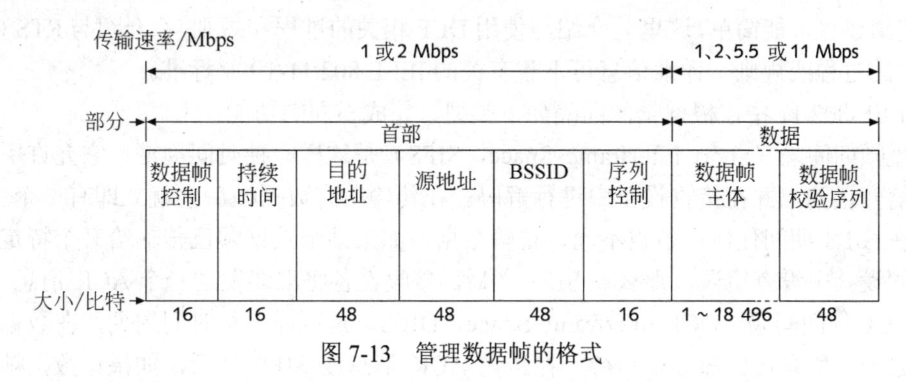

图 7-13　管理数据帧的格式

第二种 MAC 数据帧类型是**控制数据帧**(control frame)。在客户端与 AP 之间的关联与认证完成后，控制数据帧负责传送含有数据的数据帧。图 7-14 所示的 RTS(request-to-send)数据帧就是一种控制数据帧。

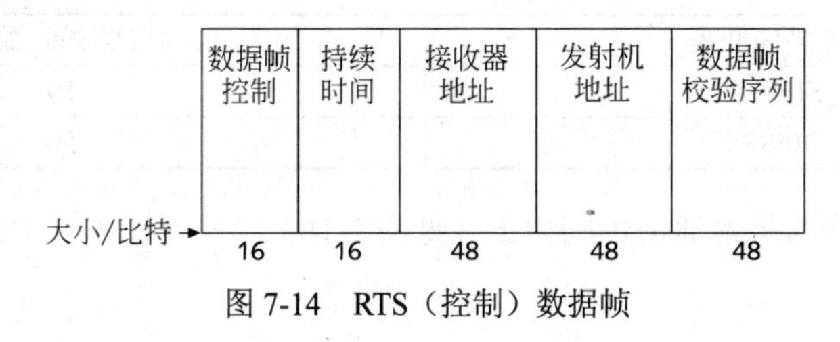

图 7-14　RTS(控制)数据帧

第三种 MAC 数据帧类型是**数据数据帧**(data frame)。这种数据帧含有要传输给目标客户端的信息。数据数据帧的格式如图 7-15 所示。根据网络的配置，地址 1 到地址 4 含有 SSID、目标地址、源地址以及发射器地址与接收器地址。并不是所有这些地址都会出现在每种类型的 MAC 数据数据帧中。地址字段的内容与要传输的数据帧类型有关。

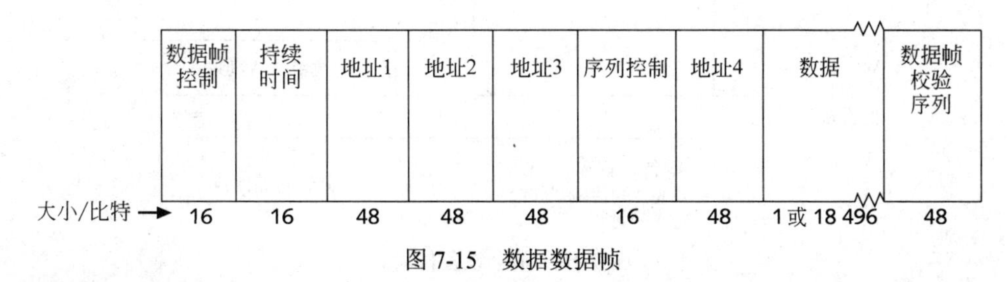

图 7-15　数据数据帧

地址字段的完整介绍超出了本书的范围。有关地址字段的其他信息，可参见 IEEE 802.11-1999 标准。在 http://standards.ieee.org/about/get 有关于该标准的介绍。在标准的最新版本发布 6 个月后，其副本通常是免费的。

7.4.4 帧间间隔

要理解消息交换过程，需要理解在 DCF 中 AP 和客户端进行通信时所使用的冲突避免机制。为使 CSMA/CA 在 DCF 中能正确工作，IEEE 802.11 标准定义了一些**帧间间隔**（interframe spaces，IFS），或称为时间间隙。这种设计是为了处理多个试图进行通信的设备之间的竞争。

为使阐述尽可能简单，这里只介绍与使用 DCF 相关的过程和规则，不介绍与 RTS/CTS 或 PCF 相关的过程或规则。详细信息可下载有关的 IEEE 802.11-1999 标准。

在 IEEE 802.11 中，根据帧间间隔如下类型，完成不同的功能：

- 短帧间间隔（Short Interframe Space，SIFS）是这样一种时间周期，它允许所有传输信号达到，并在接收设备中进行解码。在传输所有数据帧后，就立即有一个 SIFS。在 SIFS 期间任何设备也不允许传输数据。如果某个数据帧已传输给某个特定设备，假设其中没有错误，那么在 SIFS 之后，接收设备将立即发送一个 ACK 消息。
- DCF 帧间间隔（DCF Interframe Space，DIFS）是这样一种时间周期，在数据帧传输之间，所有设备都必须等待。在传输 ACK 消息或 SIFS 之后，如果该数据帧传输是一个广播消息，就会出现一个 DIFS。在 DIFS 期间，设备保持空闲状态。

这些时间间隔是以微秒为单位的，如表 7-2 所示。

表 7-2　帧间间隔持续时间

DSSS 帧间间隔	持续时间 / 微秒
SIFS	10
DIFS	50

IEEE 802.11 网络的基本通信规则如下（见图 7-16）。

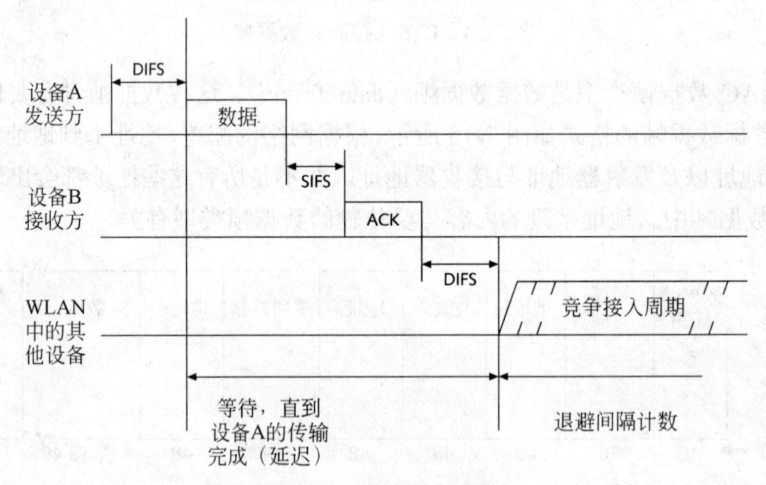

图 7-16　单个设备传输

- 需要进行传输的设备线首先要侦听 RF 信号（载波侦听），这表明，在 DIFS 期间，网络上有数据帧流量出现。
- 如果在 DIFS 后没有检测到 RF 信号，那么该设备的退避间隔计数减为 0，从而可以开始传输数据或管理数据帧。

- 数据帧的大小包括发送数据所需的时间和 SIFS 时间。当传输结束，发送设备开始侦听来自接收设备的确认消息（ACK）。
- 在 SIFS 后，接收设备必须立即发送 ACK。在接收到 ACK 后，传输客户端又开始等待一个随机退避间隔。
- 如果在 SIFS 之后传输设备没有接收到 ACK，可以允许它维持对介质的控制，开始重新传输在 DIFS 时间之后没有得到确认的数据帧。
- 如果数据帧确认正确，那么传输设备在等待其退避间隔期间（不受 SIFS 或 DIFS 期间）侦听介质。一旦间隔结束，设备在下一个 DIFS 末尾检测数据流量，从上面第一点开始重复该过程。

如果两个设备有要传输的数据帧，那么处理过程如下所示（见图 7-17）。

- 客户端 A 有一个要传输的数据帧。其退避间隔计数器为 0。在最后一个 DIFS 之后，该设备侦听载波（见图 7-17 左边），发现在介质上没有数据流量，因此它开始传输数据帧。
- 客户端 B 还有两个时隙，但它只能在一个竞争接入周期里计数。
- 在客户端 A 完成其数据帧传输后，把其随机退避计数器设置为 3。
- 网络进入一个竞争接入周期，客户端 A 和客户端 B 开始递减其退避时隙。
- 在经过两个时隙之后，客户端 B 的计数器到达 0，而且它有要传输的内容。客户端 B 发现介质是空闲的，开始传输其数据帧。
- 与前面的客户端 B 一样，在客户端 B 的数据帧传输进行时，客户端 A 不做任何事情。只要客户端 B 从其最近传输中接收到了一个 ACK 消息，该过程就继续。

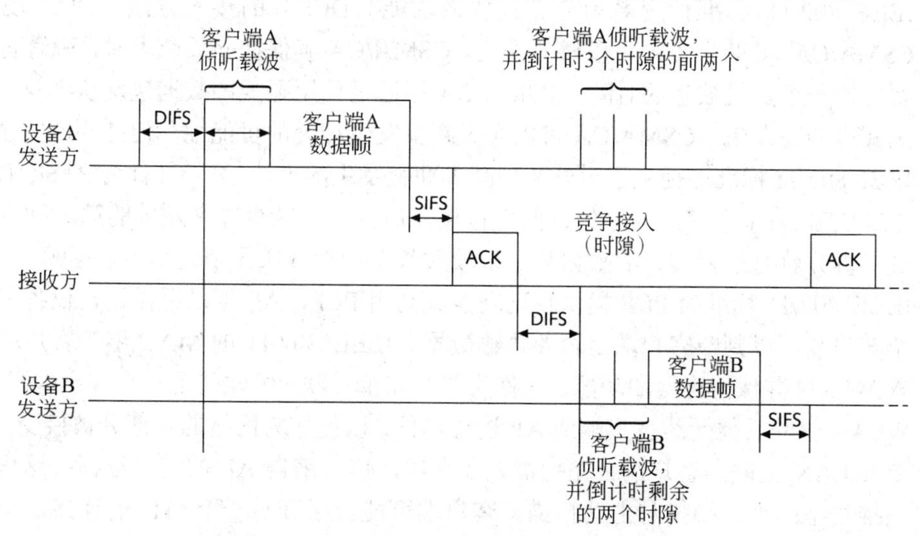

图 7-17　有两个客户端传输数据的 CSMA/CA

上述过程是实际过程的简化版，但它描述了 IEEE 802.11 WLAN 中的冲突避免核心内容。第 8 章将介绍一些其他类型的帧间间隔，它们使用在 IEEE 802.11 标准的其他修订版中。

本章小结

- 今天，吸引大部分注意力的无线技术是无线局域网（local area networks，WLAN）。WLAN 的部署和使用正以极快的速度增长，这都是因为 WLAN 允许用户从比以前更大的范围里接入网络（如 Internet）。
- 无线 NIC 完成了与有线 NIC 同样的功能，只不过它没有与网络连接的电缆端口。无线 NIC 使用天线来发送和接收 RF 信号。通常，无线 NIC 是一块单独的卡，可以插入到计算机的一个扩展槽中。
- AP 的主要功能是把有线网络与 WLAN 相互连接起来。AP 可以看作是无线网络的基站，还可以作为两个网络之间的网桥。AP 由 3 部分组成：天线、无线电发射器/接收器以及 RJ-45 有线网络接口（使得它可以通过电缆与标准有线网络连接）。
- 在 RF WLAN 中，数据可以以 Ad Hoc 或基础设施模式进行发送和接收，无线客户端无须使用 AP 也可以直接进行相互通信。在 IEEE 802.11 标准中，Ad Hoc 模式称为独立基本服务集（IBSS）。基础设施模式又称为基本服务集（BSS），含有无线客户端和 AP。如果有更多的用户需要加入 WLAN，或需要扩大覆盖范围，可以加入更多具有相同网络名（或 SSID）的 AP。这就产生了扩展服务集（ESS），它由两个或多个 BSS 组成。
- IEEE 802.11 定义的局域网，可以为移动或固定位置的用户提供无电缆的数据接入，速率可达 2 Mbps。IEEE 802.11 标准还规定，WLAN 对 OSI 协议模型是透明的。然而，IEEE 802.11 标准只有 2 Mbps 的带宽，对大多数网络应用来说是不够的。
- IEEE 802.11 标准使用名为分布式协调功能（DCF）的接入方法。DCF 规定使用 CSMA/CA。CSMA/CA 可以避免冲突。CSMA/CA 确保在介质空闲时，所有客户端都要等待一个随机数量的时隙。CSMA/CA 还通过使用显式的数据包确认消息（ACK）来减少冲突发生。CSMA/CA 可以大大减少发生冲突的可能性，但并不能完全避免。IEEE 802.11 标准还提供了另外两种减少冲突发生的方法。第一种称为 RTS/CTS 协议。RTS/CTS 为单个客户端的传输保持传输介质独占。减少冲突发生的第二种方法是拆分。拆分就是把要传输的数据从一个较大数据帧拆分成几个较小的数据帧。
- IEEE 802.11 标准为 PCF 提供轮询功能。利用 PCF，AP 可以用作轮询设备，查询每个客户端，以判断客户端是否要传输数据。IEEE 802.11 的 MAC 层为客户端提供加入 WLAN 并保持连接的功能。这称为关联和重关联。关联就是一个客户端与 Ad Hoc WLAN 中的其他无线客户端或 AP 进行通信，以便作为网络的一部分被接受。要与一个 WLAN 关联，客户端首先扫描无线介质，侦听来自 AP 的信号浮标。这里有两种扫描类型：被动扫描与主动扫描。客户端可能会断开与一个 AP 的连接，与另一个 AP 重新建立连接，这就称为重关联。
- 移动 WLAN 设备通常以电池作为其基本电源。为了节省电源，在一段时间后，这些设备会进入睡眠模式。根据 IEEE 802.11 标准的定义，电源管理允许移动客户端尽可能处于睡眠模式以保持电池尽可能长的供电时间，但通过唤醒并侦听信号浮标，又不会丢失数据传输。信号浮标含有 TIM，表明在 AP 中是否有要传输给客户端的数据。

如果有，那么客户端将保持为活动状态，从 AP 请求数据。

- IEEE 802.11 标准规定了 3 种不同类型的 MAC 数据帧格式。第一种类型是管理数据帧，用于设置客户端与 AP 之间的初始通信。第二种类型是控制数据帧，协助传输含有数据的数据帧。第三种类型是数据数据帧，该数据帧携带有要传输的信息。IEEE 802.11 标准还定义了两种不同的帧间间隔（IFS），或称为时间间隙，这是数据帧传输之间的标准空间间隔。这些时间间隙不是固定的，这些时间足以让设备完成传输接收、检测错误并发送确认消息 ACK。
- 1999 年，IEEE 批准了两个新标准：IEEE 802.11b 和 IEEE 802.11a。IEEE 802.11b 标准为初始的 IEEE 802.11 标准添加了两个更高的速率 5.5 Mbps 和 11 Mbps。由于有了更快的速率，IEEE 802.11b 迅速成为 WLAN 的标准。
- IEEE 802.11b 的 PLCP 主要是基于 DSSS 的。PLCP 必须把从 MAC 层接收来的数据，重新格式化为 PMD 子层能传输的数据帧。该数据帧由 3 部分组成，分别是前导码、首部和数据。IEEE 802.11b 标准在传输时使用 2.4 GHz 的 ISM 波段，可以以 11、5.5、2 或 1 Mbps 的速率传输数据。

复习题

1. 除________之外，无线 NIC 与有线 NIC 所做的功能一样。
   a. 不传输数据包　　b. 使用天线而不是有线连接
   c. 含有特殊内存　　d. 不使用并行传输
2. 一些提供商已经把无线 NIC 组件直接集成到笔记本的________中了。
   a. 主板芯片集　　b. 软驱　　c. 硬盘　　d. CD-ROM 驱动器
3. 下面哪个不是 AP 的功能？
   a. 发送和接收 RF 信号　　b. 与有线网络连接
   c. 作为路由器　　d. 作为有线网络与无线网络之间的网桥
4. AP 作为基站的有效范围大约是________。
   a. 573 英尺　　b. 375 英尺　　c. 750 英尺　　d. 735 英尺
5. IEEE 802.11 RF WLAN 的最高速率大约是________ Mbps。
   a. 22　　b. 1　　c. 2　　d. 54
6. 描述 RF WLAN 的 IEEE 802.11b 标准是基于________的。
   a. FHSS　　b. DSSS　　c. infrared　　d. OFDM
7. 在以太网上为 AP 提供电源的电线，与用于传输数据的标准非屏蔽双绞线（UTP）以太网电缆是同一条。对还是错？
8. 在 Ad Hoc 模式下，无线客户端直接与 AP 进行通信。对还是错？
9. 扩展服务集（ESS）是由两个或多个 BSS 组成的。对还是错？
10. 在常规情况下，无线客户端会扫描所有无线频率信号，以判断是否有其他的 AP 可以提供更好的服务。对还是错？
11. 网络管理员喜欢把大型网络划分为较小的子网，这样使得整个网络更容易管理。对还是错？

12. IEEE ________ 标准定义了局域网，为移动或固定位置的客户端提供无须电缆的数据接入，速率可达2 Mbps。

    a. 802.3　　b. 802.21　　c. 802.11　　d. 802.3.1

13. 由于所有的IEEE WLAN功能都尽限于PHY层和________层，网络操作系统或LAN应用无须任何修改即可在WLAN上运行。

    a. MAC　　b. network　　c. PLCP　　d. PMD

14. IEEE 802.11b的PLCP标准只是基于________扩频。

    a. 频跳　　b. QAM　　c. 直接序列　　d. BPSK

15. 一个PLCP数据帧由3部分组成，分别是前导码、首部和________。

    a. 错误纠正　　b. CRC　　c. SIFS　　d. 数据

16. PLCP数据帧的前导码和首部总是以________Mbps的速率传输。

    a. 2　　b. 5.5　　c. 1　　d. 11

17. 在IEEE 802.11中用于实现CSMA/CA的方法是基于________的。

    a. DSSS　　b. DCF　　c. FHSS　　d. PCF

18. IEEE 802.11工作在________模式下，每个数据帧都必须进行确认。

    a. ACK　　b. FDMA　　c. 半双工　　d. 全双工

19. 如果AP没有在信号浮标中发送WLAN的SSID，客户端仍然可以通过________来获得SSID。

    a. 发送一个关联请求数据帧　　b. 传输一个SSID请求数据帧

    c. 发送一个探测数据帧　　d. 传输一个特殊的数据帧

20. 在PCF中，客户端设备不能进行传输，除非________。

    a. WLAN是运行在点对点模式下　　b. AP发送一个ACK数据帧

    c. AP首先发送数据　　d. 客户端被AP“轮询”到

动手项目

项目7-1

在本项目中，将在Windows 7下配置一个无线网络连接。像往常一样，完成本任务有不止一种方法。Windows 7提供了一个名为WLAN AutoConfig的内置工具，使得普通计算机用户连接到无线网络更简单。WLAN AutoConfig可用于连接到大多数家庭、办公室、热点区域以及宾馆等的WLAN。本项目介绍的配置过程是通用的，只要运行的是Windows 7操作系统，不论你所使用的是什么类型的计算机，都是适用的。要设置到一个企业网络（通常适用一台单独的认证服务器）的连接，通常会更复杂一些，具体内容将在练习中介绍。

制造商几乎都为其硬件提供了WLAN实用工具，在Windows系统下，要配置一个WLAN，既可以选择使用WLAN AutoConfig工具也可以选择使用WLAN NIC制造商的实用工具。制造商的实用工具通常还有其他一些特性，但使用起来更复杂一些。本项目将配置一个Ad Hoc WLAN。你需要有两台装备有无线NIC的计算机。

1. 以管理员或具有管理员权限的账号登录到这两台计算机。除非你是系统管理员或是你的账号具有管理员权限，否则 Windows 不允许你完成以下步骤。

2. 单击 Windows 工具栏的左下角上的“开始”按钮，然后单击“开始”菜单右边的“控制面板”。

3. 在“控制面板”中，找到并单击“网络与 Internet”，然后再单击“网络与共享中心”。

4. 在设置 Ad Hoc 网络时，计算机不会连接到路由器或 DHCP 服务器（它们可以为你提供一个 IP 地址）。因此，需要配置一个静态 IP 地址。也不能接入 Internet，只能在与同一 Ad Hoc WLAN 连接的计算机之间共享文件。

5. 在为每台计算机的 WLAN NIC 配置了唯一的 IP 地址后，返回到“网络与共享中心”窗口。单击窗口左栏中的“管理无线网络”。如果已经配置了 WLAN 连接，并且启用 NIC，那么就可以看到如图 7-18 所示的一个列表。

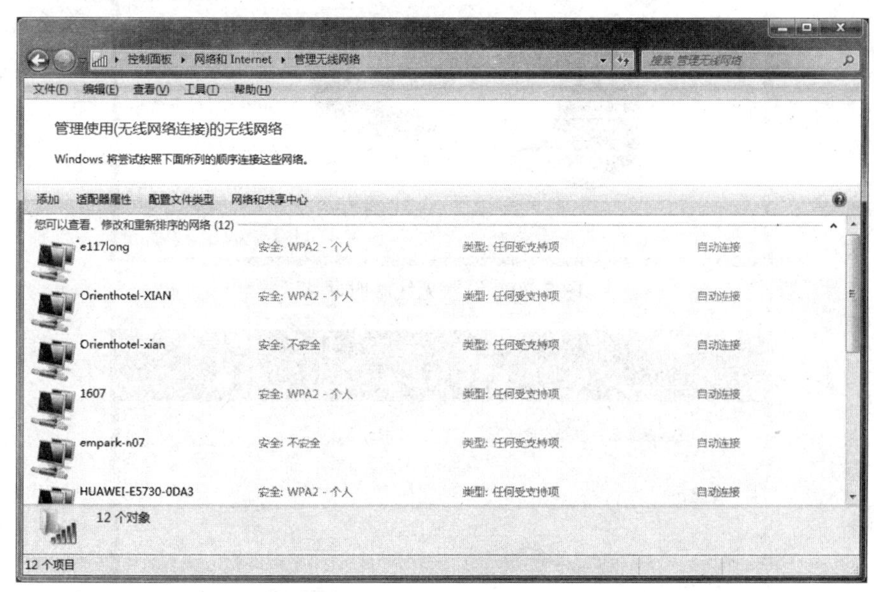

图 7-18　Windows 7 的管理无线网络

6. 单击网络列表区域上面的的工具栏中的“添加”按钮，然后在弹出窗口中单击“创建临时网络”，如图 7-19 所示。

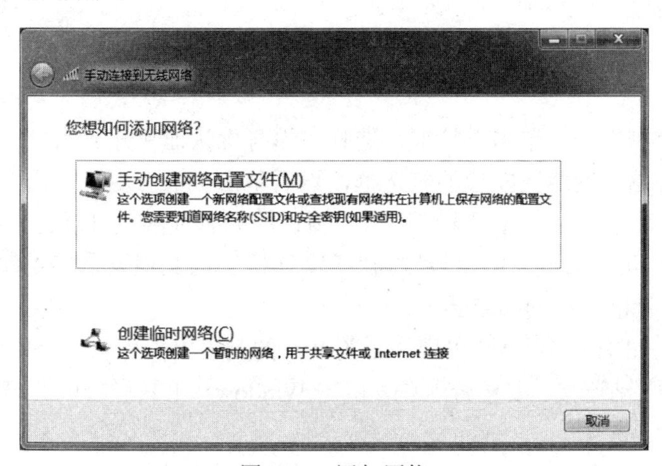

图 7-19　添加网络

7. 阅读一下所打开的“设置无线临时网络”窗口中的有关信息，如图 7-20 所示。然后单击“下一步”按钮。为网络输入一个唯一名称，如图7-21 所示。记住，该网络名是网络的SSID，区分大小写。

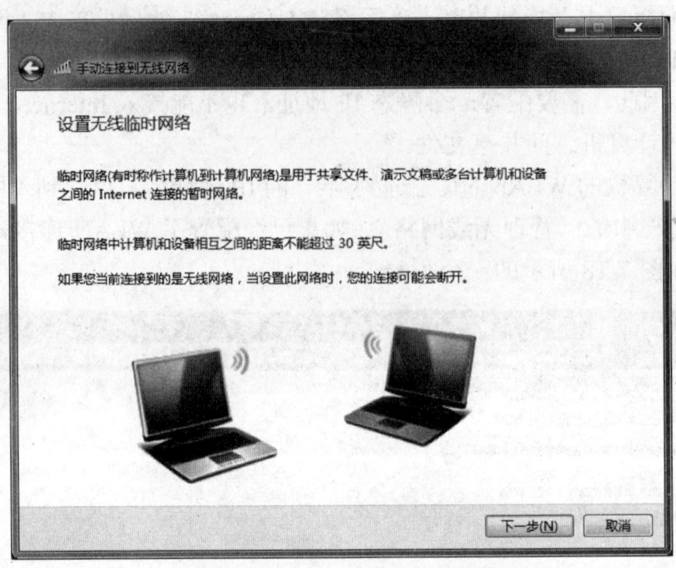

图 7-20　设置无线临时网络

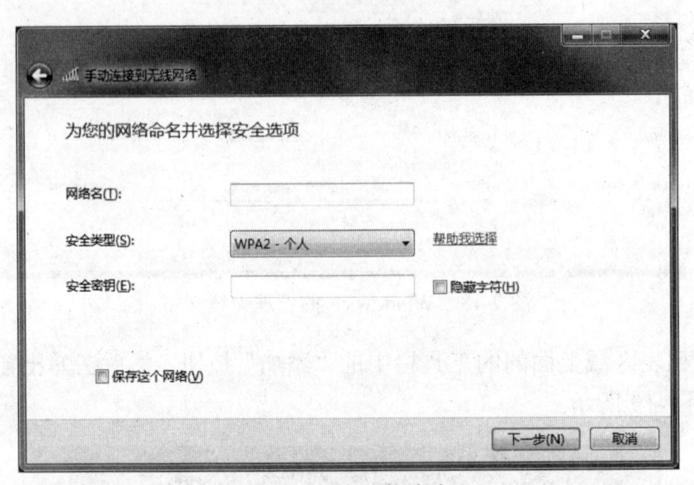

图 7-21　为网络命名

8. 在“安全类型”中，单击下拉框，选择“无身份认证（开放式）”，如图 7-22 所示。

9. 单击“保存这个网络”左边的核选框，然后单击“下一步”按钮。核实网络的参数，然后单击“关闭”按钮。在“管理无线网络”窗口的列表顶部，可以看到刚刚创建的网络。在该网络项的右边，可以看到该网络设置为“手动连接”。为其他要连接到你的 Ad Hoc WLAN 中的其他计算机执行以上相同的步骤。

10. 如果你的 Ad Hoc WLAN 出现在了第 9 步的列表中，那么一旦完成第二台计算机的配置，它们就可以自动连接。要检查这些，单击 Windows 工具栏右侧的 Windows 网络图标，如图 7-23 所示。

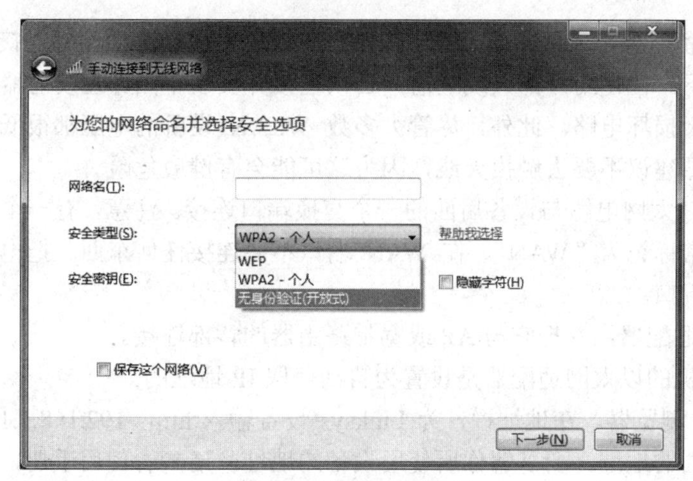

图 7-22　设置安全类型

11. 在“管理无线网络”窗口可以看到一个可用网络列表。你刚刚创建的网络名应位于该列表的顶部，且为“已连接”。如果还没有连接，单击该网络项，并单击“连接”按钮。

12. 要测试与其他计算机的连接，单击“开始”左侧的“开始”按钮，在“搜索程序和文件”文本框中输入 cmd，打开一个命令窗口。在命令提示符中，输入 ping 和本项目所用其他计算机的 WLAN NIC 的 IP 地址。此时，应该可以收到 3 个或 4 个成功 ping 回复，如图 7-24 所示（记住，你的 IP 地址必须是唯一的，并且与图中所示的可能不同）。

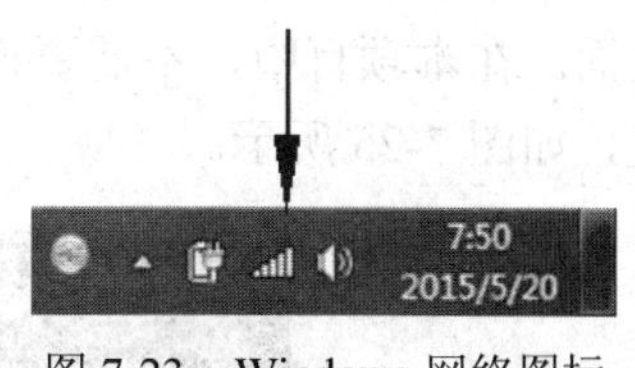

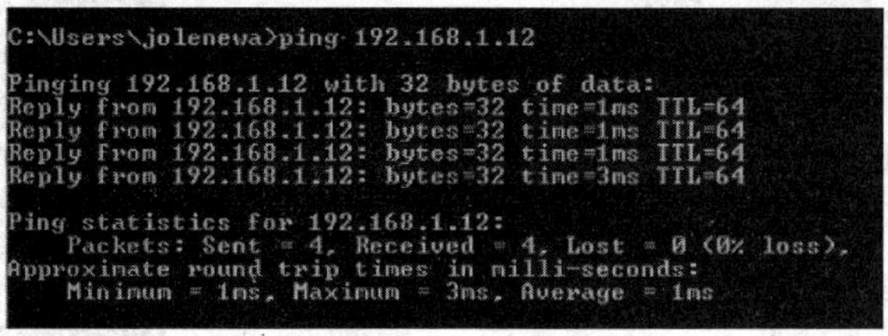

图 7-23　Windows 网络图标（箭头指向的）

```
C:\Users\jolenewa>ping 192.168.1.12

Pinging 192.168.1.12 with 32 bytes of data:
Reply from 192.168.1.12: bytes=32 time=1ms TTL=64
Reply from 192.168.1.12: bytes=32 time=1ms TTL=64
Reply from 192.168.1.12: bytes=32 time=1ms TTL=64
Reply from 192.168.1.12: bytes=32 time=3ms TTL=64

Ping statistics for 192.168.1.12:
    Packets: Sent = 4, Received = 4, Lost = 0 (0% loss),
Approximate round trip times in milli-seconds:
    Minimum = 1ms, Maximum = 3ms, Average = 1ms
```

图 7-24　ping 回复

13. 完成上述步骤后，应把 IP 地址设置回“自动获得 IP”，并从“管理无线网络”窗口删除刚刚创建的 Ad Hoc 项。

项目 7-2

在本项目中，将通过手工配置一个无线家庭网关（或称为无线路由器或宽带路由器）来创建一个 WLAN。本项目使用的设备是 Linksys WRT54G，但你也可以使用任何可用的设备，并相应地调制以下步骤。对于不同制造商的产品，尽管为参数所使用的名字不同，但配置都是非常类似的，而且设置非常容易。记住，无线家庭网关包括一个 AP、一个路由器、防火墙和网络交换，在某些情况下还包括一个内置的 DSL 或电缆调制解调器。

1. 从你的教师那里获得一个无线家庭网关，也可以使用你自己的。

2. 如果该设备有外部天线，应确保它们垂直；如果使用的是螺丝钉连接，应确保天线安装牢固，不会倒下。在使用外部天线之前，必须连接并安装牢固。在发射器的输出端如果没有正确的负载，会损坏电路。此外，尽管大多数 WLAN 设备的电压都很低，一旦设备处于打开状态时，强烈建议不要去触摸天线，因为这可能会有健康危险。

3. 把 RJ-45 以太网电缆与设备后面的一个交换端口连接。注意，有一个端口与其他端口是分隔开的，通常标记为“WAN”。在 WAN 端口不要连接任何东西。把电缆的另一端插入计算机的以太网端口。

4. 插入电源适配器，并把它与 AP 或宽带路由器的背部连接。

5. 确认计算机的以太网适配器是设置为自动获取 IP 地址的。

6. 打开 Web 浏览器。在地址栏，为 Linksys 设备输入 http://192.168.1.1。其他制造商的设备可能使用不同的地址。要了解你所使用设备的地址，请参看使用手册，或从 Internet 下载有关说明。

7. 在登录提示符，使用户名为空白，并在密码字段中输入 admin，将出现 Linksys 设置页面。在本项目中，不需要使用 Internet 连接，可以使主设置页面的所有字段保持为默认设置，如图 7-25 所示。

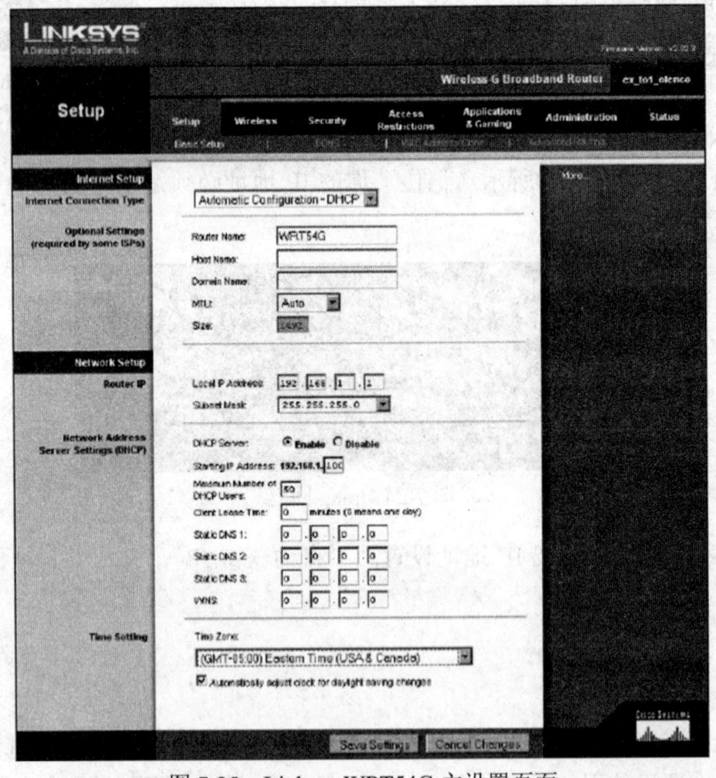

图 7-25　Linksys WRT54G 主设置页面

8. 单击 Wireless 选项卡，显示无线设置页面。

9. 使 Wireless Networks Mode 保持为 Mixed。把 SSID 修改为项目 7-1 所有的相同名称。单击 Save Settings 按钮，将显示一个页面，表明设置成功了。单击 Continue 按钮，返回无线设置页面，如图 7-25 所示。

如果在同一或相邻实验室与教室中设置多个 Linksys AP 或宽带路由器，应为每个设备选择不同的信道。如前所述，为避免冲突，只能使用信道 1、6 和 11。

10. 在计算机中，单击开始工具栏右侧的网络图标，查看所检测到的无线网络。

11. 单击要设置为网关的 SSID，然后单击 Connect 按钮，Windows 可能会显示一个信息对话框，告诉你正在与一个未受安全保护的网络连接。如果是这样，单击 Connect Anyway，Windows 将显示一个含进度栏和 Connecting to your SSID 文本框。如果连接成功，Windows 7 将关闭对话框，并在“开始”栏上显示一个微小的图标。

12. 使用项目 7-1 第 11 和 12 步所描述的相同步骤，可以验证连接。

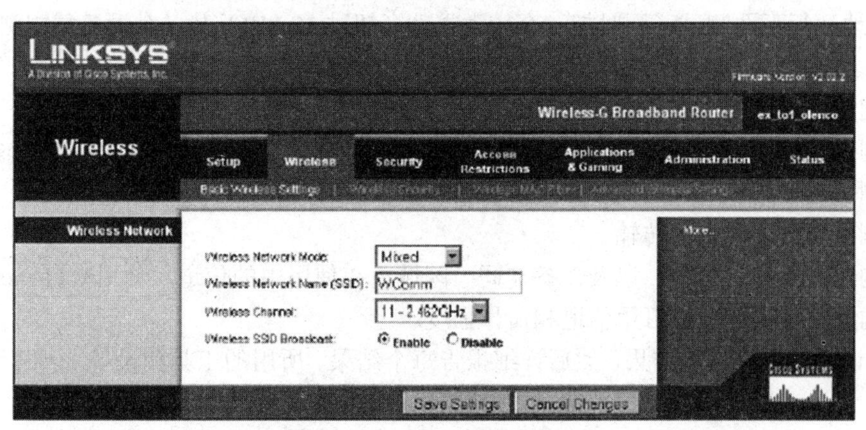

图 7-26　Linksys WRT54G 的无线设置页面

真实练习

练习 7-1

热点就是指那些为其客户提供 Internet 接入（通常是免费的）的公共场所，如火车站、汽车站、咖啡馆或餐馆。利用 Internet，通过访问不同蜂窝手机公司（如 AT&T 或 Sprint）的 Web 网站，可以搜索热点。另外，也可以搜索本地媒体的 Web 网站和本地 Internet 服务提供商（ISP）的网站。如果你可以接入一台笔记本电脑、具有无线功能的智能手机或平板电脑，且它装备有 WLAN 接口，一旦找到了热点，就可以尝试访问该站点，获得一条到 Internet 的连接。如果没有接入 Internet，可以电话咨询提供商或访问热点区域，询问有关工作人员，编写一个报告，描述如何提供无线接入。要获得一个连接，需要哪些步骤？连接的可用时间是多久？接入 Internet 是否有费用？每天有多少人使用该服务？有些什么限制？谁为该站点提供技术支持？

练习 7-2

使用 Internet，研究一下无线 LAN 应用。汇编一个列表，其中包含至少 5 个你不熟悉的 WLAN 应用，并为每个应用进行描述。该描述应该介绍一下为这种实现提供技术支持可能面临的各种挑战。如果可能，与这些新应用的用户联系，询问一下他们有关 WLAN 实现的具体经历。把这些内容添加到你的项目中。

挑战性案例项目

如何衡量一个无线网络的性能？在本项目中，将测试你的网络，确定其传输数据的速率。记住，大多数无线网络是以半双工模式进行通信的，因此，操作系统所报告的速率并不能反映网络的最大速率。在 Web 网站上有很多网络性能测试工具。打开浏览器，使用搜索引擎，输入问题“How do you measure a wireless network’s performance?”流量一下所出现的结果，然后下载并安装其中一个或多个免费或试用版的网络测试工具。使用具有 Wi-Fi 功能的设备，尽可能多地运行下面测试，同时把一个较大文件（超过 10 MB）从一个设备复制到另一个设备中：

- 创建并测试两个设备之间的 Ad Hoc 链接。
- 测试从有线设备到无线设备的传输，然后测试从无线设备到有线设备的传输。
- 测试通过同一 AP，有多对设备同时进行的通信。
- 测试两个方向上的传输。
- 测试一条空闲信道，以及一条在同一区域正在使用中的信道。使用来自 metageek.net 的 inSSIDer，查看可用信道和信号强度。

仔细记录每个测试的结果，然后详细报告每个结果、所用的工具和设备，以及你的结论。

第8章

高速 WLAN 及其安全

本章内容

- 描述 IEEE 802.11a 网络的工作原理，以及与 IEEE 802.11 网络的差异
- 阐述 IEEE 802.11g 是如何改进 IEEE 802.11b 网络的
- 介绍 IEEE 802.11n、IEEE 802.11ac 和 IEEE 802.11ad 对标准的改进
- 阐述无线网桥与无线交换是如何扩展 WLAN 的功能与管理的
- 介绍与 IEEE 802.11 网络有关的安全特性与安全问题

更高的数据速率和更低的价格，使得 IEEE 82.11 网络对有线网络很有竞争力，很多公司已经在不断部署 WLAN。就速度而言，从最初的 IEEE 802.11 WLAN 标准开始，WLAN 经历了一个较长的过程。IEEE 802.11 WLAN 标准创建于 1997 年，只能提供 1 Mbps 和 2 Mbps 的速率。今天的 WLAN 速率可达 1 Gbps 甚至更高。

1999 年，IEEE 批准了 IEEE 802.11b 标准，它为 IEEE 802.11 标准增加了两个更高的速率 5.5 Mbps 和 11 Mbps。那时，IEEE 还发布了 IEEE 802.11a 标准，它能提供的速率更高。IEEE 802.11a 最大速率为 54 Mbps，并且还支持以 48 Mbps、36 Mbps、24 Mbps、18 Mbps、12 Mbps、9 Mbps 和 6 Mbps 的传输。IEEE 802.11a WLAN 很快就对用户非常有吸引力，因为这种传输速率对 IEEE 802.11b 系统有着显著的提高。此外，由于有更多的带宽，IEEE 802.11a 可以提供另外 5 个信道，这显然比 IEEE 802.11b 更有优势。

8.1 IEEE 802.11a

尽管 IEEE 是同时批准 IEEE 802.11b 和 IEEE 802.11a 的（在 1999 年），但 IEEE 802.11b 产品几乎立即就出现了，而 IEEE 802.11a 产品直到 2001 年末才到来。IEEE 802.11a 产品出现在市场上较晚，是技术问题，至少在一开始时，其实现价格很高。

IEEE 802.11a 标准的 MAC 层的功能与 IEEE 802.11b WLAN 的相同，所有差异都仅限于物理层。由于使用了多路复用技术以及更加有效的纠错方案，IEEE 802.11a 取得了比 IEEE 802.11b 更快的速率和更好的灵活性。具体因素在下面章节将详细介绍。

本书通过在标准编号的后面加小写字母来表示标准的修订版（如 IEEE 802.11n），但在修正版批准后，IEEE 把这些内容集成到标准文档的最新版本中了，并在后面添加上标准制定完成的年份（如 IEEE 802.11-2009 包含了 IEEE 802.11n 修订版）。

8.1.1 U-NII 频段

如前所述，IEEE 802.11b 标准用 ISM 频段进行传输，规定可以使用 14 个频率，从 2.412 GHz 开始，每个增加 0.005 GHz。IEEE 802.11a 使用的是另一个免许可的频段，即 U-NII（Unlicensed National Information Infrastructure，免许可的国家信息基础设施）。U-NII 频段用于近距离、高速无线数字通信的设备。表 8-1 比较了一下 WLAN 可用的 ISM 和 U-NII 频段。

表 8-1 ISM 与 U-NII

免许可频段	频 段	WLAN 标准	总带宽
ISM	2.4～2.4835 GHz	802.11b、802.11g、802.11n	83.5 MHz
	5.725～5.875 GHz	802.11n	150 MHz
U-NII	5.15～5.25 GHz	802.11a、802.11n、802.11ac	100 MHz
	5.25～5.35 GHz		100 MHz
	5.47～5.725 GHz		255 MHz
	5.725～5.825 GHz		100 MHz

美国 FCC（Federal Communications Commission）把 U-NII 频谱总共 555 MHz 的带宽划分为 4 个频段。每个频段都有一个最大功率限制。表 8-2 显示了这些频段及其最大功率输出。

2008 年，IEEE 批准了 IEEE 802.11y 修订版，它把 IEEE 802.11a 的运行扩展到需经许可的 3.7 GHz 频段。该频段提高了功率限制，这使得其无线电可获得的最大有效范围达到 16 400 英尺（5000 米），但在该频段中运行需经 FCC 许可。

表 8-2 U-NII 频段

U-NII 频率/GHz	最大功率	输出/mW	U-NII 频率/GHz	最大功率	输出/mW
U-NII-1	5.15～5.25	40	U-NII-2 扩展	5.47～5.725	200
U-NII-2	5.25～5.35	200	U-NII-3	5.725～5.825	800

U-NII-3 频段只允许在室外使用，大多数通常是部署在使用定向天线的楼对楼、点对点的无线连接。

在美国之外的其他国家或地区，部分 5 GHz 频段分配给了非 WLAN 的用户和技术，而且这些频段具有不同的带宽和功率限制。当在其他国家商务旅行时，要配置或部署所使用的计算机或 AP，明智之举是核实这些限制，确保遵循当地的规定。为了自动调制功率需要，满足其他国家的限制要求，大多数企业级 IEEE 802.11 设备制造商要求在启用无线电之前，应选择将要是在哪个国家安装设备。然后，可用信道以及不同信道的最大传输功率就自动设置了。

尽管对 U-NII 频段进行了划分，但对于使用 U-NII 的 IEEE 802.11a WLAN 而言，可用的总带宽几乎是 IEEE 802.11b 的 7 倍。ISM 频段在 2.4 GHz 范围中只提供 83.5 MHz 的频谱，而 U-NII 频段提供了 555 MHz。

8.1.2　IEEE 802.11a 的信道分配

IEEE 802.11a WLAN 高性能的第二个原因是信道分配。如前所述，在 IEEE 802.11b 中，可用频谱（2.412～2.484 GHz）被划分为 14 个信道，而在北美只有其中的 11 个可用。在扩频之前，每个信道中心点（即 2.412 GHz、2.417 GHz、2.422 GHz 等等）是真正进行传输的频率。IEEE 802.11 要求有 25 MHz 的通带，因此，对于同时进行的传输操作，只有 3 条无重叠的信道可用：信道 1、6 和 11，如图 8-1 所示。

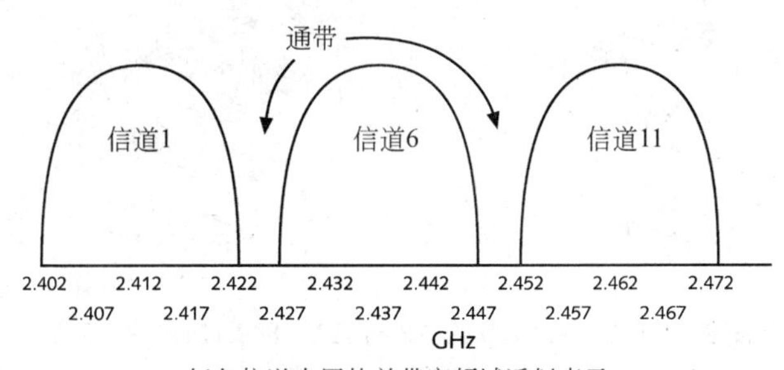

每条信道占用的总带宽频域近似表示

图 8-1　IEEE 802.11b 的信道

而对于 IEEE 802.11a，在 U-NII-1（5.15～5.25 GHz）和 U-NII-2（5.25～5.35 GHz）中有 8 条信道可同时使用。如果使用可以在 U-NII-2 扩展频段中进行传输的更新模式的设备，那么就有多达 23 条信道可用。在每条频率信道中，有一条 20 MHz 宽的信道，该信道可以划分为 52 个子载波频率，每个子载波为 300 kHz 宽，如图 8-2 所示。

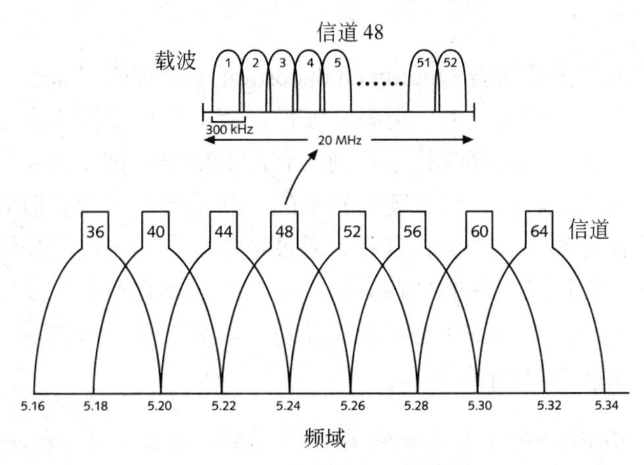

图 8-2　IEEE 802.11a 的信道

5 GHz 频段中的信道号是经过数学公式计算而来的，而 2.4 GHz 频段中的信道号 1～11 是任意赋予的。

由于在 ISM 频段中只有 3 条信道可用，因此，在大约 300 英尺的半径范围内，最多可安装 3 个 AP。例如，使用 IEEE 802.11g 的 AP，通过这 3 个 AP 的最大数据吞吐量只有 162 Mbps（54 Mbps×3）。

使用 IEEE 802.11a 取代 IEEE 802.11g，如果使用的是可在 U-NII-2 扩展频段传输数据的设备，有多达 23 条信道可用。由于在 ISM 频段有更多的信道可用，可以增加更多的 AP，提供的总吞吐量可达 1 242 Mbps（23×54 Mbps）。图 8-3 显示了 IEEE 802.11b 的 3 个 AP 与 IEEE 802.11a 的 8 个 AP 的对比。

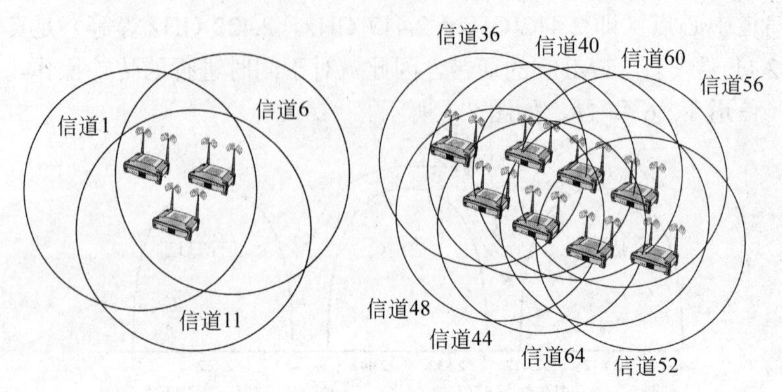

图 8-3　IEEE 802.11b 的 AP 与 IEEE 802.11a 的 AP 对比

当使用多个 AP 时，可以把它们配置为只允许某些用户的设备与之关联。这样在每个区域可以支持大量的用户。使用诸如无线控制器（后文将介绍）的技术，可以提供负载平衡方法，把客户分布在多条信道上，这样，当有其他的 AP 可用时，该 AP 就不会过载。有多条可用信道的优点是，如果在附近有使用同一信道的 WLAN，你就有其他更多的选择，可以把你的 AP 设置为一条不同的信道，以避免干扰。

8.1.3　正交频分多址

在第 3 章已经学习了**多路失真**（multipath distortion），当接收设备在不同时间从不同方向接收到同一信号时，由于信号的反射、衍射、发散，就会发生多路失真。尽管接收设备已经接收到了整个传输，但它必须继续等待，直到所有反射信号都被接收。如果在所有反射信号都被接收之前，接收器没有等待，那么随后到来的一些信号可能会扩散到下一个传输中，因为反射信号传输的路径更长，因此会有延时。通过增加信号的密度与使用更复杂的调制方法来提高数据传输速率，会得到更坏的多路失真，迫使接收器在接收到反射信号之前等待更长的时间。所需的等待时间会限制 WLAN 的整体速率。对于单个载波调制无线电技术，数据传输速率最多可降低 10～20 Mbps。

IEEE 802.11b 系统需要一个基带处理器或均衡器，当接收到延时无线电频率信号时，将它拆分开。

通过使用名为**正交频分多路**（orthogonal frequency-division multiplexing，OFDM）的复用技术，IEEE 802.11a 解决了多路失真问题。其基本功能是把一个高速数字信号分割成几个并行运行的较慢信号。

OFDM 不是通过单条信道发送一个长长的数据流，而是通过多条较窄的频率信道，以较低的速率，平行地传输数据比特位。接收设备在每条单个的频率信道中组合所接收到的信号，

OFDM 也用于基于用户的**数字用户线路**（digital subscriber line，DSL）服务，这种服务在普通电话线上提供家庭 Internet 接入，速率范围为 256 Kbps～16 Mbps。

并重新构成数据帧。通过使用这些并行传输的信道，OFDM 就可以把多条较低速率的信道组合起来，以较高的速率发送数据，如图 8-4 所示。

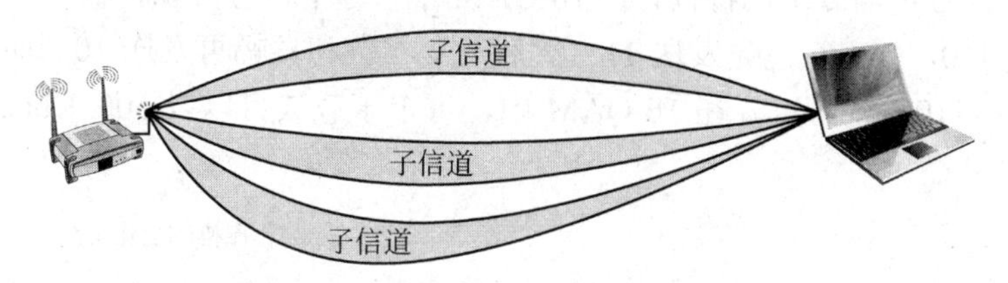

图 8-4　多个子载波上同时进行的传输

尽管看起来有些矛盾，OFDM 是通过以比 IEEE 802.11b 更低的速率传输数据，但突破了 IEEE 802.11b 的速率限制。OFDM 以足够慢的速率发送比特位，这样，延时接收到的比特位副本（多路反射而来的）就比 IEEE 802.11b 传输的数量要少，从而避免因多路失真而引起的问题。这意味着网络不必等待信号反射到达接收器了，因此总的吞吐量实际上就增加了。换句话说，利用 OFDM，在给定单位时间里，并行发送的数据总量比单条信道传输的更大，等待反射信号到达所花费的时间也更少。这两种系统的对比如图 8-5 所示。

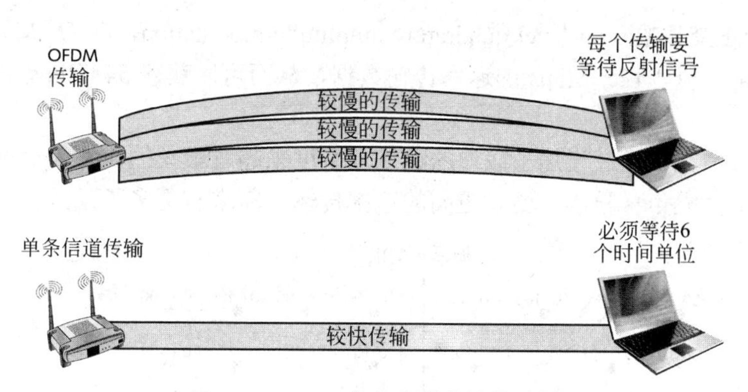

图 8-5　OFDM 与单信道传输的对比

在 IEEE 802.11a 中，OFDM 把 52 个子载波中的 48 个用于数据传输。使用更简单的调制方法把数据调制到这 48 个子载波中，这样在接收器处的解码也更简单。剩余的 4 个子载波用于监控传输期间的信号质量和纠正分时错误。

用于编码数据的调制技术因速率的不同而不同。速率为 6 Mbps 时，使用相移键控（phase shift keying，PSK），见第 2 章的介绍。周期波的起始点根据要传输的是比特为 0 还是 1 而变化。PSK 可以在 48 个子载波的每个子载波上以 125 Kbps 的速率进行数据编码，这样得到的速率是 6000 Kbps（125 Kbps ×48），即是 6 Mbps（读者可以复习一下图 2-29 所示的波形图）。

然而，PSK 周期波的起始点只有两种可能的变化，一次只能传输 1 个比特位，而**正交相移键控**（quadrature phase shift keying，QPSK）周期波的起始点有 4 种可能的变化，允许每个符号传输 2 个比特位（参见第 2 章），如图 8-6 所示。在每个子载波上，QPSK 可以把编码数量增加为 PSK 的两倍，达到每个子载波为 250 Kbps，这就可以获得 12 Mbps（250 Kbps × 48）的数据速率。

要达到 24 Mbps 的传输速率，需要使用 16 **级正交调幅**（16-level quadrature amplitude modulation，16-QAM）技术。16-QAM 具有 16 个可用于发送数据的不同信号，如图 8-7 所示。被调制到载波的每个信号中的每组比特位称为一个符号，又称为一个波特（baud）。在 QPSK 中，每个符号传输 2 个比特位，在 16-QAM 中，每个符号可以传输 4 个比特位。例如，要传输比特位 1110，QPSK 是先发送 11，然后改变相位和振幅再发送 10。而 16-QAM 只需发送一个信号（1110）就可以。在 16-QAM 中，每个子载波可以以 500 Kbps 的速率对数据编码。

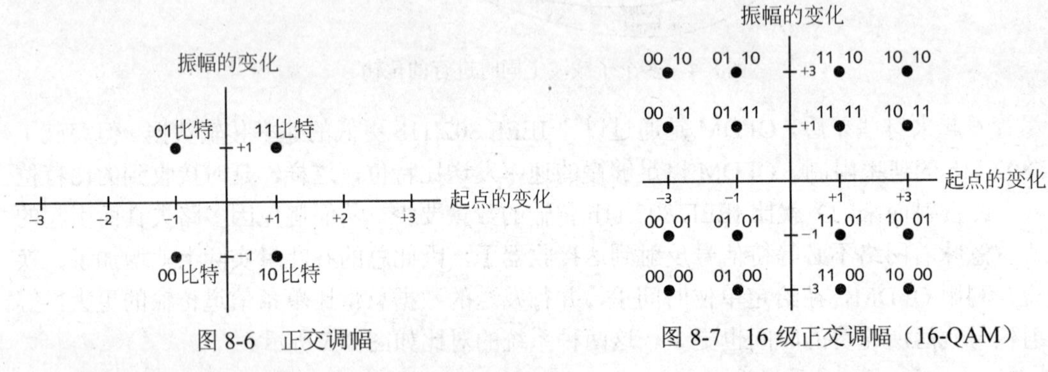

图 8-6　正交调幅　　　　图 8-7　16 级正交调幅（16-QAM）

使用 64 **级正交调幅**（64-level quadrature amplitude modulation，64-QAM），48 个子载波中的每一个都可以以 1.125 Mbps 的速率传输数据，从而可以获得 54 Mbps 的数据速率，如图 8-8 所示。

硬件开发人员无法通过增加子载波的调制复杂度来超过最大的 54 Mbps 速率，因为这里有所能允许的最大噪声量限制。要以更高的速率传输，需求有更多子载波以及更大的带宽。

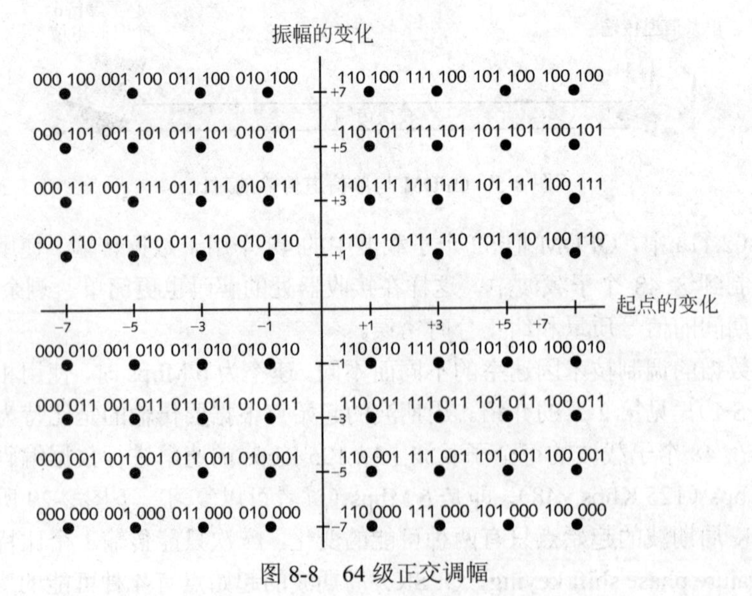

图 8-8　64 级正交调幅

8.1.4　IEEE 802.11a 的纠错

IEEE 802.11a 对错误的处理也与 IEEE 802.11b 不同。由于 IEEE 802.11a 传输的本质特性，其错误数量也大大减少。因为传输是在并行的子载波上发送的，来自外部的无线电干扰是最小的。干扰不会对整个数据流产生影响，通常只影响某一个子载波。IEEE 802.11a 使用的是**前向纠错**（forward error correction，FEC）技术，该技术为每个数据字节传输一个额外的比特位。这个额外的比特位使得接收器可以恢复（通过复杂的算法）传输过程中丢失的数据比特位。这就可以在发生错误时避免大量的重复传输，从而节省时间，并且提高了 WLAN 的整体吞吐量。有关 FEC 的完整介绍超出了本书的范围。在很多的现代数字通信系统中，已广泛应用了 FEC 技术。

在使用 FEC 技术时所传输的额外比特位，意味着传输量的增加，但由于其速率更高，IEEE 802.11a 可以允许因 FEC 带来的负载增加，因为它对性能的影响很小，几乎可以忽略不计。

8.1.5　IEEE 802.11a 的 PHY 层

IEEE 802.11a 标准只对原来的 IEEE 802.11 和 IEEE 802.11b 标准的物理层（PHY 层）做了改变，MAC 层保持不变。IEEE PHY 层的基本作用是往网络发送信号以及从网络接收信号。

IEEE 802.11a PHY 层划分为两个部分：物理介质相关（Physical Medium Dependent，PMD）子层和物理层汇集过程（Physical Layer Convergence Procedure，PLCP）子层。PMD 子层确定了无线介质的特性以及通过该介质传输和接收数据的方法。PLCP 子层把从 MAC 层接收来的数据（用于传输）重新格式化为 PMD 子层能传输的数据帧。PLCP 还是确定介质何时空闲从而可以传输数据的子层。

IEEE 802.11a 的 PLCP 是基于 OFDM 而不是直接系列扩频（direct sequence spread spectrum，DSSS）的。图 8-9 显示了一个 PLCP 数据帧示例。

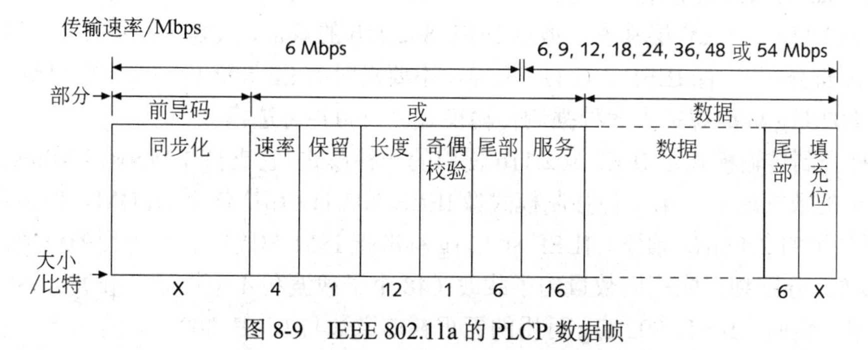

图 8-9　IEEE 802.11a 的 PLCP 数据帧

该数据帧由 3 部分组成：前导码、首部和数据。前导码让接收设备准备接收数据帧的其余部分。首部提供了有关数据帧本身的信息，如当前数据帧的长度。PLCP 数据帧的数据部分是真正要传输的信息，它基本上就是 MAC 数据帧。下面是 PLCP 数据帧中各个字段的描述。

- 同步化：由 10 个短训练序列信号和 2 个长训练系列信号组成。这些信号的作用是使发射器与接收器在时间和频率上实现同步化。同步化字段的传输需要16微秒。

- 速率：该字段为4比特位长，指定了传输数据字段的速度。
- 保留：保留给标准将来使用。
- 长度：它含有的值表明了数据字段的长度，其值为1～4095个八字节。
- 奇偶校验：为一个比特位，用于校验前一字段中的错误。
- 尾部（首部）：表明首部的结尾。这6个比特位全部设置为0。
- 服务：前7个比特位用于初始化部分发射器和接收器电路，设置为0，其余9个比特位留作将来使用，也设置为0。服务字段是首部的一部分，但以与数据字段相同的速率传输。
- 数据：在该字段中含有真正要传输的数据。数据字段的长度为1～4095个八字节。
- 尾部（数据）：表明数据字段的结尾。这6个比特位全部设置为0。
- 填充位：IEEE标准规定，数据字段中的比特位数目必须是48、96、192或288的倍数。在必要的情况下，可以利用填充位来把数据字段的长度扩展为这些数字的倍数。

IEEE 802.11a WLAN部署在要求更高传输速度、更大吞吐量或更多用户的地方。IEEE 802.11a网络的缺点是，由于5 GHz频段更高的信号衰减以及U-NII-1更低的功率限制，其覆盖范围更小。IEEE 802.11a WLAN的有效范围大约为225英尺，相比而言，IEEE 802.11b WLAN的是375英尺。当然，这取决于多种因素，比如会影响RF传输的墙面和其他障碍物。

8.1.6 IEEE 802.11g标准

IEEE 802.11b标准发布后不久即取得巨大成功，促进了IEEE重新审视IEEE 802.11b和IEEE 802.11a标准，看看是否能够开发第三个中间标准，希望这个标准能保持稳定性和被广泛接受的特性，又能提高IEEE 802.11a的数据传输速率。2003年发布的IEEE 802.11g标准规定，IEEE 802.11g运行在与IEEE 802.11b相同的频段上，且不比IEEE 802.11a使用的频段更高。

IEEE 802.11g的PHY层

IEEE 802.11g的PHY层基本上遵循IEEE 802.11b的规范，只是把数据速率变为了1～11 Mbps（后面将介绍）。像IEEE 802.11a那样，不要求对IEEE 802.11g标准的MAC层进行修改。IEEE 802.11g标准规定了两种强制传输模式以及两种可选模式。

第一种强制传输模式是IEEE 802.11b使用的一种模式，它支持1 Mbps、2 Mbps、5.5 Mbps和11 Mbps的数据速率。第二种强制模式像IEEE 802.11a那样使用OFDM，但运行在IEEE 802.11b所使用的2.4 GHz频段。IEEE 802.11g标准把ISM波段中3个可用的信道，像IEEE 802.11a那样，分别划分成相同数量的子载波（48个子载波和4个控制子载波），并提供相同的数据速率。然而，IEEE 802.11g可用的无重叠信道数与IEEE 802.11b的相同（即3条），相比之下，IEEE 802.11a有23条可用信道。

这里要求有另一种协调的方法，允许旧设备（IEEE 802.11和IEEE 802.11b）能加入WLAN。使用这种方法（称为CTS-to-self），IEEE 802.11g客户端在开始一个OFEM传输之前，会传输一个clear-to-send数据帧。记住，clear-to-send数据帧具有一个字段，该字段含有发送一个数据帧所要求的时隙数量。由于旧设备不能“理解”OFDM，因此这些设备可能会试图使用 DSSS（IEEE 802.11）或 CCK（IEEE 802.11b）来开始一个传输。通过使用 DSSS 来传输一个 clear-to-send 数据帧，IEEE 802.11g 设备就可以有效地防止任何旧设备在 IEEE 802.11g 设备的 OFEM 传输结束之前开始一个传输。

IEEE 802.11g 有两种可选传输模式。第一种模式使用 PBCC（Packet Binary Convolutional Coding，数据包二进制卷积编码），可以以 22 或 33 Mbps 的速率传输数据，能够支持 IEEE 802.11b。第二种模式称为 DSSS-OFDM，是一种组合模式，使用 IEEE 802.11b 的标准 DSSS 前导码，这样，AP 和客户端都能理解传输的开始，当有一个数据帧正在传输时，无论它们是否理解该传输的调制和编码方式，都会保持不进行数据传输。在这种模式下，数据帧的数据部分使用 OFDM 进行传输。这种模式不需要任何其他的协调（如 CTS-to-self），因为所有设备都能接收并解码数据帧首部的全部内容，因而当其他设备正在使用 OFDM 进行传输时，不会开始一个传输。

要使 IEEE 802.11a 和 IEEE 802.11g 在更高的数据速率上兼容，设备必须只能以 6、9、12 和 24 Mbps 的速率进行传输。这两个标准不要求 36、48 和 54 Mbps 数据速率的兼容。

在 IEEE 802.11g、IEEE 802.11a 和 IEEE 802.11b 标准之间，还有另外两个重要的差异，这些差异与信号分时有关。第一个差异是，IEEE 802.11g 规定，任何时候，设备以高于 IEEE 802.11b 的速率传输时，在每个数据帧的数据字段末尾要包含一个 6 微秒的静止时间（不进行传输），以便接收器有更多的处理时间来解码数据。这样要求适用于只支持 IEEE 802.11b 的设备以及可以以更高数据速率传输的设备。在 IEEE 802.11a 中不需要这种额外的时间，因为该标准无须维持与其他任何标准的向后兼容。

另一个差异与短帧间间隔（short interframe space，SIFS）分时有关。在第 7 章已经介绍，IEEE 802.11b 的时隙是 20 微秒，SIFS 是 10 微秒。IEEE 802.11g 使用的相同的时隙长度，而 SIFS 的时间长度受静止时间增加的影响。因此，当数据以大于 11 Mbps 的速率传输时，SIFS 只有在静止时间完成后才开始，这样就把 SIFS 扩展为 16 微秒了。SIFS 中的这种变化影响了 IEEE 802.11g 的性能，这意味着，尽管它是以 54 Mbps 的速率传输，但整体性能低于 IEEE 802.11a。注意，当网络只支持 IEEE 802.11g 设备时，该标准允许把时隙从 12 微秒减少为 9 微秒，这样就去除了 IEEE 802.11a 与 IEEE 802.11g 标准之间的性能差异。图 8-10 显示了 IEEE 802.11g 的 PLCP 数据帧。

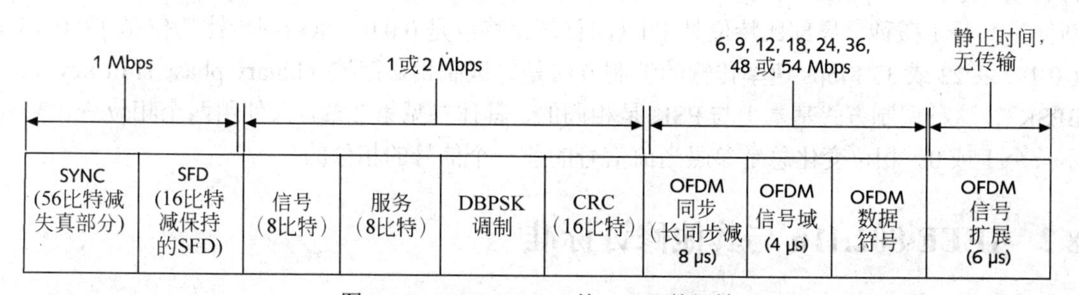

图 8-10　IEEE 802.11g 的 PLCP 数据帧

IEEE 802.11g 中所使用的 PLCP 数据帧格式与 IEEE 802.11b 的相同。在以 54 Mbps 的速率传输时，PHY 层也遵循与 IEEE 802.11a 相同的规范。然而，需要注意的是，当 IEEE 802.11b

和 IEEE 802.11g 设备在同一网络中时，IEEE 802.11g 标准定义了数据帧首部是如何使用 DSSS 以 1 或 2 Mbps 的速率传输的，以便与 IEEE 802.11b 设备兼容。如果通信设备支持 IEEE 802.11g，那么对数据帧的数据部分将改用 OFDM 进行传输，如图 8-11 所示。

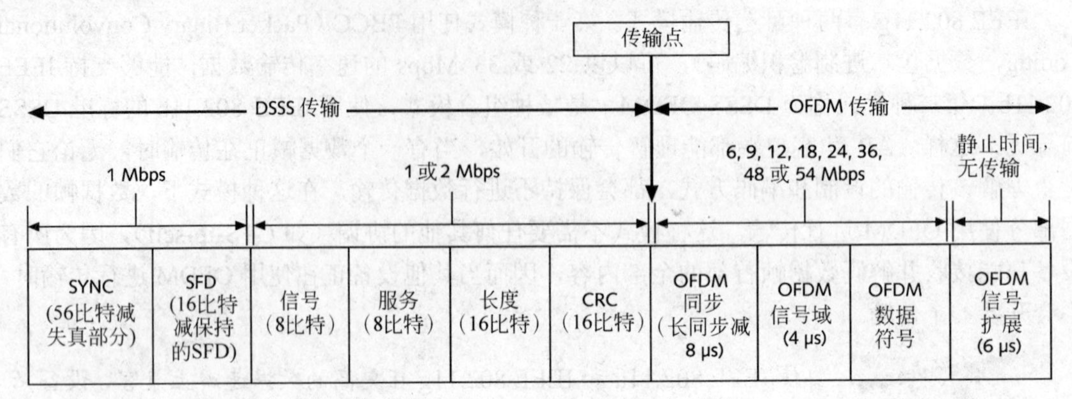

图 8-11　数据帧首部之后的传输从 IEEE 802.11b（DSSS）改用 IEEE 802.11g（OFDM）

通过使用 PBCC 编码方法，可以获得 22 Mbps 的速率。PBCC 使用一个具有 256 种状态的编码（扩展码），每传输一个符号就可发送 8 个比特位。为了使用 PBCC 来获得 33 Mbps 的数据速率，IEEE 802.11g 把用于传输编码的时钟速率从 11 MHz 改为 16.5 MHz。前导码以 11 MHz 的时钟传输（1 或 2 Mbps），这种变化是在 PLCP 数据帧 1 微秒长的时钟切换部分中完成的，如图 8-12 所示。

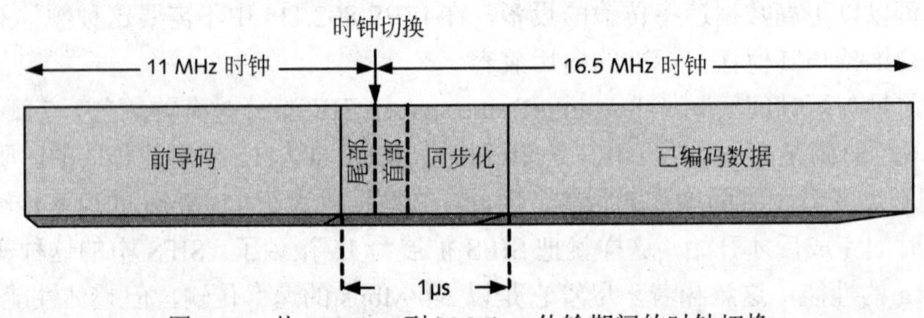

图 8-12　从 22 Mbps 到 33 Mbps 传输期间的时针切换

尾部是速率为 11 Mchip/s 的 3 个时钟周期，首部是 16.5 Msymbols/s（QPSK）的 3 个时钟周期。重新同步是 16.5 Msymbols/s 的 9 个时钟周期。总的时钟切换时间（尾部、首部和重新同步）是 1 微秒。尾部比特位是 1 1 1，首部比特位是 0 0 0，重新同步比特位是 1 0 0 0 1 1 1 0 1。以 22 或 33 Mbps 速率传输的调制方法是二进制相移键控（binary phase shift keying，BPSK），这种调制方式基本上与 PSK 是相同的，具体参见第 2 章，只使用两个相位变化来表示一个 1 或 0。相位变化总是参照当前信号的前一个信号的相位的。

8.2　IEEE 802.11n 与其他修订标准

至此，你已意识到，对诸如用于 WLAN 标准的动态标准的工作是无止境的。用户需要更快更可靠的 WLAN，这就意味着 IEEE 需要在可预见的将来不断提高这些技术。本节介绍一些最新的修订标准，以及它们与前面所介绍的其他 WLAN 技术的不同之处。

8.2.1　IEEE 802.11n 标准

就在 2003 年批准 IEEE 802.11g 标准之后的不久，2004 年，IEEE 开始了针对 IEEE 802.11n 修订版的工作。在 IEEE 802.11 标准的 2007 版中引入了其他几个修订，但很明显的是，54 Mbps 并不足以让 IEEE 802.11 标准与有线网络展开有效的竞争。针对 IEEE 802.11n 的工作成为了提供 WLAN 技术广泛讨论的改进话题。一些用户设备制造商也开始了生产基于该标准第一稿的设备。在开始介绍这种技术之前，需要你明白的很重要一点是，IEEE 802.11n 是一个非常复杂的主题，需要一整本书的篇幅来介绍。本节只是给出一个概述，并不是对 IEEE 802.11n 的完整介绍。

2007 年，也就是大约在 IEEE 成员批准 IEEE 802.11n 标准前的两年，Wi-Fi 联盟开始认证基于该修订版第二稿的设备，对这种新技术的热情达到了一个较高的点。一些企业级的设备制造商也开始装备兼容设备，并且在把这种设备推荐给用户时，承诺如果在批准之前引入了任何改变，它们的设备都只需一个软件更新就可以满足标准的要求。Wi-Fi 认证的产品还必须支持 Wi-Fi **多媒体**（Wi-Fi multimedia，WMM），包括**服务质量**（quality-of-service，QoS）以及 WPA 与 WPA2 安全机制，这些内容都将在本章后面介绍。IEEE 802.11n 修订版的第二稿（在该文档中称为**高吞吐量**（high throughput，HT））最终在 2009 年年末由 IEEE 批准并发布。

第 3 章学习了多路干扰，以及它是如何降低信号质量的，可以使 SNR 非常低，数据变得混乱，接收器无法理解这些数据了。HT 利用一种完全新的方法来实现 PHY 层。IEEE 802.11n 修订版在每个设备中使用多个天线与多个无线电。这使得它可以利用多路干扰来真正提高 SNR，这样就获得 WLAN 传输的有效范围的扩大和可靠性的提高。对 MAC 层的其他改进，以及对 PHY 层的修改，使得 IEEE 802.11n 获得以前不可能获得的数据速率。

尽管传输技术与标准之前版本的有所不同，但支持 HT 的设备仍要求维持在 2.4 GHz ISM 频段上与 IEEE 802.11b 和 IEEE 802.11g 的向后兼容。IEEE 802.11n 一个比较新颖的方面是，它还可以在 5 GHz 频段工作，因此，要求它可以与 IEEE 802.11a 向后兼容。

MIMO 技术

多输入多输出（multiple-input and multiple-output，MIMO）技术是基于发射器和接收器的多个无线电和多个天线使用之上的。在 IEEE 802.11n 出现之前，大多数设备部署为具有两个天线的一个无线电，支持**天线分集**（antenna diversity）技术，这种技术可以增加信号的有效范围。例题天线分集技术，接收器可以知道来自发射器的哪个天线的信号最强，当它发送一个响应数据帧时（比如一个 ACK），它就使用接收到最强信号的那个天线。

支持 IEEE 802.11n MIMO 的设备不是使用天线分集技术，而是使用多个无线电，每个无线电有自己的天线，它们使用束波成形技术，把一个传输发送回刚刚从那里接收到数据帧的设备，这样就增加了所传输信号的有效范围。多个无线电还可以提高吞吐量。支持 IEEE 802.11n MIMO 的设备不是通过单个无线电来传输一个数据帧，而是把一个数据帧分解成多个部分，每部分用一个不同的无线电来传输。这就称为**空分复用**（spatial multiplexing）。在接收器端，数据在传递给 MAC 层之前，重新组装成一个完整的 PHY 数据帧。记住，处于可靠性的考虑，最好是接收器的数量比发射器的多（如果可能）。图 8-13 显示了这个概念的图形示例。

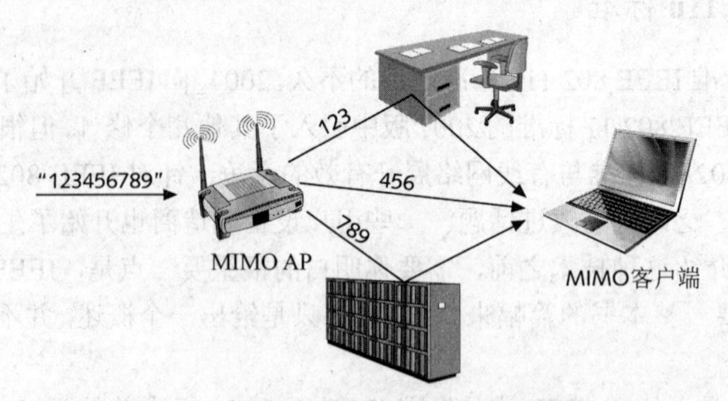

图 8-13　发送多个数据流的空分复用

IEEE 802.11n 修订版规定了多个发射器和接收器的不同无线电配置，最多有 4 个发射器和 4 个接收器，最大传输速率为 600 Mbps。例如，一个 2×3 设备有 2 个发射器和 3 个接收器，而一个 3×3 设备有 3 个发射器和 3 个接收器，等等。每个发射器发送一个不同的数据流，该数据包含了一个数据帧的不同部分。图 8-14 显示了 2×3 和 3×3 的 MIMO 设备示例。注意，为了利用空分复用，接收器和发射器需要具有相同数量的无线电。设备具有的无线电越多，价格也就越高，消耗的功率也越大。由于这两个因素，很少有制造商生产超过 3×3 的设备。

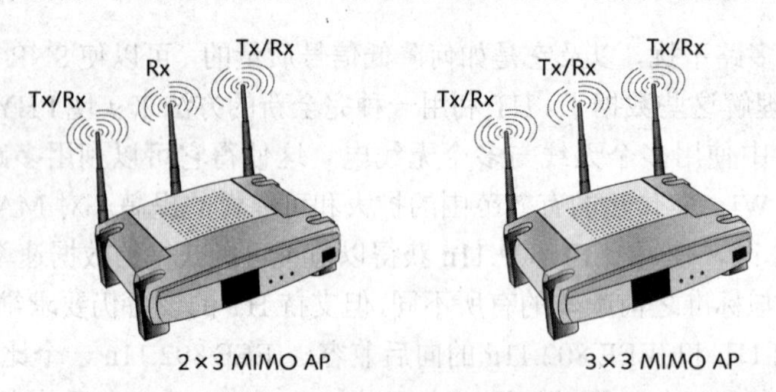

图 8-14　IEEE 802.11n 的 MIMO 设备

空分复用与束波成形一起使用，可以提高传输的有效范围和可靠性。这两种技术都依赖于从接收器来的反馈信息，这说明，任何两个设备都需要评估对方的性能和无线介质信息（如信号质量），并需要告知对方。这是通过设备监视无线介质，跟踪数据帧首部的交换信息，或者通过管理数据帧的交换来实现的。

信道配置

IEEE 802.11n 获得较高数据流的方式之一是在 2.4 GHz 和 5 GHz 频段中使用了更多的带宽。IEEE 802.11a 和 IEEE 802.11g 都是通过 OFDM 技术使用 20 MHz 的带宽来传输数据的，IEEE 802.11b 使用的带宽大约为 22 MHz。

HT 无线电可以在 ISM 频段上支持 DSSS 和 OFDM，这意味着可以把它们配置为自动使用 20 MHz 或 22 MHz 的带宽，支持与 IEEE 802.11b 和 IEEE 802.11g 设备进行通信。然而，只有把无线电配置为使用 40 MHz 的带宽，才能获得高达 300 Mbps 或 600 Mbps 的更高速率。在 ISM 的 2.4 GHz 频段中，这意味着 HT 使用信道 1 与 6 或信道 6 与 11，如果有不止一个 AP 在使用，或者附近（不论是在办公楼、公共热点网络（如咖啡厅）或是住所邻居）已有正在使用的信道 6，就可能出现过多的干扰。

两个设备在不同 BSS 上使用同一信道时所发生的干扰称为**同道干扰**（co-channel interference）。根据 WLAN 或 BSS 的远近，信道 6 上的干扰可能妨碍 IEEE 802.11n 设备在 ISM 频段上获得最大的数据速率。在这种情况下唯一可行的解决方法是部署可以在 5 GHz U-NII 频段上工作的设备。记住，为了节省电源，移动设备的很多不同模式无法利用 5 GHZ 的频段。

当与其他 HT 设备进行通信时，IEEE 802.11n 无线电把频率空间划分成 56 个子载波，每个为 20 MHz 的带宽，使用其中 4 个作为控制子载波。当使用带宽为 40 MHz 的信道与能够使用更大带宽的其他 IEEE 802.11n 设备进行通信时，无线电把频率空间划分成 114 个子载波，使用其中 6 个作为控制子载波。HT 基本上是把两个 IEEE 802.11 信道组合成 2.4 GHz 或 5 GHz 频段，使得它可以携带更多的数据。图 8-15 显示了 IEEE 802.11n 中信道组合的一个图形示例。这里要注意当使用 40 MHz 的宽信道时，这些信道与 2.4 GHz 频段的信道 6 是如何重叠的。

还要注意的是，IEEE 802.11a 和 IEEE 802.11g 只使用一个 20 MHz 的信道。在 2.4 GHz 频段中，在可用信道（信道 1、6 和 11）之间有大约 5 MHz 的频率空间没有使用。信道之间的频率空间称为**防护频带**（guard band），它用于防止相邻信道的干扰（即两个相邻信道中的信号发生的互相干扰）。当 IEEE 802.11 使用一个 40 MHz 的信道时，就没有必要存在 5 MHz 的防护频带了。这些频带空间就可用于更多的子载波，从而也有助于 IEEE 802.11n 在 ISM 和 U-NII 频段中获得更高的数据速率。图 8-15 显示了 IEEE 802.11n 中信道组合的一个图形示例，其中两个信道组合成了一个 40 MHz 的信道。

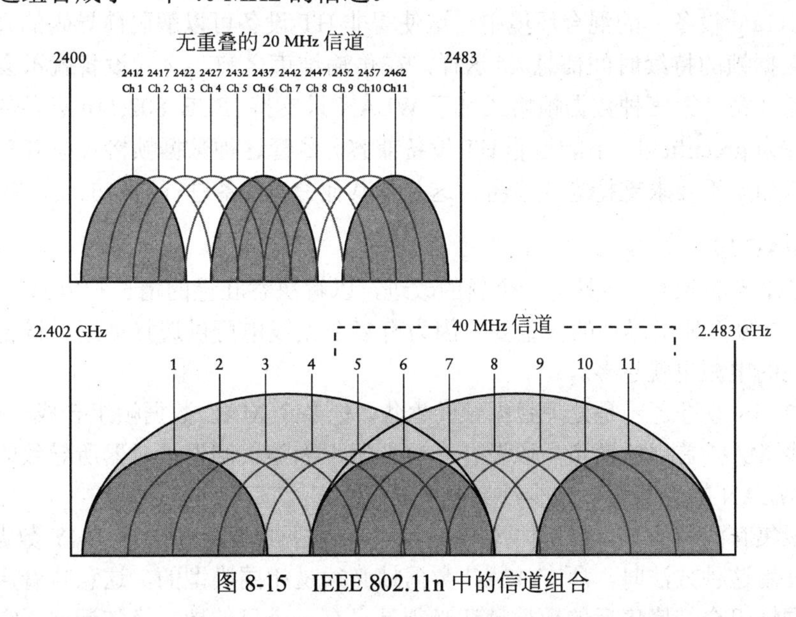

图 8-15　IEEE 802.11n 中的信道组合

防护间隔

正如 8.1 节所述，要传输数字信号，需要以单个比特位数据流或比特位组（称为符号）的形式，把数据调制到载波中。在每个符号中编码的比特位越多，数据速率就越高。在非 HT 传输中（与 IEEE 802.11a/g 兼容），由于是多路径，在每个数据帧的末尾需要有一个数量的延时，使得所有反射信号能到达接收器。这就称为**防护间隔**（guard interval，GI），它使得在最后一个多路信号到达接收器的天线之前，不会有新符号到达该接收器，否则会导致数据破坏。这种数据破坏称为**码间干扰**（intersymbol interference，ISI）。通常，多路信号全部到达接收器的天线最多需要200纳秒，但是，为了防止数据破坏，GI应该是这个时间的2～4倍。在IEEE 802.11a/g中，GI设置为800纳秒。

IEEE 802.11n修订版规定了一个800纳秒的GI，以便与IEEE 802.11a/g兼容，但也可以指定一个400纳秒的GI，从而降低符号时间，提供10%的数据速率。当使用更短的GI时，仍可能发生ISI，导致数据破坏，这就意味着需要重新传输数据帧，从而降低数据吞吐量。

调制与编码方案

由于多种因素（调制类型、空间数据流的数量、GI、FEC编码等）决定着IEEE 802.11n的数据速率，该修订版使用9个不同因素来定义其数据速率。这些组合就称为**调制与编码方案**（modulation and coding schemes，MCS）。该标准的IEEE 802.11-2012版列举了77种不同定义，既适用于20 MHz带宽的信道，也适用于40 MHz带宽的信道，并指定了一个不同的数据速率。这里有8种强制的MCS，支持的数据速率可达72.2 Mbps。其他速率是可选的，最高的4×4设备可支持高达600 Mbps的速率。相比而言，IEEE 802.11a和IEEE 802.11g只支持6、12、24、36、48和54 Mbps，强制的速率只有6、12和24 Mbps。

HT的PHY层

IEEE 802.11n HT的PHY层支持3种不同的数据帧格式。第一种数据帧格式用于在非HT模式下与IEEE 802.11a/g设备进行通信时。第二种数据帧格式用于既有HT也有非HT（老式的IEEE 802.11a/g设备）的混合环境中。这使得非HT设备可以解码前导码的开始部分（其中含有关于数据帧的持续时间信息），这样，在传输结束之前，老式设备就不会试图进行通信，从而避免冲突。第三种数据帧格式用于WLAN只支持IEEE 802.11n设备的情况下。这种运行模式称为greenfield，不能与非HT设备兼容。尽管这种数据帧格式在IEEE 802.11n中是可选的，但如果不要求支持老式设备，这是与其他HT设备进行通信的最高效方式。

HT的MAC层

IEEE 802.11n的MAC层具有一个新的改进，以解决吞吐量的增长和电源管理。在IEEE 802.11n中，电源管理变得真的很重要，因为有多个无线电可供选择使用。设备具有的无线电越多，消耗的电源也就越多。

IEEE 802.11n改进之一是处理数据帧的聚集，把多个MAC数据帧组合成一个PHY数据帧，以便减少MAC首部的数量，以及在介质竞争中因随机回退计时器所导致的负载，这将有助于提高WLAN的吞吐量，减少冲突发生。

数据帧聚集有两种形式。第一种是把多个MAC数据帧组合成一个PHY数据帧，去除单个的首部。使用这种方法时，所有MAC数据帧必须是相同类型的，这意味着声音数据帧不能与视频数据帧组合。聚集后的数据帧还必须是只有一个目的地，换句话说，它们必须是单播数据帧。如前所述，IEEE 802.11接收器必须对每个传输的MAC数据帧进行确认，在这种情况下，对整个聚集数据帧组，只需要一个ACK即可，这就节省了时间，减少了负载，从而提高了吞吐量。这种方法的缺点是，一旦发生了一个错误，这个聚集数据帧组都必须重新传输。

数据帧聚集的第二种形式是组合单个的MAC数据帧，包括首部、主体和尾部。这里同样要求数据帧都必须是单播的。在这种情况下，接收器为每个 MAC 数据帧发送一个 ACK。然而，如果接收设备是与 IEEE 802.11e 兼容的（关于 IEEE 802.11e 标准后面将介绍），那么就可以把一批 ACK 数据帧传输回发送方，对多个传输的 MAC 数据帧进行确认。如果发生错误，那么就只需重新传输检测到错误的数据帧以后的所有数据帧即可。

由于 IEEE 802.11n 具有多个无线电，电源消耗更高，因此该标准定义了两种新的电源管理方法。在**空分复用省电**（Spatial Multiplexing Power Save，SMPS）模式下，MIMO 设备可以只保留一个无线电，其余的全部关闭，然后可以侦听由 AP 发送的信号浮标中的 TIM。如果 TIM 表明有数据正在等待，那么必须唤醒设备，并告知 AP，然后，AP 就可以传输缓存的数据。第二种新的电源管理方法称为**省电多轮询**（Power Save Multi-Poll，PSMP）设备也是只保留一个无线电，其余的全部关闭。当有数据要传输给该设备时，AP 通过传输一个 RTS 数据帧就可以唤醒该设备。该设备然后就可以告知 AP，它的所有无线电又都处于运行中，可以使用 HT 接收数据了。

Wi-Fi 联盟的网站提供了有关无线多媒体（WMM）电源管理的各种资源，尤其是针对移动设备。更多信息，可访问该网站并查找有关信息：www.wi-fi.org。

精简帧间间隔

在 greenfield 模式下，IEEE 802.11n 修订版允许使用**精简帧间间隔**（Reduced Interframe Space，RIFS），这是一个更短的帧间间隔（2 微秒），可用来取代每个传输数据帧末尾的 SIFS，这样，将大大减少时分负载，进一步提高 IEEE 802.11n 的吞吐量。如前所述，IEEE 802.11 的 SIFS 间隔为 10 微秒长，在 IEEE 802.11g 中，为了与 IEEE 802.11 向后兼容，在每个数据帧末尾扩展了 6 微秒的静止时间。

HT 的运行模式

为了使 IEEE 802.11n WLAN 可以与非 HT 设备（可以是 AP 和客户端）共存，并且使设备只支持 20 MHz 的信道（最大数据速率为 150 Mbps），从而可以加入到 WLAN 中，根据设备的不同类型，IEEE 802.11n 可以在 4 种不同模式中运行。下面是有关这 4 种运行模式的简要描述：

- 模式 0，greenfield 模式，只支持使用 20 MHz 或 40 MHz 信道的 HT 设备，但在同一 WLAN 中只能有其中一个信道。
- 模式 1，HT 模式，如果 AP 检测到基站不具有 HT 功能，并且以 20 MHz 的信道进行传输（该信道会干扰 40 MHz 信道中的主信道或辅信道），AP 将部署防护机制，以便减少或消除干扰。
- 模式 2，支持 20 或 40 MHz 的信道。如果 AP 检测到某个设备不能以 40 MHz 的信道进行通信，那么它将部署防护机制，使得只支持 20 MHz 的设备可以与网络关联，并在该网络中进行通信。
- 模式 3，又称为非 HT 混合模式，当一个或多个非 HT 设备与一个 HT AP 关联时，使用这种模式。模式 3 支持 20 MHz 或 40MHz 的 HT 设备，并部署防护机制，允许非 HT 设备参与到 BSS 中。在所有这些模式中，模式 3 是 AP 制造商最常用和最常实现的，因为在不仅的将来，大多数网络都必须支持非 HT 设备。

8.2.2 IEEE 802.11e 标准

IEEE 802.11e 标准于 2005 年 11 月批准发布。它定义了对 IEEE 802.11 的 MAC 层的改进，以扩展对 LAN 应用（这种应用要求提供服务质量（QoS））的支持，它还对协议的功能和效率进行了提高。结合 PHY 层的其他改进，该标准有望提高整体的系统性能，扩展 IEEE 802.11 的应用空间。

与 IEEE 802.11a 和 IEEE 802.11g 标准不同（这些标准要求在传输继续之前，每个数据帧都需要进行确认），IEEE 802.11e 允许接收设备在接收一批数据帧（即，传输几个数据帧）之后再进行确认。图 8-16 显示了对比这两种方法的逻辑图。

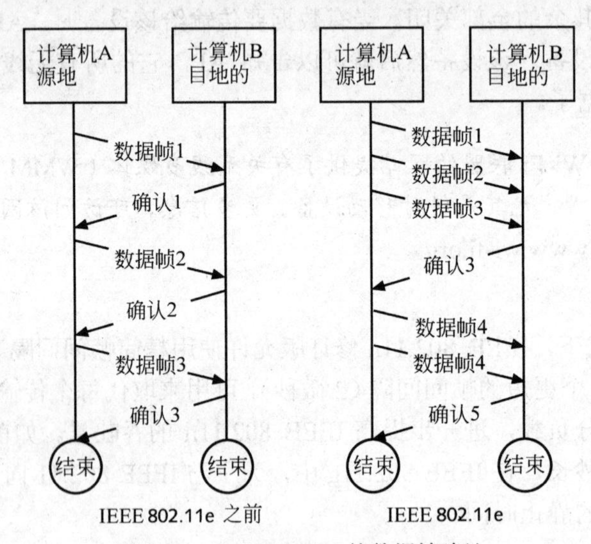

图 8-16 IEEE 802.11e 的数据帧确认

IEEE 802.11e 标准可以启用**分布式协调功能**（distributed coordination function，DCF）的数据帧优先级。充分利用 IEEE 802.11a 和 IEEE 802.11g 的较高数据速率。除推迟或批量确认之外，IEEE 802.11e 还实现了两种新的协调功能，即**改进的** DCF（enhanced DCF，EDCF）和**混合的协调功能**（hybrid coordination function，HCF）。

尽管网络管理员对配置的控制能力水平不同，但遵循该标准的所有 AP 都必须实现这两种模式。此外，这两种模式都包含有一个流量类型（traffic class，TC）定义。例如，对于 E-mail 可能会赋给一个较低的优先级，而对于语音通信则可能赋给一个较高的优先级。在 EDCF 中，如果某个基站具有较高优先级的数据流量，那么它等待传输的时间就较短些，因此也就具有更好的机会传输其数据流量的。

HCF 是 DCF 与**点协调功能**（point coordination function，PCF）的组合。信号浮标数据帧之间的间隔划分为非竞争周期和竞争周期。在非竞争周期中，混合协调器（AP）控制着对介质的接入，根据从客户端接收来的数据流量的信息，为具有高优先级数据流量（IP 语音数据帧）的基站分配更多的时隙。在竞争周期中，所有基站都以 EDCF 模式进行工作。

这种优先级是 IEEE 802.11 标准家族开发的一个重要方面。IEEE 802.11e 标准由于支持基于 QoS 的数据流量优先级，使得在 WLAN 上语音、音频和视频的传输更可靠。QoS 是一种资源预留机制，允许某些类型的数据流量（例如，语音和视频）比对时间不敏感的数据流量

（如复制一个数据文件）具有更高的优先级。QoS 还为移动和流动应用增加了改进的安全特性。**流动用户**（nomadic user）是指那些经常走动但在走动过程中不使用设备的用户。

8.2.3　IEEE 802.11r 标准

在 ESS 中，IEEE 802.11 设备与一个 AP 关联，与另一个 AP 解除关联所需的时间量大约为几百微秒。对于那些能支持移动电话（可用于语音通话）的 IEEE 802.11 设备，重新关联时间不能超过 50 毫秒，否则，人的耳朵会感觉到在语音流中有停顿。如果是这样，用户会对通话质量不满意，他们可能会停止使用移动电话了。为了支持**无线局域网语音**（voice over WLAN，VoWLAN）（这使得企业可以在 ESS 中实现和使用 VoIP），IEEE 802.11 标准需要有一种更快的**切换**（handoff）方式。在 WLAN 中，切换就是指一台计算机或一部手机与一个新接入点连接，与前一个接入点断开连接的过程。另一个问题是，在电话手持设备与 AP 关联之前，IEEE 802.11 的 MAC 协议无法让设备发现在 AP 上是否有所需的 QoS 资源（如所需的时隙数量和安全特性），这会影响语音通话的质量和可靠性。

IEEE 802.11r 标准设计为解决这些问题以及与切换相关的安全性问题。该标准是这样来实现的，改进 MAC 协议，为客户端提供一种方式，在不同信道上与多个 AP 进行通信，在切换发生之前，创建所有必需的参数（包括安全性）。通过提高 WLAN 的功能和性能，该标准的修订版提高了无线移动语音、数据和视频的汇集性。

8.2.4　IEEE 802.11s 标准

假设你需要在一个中型城市的市区部署一个 WLAN，提供与所有城市员工的无缝连接。尽管理论上是可行的，但把每个 AP 与有线网络连接，并配置系统，将是非常昂贵而且复杂的工作，因为需要实现所有不同地方的相互连接。安装室外网络电缆也不是可行的选择，因此，解决这个问题的唯一方法是从当地有关部门租借通信线路。这不仅使成本非常高，根据所用的技术，要获得高数据速率也困难。

理想的解决方法是通过无线介质把无线 AP 相互连接。然而，从本章前面章节可知，当前，IEEE 802.11 还不能为 AP 相互通信提供方法，更不用说转发无线数据帧流量了，除非通过有线接口。

IEEE 802.11s 标准提供了这种解决方法。图 8-17 显示了一个无线网状网络示例。在该图中，只有 AP5 提供了一个与 Internet 的连接，使得连接成本低。与 AP3 连接的笔记本，以及与 AP7 连接的 PDA，就可以访问有线网络或 Internet，因为 AP 可以通过无线介质相互通信，数据帧通过 AP5 可以发送到有线网络或 Internet。

IEEE 802.11ac 与 IEEE 802.11ad

在写作本书时，IEEE 802.11ac 和 IEEE 802.11ad 还处在开发中。IEEE 802.11ac 修订版可获得从 433 Mbps 到大约 7 Gbps 的数据速率，每条信道的带宽为 80～160 MHz。它还允许每个 AP 使用 2～8 个无线电传输最多 8 个空间数据流。如果在某个 AP 中有全部 8 个无线电，并不是全部都用于与某一个客户端设备进行通信，其他的空间数据流可以用来与其他客户端设备同时进行通信。IEEE 802.11ac 修订版只工作在 5 GHz 的 U-NII 频段上，因为 ISM 的 2.4 GHz 频段总共只有 83.5 MHz 的带宽可用。

IEEE 802.11ad 的标准化工作是从 WiGig 联盟规范（第 6 章已介绍）发展而来的。其目标是把 IEEE 802.11 标准扩展为可以工作在 60 GHz 频段上，同时保持在 ISM 和 U-NII 频段上与 IEEE 802.11 的向后兼容。

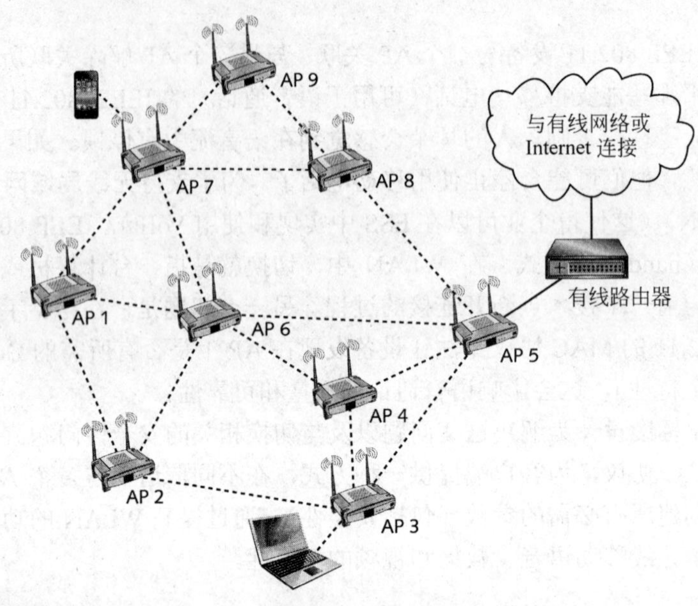

图 8-17　网状网络中的无线 AP 连接

8.3　扩展 WLAN 功能

至此，本书主要介绍了两种基本的 WLAN 硬件：AP 以及客户端设备上的 WLAN 接口。本节将介绍一些其他类型的设备，这些设备可以扩展 WLAN 的功能，提高 IT 工作人员在大型公司里管理和维护 WLAN 的能力。

如前所述，WLAN 的信号有效范围仅限于几百英尺。WLAN 有一种组件（即网桥）专门用来连接两个有线网络，或扩展 WLAN 的有效范围。

8.3.1　无线网桥与转发器

无线网桥是用于连接诸如远程校园建筑物或临时办公场所的理想解决方法，尤其是这些地方之间有公路或铁路之类的障碍物，使用有线连接不实际或太昂贵。使用 IEEE 802.11 网桥，如果以 11 Mbps 传输，建筑物之间的距离可达 18 英里（29 千米）；如果以 2 Mbps 传输，则距离可达 25 英里（40 千米）。在点对点情况下，IEEE 802.11a 无线网络以 54 Mbps 的速率传输，距离可达 8.5 英里（13.5 千米），或以 28 Mbps 的速率传输，距离可大 20 英里（32 千米）。IEEE 802.11a 无线网桥通常运行在 5.725～5.825 GHz 的 U-NII 高频段上，这个频段只准许在室外应用，当用定向天线进行部署时，可以使用非常高功率的发射器。

以 11 Mbps 的速率传输时，远程无线网桥的速率要块好几倍，并且是高速数字通信线路成本的几分之一。

当用来连接两栋建筑物时，无线网桥通常部署为点对点配置，如图 8-18 所示。

对于远距离的链路，其中的信号达到接收器需要花费更长的时间，因此传输无线网桥可以扩展 SIFS 时间，这样，使得接收器具有足够的时间来进行数据帧确认（如前所述，ACK 总是在 SIFS 之后发送的）。扩展 SIFS 意味着无线网桥没有完全遵循 IEEE 802.11 标准。这是点对点配置中唯一可行的。

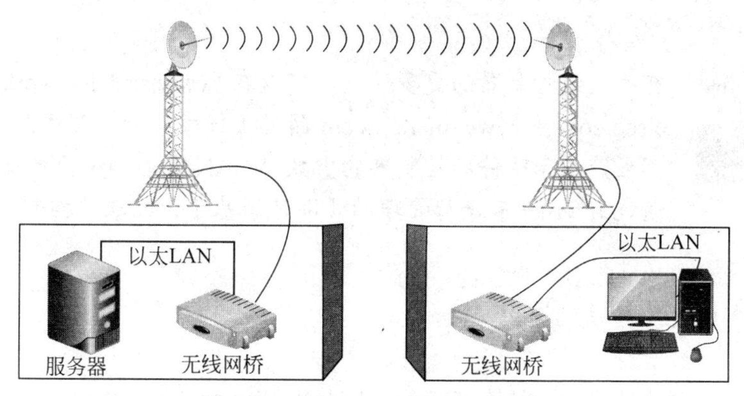

图 8-18　两个 LAN 的无线桥连接

WLAN 扩展

无线网桥可以扩展 WLAN 的有效范围。网桥就是这样一种设备，在单点对多点模式中，可以配置成一个转发器，与 AP 连接。位于 AP 有效范围之外的客户端设备，可以与网桥关联，然后，根据传输的方向，网桥把数据帧转发给 AP 或客户端。一些制造商的 AP 也可以作为一个转发器或网桥进行连接。在购买作为这种用途的 AP 之前，应认真阅读其用户手册，确保它满足你的需求。

网络设计人员必须记住的一件事情是，WLAN 扩展应用时引入了额外延时量。因为配置为转发器的设备必须正确接收每一个数据帧，确认这些数据帧，然后等待一定数量的时隙，再进行下一次通信，运行在客户端上的某些应用可能无法容忍这种更多的传输延时。此外，增加的这些延时可能会使网络的吞吐量折半。

8.3.2　无线控制器

当在一个建筑物或校园中部署了大量 AP 时，远程管理这些设备会变得非常困难。大多数的设置是分布式的，可以远程管理。但如果出现了物理问题，如网络连接性和硬件故障，就要求派遣技术人员去现场，这种提供技术支持的方式是昂贵的。

此外，在部门中也往往需要部署 AP，这就增加了支持延时和成本。AP 具有的特性越多，要配置和维护它就越复杂。而且，远程监视信号的覆盖范围和强度也就越困难。

简化无线网络管理的一种方式是使用**无线控制器**（wireless controller）。无线控制器是这样一种设备，它集成了 AP 的大多数功能，但没有无线电。通过直接的电缆或逻辑网络（对于远距离点），它们可以与多个相对简单的 AP 连接。这些相对简单些的 AP 由具有某些 MAC 层功能的 PHY 层设备组成。无线控制器负责处理接口，以及与有线 LAN 和大多数 MAC 层功能的通信。

通过这种方式，WLAN 的管理就高度集中化了。网络管理员在无线控制器上配置 WLAN，包括无线电参数，然后把这些配置推送给 AP。如果某个 AP 发生故障，无线控制器可以调制附近两个 AP 的传输功率，以便覆盖发生故障的 AP 原来所覆盖的范围。还可以设置更多的 AP，作为监视设备，检测是否有未授权 AP 的出现，并可以监视无线信号的质量。

在无线控制器中集成服务质量（QoS）特性，使得部署 VoWLAN（VoWLAN 可以使用户在 ESS 中漫游时也能进行通话呼叫）更容易。无线控制器大大简化了大型 WLAN 的部署和持续不断的管理。

有关无线控制器的更多信息，可以在 www.arubanetworks.com、www.cisco.com 和 www.meraki.com 网站上搜索它们的无线产品。Meraki 是不生产基于硬件的控制器的少数 WLAN 设备制造商之一。它的 AP 是通过 Internet 来进行管理的（即使用基于云的软件控制器）。

8.4 其他 WLAN 扩展硬件

WLAN 市场的爆炸性增长，培育了无线家庭与办公室设备的新领域。然而，随着 IEEE 802.11 最新标准以及 Wi-Fi 联盟的 WMM 规范（其目的是要支持音频和视频）的出现，很多产品，尤其是用于发布媒体或连接计算机与媒体投影器的设备，不能继续使用了。除媒体播放器（如 Apple TV，西部数据公司的 WDTV Live 等）之外，那些能利用家庭或办公室里的已有 WLAN 的产品，今天正在取代大部分的专用设备。

8.4.1 WLAN 的安全性

任何有关 WLAN 的介绍，如果不讨论其安全性，那就不够完整了。在 EM 上广播网络数据流，带来了一个全新的问题，那就是保持数据传输安全。IT 专业人员都知道，在最初的 IEEE 802.11 中，对安全性的预见一直被人诟病。本节介绍一些网络攻击类型，以及由 IEEE 和 Wi-Fi 联盟创建的一些用来提高 WLAN 安全性的措施。

记住，这些措施同样也可以用于无线网络，无论这些网络使用的是哪种标准。由于标准定义了数据在 PHY 层中是如何传输的，因此安全性实现与以太网中的类似。然而，因为 WLAN 传输使用的介质是无法以任何方式控制的，WLAN 更容易遭受信息入侵、干扰和劫持。

安全设置不能阻止所有潜在的破坏。安全必须看作是一项不断进展的工作。网络管理员必须定期检查系统和日志文件，以便确保安全特性没有被损害。例如，经常携带笔记本旅行的用户，会定期重新配置其系统，以解决与其他网络连接的问题，因此，除非对公司的 WLAN 采取特定措施，否者容易把该网络暴露给安全攻击者。

8.4.2 对 WLAN 的攻击

对 WLAN 会有各种攻击。其中比较危险的一些有窃取硬件、假冒 AP、被动监视以及拒绝服务（denial of service，DoS）攻击等，下面来介绍这些攻击。

窃取笔记本电脑是一种威胁，因为该设备中可能含有能用来入侵某个网络所需的信息，如安全密钥和口令。

假冒 AP 利用了老式 IEEE 802.11 WLAN 存在的一个问题，即客户端要对自己进行认证，但 AP 不会对自己进行认证。如果在笔记本电脑上安装一个欺骗的 AP 或软件，来假冒一个合法的 AP，从而诱骗客户端与之关联，这样就可以监视客户端的信息，破解安全密钥。假冒 AP 还可以作为其他类型的安全攻击的基础，攻击 WLAN 中的某些设备，例如，利用笔记本电脑中的软件，骗取 AP 的 MAC 地址和其他参数。这种类型的攻击称为中间人攻击。

在被动监视中，攻击者只是捕获数据传输，用来获得信息，如 AP 和无线客户端的 MAC 和 IP 信息。经过一段时间后，攻击者就可以构建 WLAN 的文档，利用这些信息来入侵该网络。攻击者可能使用嗅探器来捕获足够数据帧，从而对安全密钥进行解码。这可能需要捕获几百万数据帧（具体数量根据所使用的安全密钥类型不同而不同），可能需要大量的计算机处理能力，但这的确是可以做到的，尤其是攻击者锁定了某个公司为目标，舍得花费大量的时间。因为用来与 WLAN 关联的数据帧经常没有进行加密，可以截获它们，收集重要数据，从而用于发起攻击。未授权用户可以使用这些信息，针对一个或几个设备进行不断的数据传输，从而淹没该网络。这就是 DoS 攻击的一个示例，可以有效地拒绝其他设备对 WLAN 的接入。

利用特殊的设备或软件，比如 AirMagnet Enterprise（参见 www.airmagnet.com）或 AirCheck（参见 www.flukenetworks.com），可以很容易检测和避免 DoS 攻击和假冒。这些设备和软件价值 2500 美元甚至更多，但可以使公司免受攻击，是值得的一项投资。防止这些类型的攻击的另一种方式是，部署一种外部认证机制，正如本章后面在 IEEE 802.1X 和 IEEE 802.11i 中所描述的那样。

8.5　IEEE 802.11 的安全性

IEEE 802.11 标准定义一些基本的安全措施，支持加密。IEEE 802.11 的认证仅限于 AP 对客户端设备的认证。而客户端不能对 AP 进行认证，因此不知道它们是连接到了企业 AP，还是攻击者假冒的企业 AP。

8.5.1　认证

认证就是验证客户端设备是否具有接入网络许可的过程。在有线 LAN 中，认证很重要，由于无线传输的开放性，在 WLAN 中，认证更是重要。

IEEE 802.11 WLAN 为认证潜在的客户端设备提供了非常基本的方法。每个 WLAN 客户端给予一个网络 SSID。当客户端要取得连接到网络的许可时，会把 SSID 值传输给 AP。只有那些 SSID 被认证是合法用户的客户端，才允许与网络连接。

可以用两种方式中的一种来给予无线客户端一个 SSID。第一种是手工输入 SSID 到无线客户端设备中。一旦输入后，任何可以操作该设备的人，都可以看到该 SSID，并且可以把该信息传递给其他人。默认情况下，AP 会免费把 SSID 公告给进入 AP 的无线电信号范围之内的所有移动设备，并可以对信号浮标数据帧进行解码。

管理员可以把 AP 配置为不广播 SSID。然而，需要记住的是，当客户端传输一个探测数据帧时，IEEE 802.11 标准要求 AP 发送一个探测响应数据帧，该数据帧含有网络的 SSID。攻击者可以使用一个简单的工具，比如 Metageek 公司的 InSSIDer 软件，该软件往要探测的所有 AP 发送一个探测请求数据帧，就可以访问包含在探测响应数据帧中的所有信息。

8.5.2 保密

保密不同于认证。认证用于确保用户（或设备）具有称为网络一部分的许可。保密则是用于确保未授权无法理解无线传输的各种处理过程。这是利用数据加密来完成的。加密就是把数据打乱，使之无法阅读，只有具有加密密钥并可以解码消息的目标接收者才能解码这些数据。加密的强度不仅与保持密钥不被他人知晓有关，而且与密钥本身的长度有关。密钥越长，加密强度越高，因为越长的密钥，越难破解。但是，越强的加密会增加传输量，这反过来会降低 WLAN 的整体吞吐量。

8.5.3 有线等效保密

IEEE 802.11-1997 标准提供一种可选的规范，称为**有线等效保密**（Wired Equivalent Privacy，WEP），用于在无线设备之间加密数据，以防止窃听。WEP 加密有两个版本：64 位加密与 128 位加密。前者使用一个 40 位的密钥（5 个字节或 10 个十六进制的数字）加上一个 24 位的**初始化向量**（initialization vector，IV），它是加密密钥的一部分，以明文形式发送，位于要加密的数据之前。同样，128 位加密使用一个 104 位的密钥加上一个 24 位的 IV。一些提供商在其设备中提供 256 位的加密，而这些设备使用的是同样的 24 位 IV。而且，如果使用 256 位加密，在不同制造商销售的设备之间，可能存在兼容性问题。

2001 年，不同大学的研究人员大致描述了攻击者如何收集必要的数据，进行 WEP 加密破解。2001 年年末，只用不到 2 个小时，就可以把在 WLAN 传输中使用的 128 位 WEP 密钥解密。到 2005 年，如果攻击者可以捕获大约 200 000 个数据帧，就可以把解密时间缩短到不足 2 分钟。WEP 使用的是 RC4 加密算法的一种弱实现，该算法是由 RSA 数据安全公司的 Ron Rivest 开发的，除了在家庭网络中，今天很少使用它了。

8.5.4 Wi-Fi 保护接入

Wi-Fi 保护接入（Wi-Fi Protected Access，WPA）是一种用于网络认证和加密的标准，由 Wi-Fi 联盟引入，以解决 WEP 的脆弱性。WPA 使用一个 128 位的**预共享密钥**（pre-shared key，PSK），又称为“个人模式”（Personal mode），需要手工把它添加到要与 WLAN 连接的每个设备的配置中。WEP 只使用一个 24 位的 IV，WPA-PSK 则为每个客户端设备、每个数据以及每个通信会话使用一个不同的加密密钥。

WPA-PSK 不适合用于具有很多客户端设备的大型公司，因为它需要由用户来创建口令，并需要在 AP 和客户端手工输入。强度较大的口令应长于 8 个字节，并且应是字母、数字和非字母字符等的组合。硬件用这个口令来生成一个加密密钥。该密钥是基于用户可设置的计时器不断轮换的，制造商通常把该计时器设置为 300 秒。这种模式不能提供与企业级系统同样级别的防护。企业级系统的防护依靠的是位于网络某处的认证服务器。

WPA 使用了**临时密钥完整性协议**（temporal key integrity protocol，TKIP），该协议对每个数据包都使用混合密钥。此外，TKIP 还提供了**消息完整性校验**（message integrity check，MIC），它使用一些变量与静态数据项的组合，比如当前网络正常运行时间（不是基于当前时钟时间的）以及其他数据项，确保已加密数据不会被篡改。如果使用 WEP，有可能篡改已加密数据且不被检测到。MIC 可确保由源设备发送的数据不会被修改。

TKIP 使用一个 48 位的散列初始化向量，并且在用户指定的时间后改变密钥。WPA 包含有一种机制，让 AP 改变密钥，并把新密钥传输给所有客户端设备。

WPA2 是经 IEEE 认证的 WPA 版，与可与 IEEE 802.11i（8.5.5 节将介绍该标准）兼容。它增加了对**高级加密标准**（advanced encryption standard，AES）的支持。AES 能够满足美国政府的安全需求。然而，由于 AES 需要额外的处理能力，因此较旧的硬件可能不支持它。

Wi-Fi 联盟对 WPA 和 WPA2 也有认证程序。设备提供商使用这些程序来验证它们的设备是否符合标准，并确保它可以与其他提供商的设备相互操作。设备提供商向 Wi-Fi 联盟支付一定的费用，并提供设备以供互操作性测试。如果设备通过了所有测试，提供商就可以在其设备、包装、用户手册和其他宣传材料上添加“Wi-Fi CERTIFIED”标志。

8.5.5　IEEE 802.11i 与 IEEE 802.1X 标准

2004 年 6 月批准的 IEEE 802.11i 修订版是针对初始 WLAN 标准安全脆弱性进行一系列努力的结果。与 IEEE 802.1X 一起，IEEE 802.11i 定义了一个**强网络安全组合**（Robust Security Network Association，RSNA），这是一个具有多种安全功能的组合，通过客户端设备与接入点之间的相互认证，控制对网络的接入，创建安全密钥以及对密钥进行管理，从而保护数据帧。有关 IEEE 802.11i 与 IEEE 802.1X 标准的完整介绍超出了本书的范围，要详细了解这些标准，可以从 http://standards.ieee.org/getieee802/ index.html 下载 IEEE 802.11i 与 IEEE 802.1X 标准文档。

IEEE 802.1X 是 IEEE 802.1 网络标准组的一部分，可应用于有线网络和无线网络。然而，IEEE 802.1X 不是任何标准的修订版，它是 RSNA 实现的推荐标准。

在 IEEE 802.11i 中，客户端设备在与一个 AP 关联之前，必须由外部认证服务器（如**远程认证拨号用户服务**（Remote Authentication Dial In User Service，RADIUS），这是网络上认证用户的一种常用方法）进行认证。由认证服务器对客户端进行认证的另一种方法类似于 RADIUS，但其认证是由 AP 自己来完成的。客户端设备与 AP 之间的所有通信，都必须在认证过程完成之后才能进行。认证过程完成之后，就启用已加密和 MIC 的数据保护。此时，才允许客户端与 AP 关联，并可以进行通信。图 8-19 显示了部署一个认证服务器的常见网络图。

RADIUS 软件可以从很多提供商那里获得，免费版本为 FreeRADIUS。RADIUS 缩写词中的“Dial In”是从电话线拨号沿用而来的。RADIUS 可适用于有线网络和无线网络。从很多 Internet 网站可以下载 FreeRADIUS，支持各种网络设备，包括 AP 和路由器等。

IEEE 802.1X 基于无线设备、AP 与 RADIUS 服务器之间的接入请求，使用**可扩展认证协议**（Extensible Authentication Protocol，EAP）。EAP 有多种，每种支持一种不同的认证方法及其相关的网络安全策略。为使 EAP 可以工作，上述 3 种设备必须全部支持同一种认证方法。使用 EAP 时，网络管理员无须在每台计算机上配置 WPA 口令或 WEP 密钥。RADIUS 服务器为无线设备和 AP 提供密钥。这在开始时和任何原因需要修改密钥时，都可以节省配置工作和时间。当客户端设备与已授权的 AP 进行通信，还可以间接验证该客户端设备。

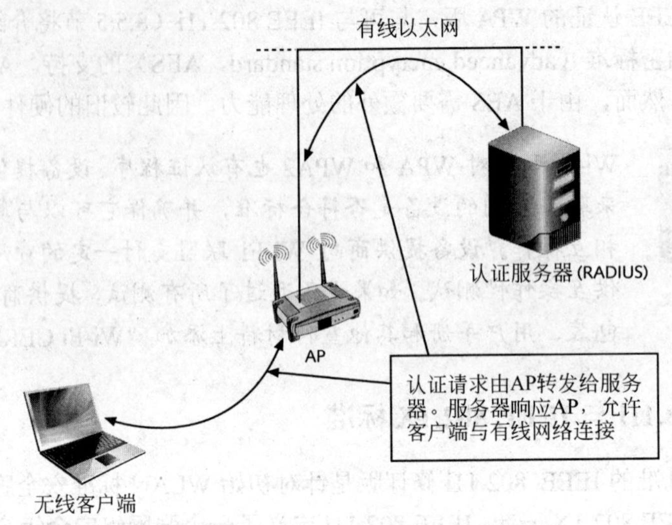

图 8-19 使用 RADIUS 服务器防护无线网络

8.5.6 按钮无线安全性

由于很多安装了无线网络的家庭用户没能设置正确的安全策略，使得他们的网络暴露于潜在的攻击者之下，因此，一些提供商提供了一种设置无线家庭网关和客户端设备的新方法。尽管每个提供商的方法名字或缩写词不同，它们都是在无线网关的前面板上或设置软件中提供了一个额外的按钮，可以在无线网关和客户端设备中自动配置安全性设置。记住，要使用**按钮无线安全性**（push-button wireless security），无线 NIC 与 AP 或网关都必须支持该特性。该按钮需要在每个设备上为每个客户端激活一次，每次针对一个客户端。这种安全特性会把安全密钥传送给无线 NIC，然后自动创建一条与该无线设备的连接。如果使用的是来自不同提供商的无线 NIC 和网关，应首先检查一下，确保该特性是可兼容的。

8.5.7 虚拟专用网

虚拟专用网（virtual private network，VPN）使用一条已加密的连接，在跨越一个公共网络或企业网络的两个点之间创建一条虚拟隧道。VPN 使用强加密算法（如 AES），因此是实现无线网络的最安全方法。由于需要加密，VPN 需要消耗大量的处理资源，因此，在 VPN 环境中，一些对时间敏感的客户端-服务器应用可能是不可接受的。在这些情况下，无线网络应使用本章前面介绍的技术来进行安全防护。然而，使用具有无线功能的可携带计算机，从远距离通过 Internet 来访问公司网络的用户，就只能通过 VPN 了。大多数公共无线网络是不安全的，会把公司的数据（如 E-mail，甚至是客户姓名和地址）暴露给攻击者。实际上，如果不正确实现 VPN，整个公司网络都可能暴露于来自 Internet 的攻击。当用户通过 VPN 登录到公司网络中时，禁止接入 Internet 就可以避免这个问题，因此，大多数 VPN 就是以这种方式创建的。

8.5.8　其他 WLAN 安全策略

除前面章节中介绍的安全策略外，还可以通过降低 WLAN 的传输功率来提高 WLAN 的安全性。然而，需要记住的是，装备有高增益定向天线的攻击者仍然可以检测到 RF 信号。修改 AP 上的默认安全设置可能是最重要的第一步。不要忘记使用反病毒和反侦探软件。当移动无线客户端在公司办公室之外运行时，更容易暴露在这些攻击之下，从而容易把这些攻击带入有线网络中。

要更好地防护 WLAN，需要在 WLAN 与有线 LAN 之间设置一个防火墙，把 WLAN 传输与有线网络数据传输隔离开来，这需要实现**虚拟局域网**（virtual local area network，VLAN），以便允许经授权用户可以访问有线网络。当允许访客无线设备连接你的 WLAN 时，这点尤为重要。

本章小结

- IEEE 802.11b 运行在 2.4 GHz 的 ISM 频段上，最大数据速率为 11 Mbps，已获得广泛部署，但主要用于家庭应用。然而，ISM 频段比较拥挤，容易受其他网络技术、无绳电话和蓝牙的干扰。
- IEEE 802.11a 标准具有 54 Mbps 的最大数据速率，并且支持 48、36、24、18、12、9 和 6 Mbps 的速率。IEEE 802.11a 由于使用更高的频率、更多的传输信道以及新的复用技术，因而具有比 IEEE 802.11b 更高的速率和更好的灵活性。
- IEEE 802.11a 使用的是免许可的国家信息基础设施（Unlicensed National Information Infrastructure，U-NII）频段。使用 U-NII 的 IEEE 802.11a WLAN 的可用总带宽为 555 MHz，这几乎是使用 ISM 频段的 IEEE 802.11b 网络的可用带宽的 7 倍。
- 在 IEEE 802.11a 中，可以有 23 条频段同时运行。每条频道为 20 MHz 宽，支持 52 条 300 kHz 宽的子载波。由于有更多的可用信道，如果管理正确，在 IEEE 802.11a WLAN 中，可以让更多的用户接入更多的带宽。
- IEEE 802.11b WLAN 的接收因多路失真而减慢。IEEE 802.11a 标准使用一种名为正交频分多路（orthogonal frequency division multiplexing，OFDM）的新技术解决了这个问题。OFDM 以较低的速率，通过多个子载波并行传输多个比特位，而不是在单个信道上发送一长串的数据流。这样可以在提高数据速率的同时，还降低了 IEEE 802.11b 中因高速率传输而产生的多路失真问题。
- OFDM 把 52 个子载波中的 48 个用于传输数据，其余 4 个用于监视和错误纠正。用于对数据编码的调制技术因速率不同而不同。
- 与 IEEE 802.11b 相比，IEEE 802.11a 传输中发生错误的概率大大减少了。使用前向纠缠（FEC）还可以提供错误纠正。IEEE 802.11a 还传输数据的一个冗余副本，这有助于提高可靠性。
- IEEE 802.11a 标准只是对初始的 IEEE 802.11 和 IEEE 802.11b 标准的物理层（PHY 层）进行了改变，MAC 层保持不变。IEEE 802.11a 的 PHY 层划分为两个不同：物理介质相关（Physical Medium Dependent，PMD）子层和物理层汇集过程（Physical Layer

Convergence Procedure，PLCP）。PMD 涵盖了无线介质的特性，定义了通过该介质传输和接收（OFDM）数据的方法。PLCP 把从 MAC 层（传输数据时）接收来的数据重新格式化为 PMD 子层可传输的数据帧，并侦探介质，决定何时可以发送数据。

- IEEE 802.11g 保留了 IEEE 802.11b 的特性，并且数据传输速率比 IEEE 802.11a 高。IEEE 802.11g 修订版运行在 2.4 GHz 的 ISM 频段上，而不是 IEEE 802.11a 所使用的 U-NII 频段。
- IEEE 802.11e 修订版为初始的 IEEE 802.11 标准增加了服务质量（QoS）。此外，它还通过批量确认消息以及两种新的协调功能：改进的 DCF（enhanced DCF，EDCF）和混合的协调功能（hybrid coordination function，HCF），提高了性能。
- IEEE 802.11n 修订版可以使用 2.4 GHz 的 ISM 频段或 5 GHz 的 U-NII 频段，数据速率提高到 600 Mbps。这是通过使用 OFDM 把两个频道组合起来得到 40 MHz 的带宽来实现的，使用不同的无线电和不同的天线，同时传输 4 个数据流。为了维持与 IEEE 802.11a/b/g 的向后兼容，IEEE 802.11n 对 MAC 进行了一些改进（称为保护机制）。
- IEEE 802.11r 修订版使得设备可以快速移动，把设备与一个新 AP 的关联时间从几百毫秒减少为不到 50 毫秒。这使得 WLAN 可以很好地支持 ESS 环境下的 VoWLAN。它还允许客户端在创建一个连接之前，从多个 AP 那里获得有关带宽可用性与安全特性等的信息。
- IEEE 802.11s 修订版使得通过无线连接，实现 AP 相互之间的通信和数据流传输，在一个较大的地理区域中，无须把每个 AP 与有线网络连接，就可以支持扩展网状 WLAN 的低成本部署。
- IEEE 802.11ac 修订版使用 U-NII 频道，可以把 WLAN 的速率提高到接近 7 Gbps，带宽为 80～160 MHz。
- 新的 IEEE 802.11ad 修订版运行在 60 GHz 的频段上，近距离连接的速率可达 7 Gbps，同时保持与 IEEE 802.11a/ac/b/g/n 的向后兼容，可以在 U-NII 和 ISM 频段上传输数据。
- WLAN 可能会遭受各种安全攻击。IEEE WLAN 要求提高安全措施。通过 Wi-Fi 保护接入（WPA 和 WPA2）的引入，WLAN 的安全性得到了很大提高。
- 使用 VPN、IEEE 802.11i 认证和 IEEE 802.1X 安全措施，可以保护 WLAN 免受攻击。认证就是验证客户端设备是否具有接入网络许可的过程，确保客户端设备是与已授权 AP 进行通信的。保密是各种数据加密过程，用于确保未授权无法阅读数据传输。

复习题

1. 最初的 IEEE 802.11 标准创建于 1997 年，主要针对的是最大速率为________的 WLAN。

   a. 1 Mbps　　b. 2 Mbps　　c. 3 Mbps　　d. 4 Mbps

2. 根据标准，IEEE 802.11a WLAN 的最大速率是________。

   a. 11 Mbps　　b. 24 Mbps　　c. 54 Mbps　　d. 108 Mbps

3. IEEE 802.11a 对 MAC 层所做的最重要改变是________。

   a. 使数据帧更短　　b. 提高了安全性

   c. 处于效率考虑，使数据帧更长　　d. 以上都不是

4. 与 IEEE 802.11b 相比，IEEE 802.11a 在除________之外的以下方面提高了速率和灵活性。
   a. 更高的频率　b. 使用更少的带宽　c. 更多的传输信道　d. 一种新的复用技术
5. U-NII 频段的运行频率是________。
   a. 2.4 GHz　b. 33 GHz　c. 5 GHz　d. 16 kHz
6. FCC 把 555 MHz 的初始 U-NII 频谱划分为 4 个频段，每个频段有最大的功率限制。对还是错?
7. 所有 5 GHz 频段对全球的 WLAN 都是可用的。对还是错?
8. 诸如 2.4 GHz 无绳电话、微波炉和蓝牙之类的设备可能会对运行在 2.4 GHz 的 ISM 频段的 IEEE 802.11b 网络产生干扰，但对 IEEE 802.11a 不会有问题。对还是错?
9. IEEE 802.11a WLAN 的每个频道为 20 MHz 宽，支持________个子载波信号。
   a. 56　b. 114　c. 52　d. 48
10. 在 ISM 频段使用 40 MHz 的带宽，IEEE 802.11n 可以获得 300 Mbps 的数据速率，但在这种频率范围中部署 WLAN 的主要挑战之一是________。
    a. 符号间的干扰　b. 信道 6 上的同道干扰
    c. 信道 1 和 11 上过多的多路干扰　d. 来自 U-NII 频段的干扰
11. 在 U-NII 频段上使用 40 MHz 带宽的 IEEE 802.11n 有多少可用的管理载波?
    a. 4　b. 2　c. 6　d. 8
12. IEEE 802.11n 具有更高带宽的原因之一是，它组合了两个 ISM 或 U-NII 信道。另一个重要原因是它________。
    a. 避免了多路干扰　b. 使用了天线分集
    c. 可以使用多个空间数据流进行传输　d. 可以同时用任意两条频道进行传输
13. 当在 ESS 中移动的同时使用网络，与 AP 连接和断开连接的过程称为________。
    a. MIMO　b. 切换　c. 交换　d. 游动
14. IEEE 802.11e 修订版对 MAC 层的变化，使得 WLAN 数据流可以进行优先级分级，这称为________。
    a. RSNA　b. QoS　c. VoWLAN　d. WPA2
15. 下面哪个是公司部署无线控制器的最重要原因之一?
    a. 它可以桥接多个 WLAN　b. 它可以提高安全性
    c. 它简化了 WLAN 的管理　d. 无线控制器支持 TKIP
16. 下面哪项是提高企业 WLAN 安全性的最好方法?
    a. 使用 TKIP 和 WEP　b. 在网络中部署一个认证服务器
    c. 定期改变频率　d. 安装支持 IEEE 802.11s 的设备
17. 为什么认为 WEP 远不如 WPA 和 WPA2?
    a. 它传输的是一个未加密的 24 位 IV　b. AP 无法正确对客户端设备进行认证
    c. 它根本就不支持加密　d. 它比使用 RADIUS 更安全
18. 下面哪项是 WPA2 优于 WEP 的关键点?
    a. 它使用一种更强的加密算法　b. 它支持 EAP
    c. 它支持 TKIP 和 MIC　d. 以上全部都是
19. 在 IEEE 802.11 WLAN 中，专门设计了下面哪项来提高对音频和视频的支持?

a. 无线控制器　　b. WPA2　　c. 无线转发器　　d. WMM

20. 当IEEE 802.11a与IEEE 802.11g以相同速率运行时，下面哪项是IEEE 802.11a比IEEE 802.11g效率高的原因？

a. IEEE 802.11g具有更长的SIFS　　b. IEEE 802.11a设备可以处理更多的数据

c. IEEE 802.11a设备更复杂，更昂贵　　d. IEEE 802.11a的时隙更短

动手项目

项目8-1

本项目介绍对支持IEEE 802.11n的家庭网关或AP的基本设置。你可以使用任何制造商的设备来完成本项目。设备的品牌不重要，因为在实际中，很可能要配置各种设备。尽管设置界面可能会与这里的不同，但本项的目的是让你理解需要修改哪些设置项，这些项将如何影响无线网络的速度和性能。

本项目使用的设备是DLink DIR-825双频段（2.4 GHz和5 GHz）无线家庭网关和Dell Latitude E4300笔记本电脑，但只要与IEEE 802.11n兼容的任何类型的无线家庭网关和PC都是可以的。为简单起见，本项目使用的是一个无线家庭网关（后文就称为网关）。本项目只介绍如何执行基本的设置步骤，把装备有无线NIC的计算机连接到网关。

1. 把计算机与网关连接。如果可能，应使用一条有线连接来修改网关或接入点的设置。其中一些设置，比如安全性，将会使你的计算机断开连接，直到重新配置它使用新的设置。

2. 查看网关的说明文档，看看如何手工配置无线设置。即使是有配置向导，往往也不足以控制参数设置，因此，最好是按照手工配置的过程进行设置。图8-20显示了配置IEEE 802.11n的2.4 GHz无线设置示例。

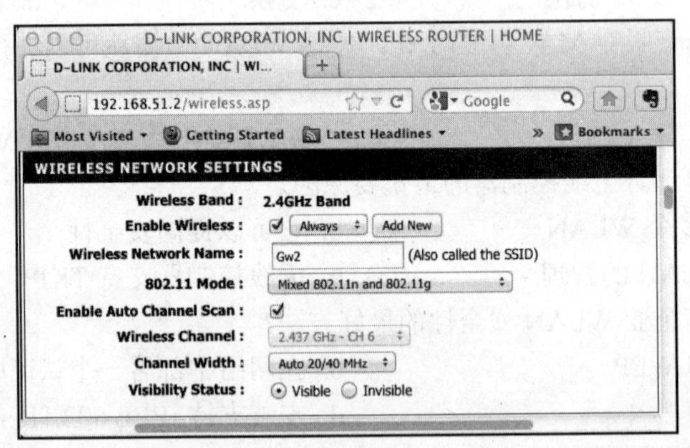

图8-20　IEEE 802.11n的2.4 GHz无线网络设置（DLink DIR-825）

3. 为你的WLAN设置一个唯一的SSID。如果在同一教室里还有其他设备在使用，应咨询一下你的教师。

4. 通常最好是让网关自动选择信道（特别是在IEEE 802.11n中），但如果你愿意，也可以手工选择信道，记住，如果在同一教室里有不止2个网关，但由于实际上只有两个信道（1和6）是可用的，会发生干扰，这将影响无线网络的整体性能。

5. 要获得 300 Mbps 的数据速率，需要把网关设置为使用“Auto 20/40MHz”。应关闭教室里任何只支持 IEEE 802.11g 的设备（如蜂窝手机等，这些设备只使用 20 MHz 的带宽）。否则，你可能会发现，你的网关只使用 20 MHz 的带宽。这是因为每次传输一个广播数据帧时，网关都需要以与非 IEEE 802.11n 的设备兼容的方式来发送该数据帧。

6. 你无须传输任何文件来确定连接的数据速率。Windows 7 在 Wireless Network Connection Status 对话框中将提供这个信息。要查看该对话框，单击屏幕底部右边的无线网络图标，并单击 Open Network and Sharing Center。在该窗口的右边，单击 Wireless Network Connection。图 8-21 显示了 Wireless Network Connection Status 对话框。

7. 在 Speed 标签的旁边可以看到数据速率。如果你所看到数据速率小于 300 Mbps，应修改 NIC 的设置。要修改 NIC 设置，单击 Wireless Network Connection Status 对话框底部的 Properties 按钮（不是 Wireless Properties 按钮），打开 Wireless Network Connection Properties 对话框。

8. 单击无线 NIC 名称旁边的 Configure 按钮。单击 Advanced 选项卡。注意，一些 NIC 制造商不允许从该对话框中设置 NIC 的高级参数，如果是这样，你就需要使用制造商提供的实用工具，当你安装 NIC 时，应该会安装这些工具。设置这些参数没有什么行业标准，因此，每个制造商的适配器可能使用不同的参数名。图 8-22 显示了 Dell Wireless 1510 WLAN Mini-Card 的一个对话框示例。在修改任何值之前，请记录下网卡的当前设置，然后设置为用于 20/40 MHz 频段的 IEEE 802.11n。尝试修改一些与带宽或标准支持的设置，观察一下在 WLAN 中进行通信的结果。

9. 在你的计算机上下载并安装 Metageek 公司免费的 inSSIDer 实用工具（参见 www.metageek.net）。启动 inSSIDer，查看一下使用以上相同设置的其他网络的干扰情况。如果你的网关设备支持 5 GHz 频段，对该网关进行相同的设置步骤，但要设置为使用 5 GHz 频段。用 inSSIDer 再查看一下干扰情况，并与使用 2.4 GHz 频段所得的结果进行比较。

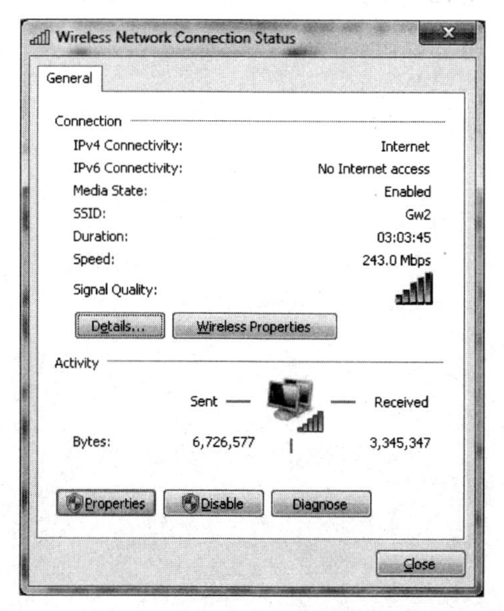

图 8-21　Wireless Network Connection Status 对话框

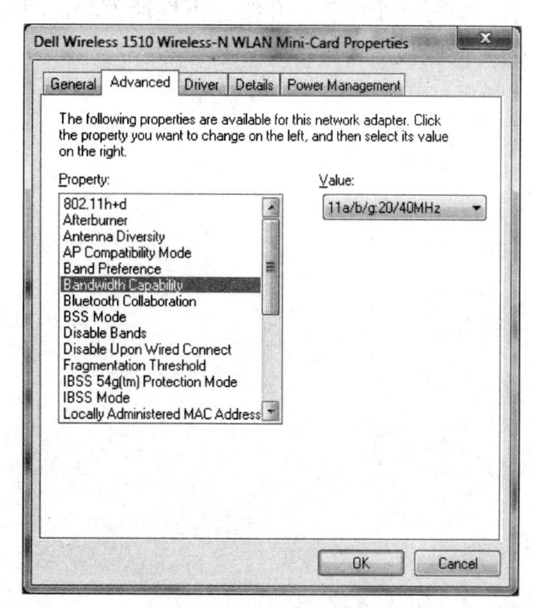

图 8-22　无线 NIC 设置

真实练习

练习 8-1

TBG（The Baypoint Group）公司需要你为 Academic Computing Services（ACS）公司准备一个报告。ACS 是美国一家全国性的组织机构，为学院和大学提供一些技术问题。ACS 希望进一步了解 WLAN 的安全性，这样，它的工作人员就可以更好地向其客户解释这方面的内容。

请准备一个 PPT，概述一下 WLAN 的安全强度和弱点，向 ACS 介绍针对不同条件的客户，应推荐哪种级别的安全，比如，是用于办公应用的设备，还是学生使用的无线笔记本电脑。你的 PPT 应至少有 15 页幻灯片，内容应涵盖 IEEE 802.11i 和 IEEE 802.1X 所使用的加密和认证。为准备你的 PPT，可以参阅名为“Wireless LAN Security Best Practices”的白皮书，网址为 www.phoenixdatacom.com/security-wp.html。

挑战性案例项目

ACS 觉得你的报告很有用，但希望了解使用加密会对 WLAN 的性能带来什么影响。为准备一个报告，你可以使用第 7 章挑战性案例项目所使用的相同工具。你也可以访问网站 www.openmaniak.com/iperf，阅读如何使用 Iperf 工具测量网络的带宽与质量的教程。然后从 sourceforge.net/projects/iperf 下载并安装 Iperf。

利用动手项目 8-1 中的硬件和配置，在设置安全性和加密之前，测量一下该网络的性能。记录下结果。接下来，使用具有 AES 加密的 WPA2 配置网关，再测量一下网络的性能。然后，编写一个报告，介绍一下性能差异。应计算并对比一下复制一个 10 MB 或更大文件所需的时间长度。

第 9 章

无线城域网

本章内容：

- 阐释需要无线城域网（wireless metropolitan area network，WMAN）的原因
- 描述 WMAN 的组件与运行模式
- 介绍几种 WMAN 技术，包括 FSO、LMDS、MMDS 和 IEEE 802.16（WiMAX）
- 阐释 WMAN 的工作原理
- 概要介绍 WMAN 的安全特性

至此，你已知道了无线通信的巨大影响，并将继续影响我们周围的世界。无线网络使得用户可以在移动中仍保持连接，无须电缆和电话线。然而，对于之前学习的 WPAN 和 WLAN，其用户的可移动性仅限于家庭、办公室或校园，他们只能在离 RF 信号几英尺或几百英尺远的范围内移动。管理机构对 RF 信号的强度有限制，防止在免许可频段发生干扰，是移动性受限的主因。用户还受到瞄准线的限制。因此，除了蜂窝网络上语音通信和数据传输，用户移动性大部分仅限于提供无线接入的家庭、办公室和热点区域，包括咖啡馆、机场以及部署了 Wi-Fi 网络的城市核心区域。

在小城市或偏远地区，无线网络用户的人数相对少，实现热点区域和移动接入不够经济。事实上，在用户密度低的地区，安装远距离的有线高速通信信道的成本，使得电话公司或小型 ISP 对提供高速 Internet 接入望而却步。

本章将介绍一些技术和标准，使得无线接入能超过几百英尺，例如，可以把相距几英里远的大楼甚至是这个城市连接起来。本章先介绍基于红外线（IR）的短距离和中等距离技术，最后介绍基于 RF 的中等距离和远距离 WMAN 技术。

9.1 何谓 WMAN

无线城域网（Wireless metropolitan area network，WMAN）是这样一组技术，能跨过一个较大地理区域（比如一个较大的城市）提供无线连接。WMAN 有如下两个主要目标：

- 在不增加部署费用，维持高速有线或光纤连接的前提下，把已有有线网络的范围扩展到不仅限于某个地方。
- 把用户的可移动性扩展到整个城市区域。WMAN 另一个重要的好处是，它可以为那些没有其他连接方法的地区，提供高速连接（包括 Internet）。这种连接性可以覆盖整个城市区域，扩展到附近的小城镇，以及那些没有高速通信线路的偏远地区。

9.1.1 最后一英里有线连接

最后一英里连接通常定义为终端用户与 ISP 之间的链路。即使是在今天，大多数的最后一英里连接也是基于某种类型的铜线，最近则是基于光纤电缆。到 2012 年 4 月，只有大约 1930 万的美国家庭是直接与光纤网络连接的，只有非常小的一部分办公大楼是通过电视电缆连接的。光纤的数据通信可靠性好，但其铺设速度慢、不方便而且昂贵，最为重要的是，它的维护成本高，尤其是在那些一年有一两次地面结冰和解冻的地区，会破坏埋在地下的电缆。图 9-1 显示了一个最后一英里连接的示例。

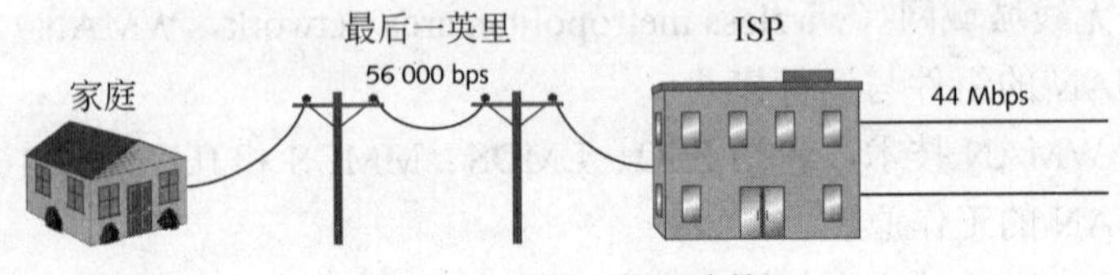

图 9-1 最后一英里连接

今天，大城市中的家庭用户可以使用 DSL（速率可达 16 Mbps）和电视电缆连接（速率可达 105 Mbps）。然而，在小而偏远的社区，没有这些类型的连接。而商业用户除基本的铜线连接外，还有其他的选择。如前所述，ISDN、T1 和 DSL 技术可提供更高的速率，而且随处可用。与 T1 类似的是 T3，它是一种速率更快，但更贵的数字线路。表 9-1 归纳了针对家庭、办公楼和 Internet 服务提供商的一些连接方式。

表 9-1 有线连接方式

连接类型	速率（或范围）	典型用处	每月的大致价格	下载 680 MB CD-ROM 的内容所需时间（小时:分钟）
拨号调制解调	56 Kbps	家庭	免费或少许费用	26:53
ISDN（1 或 2 条信道）	64 或 128 Kbps	家庭或商用	家庭：50 美元 安装：增加 29.95 美元 商用：49.95 美元	24:10 或 12:50
电缆调制解调	1.5～105 Mbps	家庭	30～199 美元	0:58 到小于 0:01
ADSL	6～16 Mbps	家庭	15～140 美元	0:15～0:06
T1	1.544 Mbps	办公室	400 美元或更多	0:58
T3	44.736 Mbps	办公室、ISP	2500～5000 美元	0:02
OC-3（光纤）	155 Mbps	ISP	10000～30 000 美元	32 秒
OC-12（光纤）	622.08 Mbps	ISP	差异很大	8 秒
OC-192（光纤）	9.6 Gbps	大型 ISP	差异很大	小于 1 秒

对于城市之间的远距离连接，基于铜线的数字通信线路（如 T1）要求每隔 6000 英尺（1.8 千米）就得再生信号。除电缆的安装与维护困难外，再生信号要求在每个中继点有电源。这种连接类型的维护成本非常高，尤其是在地理位置或环境条件（如山区或沙漠地区）较差的情况下。

对网络运营者（如提供商和运营商）来说，电话和数据线路的最后一英里传送历来就是一个问题，它们需要正确判断在偏远地区安装有线连接的成本。在前面章节中，“载波”指的是携带数据的 RF 信号。该术语也用来表示电话、有线电视和其他通信提供公司，它们具有有线线路和发射塔，可以传输语音和数据流。

从 20 世纪 80 年代早期开始，光纤技术替代了大多数城市之间其他的连接技术，主要是因为它传输语音和数据的容量更高，维护需求更低，比铜线的可靠性更高。然而，光纤介质的高成本，以及埋在地下的铺设方法，妨碍了它在偏远和人口稀少地区的使用。光纤电缆还可用于跨海洋传输语音和数据流。海底光纤电缆已延展到这个地球了，由专业船只和人员安放和维护。部署和维护这种电缆的费用非常高，但今天的世界一已经严重依赖于它们了。更多信息，可以在 Internet 上搜索“海底电缆”。

9.1.2 最后一英里无线连接

用于 WLAN 和最后一英里无线连接的大多数技术都是基于微波信号的，但也可以包含红外线。微波是更高频率的 RF 波，位于电磁波频谱的 3～30 GHz 范围，称为超高频（super high frequency，SHF）频段。微波是 20 世纪 50 年代由 AT&T 公司引入的，开启了一个全新的通信时代。开始时，微波主要用于以点对点的方式传输数据，使用 SHF 频段的低段和中段。早期的习惯思维认为，只有低频率、高功率的微波可用于通信。高频微波技术被人们忽视了多年，27.5～29.5 GHz 区间的 RF 频谱一直未使用。

微波发射塔相互之间大约相隔 35 英里（56 千米），一条运行在 4 GHz 载波上的链路可同时携带大约 18000 个语音呼叫。相比而言，一条 T1 链路只能携带 24 条同时进行的语音呼叫。微波技术的发展，降低了设备的成本，使得美国很多偏远地区可以实现电话和数据通信服务，这些地区在以前是无法提供高容量的连接的。

第一条微波链路是在 1951 年完成的，用于连接纽约和旧金山。它使用了 107 个发射塔，间隔大约为 30 英里（48 千米），覆盖了大约 3200 英里（5140 千米）的距离。同样的链路，如果使用 T1 的数字铜线线路，则需要 2850 个转发器来再生信号。

用于 WLAN 和最后一英里连接的选择包括**自由空间光系统**（Free Space Optics）、基于 RF（微波）的本地多点分布服务、多信道多点分布服务以及 WiMAX，本章后面将介绍。这些无线连接类型的优点是，它们成本低，安装相对容易，可提供更大的灵活性，具有更长久的可靠性。为办公大楼使用无线作为最后一英里连接，称为**固定式无线**（fixed wireless），因为办公大楼是固定在某个位置的。

固定式无线网络已应用于语音和数据通信多年了，通常是在电话公司、有线电视公司、公用事业部门、铁路以及政府部门运营的回程网络中。回程连接是公司内部的基础设施连接。例如，电话公司的回程网络可能是从一个电话公司的中控室到另一个的连接。沿高速公路的蜂窝手机发射塔通常是使用微波回程链路来相互连接的。

固定式无线系统可用于传输在有线电缆系统上发送的相同数据类型。然而，点对点的远距离微波链路（如电话运营商部署的那些链路）使用的是高功率信号，这些信号在拥挤的城市航空线路中并不适合或不安全。此外，微波需要使用的是许可频率，这样成本很高，在繁忙的地区，可用频谱也非常有限。

第 8 章已介绍，如果没有使用相同免许可的 RF 频段的无线链路干扰，可以使用 WLAN 设备（如 IEEE 802.11 无线网桥）来连接两栋大楼。使用这种技术也可以实现远距离连接（超过 Wi-Fi 的范围（375 英尺）），但要复杂得多。由于会因距离的增加而降低速率，因此 IEEE 802.11 技术只支持单个转发器链路，这意味着在两个目标点之间最多只能有 3 个网桥。要使两个定向天线瞄准很困难或者是不可能的，因为在城市中发射塔的高度是有限制的。此外，单个 IEEE 802.11 频道的吞吐量通常只能携带有限的数据，如 E-mail、Web 浏览和中等大小文件的传送，主要原因是无线网桥的半双工特性。尽管使用多条网桥链路来增加带宽可以减缓这个问题，但天线的安装要复杂得多，因为此时要对准的是多对定向天线，而不只是一对。

9.1.3 基带与宽带

设计无线链路需要考虑的另一点是，在无线介质上传输数字信号有两种方式。第一种称为**宽带**（broadband）传输，多个信号在介质上以不同频率同时发送。宽带传输的一个示例是有线电视，其中，在一条电缆上发送多个娱乐频道。当你选择一个频道观看时，电视机会过滤掉其他所有频率，只对该频道进行解密和显示。

第二种技术称为**基带**（baseband）传输。基带技术就是把整个传输介质看作是只有一个信道，只能在一个频率上一次传输一个数据信号。基带传输的一个示例是以太网，其中的数字信号是在电缆上发送的。例如，Ethernet 100BaseT 表示的是速率为 100 Mbps，使用双绞线的基带信令。正如第 2 章所学，数字信号使用电压的变化来表示 1 或 0。可以改变电缆中两条电线的电压差，在模拟介质（如 EM 波就是一种模拟介质）上就无法传输这种变化。要在模拟介质上传输数字信号，需要对载波进行调制，用来表示 1 与 0 之间的变化。

上面示例说明了电缆上宽带传输与基带传输之间的差异，但需要记住的是，模拟介质（如 EM 波）上的传输可以以宽带或基带的形式发送。纯数字信号只能在电线上以基带的形式传输，因为如果不能分开信号，电缆上多个电压变化的混合会产生不同的比特位模式，破坏数据。然而，如果是在不同载波频率上调制多个数字信号，就可以传输任意的模拟信号。然后，接收器使用过滤器来分开每个频率，单独对每个数字信号进行解密。

还要注意的是，并没有预先定义好的频率带宽，来区分基带与宽带。例如，带宽越宽，使用频分复用技术，用于传输数据信道的可用频率就越多。另外，使用时分复用技术也可以实现宽带传输。这两种方法都可以认为是宽带传输。相比而言，基带传输只有一条数据信道。

图 9-2 显示了基带传输与宽带传输的大致对比。

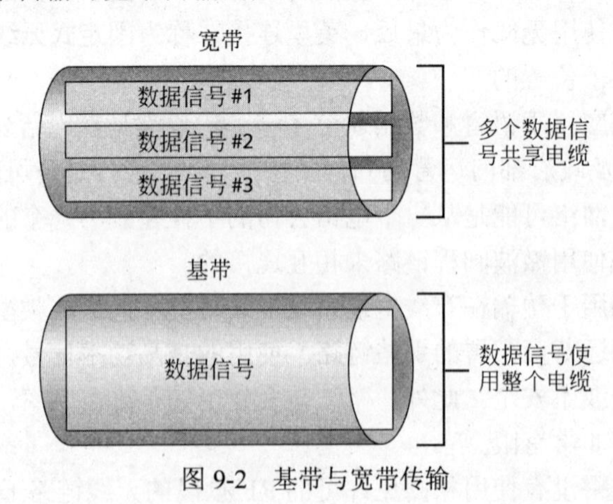

图 9-2 基带与宽带传输

9.2　基于地面的固定式宽带无线

在过去的几十年中，数据通信界为最后一英里连接开发了多种不同的解决方案。其中一些经证明费用太高，难以调整。其他的则无法保证在任何地方都能实现 100%的可靠，本章后面将介绍。大多数是专有的解决方案或基于 RF 的设备，要求使用许可频段。2001 年以前，基于 RF 的宽带系统在某些频率上运行，使用的调制技术仅限于瞄准线。此外，大多数固定式宽带系统只能从一个站点往另一个站点发送，换句话说，它们是以点对点的方式建设的。相比而言，在蜂窝手机系统中，单个基站可以与多个移动设备同时进行通信。然而，蜂窝技术最初是用来传输多个语音对话而不是大容量数据通信的。当然，现在已经发生了变化。

为了克服必须依靠电话和有线电视运营商的基于地面的线路，很多公司部署了它们自己的大楼到大楼的连接解决方案。本节先介绍基于 IR 的解决方案，即自由空间光系统，简要介绍两种类型的最后一英里微波连接技术：本地多点分布服务和多信道多点分布服务。在本章的后面，将介绍无线标准组 IEEE 802.16，该标准已用于很多固定式商业无线网络以及 Internet 连接性应用。IEEE 802.16 标准的最新修订版还有望解决用户移动性问题，以及与 DSL、有线电视甚至是本地电话运营商的展开竞争。

9.2.1　自由空间光系统

自由空间光系统（Free Space Optics，FSO）是一种光纤、无线、点对点的瞄准线宽带技术。尽管 FSO 是在 30 年前最初由军队开发的，它已经成为了高速光纤电缆的一个很好替代品。目前 FSO 可以与光纤传输相媲美的速度进行传输，在全双工模式下，速度可达 1.25 Gbps，传输距离达 4 英里（6.4 千米）。未来对该技术的改进，很可能把最高速率推进到 10 Gbps 甚至更高。

FSO 使用红外（IR）传输，而不是 RF 传输。该技术类似于光纤电缆系统中所用的技术。光纤电缆含有一个非常薄的玻璃管（称为芯线），只有人类的头发粗细。光纤电缆传输的不是电信号，而是使用光脉冲。光源通常是由激光或发光二极管（light-emitting diode，LED）产生的，在电缆的一端发出，在另一端接收。光每秒钟传输 186 000 英里（300 000 千米），因此，光纤电缆可以以非常高的速率传输大量数据。此外，这种传输不容易受电磁波干扰，也不容易被截获。

FSO 可替代光纤电缆。FSO 有时候被称为“无纤光缆”，它不像光纤电缆那样使用一种介质来发送和接收信号，而是使用低功率的不可见红外光束来携带数据。这些光束不会损害人的眼睛，由收发器进行传输，如图 9-3 所示。由于 FSO 是一种瞄准线技术，因此需要把收发器安装在办公大楼的中间或顶楼，以保证有一条清楚的传输路线。其他技术要求收发器位于开放的楼顶（有时，这要求从大楼所有者那里租借楼顶空间），而 FSO 收发器可以安装在办公室的窗户后面。

在理想条件下，比如没有雾、没有灰尘，温度和湿度不高，FSO 可以传输 6.2 英里（10 千米）远。

图9-3　FSO收发器（发射器/接收器）

电磁波频谱的低频部分是RF EM波。300 GHz以上是IR波。FSO也是使用这部分的频谱。更高的频率在全世界是免许可的，因此可以自由使用。使用它的唯一限制是，辐射功率不能超过特定限制，以免损害人的眼睛。

FSO设备可以以两种波长工作。其中全世界使用的那个波长将针对这些设备进行标准化。

FSO的优点

FSO的优点包括成本、安装速度、传输速率以及安全性等几个方面。

FSO的安装成本远少于铺设新的光纤电缆或从当地运营商租借线路的成本。最近有一个项目对三栋大楼中铺设光纤电缆与安装FSO的成本进行了对比。铺设光纤电缆的成本大约为400 000美元，而安装FSO则不到60 000美元。

FSO可以几天就安装完成，而铺设光纤电缆则需要几个月，有时甚至是几年。铺设光纤电缆需要得到城市管理部门的许可，是在地下铺设，还是沿路灯铺设。而在某些情形下，安装人员利用一个周末就可以架设好FSO系统，不会中断用户的使用。

FSO的传输速率可以瞒着不同用户的需要，从10 Mbps到1.25 Gbps。如果用户不需要这么高的速率，那么他就无须为使用不到的容量支付费用。

安全性是FSO系统的一个关键优点。IR传输不会像RF传输那样轻易被截获和解码。

FSO的缺点

FSO的主要缺点是，环境条件对FSO传输有影响。闪烁现象（scintillation）是因空气扰动而引起光密度在时间和空间变化上的结果。空气扰动是由风和温度变化引起的，可以使得气团的密度快速变化。这种气团就像棱镜和透视镜一样可以使FSO信号失真。恶劣的天气对FSO信号也是一种威胁。雨雪会是信号失真，但雾对基于光的传输的危害最大。雾是由非常小的湿气分子构成的，它们就像棱镜一样，可以使光束产生发散和中断。

FSO通过从几个独立的激光发射器以并行的光束来发送数据，以克服闪烁现象。这些发射器都安装在同一个收发器中，但相互之间间隔大约7.8英寸（200mm）。当所有平行光束前往接收器时，由于闪烁团通常非常小，因此不太可能所有光束都遇到同一扰动团。至少会有一个光束具有足够强度到达目标结点而被正确接收。这种解决方案称为空间分集（spatial diversity），因为它可以利用多个空间区域。如图 9-4 所示是一个空间分集示例，其中有几条来自 FSO 发射器的平行光束。

在夜晚的天空中，从星星的发光中，以及炎热夏天的水平线微光中，可以观察到闪烁现象。

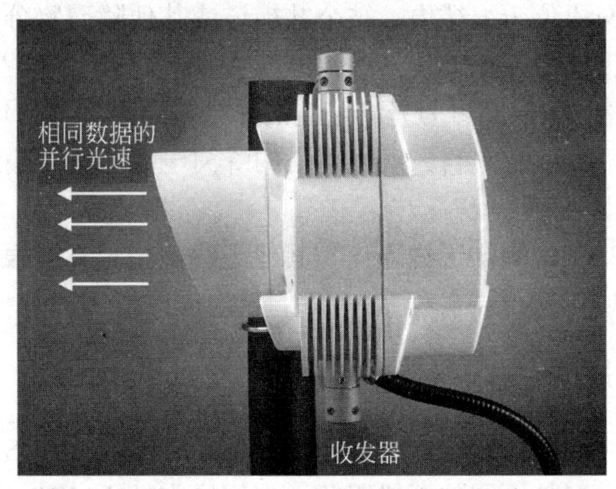

图 9-4　空间分集

为应付雾的干扰，有几种潜在的解决方法。一种解决方法只是提高信号的传输功率（即光的密度）。对于那些经常雾大的地区，可能有必要选择 FSO 系统，该系统可以以最高可用的频率进行信号传输，因为这些设备可以以更高的功率发射光。一些制造商还声称，可以根据对特定城市的天气统计分析，定制其距离和产品推进。其他 FSO 提供商不仅使用 FSO，还使用了一条备用（有线）连接，以确保在雾天能传输信号。

为了证明 FSO 可以在雾天发送传输，提供商在美国一些雾最大的城市进行了实验。在美国雾最大城市之一旧金山，提供商已证明，FSO 在 90%的时间里，可以维持载波传输速率（1.25 Gbps）。

一些专家建议，在浓雾地区，FSO 收发器的间距应限制在 650～1640 英尺（200～500 米）。

信号干扰可能会成为 FSO 的一个问题，比如，当有鸟儿飞过 IR 信号束时，会阻滞该信号。如果信号被暂时阻滞，该信号束会降低其功率，当障碍物清除后，信号束会自动提高到全功率。

另一个潜在问题是，暴风雨和地震导致高楼产生的移动距离，足以影响信号束的对准。这个问题可以用两种方法来处理。第一种方法称为“信号束发散”（beam divergence），传输的信号束可以有目的地扩散或发散，这样，当它到达接收设备时，可以形成一个较大的光区。如果开始时是把接收器定位在信号束的中心，那么发散就可以补偿大楼的移动。第二种方法称为“主动跟踪”（active tracking），它基于一些可移动的镜子，这些镜子由陀螺仪控制，从而控制发送信号束的方向。反馈机制会不断调制镜子，这样，信号束就总是停留在目标上。

FSO 应用

FSO 的应用有多种。较为常见的有：

- 最后一英里连接：FSO 可用于高速链路，把终端用户与 Internet 服务提供商或其他网络连接起来。
- LAN 连接：FSO 设备容易安装，使得它们成为实现 LAN 网段相互连接的天然解决方法。这些 LAN 网段位于大楼内，被公共街道或其他障碍物分隔开，比如，一所分布在几个城市的校园。
- 光纤备份：可以把 FSO 部署为光纤电缆的冗余链路，在光纤电缆断开时发挥作用。
- 回程线路：FSO 可用于把来自天线发射塔的蜂窝电话流量传输给通过有线与运营商提供的高速通信线路相连的设备。

大多数专家认为，FSO 在固定无线通信与其他无线应用上具有很大潜力。尽管开发了其他技术，FSO 在无线领域仍然保持着稳定的作用。

9.2.2 本地多点分布服务

本地多点分布服务（Local Multipoint Distribution Service，LMDS）是一种微波带宽固定的瞄准线技术，可以提供多种不同的无线服务。人们经常把 LMDS 称为“无线电缆”，因为在本地区域中，它具有与有线电视网络竞争的能力。LMDS 技术可提供的服务包括高速 Internet 接入、实时多媒体文件传输、对局域网的远程接入、交互式视频、按需点播、视频会议以及电话服务。LMDS 的下行速率可达 51～155 Mbps，上行速率可达 1.54 Mbps，有效距离达 5 英里（8 千米）。

解释 LMDS 的最佳方式之一是，查看组成该名字的每一个字母：

- 本地（Local，L）：指的是 LMDS 系统的覆盖区域。由于它们使用的是高频、低功率 RF 波，这些系统的覆盖范围有限。LMDS 的覆盖区域只有 2～5 英里（3.2～8.0 千米）。
- 多点（Multipoint，M）：表示信号是以单点到多点的方式，从一个基站的全向天线，传输到远程站点。而从远程站点传输回基站的信号，则是来自定向天线，为点到点的传输。
- 分布（Distribution，D）：指的是可传输不同的信息类型。这些类型包括语音、数据、Internet 和视频流量。
- 服务（Service，S）：表示有各种不同的服务可用。然而，本地运营商决定了提供的服务。这意味着在每个地方的 LMDS 用户，并不是所有的服务（语音、数据、Internet 和视频流量）都可用。

图 9-5 显示了点到点与单点到多点的 LMDS 传输示例。

美国联邦通信委员会（FCC）把 LMDS 频率许可授权给特定领域的运营商。这样，相同频率可以授权给不同地区的运营商。

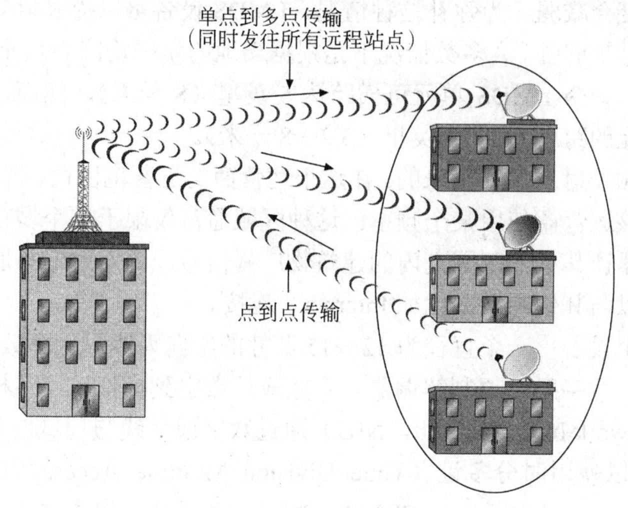

图 9-5　LMDS 传输

频率带宽

1996 年，FCC 开始为 LMDS 分配频谱位置。1998 年，美国政府把频谱分两块进行拍卖：A 块由 27.5～28.35 GHz、29.1～29.25GHz 和 31.075～31.225 GHz 组成，总共 1150 MHz；B 块则是另一个 150 MHz 的频谱，位于 31～31.075 GHz 和 31.225～31.3 GHz。这些频率都是基于共享的方式分配给 LMDS 的。

LMDS 网络体系结构

由于 LMDS 信号最远只能传输 5 英里（8 千米），因此，一个 LMDS 网络是由类似于蜂窝手机系统的单元组成。然而，与蜂窝手机网络不同的是，LMDS 信号只能传输给单元范围内的固定大楼。影响 LMDS 单元大小的因素很多。决定单元大小的主要因素有瞄准线、天线高度、单元重叠以及降雨等。LMDS 单元的一个示例如图 9-6 所示。

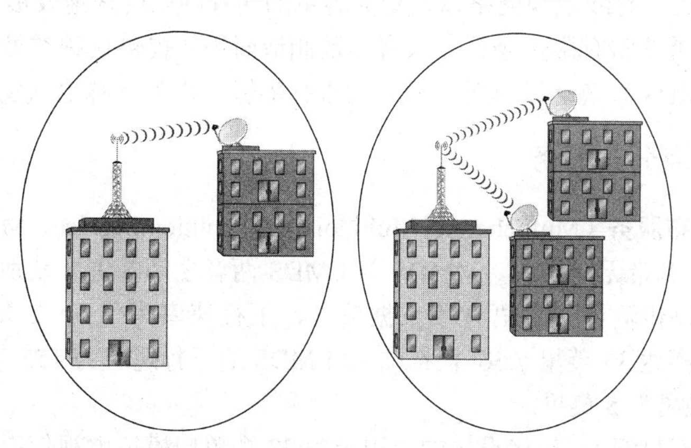

图 9-6　具有多个单元的 LMDS 系统

由于有瞄准线的需要，如果发射天线和接收天线可以放置在高楼的顶部，尤其是那些相互很远的大楼，那么，LMDS 单元往往可以更大些，因为障碍物的数量减少了。LMDS 单元可以相互重叠，以确保更好的覆盖效果。

降雨也会影响 LMDS 单元的大小。由于 LMDS 是在更高的频率上工作，因此在出现大雨或雪时，信号强度会减弱。为弥补这种情况，LMDS 设备可以提高射频的发射功率，以确保到达接收器时信号足够强。大多数情况下是根据当地的年平均降雨量来划分 LMDS 单元大小的。理想情况下，一个 LMDS 单元可横跨达 5 英里（8 千米）。然而，如果是在降雨量大的地方，LMDS 单元的跨度为 2～5 英里（3.2～8 千米）。

LMDS 是从射频发射器发射出来的。在这个运营商的运营范围内，都部署了这种发射器，在该区域里，允许该运营商使用某个频率。这种区域通常仅限于某个城市或某个城市的一部分地方。每个发射器往其单元范围之内的建筑物广播信号。该发射器与服务提供商的中控室连接，中控室又可以与其他网络（比如 Internet）连接。

在接收点有 3 个设备：一个直径为 12～15 英寸的定向天线，一个数字射频调制解调器，一个网络接口单元。数字射频调制解调器负责完成从数字到模拟以及从模拟到数字的转换。网络接口单元（Network Interface Unit，NIU）通过数字通信线与局域网和其他服务连接。

LMDS 系统可以使用**时分多址**（Time Division Multiple Access，TDMA）或**频分多址**（Frequency Division Multiple Access，FDMA）技术，在用户之间共享频谱。各运营商之间使用的调制技术也可以不同。大多数使用**正交相移键控**（quadrature phase shift keying，QPSK）或**正交调幅**（quadrature amplitude modulation ，QAM）技术。

LMDS 的优缺点

LMDS 的优点有费用低、服务区域广以及数据容量大。LMDS 的实现费用比光纤电缆低。这些费用对用户和运营商来说都是较低的。对用户来说，与安装光纤电缆的费用相比，LMDS 的费用仅限于安装天线、调制解调器和 NIU。对运营商来说，LMDS 是一种非常有吸引力的最后一英里解决方案，因为它允许集中范围内的大量客户，以比有线连接更低的费用，与某个单元连接，进而与运营商的网络连接。在某个地区，LMDS 运营商可以有多达 1300 MHz 的频谱。这个频谱可以同时支持 16000 个电话呼叫和 200 个视频频道。

尽管 LMDS 具有费用相对较低，数据通信容量大的优点，但随着 20 世纪 90 年代末期以及 21 世纪早期 DSL、有线电视网络以及更大容量的光纤网络的快速发展，LMDS 开始面临激烈的竞争。其部署非常有限，今天，只有少数制造商仍然提供这种类型的设备。现在，在大多数情况下，LMDS 系统是以点对点的方式进行部署，作为蜂窝电话发射塔的回程通路。

9.2.3 多信道多点分布服务

多信道多点分布服务（Multichannel Multipoint Distribution Service，MMDS）是一种类似于 LMDS 的固定式宽带无线技术。MMDS 与 LMDS 两者之间的主要差别是它们的传输能力不同。MMDS 可以传输视频、语音或数据信号，下行速率为 1.5～2 Mbps，上行速率为 320 Kbps，有效距离达 35 英里（56 千米），而 LMDS 的下行速率为 155 Mbps，上行速率为 1.54 Mbps，有效距离为 5 英里。

MMDS 是在 20 世纪 60 年代设计的，用于为 33 个单向模拟电视信道（单工传输）提供传输。设计这种多信道技术（因此有术语“多信道”），是用来为教育机构提供远程学习。FCC 为 MMDS 分配了 2.5～2.7 GHz 部分的频率，但在其他的国际市场中，MMDS 是部署在 3.5 GHz 的频带上。与 LMDS 不同，MMDS 是非瞄准线技术，其信号还可以穿透墙面，因为它们的传输频率更低。

缩略语 MMDS 有时候也代表 Multipoint Microwave Distribution System 或 Multichannel Multipoint Distribution System。这 3 个术语都是指相同的技术。

MMDS 的最初版本并没有完全物化。后来一些私企购买了其频谱的一部分，用于与有线电视公司展开竞争（MMDS 有时候又称为无线电缆）。使用 MMDS，电视信号可以无须在有线电视系统上传送，而是以无线形式传送到家庭中。20 世纪 80 年代出现的新的数字技术，使得服务提供商可以提高其容量，从 33 个模拟信道，提高到 99 个数字信道。后来，由于视频压缩与调制技术的发展，又提高了 MMDS 的容量，使得该技术可以广播 300 个信道。

MMDS 一个重大的改变发生在 1998 年。FCC 允许服务提供商使用 MMDS 频带中 200 MHz 的带宽，用于提供双向服务，即在语音和视频的传输中，可以进行无线 Internet 接入。在家庭中，使用 MMDS 的 Internet 接入取代了有线调制解调和 DSL 服务，尤其是在那些有线电视稀少的乡村。在商业应用中，MMDS 可替代 T1 或昂贵的光纤连接，但是，尽管它支持 1.5 Mbps 的下行速率，其上行速率只有 300 Kbps，使得它在商业中的使用有限，仅用于服务提供商自己的网站和其他类似服务中。

注意，对 Internet 接入来说，大部分数据流量是下行的。例如，当你浏览 Web 网页时，只有非常少量的数据包需要通过上行通道来发送，以便从服务器请求页面。从 Web 服务器传输到用户的计算机（下行）的数据量（包括图形）要大得多。大多数家庭 Internet 用户需要下载的数据比上载的数据大得多。这也是诸如 DLS、有线 Internet 和 MMDS 的服务具有较高的下行带宽而上行带宽较低的原因所在。这种类型的通信称为异步通信，因为它们的上行速率和下行速率是不同的。

MMDS 网络体系结构

MMDS 发射器通常位于高处，比如山顶、塔顶或楼顶。发射器使用单点对多点的体系结构，利用多路复用与多个用户进行通信。发射塔具有一条与运营商网络连接的回程通路，运营商网络则与 Internet 连接。

由于 MMDS 信号是在比 LMDS 信号更低的频率上运行，因此 MMDS 信号可以传输更远的距离。这意味着只需更少的射频发射器，MMDS 就可以为整个区域提供服务。与 LMDS 一样，MMDS 也使用单元。然而，一个 MMDS 单元可以具有长达 35 英里（56 千米）的直径范围，即可以覆盖 3800 平方英里（9481 平方公里）的区域。同样大小的区域，则需要超过 100 个 LMDS 单元。

图 9-7　皮萨盒天线

在接收端，有一个大约 13 × 13 英寸（33 厘米）的定向天线对准发射器，以便接收 MMDS 信号，如图 9-7 所示。这种天线有时候也称为**皮萨盒天线**（pizza box antenna），通常安装在楼顶，这样，它与射频发射器之间有一条直接的瞄准线。有一条电缆把天线与 MMDS 无线调制解调器连接起来。MMDS

无线调制解调器把模拟信号转换为数字信号。该调制解调器然后与某台计算机或LAN连接，如图9-8所示。

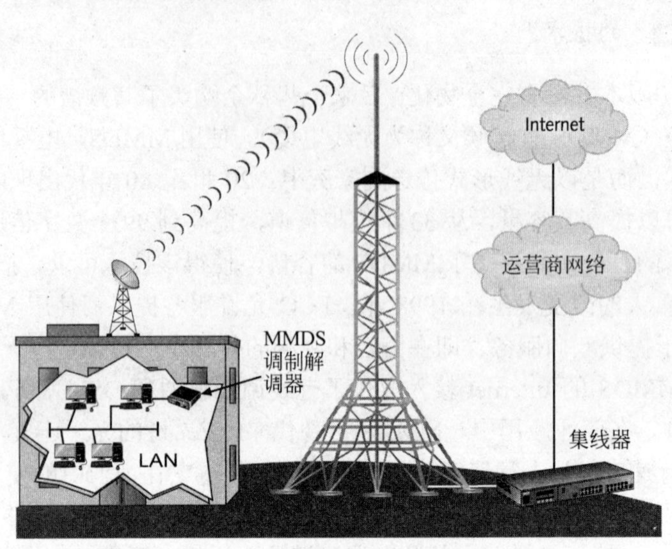

图9-8　MMDS系统体系结构

MMDS的优缺点

MMDS的优点是信号强、单元大以及费用低。低频率的MMDS射频信号可以传输更远，通常受雨雾的影响较少。与高频的LMDS射频信号相比，MMDS射频信号更能穿透建筑物。这些特点使得MMDS发射器的覆盖范围比LMDS发射器的覆盖范围大7倍。最后，电子设备的费用通常与传输所有的频率有关：频率越高，设备的费用也越高。由于与LMDS相比，MMDS使用更低的频率，因此MMDS设备也更便宜。

MMDS的缺点包括物理限制、频率共享、安全性以及该技术的可用性。当前的MMDS技术仍然要求在发射塔与建筑物之间有一条直接的瞄准线。这使得安装更困难，如果在某个单元内有大量建筑物，将无法使用MMDS，因为信号会被更高的障碍物隔断。而且，单个MMDS单元可能需要为35英里（56千米）直径范围内的大量用户服务。这些用户全部共享相同的无线电信道，因此，随着用户数量的增加，数据吞吐量和速率将降低。MMDS技术的提供者有时会宣称可以高达10 Mbps的速率，但由于需要信道共享，实际速率可能只接近1.5 Mbps。

运营商没有对无线MMDS传输进行加密。尽管只有非常专业的用户才能截获并读取MMDS传输，但商业用户往往要求对其传输提供安全性，以保证其安全。在美国，目前只有有限数量地区在使用MMDS，且其应用没有明显的增长趋势，因为有其他技术的竞争。

9.2.4　IEEE 802.16（WiMAX）

IEEE 802.16是一种开放标准的宽带MAN技术，根据所用的频率，可以工作在瞄准线或非瞄准线模式下，并可为MAN支持大量固定式或移动数字数据通信。术语WiMAX表示的是“用于微波接入的全球交互性（Worldwide Interoperability for Microwave Access）”。IEEE于2000年引入IEEE 802.16，其目的是使固定式宽带无线连接标准化，以取代有线接入网络，如光纤连接、有线电视调制解调器以及DSL。IEEE 802.16支持对MAC协议的改进与扩展，使得一个**基站**（base station，BS）（发射器通过它连接到运营商网络或 Internet）与另一个基站的通信成为可能，还可以与**用户站点**（subscriber stations，SS）直接通信。这种用户站点可以是与 LAN 连接的一台笔记本电脑或设备。LMDS 与 MMDS 不能提供与移动设备的连接，也不能在一个单元之外工作，不允许某个 BS 与另一个 BS 进行通信。FSO 也不能支持移动通信，因为它是定向设备。

图 9-9 显示了一个 WiMAX 实验设置，包含有两个 BS 控制器（位于顶部）以及 4 个 SS（位于底部）。在图 9-9 中，每两个 SS 与其中一个无线电接收装置（位于中间的垂直部分）连接。SS 前面的平面区域是集成天线，但在这里由于安全原因而禁用了（因为是高频微波）；因此是使用电缆把所有设备连接起来的。图 9-9 中的 SS 通常安装在房屋或大楼的外墙上，面对最近 BS 的天线。

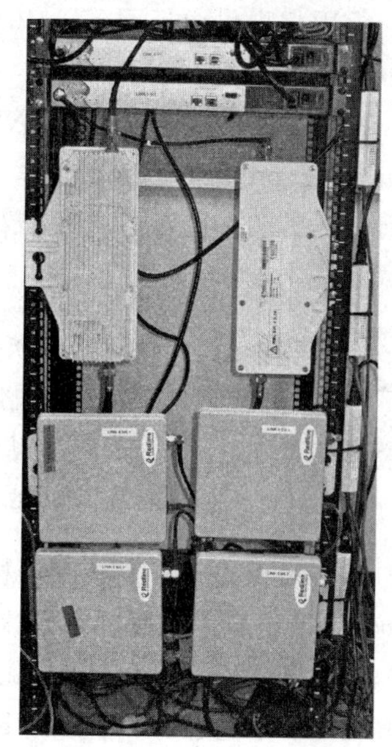

图 9-9　WiMAX 设备

2006 年 1 月，三星公司推出了与 IEEE 802.16 兼容的笔记本电脑和手机。随后不久，其他 PC 制造商也在其 PC 产品线中提供了内置 WiMAX 连接。

FSO、LMDS 与 MMDS 不是基于开放标准的，这意味着来自不同制造商的设备可能无法互操作。这使得用户和运营商都必须全部购买来自某一个制造商的设备。

2001 年 6 月，一些制造商组建了 WiMAX 论坛，通过测试和验证设备的兼容性与互操作性，来提升 IEEE 802.16 的实现。目前，该论坛的 Web 站点上列举出了大约 150 个成员公司。

很多标准不被大家所熟悉，因为大家更熟悉其工业组织名，比如，大家更熟悉“WiMAX”，而不是 IEEE 的名称“IEEE 802.16”。访问 WiMAX 论坛的网站 www.wimaxforum.org，可以进一步了解 WiMAX。

根据所用频率与不同国家的相关规定，IEEE 802.16 标准提供了多个射频接口（PHY 层），但这些接口都是基于常用 MAC 协议的。接下来将介绍部署 WiMAX 的应用与条件。

韩国是基于该国的 WiBro 标准实现无线宽带网络最早的国家之一。随后，IEEE 使 IEEE 802.16 标准完全兼容韩国的这个标准。

WiMAX 应用

在 2～11 GHz 频带上，WiMAX 的速率可达 70 Mbps，在 10～66 GHz 频带上，WiMAX 近距离（室内）的速率可达 120 Mbps，因此，WiMAX 适合作为回程通路的商业应用，以及最后一英里的传送应用，以取代用于 Internet 连接的 T1、DSL 以及有线电视调制解调器。WiMAX 可以支持具有 QoS 的多个语音、视频和数据传输。这使得它非常适合 IP 语音（voice-over-IP，VoIP）连接，从而使得小公司也可以进入远程通信市场，与主要运营商进行竞争，为用户提供电话服务。IP 网络上语音、视频和数据的汇集就是业界所说的**三网融合**（triple-play）。

WiMAX 使得提供商可以生产多种不同类型的产品，包括各种配置的基站和**用户产权设备**（customer premises equipment，CPE），这些设备可以安装在客户的办公室或家庭中。除了支持前面提到的单点对多点应用外，WiMAX 还可以部署为点对点网络，为乡村和偏远地区提供宽带接入。

访问 www.greenpacket.com/devices.html，可以了解 CPE 设备或其他 WiMAX 硬件，从 www.ruggedcom.com/products/ruggedmax/win7200 可以了解基站信息。也可以搜索“WiMAX CPE”和“WiMAX base station”来查找其他制造商的 Web 站点。

制造商可以设计和生产基于标准的设备，这些设备可以由无线操作员来部署（使用经许可的频率），也可以由商业用户来部署（既可以使用经许可的频率，也可以使用未经许可的频率）。与 MMDS 和 LMDS 相比，这些设备和服务的费用已大大降低。一个 LMDS 网络的费用高达 60 000 美元，而一个 IEEE 802.16 网络总共不到 10 000 美元。每台 CPE 的价格也已低至 80 美元。一些 CPE 设备可以在同一网络中支持 TV（视频）、电话（语音）和数据。

WiMAX 的 MAC 层具有一些特性，使得运营商部署网络更容易。一旦 BS 就位了，终端用户只需从箱子里拿出 CPE 设备，把天线安装在窗户附近或者把它安装在外墙上，大致对准 BS 方向，并打开它，就可以连接到 WiMAX 网络。例如，与需要配置 Wi-Fi 无线家庭网关不同，用户安装 WiMAX 的 CPE 设备几乎不需要或只需进行很少的配置。这一过程也为服务提供商大大降低了安装费用，因为它们再也不用派遣一名技术人员到用户现场了。通过远程管理设备，提供商还可以降低外派人员的维护费用。

2005 年 12 月，北电公司部署了第一个商业 WiMAX 网络，该网络覆盖了加拿大 Alberta 东南地区 8000 平方英里（20 720 平方公里）。该网络于 2006 年开始为公共部门和省政府服务，运行在 3.5 GHz 的频带上，为这个广阔的乡村地区提供速率为 1～3 Mbps 的 Internet 接入。该网络可以很容易升级到 IEEE 802.16e 以支持移动 WiMAX。

Wi-Fi 的有效范围以英尺为单位，而 WiMAX 网络的有效范围则以英里为单位。由于费用低，而且笔记本电脑和其他手持设备都具有接口，即使是相对较低的速率，WiMAX 仍然对 IEEE 802.11 网络和热点带来了有力竞争。

9.2.5 IEEE 802.16 标准族概述

IEEE 802.16 涵盖了大量功能，具有针对特定应用的大量标准。它为固定式、单点对多点宽带无线城域网定义了接口规范。IEEE 802.16-2001 标准包含了运行在 10～66 GHz 频率范围内的系统的 PHY 层规范，构成了该标准族中其他标准的基础。IEEE 802.16-2004 是该初始标准的修订版，增加了对运行在 2～11 GHz 频率范围内的系统的支持。

IEEE 802.16e 标准是在 2005 年 12 月批准的，是对 IEEE 802.16-2004 标准的修订，定义了 WiMAX 移动版的规范。这一改进，使得低速移动或静止的便携设备速率可达 2 Mbps，而在快速行驶的汽车中速率为 320 Kbps。IEEE 802.16-2009 是该标准的最新完整版，集成了到 2009 年为止的所有修订。最近的修订版是 IEEE 802.16m，WiMAX 论坛称之为“版本 2”。它支持 100 Mbps 的速率，可以把 MIMO、多频率信道和空分复用组合起来，获得高达 1 Gbps 的速率。

9.2.6 WiMAX 协议栈

在本书中已经介绍了多种技术，PHY 与 MAC 层只是不同网络标准之间的不同称谓而已。WiMAX 的独特之处在于，其 PHY 层不仅支持多个频带，还适用于移动状态。调制技术和接入机制根据距离远近、是否存在干扰或特定设备本身的需要，可以从一个 BS 到远程设备和其他 BS 动态地改变。

与以太网或其他协议不同，WiMAX 的 MAC 层是面向连接的，包含有特定服务的汇集子层，这些子层是到更高 OSI 层的接口。记住，在 OSI 协议模型中，只有传输层（第 4 层）是面向连接的。在 WiMAX 中 MAC 层的汇集子层可以把某个特殊服务映射到某个连接，这使得 WiMAX 通过同一链路就可以提供多个同时进行的服务，在同一网络中传输多种协议（例如 ATM、IPv4、IPv6 以太网、VLAN 以及其他协议）的数据。WiMAX 的 MAC 层还含有一个保密子层，用于保证链路的安全（本章后面将介绍安全性）。IEEE 802.16 的 WiMAX 协议栈如图 9-10 所示。

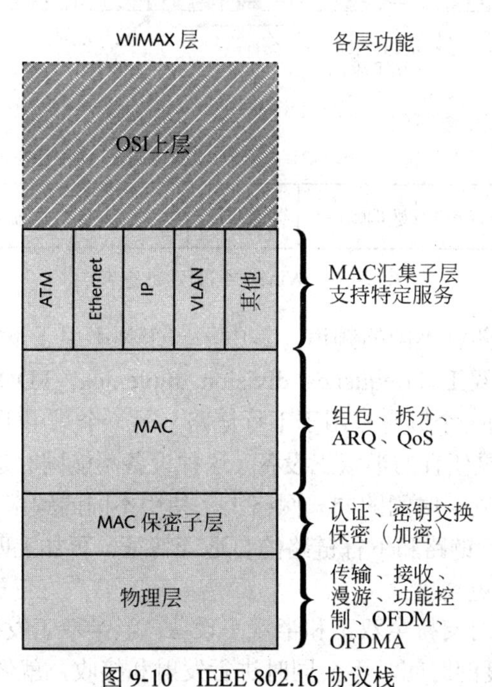

图 9-10　IEEE 802.16 协议栈

PHY 层

在 IEEE 802.16 标准中有多种 PHY 层。对于某个特定的实现，使用哪种 PHY 层，根据频率范围以及是否是点对点或单点对多点配置而定。前两种是基于单个载波信号的调制方式的。记住，当在单个频率上进行传输时，所有发射器必须工作在半双工模式下，因为它们不能同时发射和接收信号。在这种情况下，把每个传输划分为 5 毫秒长的固定长度数据帧。每个数据帧又划分为一个上行链路数据帧和一个下行链路数据帧。在下行链路数据帧期间，数据从 BS 传输给 SS，在上行链路数据帧期间，数据从 SS 传输给 BS。

PHY 数据帧可以是 0.5 毫秒、1 毫秒或 2 毫秒长，划分为可变长度的上行链路子数据帧和下行链路子数据帧。这些子数据帧又进一步划分为一系列的时隙。上行链路与下行链路数据帧中的时隙数量可以不同，这有助于 BS 为上行链路或下行链路分配更多的时隙。上行链路或下行链路的时隙数量与在每个方向上要传输的数据量有关。在 IEEE 802.16 标准中，去往或来自某个设备的一个数据传输称为一个**脉冲**（burst）。脉冲也可以是从 BS 到所有 SS 的一个广播传输。一个传输还可以包含命令或网络管理信息，这些内容是在数据帧的数据部分之前发送的。在下行链路数据帧和上行链路数据帧中，BS 为特定的 SS 分配时隙。在某个脉冲中含有的数据量与时隙长度以及该脉冲所用的调制技术和编码模式有关。这种机制称为**时分双工**（time division duplexing，TDD），如图 9-11 所示。

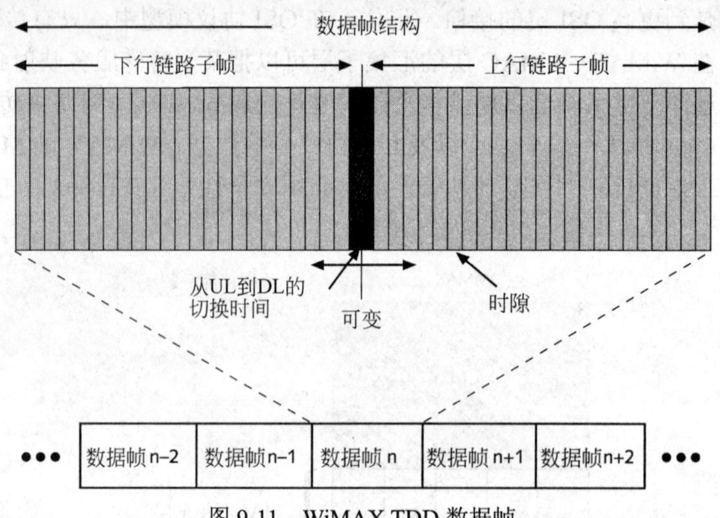

图 9-11 WiMAX TDD 数据帧

WiMAX 还允许使用两种不同的频道，其中，一个频率用于下行链路，另一个用于上行链路。这种机制称为**频分双工**（frequency division duplexing，FDD）。FDD 的数据帧结构类似于 TDD，只不过其中的一个频率只用于下行链路，另一个只用于上行链路。

WiMAX 既可以支持更便宜的半双工设备（这种设备不能同时进行传输和接收），也支持高性能的全双工基站（在同一时间的同一网络上，使用不同的频率，同时进行传输和接收）。由于 IEEE 802.16 具有上行链路和下行链路的自适应特征，再加上既支持 TDD 又支持 FDD，因此，它使用频谱的效率更高。
WiMAX FDD 网络可以同时支持全双工和半双工设备。当半双工发射器与 FDD 网络连接时，BS 要确保为这些设备调度的时间，不会同时进行发射和接收，就像它们是半双工基站一样。

在单点对多点体系结构中，BS 使用**时分复用**（time division multiplexing，TDM）发射信号。每个 SS 被依次分配一个时隙。注意，由于只有 BS 在下行链路方向上发射信号，因此无须担心竞争，只需把不同时隙的信息传输给不同的 SS。

在上行链路方向上的接入（从 SS 到 BS）使用的是**时分多址**（time division multiple access，TDMA），根据正在传输的数据类型需求，可以为每个 SS 分配一个或多个时隙。其中一些时隙用于竞争接入，这使得不是当前网络成员的 SS，也可以与 BS 进行通信，其目的是创建与该网络的连接。

在 10～66 GHz 的许可频带中，IEEE 802.16-2009 支持一种传输模式，即 WirelessMAN-SC（单个载波）。它用于使用 TDD 或 FDD 的固定式点对点连接。在这些较高频率中，发射器与定向天线之间需要有瞄准线。

WiMAX 中的其他所有传输模式都是工作在 2～11 GHz 的许可或免许可频带中。IEEE 802.16 标准还支持非瞄准线应用。当因为区域的地理因素，或者由于大楼或树木障碍了信号的传输通路时，从接收器看不见发射器天线（或者从发射器天线看不到接收器），就会出现**非瞄准线**（non-line of sight，NLOS）的情况。

对家庭用户来说，购买和安装在塔顶上的室外天线是比较昂贵的，尤其是在那些经常有大风或积雪的地区，非常容易发生明显的**多路失真**（multipath distortion）。记住，当在瞄准线应用中使用定向天线时，可以不用考虑多路失真。然而，在单点对多点应用中，BS 通常使用全向天线。图 9-12 显示了瞄准线与非瞄准线示例。

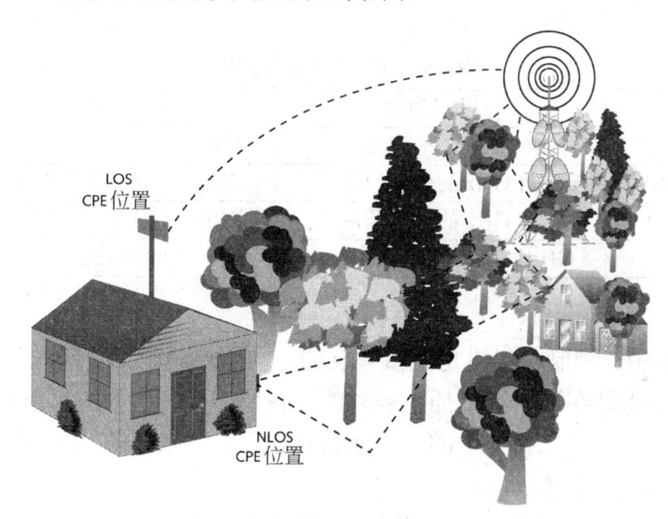

图 9-12　瞄准线与非瞄准线示例

为支持非瞄准线应用，还需要其他一些 PHY 层功能。本书关于 WiMAX 的概述只是介绍一些常用功能，因为它还有太多的选项，要全部介绍它们，得需要另外一章的篇幅。对于非瞄准线应用，IEEE 802.16 支持另外 3 种 PHY 层传输模式：WirelessMAN-OFDM、WirelessMAN-OFDMA 和 WirelessHUMAN。

WirelessMAN-OFDM 可用于固定式、移动或网状应用。它使用 TDD 或 FDD，工作在低于 11 GHz 的许可频带中。这种模式把该频带划分成多个数据载波、导航载波以及空载波，使得它可以克服多路失真问题。在空载波期间，不会发射信号，空载波就像**防护频带**（guard band）一样，防止相邻信道的干扰。载波的数量与 RF 信道的带宽有关。例如，在宽度为 1.25 MHz 的信道上，可以有多达 256 个子载波，其中 192 个用于数据，8 个用作导航载波，55 个用作防护频带。而对于宽度为 20 MHz 的信道，可以有多达 2048 个子载波。

WirelessMAN-OFDMA 使用的是**正交频分多址**（Orthogonal Frequency-Division Multiple Access，OFDMA）技术，该技术是基于 OFDM 的，它把可用信道划分为 1536 个正交的数据

载波。然后又把这些子载波分组成子信道，每个SS分配一条子信道，允许多个站点和BS在一条传输上进行通信。同样，数字载波的数量也与信道的宽度有关。OFDMA也能很好地克服多路失真问题，工作在低于11 GHz的许可频道上。

第三种传输机制是**无线高速免许可的城域网**（Wireless High-Speed Unlicensed Metro Area Network，WirelessHUMAN），它也是基于OFDM的，专门用在免许可的5 GHz U-NII频带上。

在IEEE 802.16中，OFDMA也是可扩展的，这意味着根据传输的QoS需求、信号质量或SS与BS之间的距离，在上行链路中分配给SS的子载波数量是可变的。然而，为了在IEEE 802.16m中能容纳多个信道（使用多个连续的信道来提高速率），UL和DL数据帧的数量是固定的，也是不对称的，这意味着DL数据帧比UL数据帧更多。

IEEE 802.16 PHY层的另一个主要特征是，它支持自适应调制技术。简而言之，这意味着对于每个SS，IEEE 802.16可以动态地改变调制方式，根据信号质量提高或降低速率。此外，为了满足不同国家的法规要求，以及使频谱的使用最优化，IEEE 802.16允许收发器使用从最小1.25 MHz到最大20 MHz的频率带宽。表9-2归纳了WiMAX规范的有关术语、所用频率和复用技术。

表9-2　WiMAX规范归纳

传输模式	所用频率	应　　用	复用技术
WirelessMAN-SC	10～66 GHz的许可频带	只用于固定式	TDD、FDD
WirelessMAN-OFDM	低于11 GHz的许可频带	固定式、移动或混合式	TDD、FDD
WirelessMAN-OFDMA	低于11 GHz的许可频带	固定式或移动	TDD、FDD
WirelessHUMAN	5 GHz U-NII频带	固定式或混合式	TDD

调制与纠错

在IEEE 802.16中，调制与纠错是直接关联的。前面已经介绍，**前向纠错**（forward error correction，FEC）技术是在数据流中插入额外的比特位，使得接收方可以检测出多个比特位的错误，并且可以纠正一组比特位中的一个比特位错误。在极端的情况下，FEC只为每个传输的数据比特位发送一个副本。

除使用FEC之外，IEEE 802.16还使用**自动重传请求**（automatic repeat requests，ARQ）技术，以确保传输的可靠性。换句话说，有时候需要重新发送数据帧。IEEE IEEE 802.16可以获得99.999%的可靠性，也就是“5个9”，这是数据通信界常用的可靠性级别。FEC提高了正确接收数据的概率，因此减少了重传的次数，这就提高了链路的性能。然而，额外添加的比特位增加了传输的负载，增加了总的数据量，因而降低了链路的总体性能。IEEE 802.16通过动态地改变调制方式，在给定信号质量的情况下，在速率与传输两者之间取得了最佳的平衡。

表9-3列举了IEEE 802.16所支持的调制类型及相关的强制FEC编码。这里列举出的编码速率仅供参考，要完整介绍FEC编码技术，需要一些复杂的数学公式，超出了本书的范围。然而，需要知道的重要一点是，使用不同的FEC编码速率，可提高传输的可靠性。

表9-3　IEEE 802.16调制方式与强制的FEC编码

调制方式	FEC编码速率	调制方式	FEC编码速率
BPSK	1/2、3/4	64-QAM	2/3、5/6
QPSK	1/2、2/3、3/4、5/6、7/8	256-QAM（可选）	3/4、7/8
16-QAM	1/2、3/4		

IEEE 802.16 具有动态改变调制方式的能力，还使得它可以降低 WiMAX 的延迟，提高服务质量（QoS）。**延迟**（latency）是数据包从源设备到目的地设备所用的时间。图 9-13 显示了 WiMAX 是如何使用不同调制方式的。自适应调制也有助于 WiMAX 更有效地利用信道带宽。

BS 往 SS 发送信息，在最初传输最前面一些数据帧的下行链路数据（DW-MAP）中，告知为某个信号脉冲和某个 SS 使用的是哪种调制方式。SS 在指定信号的开头发送一个上行链路数据（UL-MAP）进行相应。DL-MAP 和 UL-MAP 为数据帧的一部分，描述了传输的方法，以及信号内容、分配的时间和其他信息。

WiMAX 配置文件

IEEE IEEE 802.16 定义了一些配置文件，它们是一些预定义参数集，包括频率信道、信道带宽以及传输模式（OFDM、OFDMA 等）。这些配置文件有助于减少或避免派遣技术人员到现场的必要性，因为当用户要签约一种新服务类型时，技术人员可以远程修改。WiMAX 还指定了一些基本的配置，如单点对多点（P2MP）、点对点（PTP）以及可选的网状网络配置。WiMAX 系统配置文件是基本配置文件与其中一个传输配置文件的组合，它是在把设备运送给终端用户之前，由运营商预先设置的。脉冲配置文件是 BS 与 SS 为获得一定的服务质量而协商的时隙分配。

派遣技术人员到终端用户现场安装一个宽带网络，要花费运营商 500 美元。

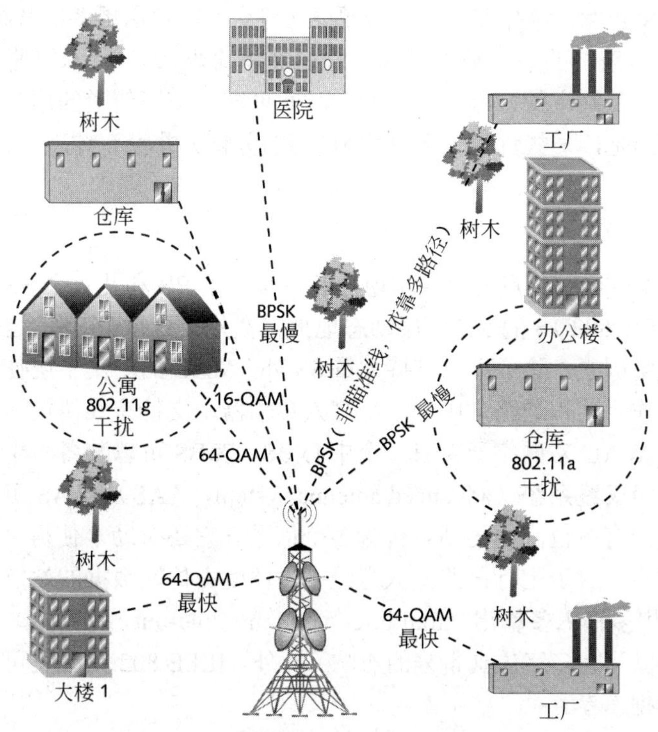

图 9-13　WiMAX 应用不同的调制方式

有效范围与速率

WiMAX 网络的最大有效范围与所用的频带有关。回忆可知，频率越高，在给定功率下，信号的有效范围越小。但频率越高的信号，速率也越高。

通常，较高的频率用于城市地区的瞄准线、点对点或多点网络，在这种情况下，运营商网络使用的许可频率，速率非常高。更低的许可频率（低于 11 GHz）通常用于专用的瞄准线网络连接(距离可达 10 英里(16 千米))，以及 35 英里(56 千米)的远距离连接。低于 11 GHz 的频率也可用于非瞄准线网络，最大有效范围达 5 英里（8 千米）。

WiMAX 基站和用户站点根据信号质量计算有效范围（距离）。当用户站点在最初加入网络时，会进行这个计算过程，后面则是周期性地计算，这有助于设备为数据传输确定调制方式和 FEC 编码。

如前所述，WiMAX 所能获得的最大数据速率与所用的调制方式、信道带宽以及 FEC 编码有关。表 9-4 归纳了一些可能的数据速率组合。

表 9-4　WiMAX 数据速率（Mbps）与信道带宽和 FEC 编码对比

调制/FEC 编码		QPSK 1/2	PSK 3/4	16 QAM 1/2	16 QAM 3/4	64 QAM 2/3	64 QAM 3/4
信道带宽	1.75 MHz	1.04	2.18	2.91	4.36	5.94	6.55
	3.5 MHz	2.04	4.38	5.82	8.73	11.88	13.09
	7.0 MHz	4.15	8.73	11.64	17.45	23.75	26.18
	10.0 MHz	8.31	12.47	16.63	24.94	33.25	37.40
	20.0 MHz	16.62	24.94	33.25	49.87	66.49	74.81

注意，信道带宽越宽，意味着每个信号单元（符合）可发送更多的数据，如第 2 章所述，因此，越宽的信道，获得的数据速率越高。理想速率比表 9-4 所示的速率低。原因之一是 WiMAX 的信道带宽是共享的，因此，在给定时间里同时使用信道的用户数会影响最大的数据速率。另一个原因是，一些负载（比如 MAC 层的分帧）并没有体现在该表的速率计算中，这些也会降低速率。

MAC 层

WiMAX 通常以单点对多点为基础实现，其中有一个 BS 和几百个 SS（包括移动用户）。对于上行链路，IEEE 802.16 的 MAC 层动态地把带宽分配给每个 SS，这是 WiMAX 网络能取得较高速率的关键因素。除了可以支持大量 SS 外，MAC 的汇集子层使得 WiMAX 可以实现为点对点系统（作为回程通路）中的一个高效传输器，支持有线协议（如 ATM 和 T1）。

单点对多点的 WiMAX 网络通常有一个中心 BS，该 BS 可以装备一个全向天线或一个智能天线（又称为**高级天线系统**（advanced antenna system，AAS）。AAS 可以同时在不同的方向上往位于每个天线有效范围内的站点传输多个信号。它还有助于使得每个方向上的 RF 信号强度最大化。记住，对于上行链路，只有经 BS 调度去传输数据的站点，才能发送信号。WiMAX 还可以利用**多输入多输出**（multiple-in and multiple-out，MIMO）天线系统来减少对其他系统的干扰，以及因多路失真带来的影响。此外，IEEE 802.16m 还可以支持多射频和空分复用，以提高数据速率。

为解决一个脉冲到某个 SS 的寻址问题，BS 使用一个 16 比特位的数字，称为**连接标识**

符（connection identifier，CID），该标识符用于标识设备以及该设备用于接入 WiMAX 网络的连接（如前所述，WiMAX 的 MAC 层是面向连接的）。每个站点也都有一个 48 比特位的 MAC 地址，只有在创建连接时才会使用该地址。当站点接收到一个来自 BS 的传输，会检查该传输的 CID，只有那些是传输给自己的 MAC 数据帧才会保留下来。

如果站点支持某种服务（比如电话呼叫或视频流），就可以请求额外专门的带宽（用于满足服务质量）。BS 会定期轮询 SS，以判定它们所需的带宽，为它们分配所要求的带宽。除非是要求有特定比特率的连接（比如 T1），否则，大多数数据连接是不容许有错误的，但可以容许延迟和抖动（即在一段时间里，两个连续数据包之间的最大延迟变化情况）。Web 浏览、E-mail 消息传输以及文件下载都是容许延迟和抖动的操作。而视频和语音可以容许一定数量的错误，但不容许延迟或抖动。

通过使用一种自我纠正机制为 SS 分配更多的带宽，WiMAX 的 MAC 协议可以维持一个稳定的带宽。这可以减少网络上的数据流量，因为这无须 SS 去确认带宽的分配。如果 SS 没有接收到所需的带宽，或者 BS 没有接收到请求，SS 只需再次请求即可。来自 SS 的请求是累积的，它们会也会定期地告诉 BS 它们所需的总带宽。这种机制比其他网络协议所用的机制有效得多。

在 WiMAX 中，把上行链路方向上用于请求信道带宽的连接，映射到 SS 的调度服务，是基于 DOCSIS（Data Over Cable Service Interface Specification）标准中为有线调制解调器定义的调度服务的，详细信息可访问 www.cablemodem.com/ specifications 并单击 DOCSIS。

一个 MAC 数据帧包含有一个固定长度的首部、一个可选的可变长负载（数据）以及一个可选的**循环冗余校验**（cyclic redundancy check，CRC）。只含有首部的 MAC 数据帧用于在 BS 与 SS 之间发送命令和请求。一般的 MAC 数据帧如图 9-14 所示。

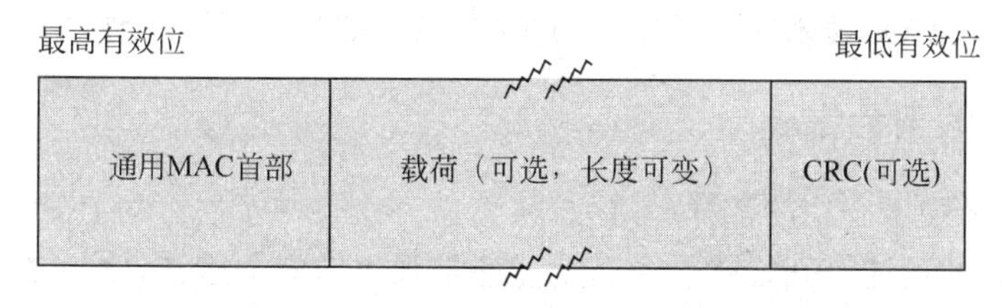

图 9-14　IEEE 802.16（WiMAX）的 MAC 数据帧

9.2.7　WiMAX 的共存

在使用免许可频带的无线数据传输汇总，终端用户和运营商关心的一个问题是，随着收发器数量的增长，它们会相互干扰。最终，这种干扰可能会使得该技术没有价值，从而使得用户的投资没有价值。这个问题是 IEEE 802.16 在如何取得的有效距离时所要考虑的重要问题之一。

WiMAX 与诸如 IEEE 802.11 之类的技术不同之处在于，它不仅限于 2.4 GHz 或 5 GHz 的频带。我们鼓励工作于免许可频带上的商业用户开发一个共享协议（详细内容请在网站 standards.ieee.org/getieee802/ index.html 上查看“IEEE 802.16.2-2004”），但对于那些希望把无线连接销售给客户的服务提供商，应考虑购买或租借 2～11 GHz 频带中的少量频谱。FCC 的政策允许频谱拥有者把未使用的频谱再销售给其他运营商。

ISM 频带提供了大约 80 MHz 的带宽，而 U-NII 频带则提供了 24 条信道以及 555 MHz 的带宽，用户和运营商可以共享这些频带。根据发收发器之间的距离远近，干扰可能不是个严重的问题，因为在理想的瞄准线条件下，WiMAX 信号的有效距离为 30～35 英里（大约 48～56 千米）。如果再加上采用自适应调制、可变数据速率以及 FEC 技术，链路的性能不成问题。大多数销售设备的提供商会帮助你处理这些问题。只要不超过 FCC 或其他国家法规允许的限制，功率大小也是可以调整的。智能天线系统是解决这类问题的另一种解决方案。

第 3 章已介绍过，欧洲电信标准协会（European Telecommunications Standards Institutes，ETSI）发布了一个名为 HIPERMAN（High Performance Radio Metropolitan Area Network）的标准。它是基于 IEEE 802.16 的，描述了那些基于 OFDM 并且只工作在 2～11 GHz 频率上的系统。

9.3 WMAN 的安全性

与其他类型的网络一样，WMAN 的安全性也是一个主要关心的问题。尽管使用的是多波束技术（攻击者通过截获单个波束就可以捕获信息），但通常认为 FSO 是安全的。任何试图从 FSO 系统嗅探信息的人，都很难访问设备，也只能阻隔不可见波束的一部分。此外，这种干扰将影响网络的性能，会立即引起用户或运营商的警觉。在 LMDS 和 MMDS 系统中，接收方可以捕获 RF 信号而阻隔它。由于这些系统都是专有的，而且比较昂贵，因此，通常都是由系统制造商或运营商负责在其设备中为客户设计安全措施。由于未来的大多数 WMAN 安装都将是基于 WiMAX 技术的，因此本节主要介绍 WiMAX 的安全措施。

9.3.1 WiMAX 的安全性

正如在 9.2.6 节中所介绍的那样，MAC 层含有一个保密子层。与 IEEE 802.11 和蓝牙不同，WiMAX 标准的设计一开始就包含有功能非常强大的安全措施。这些特性使得黑客很难（几乎是不可能）从 WiMAX 传输中窃取信息。

保密子层提供了一种客户端/服务器认证以及密钥管理协议，其中，BS 控制着对 SS 的安全密钥发布。此外，该标准对 BS 与 SS 之间的所有数据传输都进行加密，并且使用数字证书（这是经认证机构数字签发的消息）和嵌入在 BS 中的公钥基础设施，确保安全性，防止信息被窃取。制造商在每个设备中安装了一个唯一的数字证书，该证书包含有一个序列号。制造商通过 Internet（需要有一条到 Internet 的连接）发送一个用该制造商公钥加密后的证书副本，就可以验证数字证书的合法性和唯一性。这是 IEEE 802.16 标准的其中一个需求。

保密子层有两个协议组件：封装协议与密钥管理协议。封装协议用于加密数据包的数据，含有一个对要传输的数据进行加密的密码套件（即加密和认证机制）。密钥管理协议用于确保从 BS 到 SS 的密钥分发，它用于使 BS 与 SS 之间的安全密钥同步化，防止未授权站点与 WiMAX 网络连接。

一旦设备经过BS用数字证书认证后，就会在BS与SS之间交换一个**流量加密密钥**（traffic encryption key，TEK），该密钥用于在无线接口上传输的每条服务连接。流量加密密钥是用于对数据进行加密的安全密钥。记住，IEEE 802.16 的 MAC 层是面向连接的，可以传输多种类型的服务。TEK 会过期，SS 必须定期与 BS 更新该密钥。TEK 的默认生命周期是 12 小时，其最小值为 30 分钟，最大值为 7 天。

在 WiMAX 中，只有首部没有加密，以便 SS 与网络连接。尽管数据不经加密就可以发送，但大多数用户还是愿意（也应该）使用加密。通过无线介质发送的所有数据可以使用下述算法之一进行加密：

- 3-DES（三重 DES）：按照美国数据加密标准（Data Encryption Standard，DES），用 128 位的密钥对数据进行三次加密。
- 1024 位密钥的 RSA：RSA 是 1977 年由 Ron Rivest、Adi Shamir 和 Leonard Adleman 开发的。该算法使用一个大整数，该整数等于一些较小数字的乘积。其设计思想是，要得到这个大整数，需要找出这些较小数字，但要找出每一个较小数字很难。
- 128 位密钥的 AES：最新的加密标准是**高级加密标准**（Advanced Encryption Standard，AES），由美国国家标准与技术委员会（National Institute of Standards and Technology，NIST）开发，用来取代 DES。它被认为是不可攻破的，用于加密未分类的美国政府文件。

WiMAX 中所设计的安全机制应该足以免除终端用户对安全问题的担忧。

WiMAX 的高可靠性、高安全性、有效距离长以及具有 NLOS 特征，使得它非常适合安全公司使用，为家庭和商行提供防盗警报。利用直播视频和基于 IP 的安全摄像机，WiMAX 使得大楼或家庭的安保工作可视化。

本章小结

- WMAN 是一组技术，为整个区域（比如没有有线设施的一个城市）提供无线连接。WMAN 还为整个城市区域的用户提供了移动性。
- 最后一英里有线连接指的是用户设备与 ISP 之间的链路。今天，大多数的最后一英里连接仍然是基于铜线连接的。
- 因为光纤电缆具有速度高、可靠性高和信道容量大等特点，城市之间的远距离电话和数据连接，大多数都已迁移至光纤电缆连接了。其中的信号以两种技术进行发送。第一种技术称为宽带，在不同频率上发送多个数据信号。它允许多个不同信号同时发送。第二种技术称为基带，它把整个传输介质视作为一个信道，只发送一个数据流。2001 年之前，基于 RF 的固定式宽带系统仅限于一次只能与其他另外一个设备进行连接，只能使用瞄准线链路进行传输。
- FSO 是对成本较高的高速光纤连接的一个很好替代。FSO 以点对点的方式，通过低功率的红外线光束来发送传输。由于 FSO 是瞄准线技术，收发器必须安装在高处，以便有一条清晰的传输路径。

- LMDS 是一种固定式宽带技术，可以提供多种无线服务，包括高速 Internet 接入、实时的多媒体文件传送、远程接入 LAN、交互视频、按需点播视频、视频会议以及电话服务。LMDS 的下行速率为 51～155 Mbps，上行速率为 1.54 Mbps，有效范围大约为 5 英里（8 千米）。
- 由于 LMDS 信号只能传输 5 英里，因此，一个 LMDS 网络是由多个单元组成的，就像蜂窝手机系统那样。发射器往单元范围内的固定建筑物发送信号。LMDS 是用于建筑物之间的固定式技术。决定 LMDS 单元大小的主要因素有瞄准线、天线高度、重叠的单元以及降雨等。
- MMDS 是一种固定式宽带无线技术。MMDS 可以传输视频、语音或数据信号，有效范围可达 35 英里（56 千米）。由于 MMDS 是工作在较低的频率上，因此其信号可以传输较远的距离。因为 MMDS 信号传输的距离更远，如果要与 LMDS 传输一样的信号，所需要的发射器设备也就更少。MMDS 既可用于家庭，也可用于商业。MMDS 使用 2.1 GHz 和 2.5～2.7 GHz 的频带来提供双向服务，下行速率可达 1.5 Mbps，上行速率为 300 Kbps。LMDS 和 MMDS 不是基于某种标准的技术。
- IEEE 802.16（WiMAX）标准是 2000 年引入的，其目的是使固定式宽带服务标准化，取代有线接入网络。一个 WiMAX 基站（BS）可以同时与上百个用户站点（SS）进行通信，或以点对点的方式与另一个 BS 进行通信。IEEE 802.16 设备可以工作在 10～66 GHz 频带或 2～11 GHz 频带上，也可以使用许可或免许可频带。BS 还可以与装备有 WiMAX 无线接口的笔记本电脑直接连接。
- WiMAX 工作在 2～11 GHz 的频带上，传输速率可达 70 Mbps，在 10～66 GHz 的频带上，短距离内可获得 120 Mbps 的传输速率。IEEE 802.16m 修订版允许使用多个射频信号和空分复用技术，如果汇集多条带宽为 20 MHz 的信道，数据速率可提高到 1 Gbps。由于 WiMAX 支持服务质量（QoS），使得它可以以比 LMDS 和 MMDS 网络更低的费用来同时传输语音、视频和数据（三网融合）。WiMAX 设备的安装和维护相对容易，而且便宜。
- WiMAX 的有效范围以英里为单位。蜂窝手机运营商可以在已有的网络范围内重叠部署 WiMAX 网络，这可以降低手持式蜂窝手机发送数据的费用。
- IEEE 802.16e 修订版使得移动设备可以全面支持 WiMAX 技术。移动 WiMAX 使得低速移动或静止的便携式设备可获得 2 Mbps 的数据速率，在快速移动的汽车上，可获得 320 Kbps 的速率。
- WiMAX 的 MAC 层是面向连接的，含有一个汇集子层，允许 WiMAX 直接支持 ATM、T1、以太网、VLAN 以及其他服务。IEEE 802.16 的 PHY 层有 5 种不同类型。前两种是基于单个载波信号调制的。所有设备都以半双工方式工作。PHY 数据帧可以是 0.5 ms、1 ms 或 2 ms 长，可以划分为变长的上行链路数子据帧和下行链路子数据帧。子数据帧又划分为携带负载的时隙。可以把一个时隙或多个时隙分配给某个站点。这种机制称为时分双工（TDD）技术。WiMAX 还支持两个信道的使用，一个用于上行链路，另一个用于下行链路。这称为频分双工（FDD）技术。
- BS 可以在网络中同时支持半双工和全双工设备。BS 使用时分复用技术进行传输。站点使用时分多址（TDMA）技术进行传输。BS 在上行链路的子数据帧中为连接接入分配时隙，以便允许站点创建连接并接入网络。

- WiMAX IEEE 802.16 定义了 3 种 PHY 层，用于在 2～11 GHz 许可或免许可频带上的 LOS 和 NLOS 实现：WirelessMAN-OFDM、WirelessMAN-OFDMA 和 WirelessHUMAN，其中，WirelessHUMAN 更多的是用在 5 GHz 的 U-NII 频带上。
- IEEE 802.16 的 OFDM 和 OFDMA 是可扩展的，这意味着根据传输的 QoS 需求、信号质量或SS与BS之间的距离，在上行链路中分配给SS的子载波数量是可变的。IEEE 802.16 的 PHY 层使用自适应调制技术。它可以根据距离和信号质量，动态地改变调制方式。WiMAX 可以使用 1.25 MHz 到 20 MHz 的频率带宽。通过使用纠错技术和自适应调制技术，WiMAX 使得频谱的利用更高效，能取得更高的性能。
- WiMAX 配置文件描述了频率信道、带宽和传输机制。一个基本的配置文件描述了网络是点对点还是单点对多点方式。系统配置文件是基本配置文件与传输配置文件的组合。配置文件的使用，使得 WiMAX 的安装更简单，减少了运营商的实现成本。
- MAC 层是使 WiMAX 网络智能和安全的关键所在。有效的带宽节约和 QoS 有助于 WiMAX 减少延迟和抖动，维持一个稳定的带宽。WiMAX 具有不少特征，帮助运营商和终端用户减少干扰问题。
- WiMAX 具有的安全性使得运营商和终端用户不用担心其他无线技术那样的安全问题。WiMAX 使用经过验证的数字证书、最先进的加密机制（3-DES、RSA 和 AES）以及安全的密钥交换协议。

复习题

1. 术语“固定式无线”通常用于表示_______。
   a. 建筑物　b. 汽车　c. 卫星　d. 蜂窝手机
2. 从服务提供商开始，通过当地运营商，最终达到家庭和办公室的连接常用名是_______。
   a. 一英里　b. 最后一英里　c. ISP　d. 链路
3. 下面不是家庭用户最后一英里连接的示例为_______。
   a. 卫星　b. 拨号调制解调器　c. DSL　d. 基带
4. 商业用户从当地电话运营商那里租借的、传输速率为 1.544 Mbps 的特殊高速连接称为_______。
   a. T1　b. T3　c. DSL　d. 以太网
5. 把整个传输介质看作是只有一条信道的技术称为_______。
   a. 宽带　b. 模拟信号　c. 基带　d. 线路
6. WiMAX 在 10～66 GHz 的频带上近距离的速率可达_______。
   a. 100 Mbps　b. 70 Mbps　c. 120 Mbps　d. 30 Mbps
7. WiMAX MAC 协议中的汇集子层用于支持_______。
   a. T1　b. ATM　c. 语音和视频　d. 以上都是
8. 在上行链路方向上，IEEE 802.16 使用_______进行传输。
   a. TDMA　b. 只使用半双工　c. TDM　d. 下行链路数据帧
9. LMDS 优于 MMDS，是因为从发射器发出的信号最远可传输 35 英里。对还是错?

10. LMDS与MMDS的缺点之一是，这些系统的工作频率都要求瞄准线。对还是错?
11. WiMAX网络中的设备只能以半双工方式进行传输。对还是错?
12. WiMAX基站控制着WiMAX网络中的所有传输。对还是错?
13. IEEE 802.16标准中的非瞄准线传输只在2～11 GHz频带中得到支持。对还是错?
14. ________系统有时候也称为非光纤系统，使用的是低功率红外线光束，而不是光纤电缆。
    a. MMDS　b. LMDS　c. FSO　d. WiMAX
15. LMDS网络的最大有效距离是________英里。
    a. 2　b. 5　c. 8　d. 35
16. 一个WiMAX基站可以与________用户基站同时进行通信。
    a. 12个　b. 几千个　c. 几百个　d. 几百万个
17. WirelessHUMAN工作在________频带上。
    a. U-NII　b. 2～11 GHz　c. 10～66 GHz　d. 以上都不是
18. WiMAX网络的覆盖范围通常是以________为度量单位的。
    a. 英里或千米　b. 英尺　c. 几百英尺　d. 只用英里
19. ________是使WiMAX最大限度地利用频带的关键因素。
    a. 更佳的纠缠技术　b.更好的频率稳定性
    c. 多个频带　d. 自适用调制技术
20. BS通过________给SS发送信息，告诉它对某个脉冲或传输使用的是哪种调制技术。
    a. 数据帧的首部　b. 脉冲配置文件　c. 系统配置文件　d. MAC数据帧

动手项目

项目9-1

认识至少两个制造商的WiMAX设备。编写一个报告，介绍它们供应哪种类型的设备（如基站、CPE或笔记本电脑的适配卡）。应确认制造商至少供应两种不同类型的产品标识。列举出设备可以工作的频率，以及至少一项该设备所具有的重要特性。

项目9-2

通过在Web网站上搜索新闻媒体，找出在北美的一两个地方（本书中没有介绍过的），当地政府、提供商或有关商业机构准备部署一个WiMAX网络。简要介绍一下该项目的目的、部署的范围以及对该项目的预期，比如，提供哪种类型的服务（即Internet接入、视频和电话）。为了方便你的搜索，请考虑一下在哪项条件下部署WiMAX是比较好的选择。其中一个示例是，使用WiMAX来连接靠近海岸的钻井平台。

真实练习

你是TBG公司的无线网络专家，该公司再次给你打电话。公司的一个客户Advancomms公司计划为其移动WiMAX网络部署智能（高级）天线系统，该系统准备安装在你所在的地区，且你正处于该系统可能安装的位置。理想位置应是至少有 8 层高的大楼，这样可以省去建发射塔和供电的费用。选择位置的另一个重要因素是，尽可能避免来自该地区其他无线系统的干扰。

练习 9-1

你的工作是开车在城区四处转，尽可能多地记录下各处的无线天线，在地图上标出每个天线的位置和朝向。智能天线系统需要有几个小天线，它们都是朝同一个方向。如果你所在区域的大楼顶部已经安装了天线，那么你就需要考虑是否还有足够的垂直空间来安装智能天线了。如果你所在区域没有高楼，那么就需要找尽可能高的位置，确保天线信号不会被任何其他建筑或地形（比如山岗和山脉）阻隔。如果你居住在大城市，很多高楼都已经安装了天线，那么就应该考虑在靠近楼顶的外墙上（如果有空间）安装智能天线。

确定那些有两个定向天线相互指向对方的已有链路，并在地图上标记它们。可以使用 Google 地图来显示并打印你所在的城区地图。

制作含有 5～10 张幻灯片的 PPT，其中包含了地图和所有可能安装智能天线的位置。并且编写一个报告，说明各种可能的问题。使用 Google 图片或你喜好的搜索引擎，标识出尽可能多的不同天线类型，并把这些内容写入你的报告中。如果你有相机，也可以在 PPT 中显示那些可能安装智能天线的地址图片。

挑战性案例项目

Wheeler 大学的校园延伸到了一个比较偏远的地区，大约是纽约布法罗南部的 3 个城区大小。Wheeler 大学的管理员与 TBG 公司进行了接洽，请 TBG 公司给出一个方案，把它们的 3 栋学生宿舍大楼连接到大学网络中。这些大楼是用以太网有线连接起来的，但现在学生既无法接入大学的网络，也无法接入 Internet，因为这些宿舍是在比较偏远的地区，没有 DSL 或有线电视服务。该大学曾考虑实现基于卫星的系统或安装光纤网，但每一种的费用都被证明是不可行的。该大学通过回程通路 MMDS 与 ISP 的连接，可以接入 Internet，但安装专有 MMDS 网络的费用也太高。TBG 公司请你参与整个项目，因为你是无线网络专家。宿舍楼相互之间以及与计算机中心大楼具有瞄准线通路。

根据项目 9-1，给出两页纸的推荐意见以及 10 分钟的 PPT，介绍一个 WiMAX 实现方案。你应介绍一下 WiMAX 的特性，为什么它能为大学带来长期的益处。在你的 PPT 中，应包括照片和基本说明。还应包括类似于项目 9-2 的一些示例。

第 10 章

无线广域网

本章内容：

- 介绍无线广域网及其应用
- 介绍可用于数字蜂窝电话中的应用类型
- 解释蜂窝电话工作原理的基本概念
- 介绍蜂窝电话的发展
- 介绍通信卫星及其在无线广域网中的应用

无线广域网（wireless wide area network，WWAN）所能覆盖的地理区域可以大至整个国家甚至是整个世界。WWAN 可以使用蜂窝电话网络来覆盖一个国家或整个洲。在无蜂窝电话网络的地方，卫星技术能够让用户拨打电话，或从偏远地区接入 Internet。这两种技术可以以多种方式进行互补，使得用户从地球的任何地方都可以通过 Internet 与公司网络连接，运行商业应用程序。

尽管蜂窝电话上的浏览器性能不如 PC 和 MAC 的浏览器，但蜂窝电话可以使用电缆与笔记本电脑连接，于是，那些不能在蜂窝电话上运行的应用程序，就可以在 Internet 连接上运行。一些智能手机还具有“热点”特性，使得它们可以作为 Wi-Fi 接入点（AP），这使得用户可以用两种不同的无线技术同时与 Internet 连接，从而提高了外出时的办公效率。

从用户的角度来说，蜂窝技术是无处不在的。在任何地方，你都可以看到人们正在使用蜂窝电话和智能手机接听和拨打电话，发送和接收短消息，发送和接收 E-mail，浏览 Web 网站，发送传真，上载图片和影片，甚至是观看电视和电影。今天，使用数字蜂窝电话就像使用有线电话一样普遍，在世界的很多地方，尤其是那些传统的有线电话基础设施落后或不存在的地方，由于有了蜂窝电话，对于那些从没有使用过私人电话（更不用说 Internet 了）的用户，以上这些服务也是可用的。事实上，对大多数人群来说，蜂窝电话正在快速地取代传统的电话线。

蜂窝电话正在改变着我们的生活。当渔民把他们的渔船停靠在码头时，他们的收获已经销售给最高的出价者了。偏远地方的农民可以把他们的产品直接销售给零售商。通常，这种销售方式使得生产者和小型制造商绕过中间商，从而获得更高的利润，最终使生产者和消费者都获得利益。

从技术的角度来说，这只是数字蜂窝技术而已。实际上，蜂窝技术可能是所有无线通信技术中最复杂的技术之一，而且用户希望它能够像进行语音呼叫那样简单地处理数据。在过去的四十多年里，用户对高数据速率和高质量语音连接的需求，驱动着蜂窝电话技术的发展。这些技术都具有令人奇怪的缩写，比如 GSM、EDGE、CDMA、HSDPA、HSPA 和 LTE。从制造商到运营商，蜂窝电话业务是世界上竞争最激烈的业务之一。即使是当地政府部门也从蜂窝电话业务的发展中获得了利益，把部分无线频谱拍卖给最高出价者，从而获得几十亿美元。

多年以来，通信卫星为我们提供全球定位系统，把通信送到偏远地区，实时地把无线电和 TV 信号传送到地球的任何地方。通信卫星在 WWAN 数据网络中也起着重要作用，因为它们可以把信号传送到海洋上的任何地方（海洋占了地球表面的大部分），可以传送到北极圈和南极圈，还可以传送到那些电力和蜂窝电话传输发射塔等基础设施不存在的偏远地球和山区。由于往太空发射卫星并把它们定位到正确的轨道上的工作很复杂，因此，通信卫星是所有无线通信技术中最昂贵的技术之一。

本章将介绍蜂窝电话的工作原理，看看数字蜂窝电话网络背后的一些复杂技术。本章还将介绍利用蜂窝电话设备、不同平台和软件，能完成哪些工作，并讨论数字蜂窝电话技术的一些实现问题。最后，介绍如何部署通信卫星，利用通信卫星进行数据传输的一些问题，以及通信卫星与蜂窝电话是如何相辅相成，实现一个真正的全球无线广域网的。

10.1　蜂窝电话技术

蜂窝电话技术以令人吃惊的速度持续发展着。数字蜂窝网络为移动用户提供的应用范围和特性，是这种发展的主要因素。今天，蜂窝电话网络是基于数字而不是模拟传输技术的。它们可以以更快的速率传输，并且不再仅限于语音通信了。数字蜂窝电话可用于：

- 浏览 Internet。
- 发送与接收短消息和 E-mail。
- 召开视频会议。
- 接收旅游信息、新闻报道、天气预报、娱乐新闻以及其他类型的信息。
- 与公司网络连接，运行各种商业应用程序。
- 观看电视或点播电影。
- 拍摄与传输图片和短影片。
- 使用 GPS，显示你自己或你的汽车、家庭成员和员工的当前位置。
- 扫描二维码甚至是商品标签以了解商品的更多信息或价格。
- 在线或离线玩游戏。
- 远程访问与控制服务器和工作站的控制台显示。

短消息服务（Short Message Services，SMS）就是允许在蜂窝电话之间进行较短消息（160 个字符，对于非拉丁文和中文，为 70 个字符）的传送，现在仍然是蜂窝电话应用中使用最广的服务之一。2011 年，全球发送的 SMS 消息超过了 7 万亿条。文本消息服务在 Internet 上从中心站点发出消息，比如，往医生寻呼机发送消息的应答消息服务，SMS 则不同，它可以在用户之间从一个设备往另一个设备发送消息，无须使用 Internet。如果接收者的电话不在范围内或者关机了，蜂窝电话运营商的设备可以存储消息。

SMS 可以如下方式使用：

- 个人到个人：这是 SMS 最常用的使用方式，即一个用户发送一条消息给另一个用户。它又称为数字蜂窝电话设备的**即时消息**（instant messaging）。
- 代理到个人：当有事件发生时，自动代理会发送通知。用户可以设置有关参数和标准。

例如，当某个股票达到某个价格或用户接收到一个语音邮件消息时，自动代理发出一个SMS消息。

- 信息广播服务：包括基于某个准则或当有突发事件发生时，发出的新闻、天气和体育得分。
- 软件配置：SMS 可以对运行在蜂窝电话设备上的软件进行某些改变，还可以向智能手机发送下载软件的链接。
- 广告：可以把包含广告的消息通过SMS发送给用户。

10.1.1 蜂窝电话的工作原理

理解蜂窝电话的工作原理有两个关键点。第一个关键点是，蜂窝电话的覆盖区域被划分为较小的多个部分，这些称为**单元**（cell），如图10-1所示。一个典型的单元，可以是从几千英尺的直径范围，到大约10平方英里（26平方千米）。每个单元的中心是发射器和接收器，利用它们，这些移动设备可以通过RF信号与附近的单元进行通信。这些发射器与基站连接，每个基站又与移动电话交换局（mobile telecommunication switching office，MTSO）连接。MTSO把蜂窝电话网络与有线电话连接起来，它控制着蜂窝电话网络中的所有发射器和基站。大城市可能有多个MTSO，每个控制一组单元。

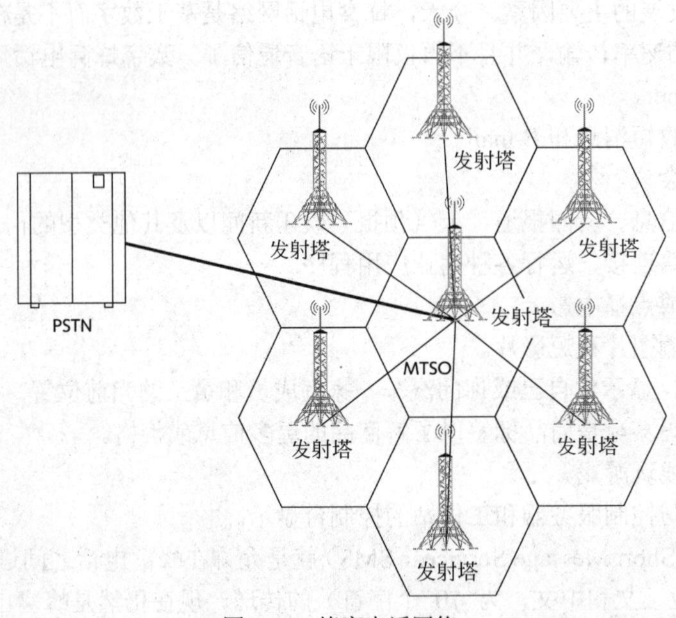

图10-1 蜂窝电话网络

把每个单元绘制成一个六边形，是因为这样无须使用重复的线段，就可以更容易显示相邻单元。实际上，如果不考虑建筑物和其他地理因素的影响，单元的形状更接近于圆。

2011年，全球的蜂窝电话用户数量接近60亿，并仍在继续快速增长。查看mobithinking.com/mobile-marketing-tools/latest-mobile-stats可了解更多信息。

理解蜂窝电话工作原理的第二个关键点是，今天，所有的数字发射器和数字蜂窝电话都是以较低功率工作的。这使得从某个电话发出的信号仅限于某个单元，不会对其他单元产生干扰。由于某个频率上的信号不会超出某个单元区域，因此，这样就可以在其他单元（不是相邻单元）中同时使用同一频率。这种情况称为**频率复用**（frequency reuse），如图 10-2 所示。

蜂窝电话具有与之关联的特殊编码。这些编码可用来标识电话、电话的所有者以及运营商或服务提供商（比如 AT&T 或 Sprint）。这些编码中的一些是在电话生产时预编程的，其他的则是与用户的账号有关。一些电话要求在可以使用之前，安装一个 SIM 卡。SIM（subscriber identity module，用户识别模块）卡是一个非常小的电子卡片，用于与用户的账号和运营商关联。图 10-3 显示了一个常规的 SIM 卡和一个小 SIM 卡（这种卡用在 Apple 公司的 iPhone 和其他蜂窝电话设备上）。

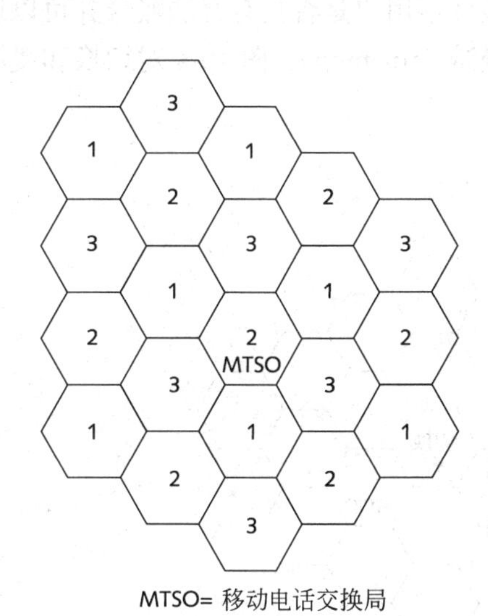

图 10-2　3 个重复使用的频率

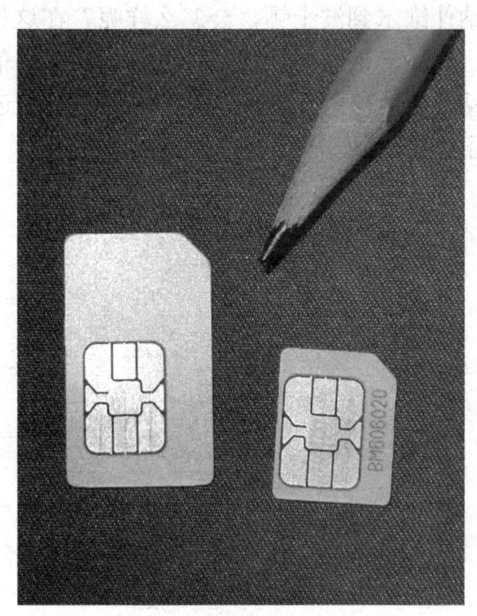

图 10-3　SIM 卡与小 SIM 卡

SIM 卡具有 64 KB 到 512 KB 容量的 ROM，1 KB 到 8 KB 容量的 RAM，以及 64 KB 到 512 KB 容量的 EEPROM。用户的手机号存储在 SIM 卡上，用户可以把联系人号码存储在手机内存或 SIM 中。用户可以把 SIM 卡从一个手机移到另一个手机上，使用不同的手机，无须再编程。这样的一个示例是，用户到某地旅游时，当地所用的频带可能与她本地的不同，她可以租用一个与当地蜂窝电话服务兼容的手机，只需把 SIM 卡移到另一个不同的手机上，就可以仍然使用自己的账号。

表 10-1 给出了蜂窝电话中所用的编码及其各自的大小和作用。

ESN 或 IMEI 码是在生产时永久分配给某个蜂窝电话的。运营商或销售商在账号激活时把 MIN 编写到电话中。SID 码是在账号激活时，编写到运营商系统中的，与 SIM 卡有关。

当蜂窝电话用户在某个单元内移动时，由该单元内基站的发射器负责处理所有通信。当用户往下一个单元移动时，蜂窝电话会自动与该单元的基站进行关联。新单元接管用户呼叫

表10-1　蜂窝电话编码

编码名	大　小	作　用
系统识别码（SID）	5个数字	标识运营商的唯一号码
电子系列号（ESN）	32比特位	蜂窝电话的唯一系列号。具有SIM卡的电话中没有
国际移动设备标识符（IMEI）	15个十进制数字（14个加上1个校验数）	标识移动电话以及卫星电话的唯一码，也用作系列号
移动标识码（MIN）	10个数字	从电话号码生成的一个唯一码。具有SIM卡的电话中没有

的过程称为**切换**（handoff）。然而，如果用户移到整个蜂窝电话网络的覆盖区之外了，比如从纳什维尔到波士顿，会怎么样呢？在这种情况下，蜂窝电话会与波士顿的蜂窝电话网络连接，然后，该网络会与纳什维尔的网络通信，以便验证该用户是否具有合法账号并可以进行通话。这种与用户本地之外的单元进行的连接称为**漫游**（roaming）。图10-4对切换和漫游进行了对比。

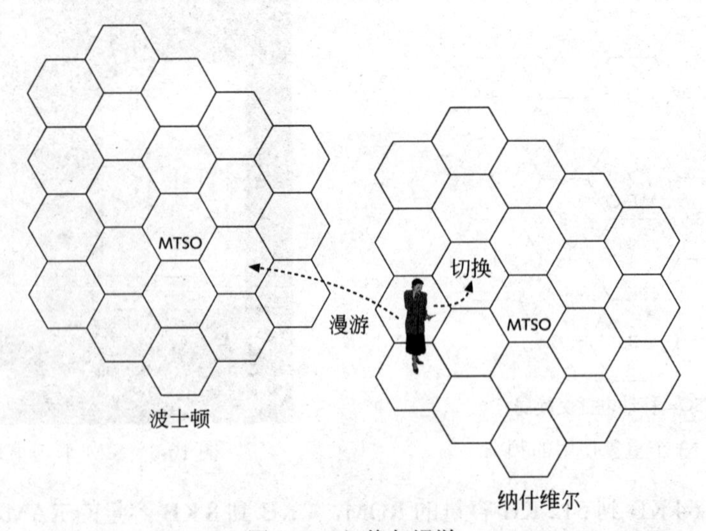

图10-4　切换与漫游

蜂窝电话用户的本地区是她生活或工作的地方，并在那里，她有蜂窝电话运营商的一个账号。当与本地区连接时，用户支付的是本地每分钟的呼叫费用。当漫游时，每分钟费用会更高，并且可能还需要支付漫游费。每分钟费用和漫游费的多少与用户所具有账号的运营商有关。

蜂窝用户接收一个呼叫的步骤（如图10-5所示）如下。

（1）当蜂窝电话开机时，扫描编程所用的频率，侦听来自最近基站所选频率（称为控制信道）上的广播消息。该广播消息含有网络、某单元所用频率等信息。如果蜂窝电话没能检测到一个控制信道，那么它可能是在可兼容网络范围之外，在这种情况下，会向用户显示一条消息，比如“无服务”。

（2）如果蜂窝电话正确地接收到广播消息，它将把该消息与编程到电话或SIM卡中的SID进行比较。如果电话或SIM卡上的信息与广播消息匹配，那么就说明该电话是在其运营商网络中。然后，蜂窝电话往基站传输一个注册请求号，MTSO 使用它来跟踪该电话是位于哪个单元中。

（3）如果 SID 不匹配，那么说明该电话正在漫游中。远程网络的 MTSO 与该电话的本地网络通信，确认该电话的 SID 属于合法账号。然后，远程网络的 MTSO 跟踪该电话，并往该电话的本地 MTSO 发送呼叫信息（包括呼叫长度，以及作为漫游连接的呼叫状态）。

（4）如果有呼叫来到，MTSO 通过注册请求确定电话的位置，然后选择一个频率用于通信。MTSO 在控制信道上给电话发送频率信息。电话和发射器都切换到该频率，然后完成连接。

（5）当用户移向单元的边界时，基站可以知道电话的信号强度正在减弱，而下一单元的基站则可以发现电话的信号强度正在增强。这两个基站通过 MTSO 相互协调。然后，蜂窝电话在控制信道上可以获得一条消息，当该呼叫切换到另一个单元时，改变使用频率。

（6）电话和发射器按要求改变频率。

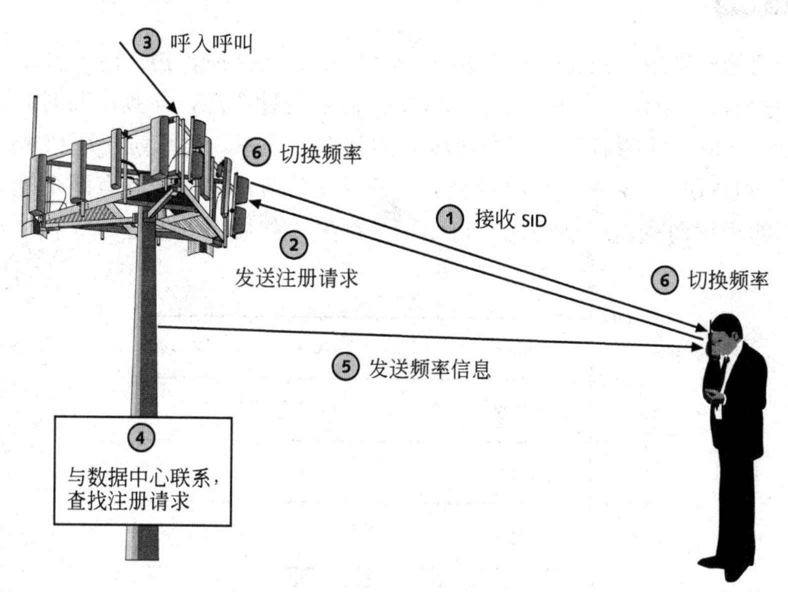

图 10-5　用蜂窝电话接收一个呼叫

发出呼叫的处理过程与接收呼叫的类似。

尽管 1996 年的美国电信法案规定，截获蜂窝传输是非法的，呼叫者仍然要记住，他们的通话是通过公共无线电波进行广播的，并不像使用有线电话网络呼叫那样保密。

10.1.2　蜂窝技术的发展

由于蜂窝技术是全球可用的，因此有必要了解其发展过程以及未来的发展方向，因为你无从知道你可能哪天会去哪里旅游，或者会去哪里工作。在美国，蜂窝电话是在 20 世纪 80 年代开始使用的。从那以后，蜂窝电话技术发生了巨大变化。业内的大多数专家把蜂窝技术的发展划分为如下几代。

第一代蜂窝技术

蜂窝技术的第一代称为1G（First Generation）。1G传输使用的是模拟信号，也就是**射频**（radio frequency，RF）传输，其中的呼叫者语音是使用基本的**频率调制**（frequency modulation，FM）技术进行调制的。

1G主要是基于高级移动电话服务（Advanced Mobile Phone Service，AMPS）的。AMPS工作在800～900 MHz的频谱。每条信道为30 kHz宽，有45 kHz的通带。这里有832个频率可用于传输。在这些频率中，790个用于语音数据流，其余42个用于控制信道。然而，由于每个蜂窝电话对话需要两个频率（一个用于传输，一个用于接收，即全双工方式），因此，实际上只有395条语音信道，21条控制信道。

30 kHz宽的信道提供的通话质量可以与标准的有线电话传输相媲美，这是AMPS信道为30 kHz的原因所在。

AMPS使用**频分多址**（Frequency Division Multiple Access，FDMA）技术（在第3章已经介绍了这种技术）。记住，在RF通信系统中，需要两种资源，即频率和时间。如果将频率划分，那么分配给每个呼叫者的是整个时段内的某部分频率。频率划分是FDMA的基础，如图10-6所示。FDMA一次为一个用户分配一条蜂窝信道，该信道具有两个频率。如果该信道因其他频率的干扰而变差，那么用户可以切换到另一条可用的信道。

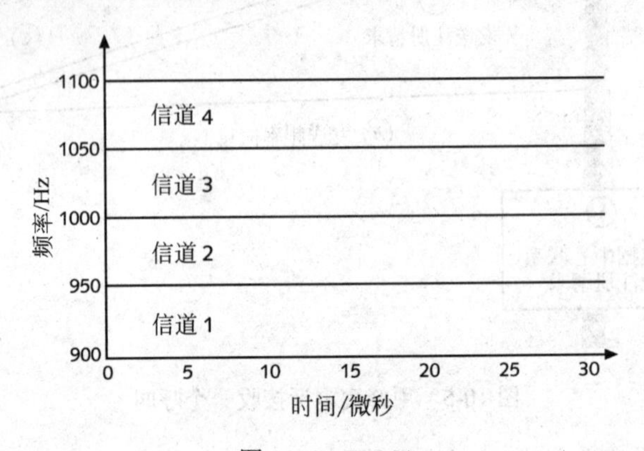

图10-6　FDMA

AMPS是使用FDMA技术的第一代无线通信系统之一。今天，AMPS已经不常用了，然而，一些老式的三态移动电话仍然支持AMPS系统。

1G网络使用电路交换技术。当要进行一个电话呼叫时，需要通过电话公司的交换机，在呼叫者与接听者之间创建一条专用的连接。在该电话对话进行中，该连接只对这两个用户是开放的。如果第一个对话仍在进行中，那么该电话就不能进行其他的呼叫，其他电话试图对该电话的呼叫都将接收到一个忙音。这个直接的连接将持续整个呼叫过程。在呼叫结束时，交换机将断开该连接，并释放所占用的频率，这样其他呼叫者就可以使用这些频率了。

模拟信号是1G蜂窝电话的基础，容易受到干扰，其连接质量也不如数字传输的好。此外，在模拟信号上发送数据时，需要一个调制解调器或类似设备，把信号从数字的转换为模拟的，然后再从模拟的转换回数字的。1G 模拟蜂窝电话只有在语音通信时才比较理想。因此，1G 很快就被数字技术所替代。

第二代蜂窝技术

蜂窝技术的第二代是 2G（Second Generation），始于 20 世纪 90 年代早期，并一直使用到现在，不过可能很快就要被淘汰了。2G 网络可在 800 MHz 和 1.9 GHz 频带上，以 9.6～14.4 Kbps 的速率传输数据。2G 与 1G 的唯一共同点是，它们都是电路交换网络。

2G 系统使用数字而不是模拟传输。与模拟传输相比，数字传输有如下几个方面的提高。

- 数字传输使用频谱的效率更高。
- 在远距离传输上，语音传输的质量不会像模拟传输那样降低。这是因为模拟信号是经过放大的，出现的任何噪声都不能去除，因为接收方无法区分噪声和语音信号。
- 数字传输的解码比较困难，因而可提供更好的安全性。
- 总体而言，数字传输使用的功率更低。因此，可以使用更小且更便宜的单个接收器和发射器。

1G 与 2G 的另一个不同是，2G 蜂窝网络是基于蜂窝网络载波的，使用多种接入技术。2G 使用 3 种技术：**时分多址**（time division multiple access，TDMA）、**码分多址**（code division multiple access，CDMA）和 GSM（Global System for Mobile Communications，全球移动通信系统）。

就像在 AMPS 中那样，FDMA 把可以频谱划分为多个频道，每个呼叫者在整个通话过程中分配一部分频谱。TDMA 则是按时间进行划分，在某部分时间中，把整个频谱分配给一个呼叫者，如图 10-7 所示。TDMA 把一个 30 kHz 的频道划分为 6 个时隙，每个呼叫者使用 2 个时隙（一个用于传输，另一个用于接收）。在一条信道上，TDMA 所能进行的呼叫数量是 FDMA 的 3 倍。

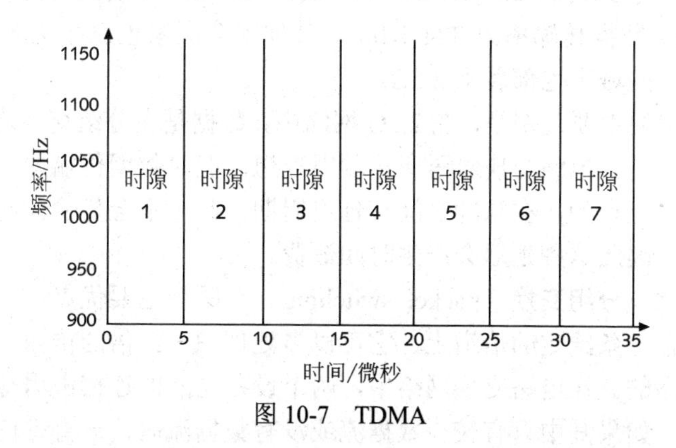

图 10-7　TDMA

第 3 章曾经介绍过 CDMA，也是在某部分时间中，把整个频谱分配给一个呼叫者，如图 10-8 所示。CDMA 使用**直接序列扩频**（direct sequence spread spectrum，DSSS）技术，使用唯一的数字编码（不是单独的 RF 频率）来区分不同的传输。一个 CDMA 传输分布在整个频率上，在单个传输上应用数字编码。当信号被接收后，用第 3 章中介绍的方法从信号中把该编码去除。

GSM 是作为欧洲的公共移动通信标准于 20 世纪 80 年代开发的，使用的是 FDMA 和

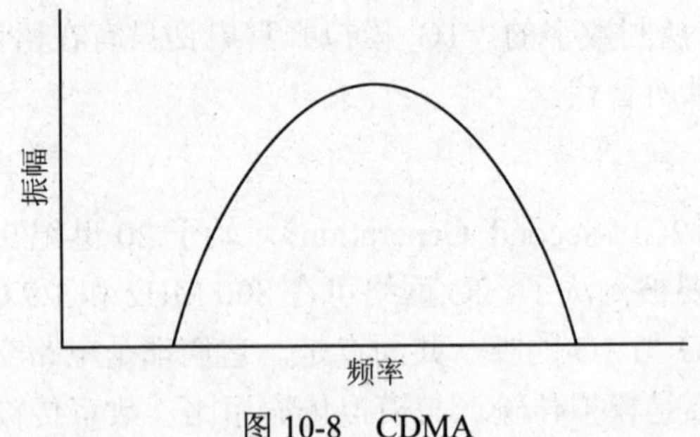

图 10-8 CDMA

TDMA 技术。它把一条 25 MHz 的信道划分为 124 个频率，每个 200 kHz。每条 200 kHz 的信道又使用 TDMA 划分为 8 个时隙。它所使用的调制技术是 FSK 的一种变体，称为**高斯最小移位键控**（Gaussian minimum shift keying，GMSK），该技术使用滤波器来减少相邻信道之间的干扰。GSM 系统可以以 9.6 Kbps 的速率传输数据。

1989 年，蜂窝电信行业协会（Cellular Telecommunications Industry Association，CTIA）选用基于 FDMA 的 TDMA 作为数字蜂窝网络的技术。然而，随着 CDMA 竞争技术的发展，以及欧洲使用 GSM 作为移动通信，CTIA 经过重新考虑，决定让运营商自己进行技术选择。

这 3 种技术（即 TDMA、CDMA 和 GSM）构成了 2G 数字蜂窝技术的骨干。

2.5 代蜂窝技术

当前的数字蜂窝电话技术已远远胜过 2G 了，业界正加速向 3G 过渡。运营商正在对其网络的基础设施进行改造，全新一代的移动蜂窝设备即将出现。在往 3G 技术完全过渡之前，有一个中间步骤，称为 2.5 代（2.5 Generation）或 2.5G，该蜂窝系统正在整个北美广泛部署。2.5G 网络运行的最大数据传输率为 384 Kbps。其他很多国家也已广泛部署 2.5G，如中国、日本和韩国，欧洲一些城市也部署了 2.5G。

2G 与 2.5G 网络的主要差别是，在 2.5G 网络中，数据是在分组交换连接（而不是电路交换连接）上进行传输的。电路交换对语音传输很理想，但对数据传输并不高效，因为数据传输通常是以脉冲形式进行的，在脉冲之间有延迟周期，此时不会传输任何内容。由于信道是专用于某个用户的，因此这种延迟会产生时间浪费。

与电路交换相比，**分组交换**（packet switching）有两个主要优点。第一，分组交换的效率要高得多，因为在一条给定的信道上，它可以多处理 3～5 倍的传输。第二，分组交换允许连接总是连通状态的。在电路交换网络中，两个设备之间的连接占用整条信道，该信道只能专用于这些设备，如果其中只有较少数据流或没有数据流时，一直维持该连接为连通状态是不切实际的。这样做就像你给一个朋友打电话，然后把电话放下但不挂断，只是为了以后再通话。以这种方式占用电话线，将阻止其他呼叫的进出。利用分组交换技术，就可以使数据连接一直保持连通状态。每个数据包单独通过网络传输到目的地，且只要求在传输该数据包时才使用该信道。其他设备可以使用同一分组交换连接来发送和接收数据，此时，每台设备是轮流发送数据包的。

总处于连通状态，以及更高的传输速率，使得电缆调制解调器和 DSL 连接在家庭使用中更常见。你可以在看电视或打电话的同时，接入 Internet。计算机可以保持与 Internet 的连接，当你需要浏览 Web 网站、发送或接收 E-mail、聊天等时，无须等待连接的重建。

2.5G 网络技术有 3 种。一种是从 2G 网络技术移植而来。对于 TDMA 或 GSM 的 2G 网络，利用通用**分组无线服务技术**（general packet radio service，GPRS）升级到 2.5G 技术。GPRS 在一个 200 kHz 的频谱中使用 8 个时隙和 4 种不同的编码技术，并加上 GSM 所用的调制技术，可以以最高为 114 Kbps 的速率进行传输。在 GPRS 之后的下一步升级是用于 GSM **演进的增强型数据速率**（Enhanced Data rates for GSM Evolution，EDGE）。

EDGE 是 GPRS 系统的加速器，数据传输率可达 384 Kbps。它使用的是 8-PSK 调制技术，其中，载波的相位移动为 45°，每次相位移动可传输 4 比特数据。基于 EDGE 的网络可以与标准 GSM 网络共存。

另一种是从 2G CDMA 网络移植而来，转变为 CDMA2000 1xRTT（这里的 1xRTT 代表的是 1-times Radio Transmission Technology（1 倍无线传输技术）），该技术运行在一对 1.25 MHz 宽的频率信道上，支持 144 Kbps 的数据包传输，是 CDMA 网络的语音容量的双倍。

第三代蜂窝技术

假设你正在日本旅游，使用蜂窝电话与在美国的朋友进行视频会议。这是 3G（Third Generation，第三代）蜂窝技术的最初设想，为蜂窝无线通信形成一个统一的全球标准。国际电信联盟（International Telecommunications Union，ITU）为无线蜂窝数字网络给出了以下标准数据速率：

- 144 Kbps 用于移动用户。
- 386 Kbps 用于较慢移动的用户。
- 2 Mbps 用于静止用户。

就像从 2G 网络转变为 2.5G 网络一样，要从 2.5G 网络转变为 3G 网络，取决于 2.5G 技术。如果要从 CDMA2000 1xRTT 移植而来，那么将转变为 CDMA2000 1xEVDO（这里 EVDO 表示的是 Evolution Data Optimized）。该技术可以以 2.4 Mbps 的速率进行传输。然而，EVDO 只能用于发送数据，必须与 1xRTT 一起使用才能用来处理语音和数据。EVDO 传输非常类似于 1xRTT，但 EVDO 为数据传输使用一对专用的信道，通常是往 CDMA2000 技术可用的频段增加新频段用于数据传输。每隔 1.667 毫秒，EVDO 就会计算每个信道对的信噪比（SNR），以确定接下来要为哪个蜂窝电话设备服务。通过使用专用信道，并不断优化与设备的传输，EVDO 可以获得较高的数据速率。CDMA2000 1xEVDO 的后继技术是 CDMA2000 1xEVDV（这里 EVDV 表示是 Evolution Data and Voice），该技术可以在一个分组交换网络上同时发送数据和语音。EVDV 是该技术的下一个升级之路。它可以达到 3.09 Mbps 的速率。EVDV 的 D 版可以支持 1.0 Mbps 的上行速率。

2005 年，美国的 Verizon Wireless and Sprint Nextel 公司与 Bell Canada 和 TELUS 开始在加拿大全国范围内部署 1xEVDO。阿拉斯加通信系统（Alaska Communications Systems，ACS）公司在阿拉斯加人口主要居住区部署了 1xEVDO。

如果要从 EDGE 2.5G 技术移植到 3G，使用 W-CDMA（Wideband CDMA）。W-CDMA 往电路交换语音信道增加一条分组交换数据信道。如果是固定位置，其速率可达 2 Mbps，如果是移动的，速率为 384 Kbps。

除 W-CDMA 之外，另一种移植技术是**高速下行分组接入**（High-Speed Downlink Packet Access，HSDPA）技术，它可以以 8～10 Mbps 的下行速率进行传输。HSDPA 使用一条 5 MHz 的 W-CDMA 信道，再加上各种自适应调制技术、多输入多输出（MIMO）天线、混合式自动重复请求（hybrid automatic repeat request，HARQ）技术，可获得非常高的数据速率。在北美一些支持 GSM 的运营商，很快就把它们的设备升级到支持 HSDPA 了。

但变化并没有到此停止。随着用户数量的增加，运营商正承受着在带宽数量有限的情况下要支持更多用户的压力。已经部署了 CDMA 的大多数（尽管不是全部）运营商发现，它们面临着移植到一种 2005 年提出的技术的压力，该技术支持理论的下行峰值数据速率高达 300 Mbps，上行速率 75 Mbps。CDMA 运营商需要满足这种速率，但用 EVDV 是无法实现的，因此它们理解着手部署和测试 HSDPA 的后继技术（即 HSPA+）。该技术标准又称为**演进的 HSPA**（Evolved HSPA），它提供的理论下行数据速率可达 168 Mbps（理想的最大值约为 42 Mbps），下行数据速率为 22 Mbps，把两个 HSDPA 发射器合成一个，使用 MIMO、64 QAM 调制技术（在下行链路，每个符号表示 6 比特）和 16 QAM 调制技术（在上行链路，每个符号表示 4 比特）。这两个并行的传输信道形成了一个空分复用信道，使得 HSPA+可以获得更高的数据速率。记住，能否获得更高的数据速率，还与蜂窝电话本身的处理能力有关。

HSPA+使得运营商可以移植成全 IP、只有数据包的体系结构，其中的基站绕过老式的蜂窝网络基础设施，直接与网关连接，使用 IP 路由技术，把数据包来回转发给移到用户。这意味着即使是语音呼叫也可以封装到 IP 数据包（VoIP）中，这可以提升可用 RF 频谱的使用效率，降低延迟，在下行链路上，每个单元可处理的用户数量是上一代系统的 5 倍，在上行链路上，则是 2 倍。所有这些都为运营商降低了每比特的传输费用，从而最终惠及终端用户。

HSPA+还提供了往最新一代技术升级的路径。全球很多运营商正快速地往最新一代技术升级，该技术就是 LTE（Long Term Evolution，长期演进），又称为 4G LTE。LTE 扩展了 MIMO 与空分复用，使用多于 2 × 2 的 HSPA+射频配置，使用的是 OFDM 技术，允许使用更宽的 RF 传输信道带宽，上行链路速率可达 20 MHz，下行链路速率可达 100 Mbps。

读者可能会问，蜂窝技术是否还有下一步的发展？是的，该技术称为 **LTE 演进版**（LTE Advanced），它是第三代合作伙伴计划（3rd Generation Partnership Project，3GPP）于 2009 年引入的。3GPP（参见 www.3gpp.org/Partners）是一个来自亚洲、欧洲和北美的 6 个标准化机构工作组，提出了 GSM、SPRS/EDGE、HSDPA、HSPA+和 LTE 的标准。LTE 的演进版是 3GPP 提出的用于宽带蜂窝技术的建议标准，它对 LTE 进行了扩展，允许运营商把多达 5 个 20 MHz 宽的频率信道组合起来，可能为移动蜂窝设备获得 1 Gbps 的最大下行链路数据速率。此外，LTE 的演进版使非常小的单元使用标准化，称为**微单元**（microcell）和**毫微单元**（femtocell），进一步优化频率复用，使得更多的运营商可以共享可用频率空间（频谱）。

随着竞争越来越激烈，用户要求有更好的服务和更快的数据速率，全球大多数蜂窝网络正在快速地升级到 LTE 技术。一些国家由于存在频谱的可用性问题，还存在一些挑战，但大多数政府已经意识到连接性扩展的前景，正在努力使更多的频谱可用。图 10-9 显示了升级到 4G 的技术路径。

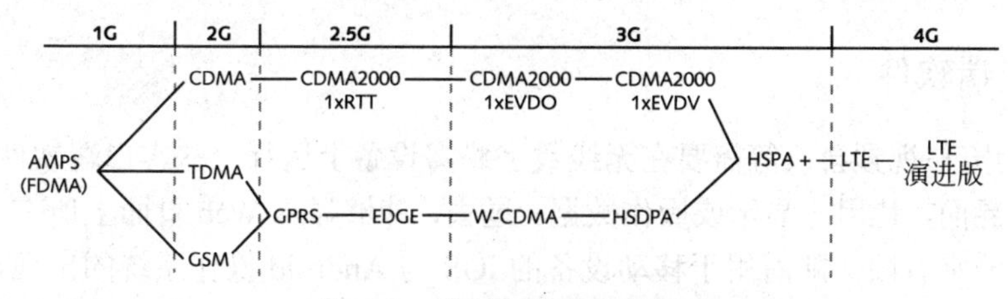

图 10-9　蜂窝技术的升级路径

表 10-2 归纳了到此为止所介绍过的蜂窝技术。

表 10-2　数字蜂窝技术

名　称	代	技　术	最大峰值数据数量（下行链路）
AMPS	1G	模拟的，电路交换	9.6 Kbps
GSM	2G	数字的，电路交换	9.6 Kbps
TDMA	2G	数字的，电路交换	14.4 Kbps
CDMA	2G	数字的，电路交换	14.4 Kbps
GPRS	2.5G	数字的，分组交换（只用于数据传输），电路交换（用于语音呼叫）	114 Kbps
CDMA2000 1xRTT	2.5G	与 GPRS 相同	144 Kbps
EDGE	2.5G	与 GPRS 相同	384 Kbps
CDMA2000 1xEVDO	3G	数字的，对语音和数据都使用分组交换	2 Mbps
W-CDMA	3G	数字的，对数据使用分组交换，对语音呼叫既可以用电路交换，也可以用分组交换	2 Mbps
CDMA 1xEVDV	3G	数字的，对数据使用分组交换，对语音使用电路交换	3.09 Mbps
HSDPA	3G	与 CDMA2000 1xEVDV 相同	21 Mbps
HSPA+	3G	数字的，对语音和数据都使用分组交换（基于 IP）	42 Mbps
LTE	4G	与 HSPA+相同	300 Mbps
LTE 的演进版	4G	与 LTE 相同	1 Gbps

图 10-10 显示了不同蜂窝技术的数据速率对比。

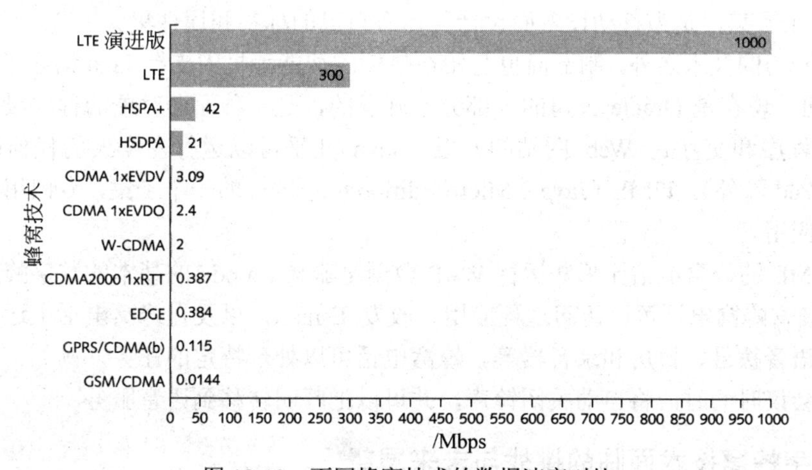

图 10-10　不同蜂窝技术的数据速率对比

10.1.3 客户端软件

Internet 浏览与视频会议等需要在无线数字蜂窝设备上运行一些客户端软件。这些软件提供一些功能和界面，让用户显示或操作数据。过去，能够显示 Web 页面上所有信息的蜂窝手持设备的数量非常有限。随着用于移动设备的 iOS 与 Android 操作系统的出现，这种情况发生了巨大改变。今天，移动设备可以显示几乎所有的 Web 网页内容，以及一些基于 Flash 的影片或类似的动画内容。

还有一些老式设备仍然与专用于蜂窝电话的客户端软件是集成在一起的，但这种情况正快速地发生改变。在不久的将来，大多数移动浏览器都将支持 HTML 5，不仅可以虚拟地显示任何 Web 网页内容，还可以运行各种软件应用，包括基于云计算的应用。事实上，用于蜂窝电话和平板电脑的 iOS 与 Android 系统，以及一些 Symbian 系统和最新的 Blackberry 都能够支持这些应用。

从历史上来看，有 4 种技术为在蜂窝电话上显示 Web 网页内容提供标准方式：

- 无线应用协议（Wireless Application Protocol，WAP）：1997 年开发的 WAP，使用一个很小的 Web 浏览器程序，该程序运行在蜂窝电话上，要求有一台网关计算机来把 Web 页面转换为普通文本。它是为单色显示屏设计的，不能支持彩色文本或图片。WAP 使用简化的标识语言来转换 Web 页面，这种标识语言称为**无线标识语言**（Wireless Markup Language，WML）。
- 无线应用协议版本 2（Wireless Application Protocol version 2，WAP2）：WAP2 是基于 XHTML 的，可以在小型蜂窝电话屏幕上用彩色显示文本和图形，无须使用网关计算机来转换 Web 网页内容。
- 二进制无线运行时环境（Binary Run-Time Environment for Wireless，BREW）：BREW 是一种微小型环境，是 WAP2 的竞争对手，可以显示各种内容。在蜂窝电话上显示 Web 网页内容时，也不需要网关来转换。
- i-mode：i-mode 是一种完全基于运营商 Internet 接入系统的，由日本的 NTT DoCoMo 公司开发和拥有。它基于 cHTML（compact HTML，精简的 HTML）。cHTML 是 HTML 的一个子集，是为移动设备而设计的，有自己的标签和属性集。

除这些专门的技术之外，制造商也开始在早期的智能手机中支持 Java 语言了。Java 语言是 SUN 公司（现在是 Oracle 公司的一部分）开发的，是一种面向对象的程序设计语言，用于通用商业程序和交互式 Web 网站的开发。Java 几乎可以运行在今天的任何硬件平台上（iPhone 和 iPad 除外）。J2ME（Java 2 Micro Edition）是 Java 的一个子集，专门用于为无线设备开发软件应用。

支持 J2ME 的蜂窝电话比那些运行 WAP 微浏览器或 i-mode 的基本的数字蜂窝电话更智能。J2ME 使得蜂窝电话可以访问远程应用、收发 E-mail，以及在蜂窝电话上运行程序。这些程序包括语音拨号、日历和录音器等。蜂窝电话可以处理特定的任务，例如，当在电话日历中设定为会议时间时，将自动关闭铃声，并可以把呼叫转移到语音服务。

10.1.4 数字蜂窝技术面临的挑战与未来展望

尽管在 20 世纪 90 年代晚期和 21 世纪早期经受了很大的怀疑，蜂窝电话仍然席卷全球，大大地改变了人们的工作和通信方式。由于用户有其他竞争产品（如 WiMAX）可选，并且随着全球化市场的继续，一旦业界能在某一种蜂窝技术标准（如 LTE）上达成一致，用户就可以从数字蜂窝技术上获得最大的利益。如果全球有一个标准可用，那么最终将减低运营商的成本，促使它们提供更有竞争的价格和服务，还可以使消费者无论在世界的任何地方都可以使用电话。

有限的频谱

束缚 3G 发展的最大因素是频谱的可用性。在美国，这个问题尤为突出，频率的短缺推迟了 3G 和 4G 的实现。尽管 3G 和 4G 都可以在频谱的任何部分，各种行业协会都指定了某个特定部分的频谱用于全球通信，主要是为了让用户受益，降低运营商的成本。当前，1.710～1.855 GHz 和 2.520～2.670 GHz 频段被指定为用于全球 3G 和 4G 的频谱。在北美，700 MHz 频段（以前用于模拟电视频道）也可以用于蜂窝网络，在欧洲使用的是 500～800 MHz 的部分频谱。

访问 www.3gpp.org 和 www.umts-forum.org 可以了解 3G 和 4G 的更多内容。

蜂窝设备制造商和运营商还在不断寻找使可用频率最大化的方法。在蜂窝网络上部署一个便宜的 WiMAX 网络是一种方法，可以为语音呼叫释放更多的带宽，同时还可以承载更大的用户载荷，前提是有支持 WiMAX 的蜂窝设备。

蜂窝数据的使用增长如此之快，使得运营商正在疲于应付它们的网络升级。事实上，很多运营商花费了大量金钱来获得更大的带宽，部署更多的 Wi-Fi 热点，这些都是为了降低它们的蜂窝网络上的数据载荷。由于智能手机用户是最大的数据用户，而且由于今天所有的智能手机都装备有 Wi-Fi 接口，因此这不是一个问题。然而，Wi-Fi 使用的增多，减少了蜂窝网络上数据使用的收入，因此，运营商需要在这两者之间进行权衡。

费用

对于 500 M 的 E-mail 流量，尤其是那些经常出差，需要手机漫游业务的人，每个月 100 美元的数据服务费很容易超出。然而，与运营商花费在建设和不断升级其蜂窝网络所需的几十亿美元相比，就显得微不足道了。光购买所需的频谱费用就是天文数字。2001 年早期，德国的运营商为购买许可频谱支付了超过 460 亿美元。其他国际的运营商也面临着同样的费用压力，而这只是构建现代蜂窝网络中的其中一项。必须对蜂窝网络进行部署、测试、管理和维护，以保证满足用户的服务需要。此外，与 Internet 连接而产生的大量数据费用，每个月也得几百万美元。

10.2　卫星宽带无线

尽管个人无线通信使用卫星只是最近的事情，但卫星用于全球通信已有将近 50 年了。卫星使用大致可以分为 3 大类型。第一种使用类型是为了获得科学数据（例如，计算太阳的辐射量），以及进行太空研究（如收集来自哈勃太空望远镜的数据）。第二种使用从太空观察地球，这包括天气和地图卫星，以及军事卫星。第三种使用是作为一种反射器，把信号从地球上的一个地点反射或转播到另一个地点。这包括反射电话和数据传输的通信卫星、反射电视信号的广播卫星，以及海事卫星。这三种类型的卫星比较如图 10-11 所示。

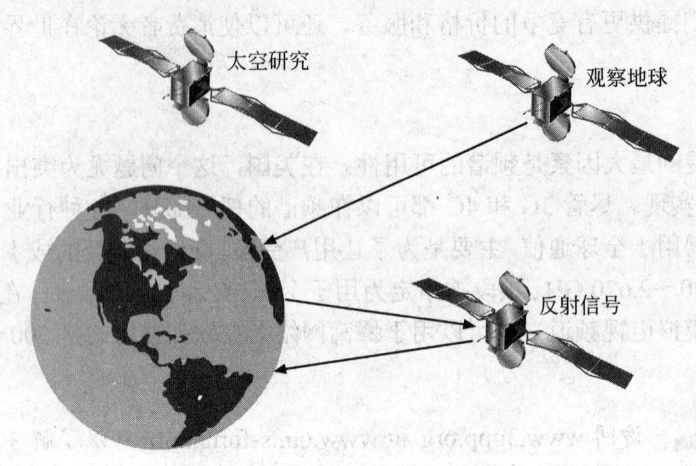

图 10-11 三种类型的卫星

无线通信属于卫星的第三种使用：把信号从地球上的一个地点反射到另一个地点。

10.2.1 卫星传输

卫星通常以 4 个频带中的其中一个来发送和接收，这就是 L 频段、C 频段、Ku 频段和 Ka 频段。这些频段如表 10-3 所示。

表 10-3 卫星频率

频 段	频 率
L 频段	1.53～2.7 GHz
C 频段	3.6～7 GHz
Ku 频段	下行链路为 11.7～12.7 GHz，上行链路为 14～17.8 GHz
Ka 频段	17.3～31 GHz

如前所述，频段影响着天线的大小。图 10-12 比较了这 4 种频段的典型天线大小。

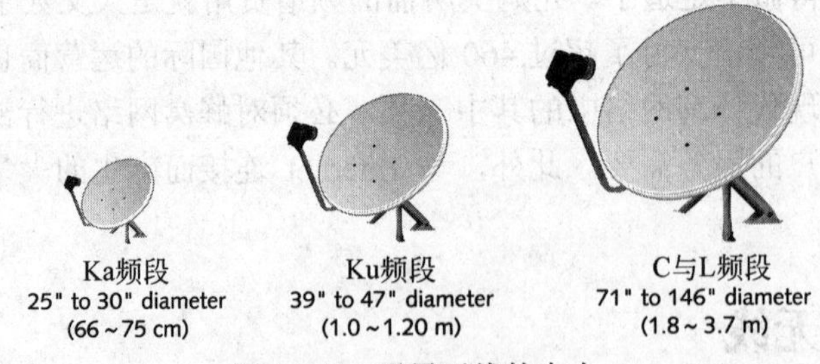

图 10-12 卫星天线的大小

服务类型

卫星提供两种类型的服务：消费类型和商用类型。消费类型在多个用户之间共享可用带宽，商用类型（这两种类型中更贵的）以专用带宽提供专用信道。

把信号反射回地球的卫星可提供不同类型的服务。可以把它们设计为点对点、单点对多点或多点对多点通信，如图 10-13 所示。

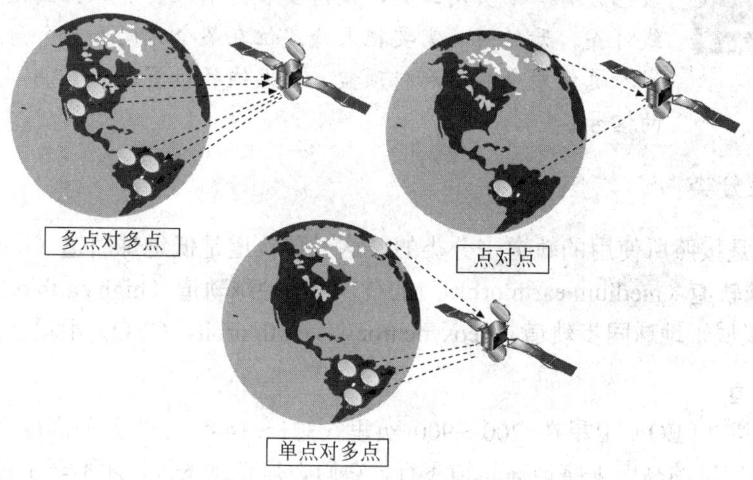

图 10-13　卫星的服务类型

调制技术

卫星使用的是一些常见调制技术，这些技术中的大多数都已经在第 2 章介绍了。下面简要介绍一下这些技术：

- 二进制相移键控（binary phase shift keying，BPSK）：根据传输的是 1 或是 0，把载波的起始点移动 180°。
- 正交相移键控（quadrature phase shift keying，QPSK）：把载波的起始点移动 90°，每个符号可传输 2 比特。
- 8-PSK（Eight-phase shift keying）：每个符号可以传输 3 个比特。
- 16-QAM（16-level quadrature amplitude modulation）：主要用于发送下行数据，被认为是效率高的，但容易受到干扰，因此不常用于上行传输。

复用技术

卫星系统使用两种常见的复用技术：FDMA 和 TDMA，以及其他一些专用技术，使这些昂贵通信信道的使用最大化。有关这些专用技术的详细介绍超出了本书的范围，下面只简要介绍这些技术：

- 永久分配的多址（Permanently Assigned Multiple Access，PAMA）：是最古老技术之一，其中的某个频率信道被永久地分配给某个用户。
- 每个载波一条信道（single channel per carrier，SCPC）：把一条频率信道分配给某一个源，主要用于广播无线电站，它是要一直传输信号的。
- 每个载波多条信道（multiple channel per carrier：MCPC）：使用 TDM 把来自不同用户的数据流合并到每个载波频率上，在欧洲的数字视频广播标准中，通常用于单点对多点应用。
- 按需分配多址（Demand Assigned Multiple Access：DAMA）：在两个或多个地面基站之间，为每个呼叫或传输会话分配带宽，可以有效地共享可用频率和时间资源，允许完全的网状路由，类似于电话公司的交换机工作原理，但需要更复杂、更贵的硬件。

在直接到用户（卫星电视）的电视广播中，用户家庭或办公室的机顶盒包含有一个实用工具，使得安装技术人员可以把圆盘天线与卫星天线对齐。开始时，需要把天线定位在某个方向和某个角度，然后，技术人员使用电视机和机顶盒，对天线的位置进行微调，直到获得最强的信号。

10.2.2 卫星分类

卫星系统是按照所使用的轨道来分类的。这三种轨道是**低地球轨道**（low earth orbit，LEO）、**中地球轨道**（medium earth orbit，MEO）和**高地球轨道**（high earth orbit，HEO）。大多数 HEO 卫星属于**地球同步轨道**（geosynchronous earth orbit，GEO）卫星。

低地球轨道

低地球轨道（LEO）卫星在 200～900 英里（321～1448 千米）的高度环绕地球。由于 LEO 卫星是在很近的高度上绕地球轨道飞行，它们必须高速飞行，才不至于被地球引力拉回太气层。在 LEO 中的卫星以每小时 17 000 英里（27 359 千米）的速度飞行，大约 90 分钟环绕地球一周。

由于 LEO 是低轨道，因此它们的覆盖区也小，如图 10-14 所示。这意味着，与 MEO 和 GEO 卫星相比，需要更多的 LEO 卫星。LEO 系统需要超过 225 个卫星才能覆盖整个地球。

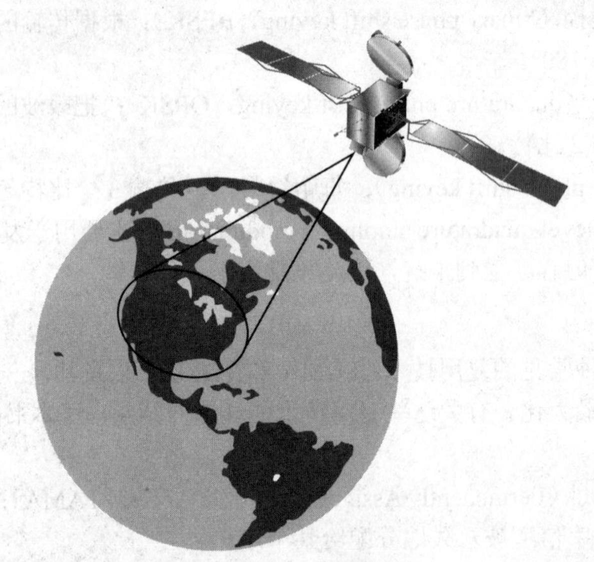

图 10-14 LEO 的覆盖区

LEO 系统的延迟低（延迟是由于信号长距离传输而产生的），使用低功率的地面设备（RF 发射器）。信号从地面基站到 LEO，再反射回地面基站，需要 20～40 毫秒。

LEO 卫星可以划分为小 LEO 组和大 LEO 组。小 LEO 卫星提供寻呼、卫星电话和位置服务。使用小 LEO 卫星，用户可以从地球上的任何地方进行电话呼叫。而蜂窝电话则需要用户位于发射塔的 RF 范围之内。大 LEO 可以传输语音和数据宽带服务，如无线 Internet 接入。一些卫星 Internet 服务提供的共享下行数据速率达 400 Kbps，但上行数据要求有一条与 ISP

的电话连接。另一种 LEO 无线 Internet 服务提供双向数据服务，速率可达 500 Kbps。双向卫星 Internet 用户需要一个 2 × 3 英尺的蝶形天线，以及两个调制解调器（一个用于上行链路，另一个用于下行链路）。

未来，LEO 将有 3 个方面的市场需求：乡村电话服务、全球移动数字蜂窝服务以及国际宽带服务。无线接入的速率有望超过 100 Mbps。

今天，很多公司使用卫星技术来降低电话费用。尤其是药房和超市供应商，它们的店铺通常位于偏远地区，使用 LEO 卫星把这些店铺与总部连接起来。

中地球轨道

中地球轨道（MEO）卫星在 1500～10 000 英里（2413～16 090 千米）的高度环绕地球。一些 MEO 以近乎圆的轨道绕行，具有固定的高度，以固定的速度飞行。其他 MEO 卫星具有伸长的轨道（称为扁椭圆轨道（highly elliptical orbit，HEO））。

由于 MEO 离地球很远，因此与 LEO 相比，它们不需要飞行那么快。MEO 卫星绕地球一周大约耗时 12 小时。此外，MEO 具有更大的地球覆盖区，因此，需要的卫星数量就更少，如图 10-15 所示。然而，轨道越高，延迟越大。一个 MEO 信号来回需要耗时 50～150 毫秒。

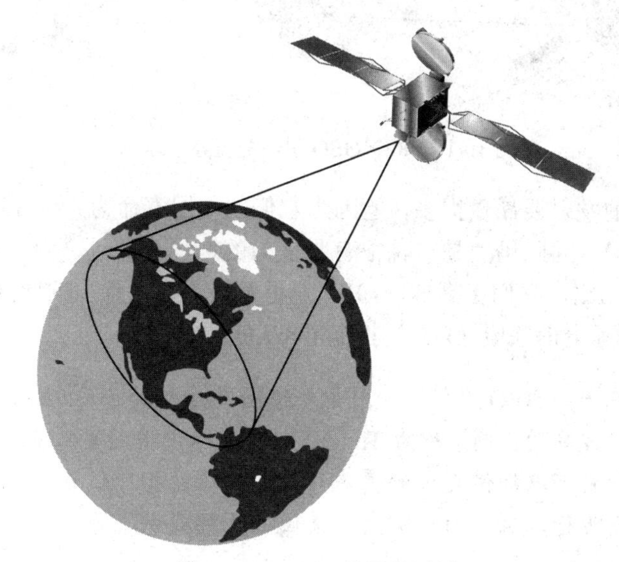

图 10-15　MEO 的覆盖区域

HEO 的平均轨道与 MEO 的大致相同。HEO 卫星有一个远地点高度（最大高度）和近地点高度（最小高度）。此外，HEO 轨道在极端姿态下能提供更高的覆盖区。这些轨道的周期通常也是 24 小时，这意味着卫星在地面上的某个固定点可以停留很长的时间。这就表明，在同一轨道上，只需要两颗卫星，从地面上任意一点总可以看到其中一颗。

地球同步轨道与高地球轨道

地球同步轨道（geosyn-chronous earth orbit，GEO）卫星静止在 22 282 英里（35 860 千米）的高度。GEO 卫星轨道与地球的自转相匹配，随地球转动而转动。这意味着它是保持在地球某地方上方的"固定"位置，看起来就像是挂在空中静止不动的。高地球轨道（High Earth Orbit，HEO）卫星比较少，它们以更高的纬度（大于 63 333 英里（101 925 千米））绕地球飞行。由于GEO和HEO卫星距离地面很远，因此可以为一个很大覆盖区提供持续不断的服务。事实上，要覆盖整个地球（极地除外），只需3颗GEO卫星。由于GEO卫星的纬度高，导致其延迟长（大约250毫秒），需要大功率的地面发射设备以及非常敏感的接收设备。GEO卫星通常用于全球通信，比如电视广播和天气预报，但一般不用于电话或计算机通信，因为在来回传输中有四分之一秒的延迟。卫星与地面之间的距离引起了这种延迟，并且会影响计算机通信协议（如TCP/IP）的性能。图10-16显示了3颗GEO卫星可以覆盖整个地球的示意图。HEO卫星用于监视核试验禁止条约的遵守情况，在俄罗斯，还用于在北极圈提供卫星服务。

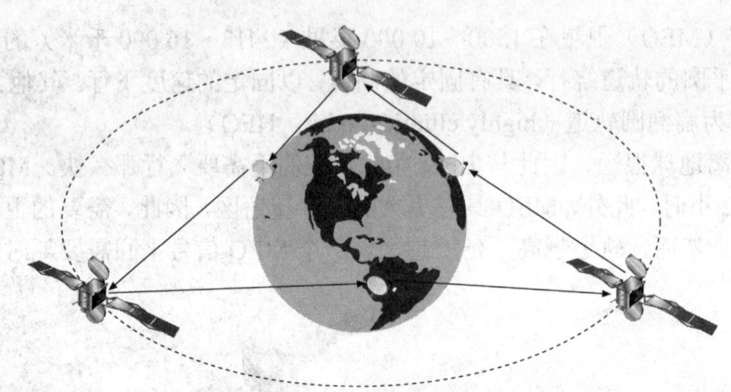

图10-16　3个GEO卫星覆盖整个地球

尽管GEO卫星的发射要昂贵得多，但因为它们的使用寿命为12～15年（LEO卫星的平均使用寿命只有5年），因此仍然是一种很有吸引力的选择。而且，由于它们的覆盖区很大，因此，与LEO卫星相比，它们更高效。LEO卫星可以为人口稀少的地区提供服务，那里不需要持续的服务。国际电信联盟（ITU）控制着GEO的使用。

一些HEO卫星，如用于天狼星卫星无线电的（Radiosat），其轨道是非常扁的椭圆（称为Tundra）。之所以使用这些轨道，是因为在高纬度位置可以提供更大的覆盖区。与地球的相对位置不变的轨道只能绕赤道飞行，很难为加拿大和美国的北部提供服务。

要了解在地球轨道上有多少卫星，以及在某个时刻有多少在工作，可以访问www.ucsusa.org/nuclear_weapons_and_global_security/space_weapons/technical_issues/ucs-satellite-database.html，从这里可以下载Excel格式或文本格式的最新卫星数据库。这两个文件含有卫星名称及其他信息。其中的Apogee列显示的是最大高度（离地球的距离）。

NASA的J-Track 3D Web网站可以实时查看所有卫星绕地球飞行的轨道，并可获得每个卫星的有关信息，如卫星的作用、谁拥有该卫星、轨道高度以及当前位置。应确保在你的计算机上安装了Java，然后访问science.nasa.gov/realtime/jtrack/3d/JTrack3D.html。注意，你还可以在Java小程序窗口中单击并按住鼠标左键，旋转地球，从不同角度来观看。

表10-4归纳了不同轨道的优缺点。

表 10-4　卫星轨道的优缺点

卫星轨道	优　点	缺　点
LEO	低延迟（20～40 毫秒） 低功率 高速通信（视应用不同，500 Kbps 或更高）	非常高的轨道速度 覆盖整个地球需要 225 颗卫星 较小的覆盖区 较短的使用寿命（平均 5 年）
MEO	中等的延迟（50～150 毫秒） 有比 LEO 更大的覆盖区，覆盖地球需要 24 颗卫星 较低的轨道速度，停留在某个区域上的时间更长，12 小时的轨道周期 更长的使用寿命（超过 10 年）	比 LEO 的延迟更长 比 LEO 费用更高
HEO	速度和延迟与 MEO 类似，在某个地区上空停留的时间更长 覆盖区与 MEO 类似 在极地（北极和南极）可以提供较好的覆盖区	覆盖整个地球所需的卫星数量比 MEO 的少 在远地点（轨道的最高点）的延迟会增加 非常扁的椭圆形轨道，要求非常高的精度，费用增加
GEO	非常大的覆盖区，覆盖整个地球只需要 3 颗卫星 与地球同步旋转，可以使用永久固定的天线 非常高速，可用于广播 使用寿命长（15 年）	非常长的延迟（250 毫秒），不适合双向的 IP 通信效率 非常昂贵 因为离地球更远，需要更大的功率，更容易受到干扰 在非常高的纬度覆盖区变小

10.2.3　实验技术

卫星对太阳表面的扰动和其他外空现象很敏感，会引起通信中断，或使一颗非常昂贵的卫星无法工作。20 世纪 90 年代，美国国家航空航天局（National Aeronautics and Space Administration，NASA）实验了超轻的、由太阳能供电的、无人驾驶的、高速飞行的飞行器（参见 www.nasa.gov/centers/dryden/news/ ResearchUpdate/Helios/index.html）。欧洲航天局（European Space Agency，ESA）也有一个类似的计划。开发这种飞行器的思想是，它由太阳能供电，燃料作为备用，在大约 100 000 英尺高的位置上飞行，可以携带蜂窝电话交换设备，几天环绕同一地区。这些飞行器可用来替代卫星或地面的天线发射塔基础设施，比发射和运营一颗 LEO 卫星便宜得多。飞行器还可以进行维修，而卫星维修则非常困难和昂贵。

10.2.4　卫星技术展望

卫星可以为蜂窝技术和 WiMAX 无法覆盖到的那些地区提供无线通信服务，这意味着终端用户和公司将永远依靠这种技术。现在的卫星使得运营商、航空公司、商船运输公司和旅游公司可以为旅客和工作人员提供 Internet 接入和语音呼叫，而且可以跨越海洋、高山和地球的偏远角落。随着对通信与数据连接的依赖性不断增加，这些公司将不断寻找为终端用户提供不中断、快速和低费用的接入服务。此外，卫星可以在地球的无人区（如沙漠、大森林和高山区）提供这些服务，而对于任何运营商来说，在这些地方部署所需的基础设施都是不经济的。

本章小结

- 在蜂窝电话网络中，覆盖区被划分为多个部分（称为单元）。每个单元含有一个或多个发射器，移动设备与之进行通信。
- 发射器与蜂窝电话的工作功率较低，这就使得其信号仅限于某个单元内，不会干扰其他单元。这意味着同一频率在其他非邻接的单元中可以同时使用。蜂窝电话有与之关联的特殊编码，该编码可用来识别电话、电话所有者和运营商或服务提供商。
- 一些蜂窝电话使用 SIM 卡来存储用户账号信息，有时候还会存储用户的联系人。SIM 卡可以在不同蜂窝电话中移换，使用同一账号和电话号码，不用对电话重新编程。
- 当蜂窝电话用户从一个单元移动到相邻单元时，蜂窝手机将自动与该单元的基站关联，这就是“切换”。如果蜂窝用户移到其蜂窝网络覆盖区域之外了，蜂窝电话将自动与当地的蜂窝网络连接。当地的蜂窝网络与本地的蜂窝网络进行通信，验证用户是否有一个合法的账号，是否可以呼叫。与用户本地区域之外的单元进行的连接称为“漫游”。
- 第一代蜂窝技术（称为 1G）使用的是模拟信号，基于 AMPS 标准，运行在 800～900 MHz 的频谱上，使用 FDMA 调制技术。1G 网络使用电路交换技术，可以以最大为 9.6 Kbps 的速率传输数据。
- 第二代蜂窝技术（称为 2G）可以以 9.6～14.4 Kbps 的速率，在 800 MHz 和 1.9 GHz 的频带上传输数据，使用电路交换网络。2G 系统使用的是数字传输（不是模拟传输）。2G 系统使用 3 种不同的多址技术：TDMA、CDMA 和 GSM。GSM 是在欧洲开发的，使用的是 FDMA 与 TDMA 相结合的技术。
- 2.5G 网络传输数据的最大速率为 384 Kbps。2G 与 2.5G 的主要差别是，2.5G 网络使用分组交换技术（而不是电路交换技术）来传输数据。语音呼叫仍然使用电路交换。电路交换对语音通信非常理想，但对数据传输效率不高。
- 3G 网络为移动用户提供了全新的容量扩充和数据应用。由于该网络完全是基于数字而不是模拟技术的，并可以以更高的速率传输，因此语音通信不再使用电路交换技术。
- 4G 网络具有与有线通信相媲美的数据速率。LTE 技术可获得高达 75 Mbps 的速率。
- 当今世界使用最广的应用之一是短信服务（SMS）。它允许在无线设备（如蜂窝电话和寻呼机）之间传送基于文本的短消息。
- 3G 和 4G 蜂窝电话可以浏览 Internet 和召开视频会议。与 HTML 兼容的浏览器可以使具有彩色屏幕的蜂窝电话显示多媒体内容。全球很多的运营商正加速把它们的网络升级到 LTE。
- J2ME 是 Java 的一个子集，是专门为无线设备编程而开发的。J2ME 可以使蜂窝电话访问远程应用程序，收发 E-mail，在蜂窝电话上运行程序。
- 用于无线数据连接的卫星，使用的是简单的调制技术和复用技术。卫星系统可以点对点、单点对多点以及多点对多点的方式传输。
- LEO 卫星在较低的高度上以较高的速度绕地球飞行。它们的覆盖区不大，延迟短，使用低功率的地面设备。

- MEO 卫星在比 LEO 更高的高度上绕地球飞行，但速度不如 LEO 的快，有更大的覆盖区，覆盖整个地球所需的卫星数量更少。MEO 的延迟比 LEO 的长。
- GEO 卫星在比 MEO 还高的高度上绕地球飞行，它们的轨道运行与地球的转动匹配，因此，它们可以停留在相对于地面的同一位置。GEO 卫星的延迟更长，需要大功率的地面发送设备。GEO 卫星用于全球通信。

复习题

1. 蜂窝手机上的 SID 卡或 SIM 卡有何用途？
   a. 识别用户　　b. 识别运营商
   c. 识别电话　　d. 识别用户所在的区域
2. 蜂窝网络的哪个组件用有线电话网络与基站连接？
   a. 发射器　　b. 蜂窝电话　　c. MTSO　　d. CDMA
3. 下面哪个不是合法的蜂窝电话码？
   a. 系统识别码（SID）　　b. 电子系列码（ESN）
   c. 数字系列码（DSC）　　d. 移动识别码（MIN）
4. 当用户移动到另一个单元，蜂窝电话自动与该单元中的基站关联，这个过程称为什么？
   a. 漫游　　b. 切换　　c. 搜索　　d. 复用
5. 蜂窝电话与基站用于交换呼叫创建信息所有的特殊频率称为什么名称？
   a. W-CDMA　　b. 单元信道　　c. 控制信道　　d. GB 线路
6. 与电路交换相比，使用分组交换传输语音呼叫的主要优点是什么？
   a. 没有优点，语音必须总是用电路交换来传输
   b. 使用分组交换时，呼叫的创建更快
   c. 利用分组交换，使用的带宽数量更大
   d. 使用分组交换，语音呼叫没有使用 100%的信道时间
7. 1G 技术是基于高级移动电话服务（AMPS）的。对还是错？
8. 把频率划分，这样就可以把部分频谱全时分给一个呼叫者，这是 TDMA 的基础。对还是错？
9. 2G 系统使用的是数字传输（不是模拟传输）。对还是错？
10. 2G 使用两种技术：W-CDMA 和 CDMA2000。对还是错？
11. 2G 与 2.5G 的主要区别是，2.5G 使用________传输数据。
    a. 分组　　b. 胶囊　　c. DTR　　d. FDMA
12. 下面哪种蜂窝技术支持 MIMO？
    a. CDMA　　b. AMPS　　c. LTE　　d. EDGE
13. 除 MIMO 之外，下面哪个可以使 HSPA+获得高达 42 Mbps 的数据速率？
    a. AAS　　b. HARQ　　c. 回程通路　　d. 空分复用
14. 在蜂窝电话中，漫游是在何时发生的？
    a. 当用户在家外面时　　b. 当用户与本地的另一个运营商连接时

c. 当用户离开本地时　　d. 当用户关闭器蜂窝电话时

15. 控制信息是以________的形式由________传输的。

a. 单个数据帧，MTSO　　b. 单播，MTSO

c. TDMA 分组，基站　　d. 广播，基站

16. 何谓毫微单元?

a. 一个非常大的区域　　b. 由 LTE 演进版所支持的一个小单元

c. 一个 GPRS 单元　　d. 与 OFDM 一起使用的一种传输技术

17. 为什么一些 GEO 卫星通常不用于传输 TCP/IP 信息?

a. 它们无法传输足够强的信号　　b. 它们的传输没有足够的覆盖区

c. 它们只能点对点传输　　d. 来回 250 毫秒的延迟会引起协议问题

18. 下面哪种类型的卫星，其轨道速度最高?

a. LEO　　b. GEO　　c. HEO　　d. MEO

19. 下面哪种类型的卫星，其信号覆盖区最小?

a. HEO　　b. MEO　　c. LEO　　d. GEO

20. 下面哪种类型的卫星，其使用寿命最长?

a. LEO　　b. MEO　　c. 大 LEO 组　　d. HEO

动手项目

项目 10-1

调研一下哪些地方已经部署了 4G 蜂窝技术，看看在亚洲、南美洲以及美国和加拿大都部署了哪种类型的技术。请编写一个报告。

项目 10-2

诸如 Amazon、eBay、YouTube 和 Accuweather 之类的网站，在智能手机上显示页面格式与 PC 屏幕上的不同。如果你有智能手机或平板电脑，请分别从这些移动设备和计算机来访问一下这些网站。这些网站显示信息的方式有何不同？在移动设备上显示按钮和链接的方式与在 PC 上显示它们的方式有何不同？以这种方式显示信息、按钮与链接的主要原因是什么？分析这些差异，并编写一个报告。

项目 10-3

在卫星通信技术中，有一些新技术可用来提供数据传输速率。使用 Internet 和其他资源，了解一些这些新技术的有关信息。讨论一下这些技术的长处、弱点，以及在哪些应用上常用这些技术。如果不能修改卫星频率，如何实现这些新技术？请编写一个报告。

真实练习

TBG（The Baypoint Group）是一家有 50 个技术顾问的公司，帮助其他机构与企业解决

网络规划与设计问题，该公司再次请你作为它们的一个技术顾问。阿根廷电信（Telecom Argentina）是一家允许为阿根廷北部提供有线通信服务的公司。该公司请求 TBG 公司为其新领域的服务系统给予技术选择和实现的帮助。该系统的目标是为服务技术人员提供无线访问公司网络，查看技术手册电子库和设计图，这样就可以减少或免去工作人员携带大量图书和图纸的必要（在地下或发射塔上进行设备维修时更是如此）。此外，这样也使得技术人员可以立即阅读和更新所有设备的记录，从而避免大量的文字工作，避免错误与遗漏。但该公司不知道该选择哪种技术：3G 或 4G 手持蜂窝设备与平板电脑，还是装备有蜂窝无线网卡的笔记本电脑。TBG 公司请你提供帮助。

练习 10-1

制作一个 PPT，向阿根廷电信公司介绍一下数字蜂窝手持设备与蜂窝无线网卡的优点，指出体积较小的蜂窝手持设备也可以显示标准 PC 文档，如 Word、Excel 和 PDF 文件（相比而言，笔记本电脑则难以携带到任意地方），并说明这对公司有何益处。由于你的听众是不懂技术的管理人员，因此你的介绍技术性不能太强。PPT 的张数限定在 15 张以内。

练习 10-2

Jose Riveras 是阿根廷电信公司的高级管理人员，被你的介绍所折服。但是，他最近听说了 4G 蜂窝技术，想了解一下该技术是否会影响公司现在购买设备的计划。TBG 公司请你再制作一个 PPT，向 Jose Riveras 解释一下不同蜂窝技术的差异。研究一下 4G 技术在阿根廷的部署情况，然后制作一个 15～18 张的 PPT。

挑战性案例项目

阿根廷电信公司对投资蜂窝电话还是没有信心，因此，准备考虑另一种方法，使用预先装载有数据的 Wi-Fi 平板电脑和笔记本电脑。请与另外三个学生合作，组成两个团队，每个团队两人，每个团队选择其中一种技术。深入研究一下每种技术的优缺点及其工作原理。举行一个友好的讨论会，每个团队用五分钟介绍一下各种技术的优点。介绍完成后，允许对方提一些问题。

第 *11* 章

射频识别与近场通信

本章内容

- 定义射频识别（RFID）和近场通信（NFC）
- 阐述 RFID 的需要
- 描述 RFID 和 NFC 的工作原理
- 介绍 RFID 或 NFC 系统的组件
- 介绍 RFID 面临的挑战

想象一下，你正在本地的一家超市，要购买一些食品。进入商店时，在门口取一个购物袋。然后，沿着货架通道边走边选取所需商品。选取好商品后，只需直接到拱形结构的收款台那里，然后就可以走出商店。不需要停留和付款，甚至不需要向任何人展示你购买了哪些商品。你只需拿出智能手机，核实收据，并与你的银行连接，立即可以验证从你银行账户扣款的正确总额。

当你开车回家时，可以停靠在自助加油站加油。此时，只需再次拿出你的智能手机，启动一个应用程序，把手机靠近油泵的显示屏。油泵的显示屏发出“嘟嘟”声，确认你的此次加油。当加油完成后，把喷嘴放回原处，你的智能手机会发出声音，显示加油费用。你按下屏幕上的按钮，智能手机会显示此次加油的收据。

到家后，你把所购物品放入冰箱中。冰箱门上的显示屏会自动更新物品信息，包括每个物品的保质期和重量。

这个例子看起来像是一个未来的梦想，但现在的一些标准和技术已经实现了。事实上，这种技术的潜在应用是无止境的。本章将学习射频识别的工作原理，如何使用它，以及一些未来的应用。本章还将介绍有关这种系统实现的一些挑战。

11.1 何谓 RFID

射频识别（Radio Frequency Identification，RFID）是类似于条形码标签的一种技术，今天，该技术几乎应用于全世界的每个产品上。RFID 与条形码的不同之处是，RFID 使用 RF 波（而不是激光）来读取产品码。RFID 以电子标签的形式存储物品信息。**标签**（tag）是一种小的组件，含有天线和集成电路芯片。RFID 标签存储的信息比条形码系统存储的要多。这些数据（存储在读写或只读内存中）可以包括产品的生产日期、时间和产地，生产商名称，产品系列码等。而条形码通常只包含物品的管理单位（产品编码）。

RFID 并不是一种新技术，它已在全世界以某种形式得到使用很多年了。20 世纪 30 年代，美国陆军和海军引入了一个专用于 IFF（(Identification Friend-or-Foe，敌我识别）的系统，通过使用能被我方飞机远距离读取的一个特殊编码，来区分敌我飞机。同样，多年以来，在家庭宠物的皮下，就已经植入了一种含有微小芯片和天线的小胶囊。这些标签含有一个数字编码，生产这种标签的公司已经在中央数据库中经过了注册。

你可能对 RFID 一种更简单的形式比较熟悉，这种 RFID 经常用于零售店来防止小偷。当你为某个商品付款后，在收款台会用一块磁铁把商品上的小标签消磁。磁铁把标签消磁后，当你拿着商品经过位于商店入口处的天线时，就不会激活报警装置。

国际标准化组织（ISO）与 EPCglobal 公司通过制定标准，为 RFID 带来了新应用。EPCglobal 是一个受全球工业界委托制定 RFID 标准和服务的组织，这些标准和服务可用于全球所有公司供应链中产品的实时、自动识别。通过发布全球唯一的一个标准集，就可以在全球实现和使用 RFID。EPCglobal 公司为 RFID 采用的是 ISO 18000 标准系列，确定了设备和标签的工作频率，并包含了所有其他相关 PHY 和 MAC 层的规范说明。EPCglobal 规范说明主要定义了标准的服务和上层功能。本节将介绍实现 RFID 所需的硬件、软件和服务。有关 EPCglobal 的详细信息，请访问 www.EPCglobalinc.org 网站。

11.1.1　RFID 系统的组件

实现一个 RFID 系统需要一些组件，用来把它与公司网络连接，使之可以与已有业务软件集成，最终与那些能把公司的供应商、生产商、分销商和运输商实现全球集成的服务连接。本节介绍实现一个 RFID 系统所需的最常用组件：标签、天线、读取器、软件以及 EPCglobal 网络服务。

电子产品代码

RFID 系统使用由 EPCglobal 公司标准化的产品编码和数据格式。EPCglobal 的任务是通过使任何产品的信息随时随地都可用，从而使公司的效率更高。由 EPCglobal 发布的标准，使得可以从生产直到最终用户跟踪产品，甚至可以跟踪到回收仓库或垃圾站。电子产品代码（Electronic Product Code，EPC）是一种标准化的编码方案，可以编程到一个标签中，而这种标签又可以附加在任何物理产品上。EPC 是条形码或通用产品代码（Universal Product Code，UPC）的发展产物，今天，在大多数产品中都可以见到它。

每个 EPC 是一个与某产品（一个容器、一个箱子或一个盘子）关联的唯一数字或代码。EPC 通常以十六进制表示。图 11-1 为一个示例代码。

图 11-1　一个 96 位的 EPC

EPC 为 64 或 96 位长。96 位的 EPC 包含以下字段：

- 首部：8 位字段，表示 EPC 的版本号。
- EPC 区域管理者：28 位字段，表示产品的生产者，可以用来表示 2.685 亿个不同的公司。
- 产品类型：24 位字段，表示产品的库存量单位（stock keeping unit，SKU）。它可以为每个公司表示 1600 万种不同产品（例如，同一公司生产的不同品牌或不同大小的洗发水瓶都作为一种不同产品）。

- 系列号：36 位字段，表示每种产品的一个具体产品，可以表示超过 687 亿个唯一的系列号。

未来可能会定义 256 位版本的 EPC。所有针对 PHY 层的 EPCglobal 规范说明，都允许对 EPC 进行扩展而不用对协议进行任何修改。

64 位与 96 位 EPC 的结构如图 11-2 所示。某个制造商选择 64 位 EPC 码还是 96 位 EPC 码，取决于该公司的自身需要及其客户的需要。首部字段确定了所用的 EPC 格式，软件（后面将介绍）把标签的数据翻译为与终端用户的业务应用程序兼容的格式。注意，图 11-2 只是为了表示不同的格式，并没有显示具体的细节内容。而且，这里的示例也没有根据每个字段的大小绘制相应的比例。

64 比特 类型 I	2	21	17	24
64 比特 类型 II	2	15	13	34
64 比特 类型 III	2	26	13	23
96 比特	8	28	24	36

注：没有按比例绘制

图 11-2 EPC 的结构

RFID 标签

RFID 标签通常也称为**发射机应答器**（transponder）。这个词是**发射器**（transmitter）和**应答器**（responder）的合成词。一个典型的 RFID 标签包括了一个集成电路，含有一些非易失性内存和一个简单的微处理器。这些标签可以存储用来响应读取器的数据。读取器是用来捕获和处理从 RFID 标签接收而来的数据的设备。

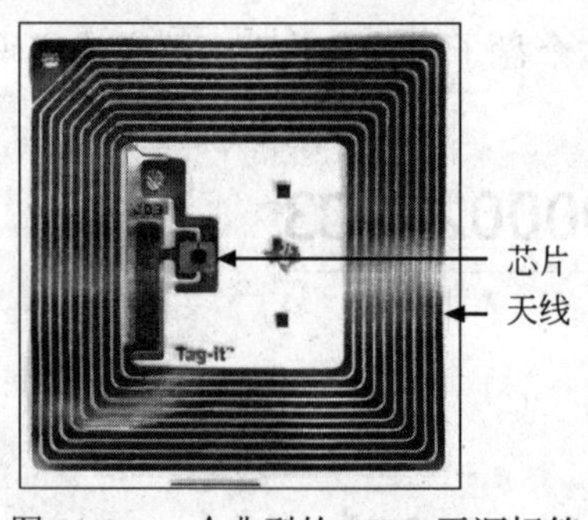

图 11-3 一个典型的 RFID 无源标签

有两种基本类型的标签：无源标签和有源标签。**无源标签**（passive tag）是最常见的类型，它们比较小，生产成本低，不需要电池。无源标签使用从读取器的天线传输而来的电磁能来为内置芯片供电，传输存储在其内部内存中的信息。动物跟踪芯片、资产管理以及出入管理（大门和停车场的出入卡）都是无源标签的应用示例。图 11-3 显示了一个无源标签示例。

有源标签（active tag）要求装备电池，为微处理器芯片和内存供电。由于有自己的能源，这些标签传输的信号比无源标签的要远得多。但因为需要电池，有源标签的使用寿命有限。有源标签也比无源标签更贵（每个 25 美元甚至更高），因此只应用于跟踪价值高的物品，比如整个货盘或集装箱。有源标签的一个应用示例是跟踪全球运送的军需物资。当然，有源标签也可用于商业应用。有源标签又称为**信号灯**（beacon），因为它们即使没有从读取器接收到回应信号，也会周期性地传输数据。

有源标签的一个变体是**半有源标签**（semi-active tag）。这种类型的标签又称为**半无源标签**（semi-passive tag），它使用一个内置的电池，只有当读取器首次激活该标签后，才会为电路供电。由读取器传输的能源激活这种标签，然后该标签使用内部电池为电路供电，并对读取器做出响应。这种类型的标签的最好示例是高速公路上的电子收费系统。由于半有源标签只被读取器的电磁场激活，因此它的电池通常可以维持好几年。

标签内存的大小因制造商和应用的不同而不同，但通常是在 16 位（用于存储临时操作数）到几十万位之间。开始时，会把从 EPCglobal 获得的一个唯一标识码编写到标签中。更多的内存可用来记录标签所附属产品的历史信息，比如，家禽的健康状况和疫苗接种记录，物品运输过程中的温度变化（利用附加在标签上的传感器），制作和测试日期，测试设备的校准记录等。

上述三种标签都可以以灵活的封装形式进行生产，因此又称为**智能标签**（smart label）。智能标签有一个带黏性的背面，可以粘贴在一个盒子上、产品包装的外面或货盘上。例如，智能标签可用来跟踪飞机和火车的行李。由于标签使用的是 RF，因此也可以把它们放置在看不见的地方或产品包装的里面。可以从不同位置或方向读取标签，这也是 RFID 优于条码码的主要长处之一。由于可以从任意位置读取标签，使得仓库人员不需要像条形码那样必须从某个方向读取。

1 比特标签（1-bit tag）为无源标签，用在一些零售店中。这些标签不含有唯一的标识码、芯片或任何内存。使用这些标签只是为了激活警报以防止小偷。图 11-4 显示了一个 1 比特标签和一个无源标签，该标签位于产品包装的里面。无源标签可用于安全目的，也可用于库存控制。

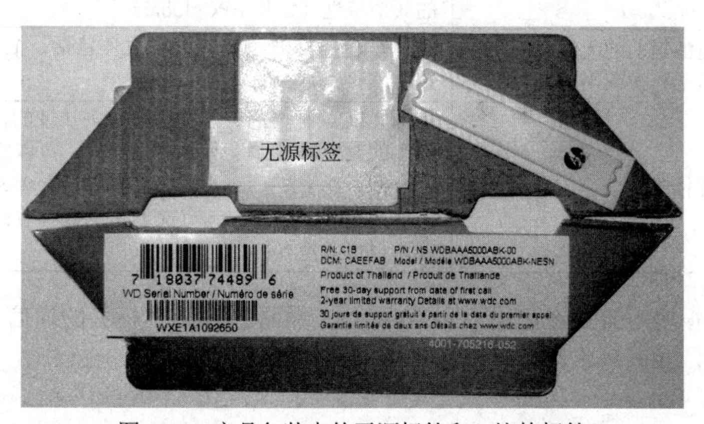

图 11-4　产品包装中的无源标签和 1 比特标签

一种新兴的 RFID 形式是无芯片标签，又称为**射频光纤**（RF fiber）。无芯片标签没有集成电路或内存。它们使用光纤或其他类型的材料来把读取器的部分信号反射回去，反射回去的信号可作为一个标识符。光纤是由细线或薄片构成的，可以影响 RF 波的传播。无芯片标签通常用于需要隐蔽的地方，且很难复制。这种卡片的一个示例是一些高端事件中的邀请卡，比如美国电影艺术与科学学院奖（奥斯卡奖）的邀请卡。

无芯片标签可用来悄无声息地鉴别特定的纸质文档，也就是说，处理某个文档的人并不需要知道他所处理文档的内容。如果把无芯片标签放置在一个金属表面或液体容器上，还可以完成比其他类型标签更多的功能。罐头和瓶子给大多数 RFID 系统带来了比较大的问题，因为金属表面会影响 RF 波的传播，并且大多数液体会减弱信号强度。无芯片标签的读取距离比 1 比特或无源标签的更大。

正如其名所示，**感应标签**（sensory tag）可以装备有温度、气体、烟雾、压力以及其他各种传感器，监视和记录环境条件、液体体积高度或试图对产品信息篡改。它们可以是无源标签，只有当读取器读取标签时，才会给传感器供电。当然，大多数感应标签比其他类型的无源标签要更贵，体积也更大，装备有可替换电池，使得它们的使用时间更长。

要了解 RFID 及其应用（包括感应标签），可以从这里观看一个短视频：www.symbol.com/video/RFID_VNR_Only_1.wmv（要在 Mac 机器上观看该视频，需要安装 WMV 播放器，如 Flip4Mac）。

由于类型和数量的不同，标签的价格差异也比较大。通常，每个无源标签的价格在 0.07～0.25 美元之间。随着技术的发展和产量的增加，RFID 制造商和用户希望每个标签的价格在 0.05 美元以下。根据电池寿命和容量的不同，每个感应标签的价格为 25.00～100.00 美元。

表 11-1 给出了 EPCglobal 划分的各种标签分类比较。

表 11-1　EPCglobal 标签规范说明

标签分类	类　型	特　点
Class-1	无源标签，身份标签	包括 EPC、标签标识符以及销毁密码（本章后面将介绍） 还可能包括可选的密码保护接入控制和用户内存
Class-2	无源标签，更强的功能	包括 Class-1 的所有特点，并且还包括扩展的标签标识符、扩展的用户内存、需认证的接入控制以及在 Class-1 规范说明中的其他特性（参见 EPCglobal）
Class-3	有电池辅助的无源标签（又称为半有源或半无源标签）	包括 Class-2 的所有特点，并且还包括一个电源 还可能包括可选的数据日志功能
Class-4	有源标签	包括 EPC、扩展的标签标识符、需认证的接入控制、电源、自主的发射器（如果所用协议允许，可以发起与读取器的通信，但不能干涉 Class-1、Class-2 和 Class-3 的通信协议） 可能还包含用户内存和可选的传感器（可以具有数据日志功能，也可以没有）

在全世界的很多地方还在使用 Class-0 标签。然而，Class-0 标签的通信协议与表 11-1 中所列举的不兼容，在同一系统中不能混合使用这些标签类型。

读取器

除了与标签进行相互作用之外，读取器还可以与公司的网络连接，把从标签获得而来的数据传送给计算机。一些读取器还可以往标签写入数据，但这些设备仍然称为是读取器。与无源标签相互作用的读取器还可以提供能量以激活标签。读取距离由标签的大小与位置、读取器的天线以及传输的功率大小决定。有关这些的规范说明，通常是由每个国家的法规限制的，这些法规规定了每个频率所能传输的功率大小。不同的规定，使得在不同的国家，所生产和许可的设备不能兼容。

在设计和实现可用于识别全球产品的 RFID 系统时，需要记住的重要一点是，要遵守国际标准和法规，这些标准和法规通常可以从 ISO 和 EPCglobal 获取。

表 11-2 显示了 RFID 系统的频率范围和常见应用。

表 11-2　RFID 频率与常见应用

低频（LF）：135 kHz	动物识别、接入控制、工业自动化
高频（HF：13.56 MHz	智能卡、图书、衣服、行李以及其他单个物品架等的应用
超高频（UHF）：433 MHz 与 860～930 MHz	资产跟踪记录、库存控制、库房管理
微波：2.45 和 5.8 GHz（ISM 波段）	电子收费、接入控制、工业自动化

图 11-5 显示了一个用于扫描家禽的低频 RFID 读取器，以及一个应用于家禽耳朵模型中的低频标签。

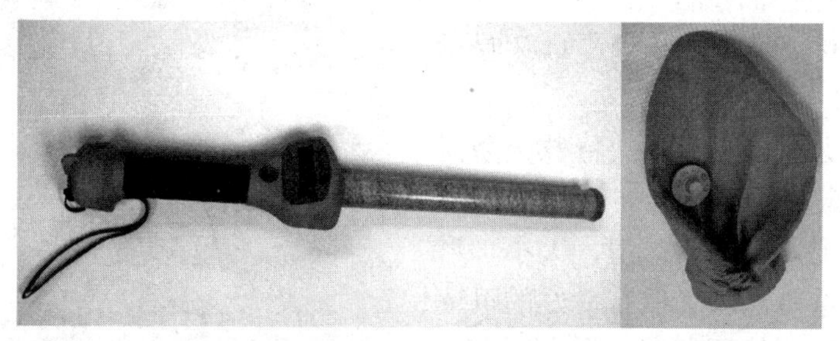

图 11-5　养殖场用于跟踪动物的低频 RFID 读取器和标签

RFID 读取器有多种不同的大小和类型，这种技术的应用也很多。图 11-6 从左到右显示了 3 种 RFID 读取器，每种读取器都有自己的天线，分别是安装在商店入口的固定式读取器、可插入计算机 USB 端口的手持式读取器，以及含有标签的基于计算机的独立 RFID 读取器（右上角处）。

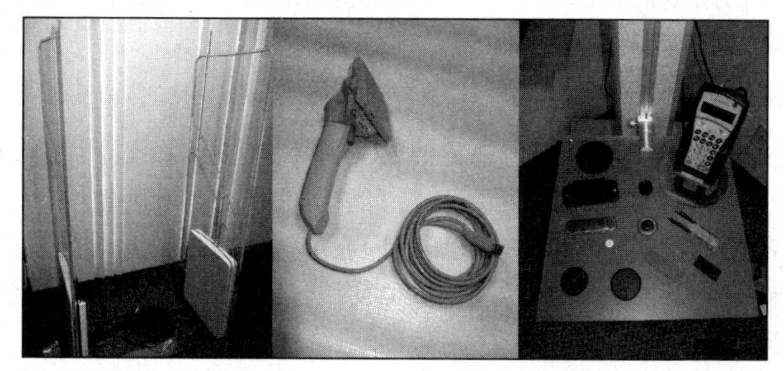

图 11-6　含有天线的 RFID 读取器

天线

在第 4 章已经介绍过，天线负责把 RF 能量从发射器转换为电磁波。天线的设计与位置对信号的有效范围和通信的可靠性有着很大的影响。标签的 RFID 天线大小受限于标签本身的尺寸。大多数标签都是比较小的，这样才能使得它们可以放置在各种不同的产品和包装中。

标签天线有两种主要类型：线性和环形。线性天线的有效范围更大，但读取精准度更低。环形天线的读取精准度更高，尤其是在由于那些产品位置而使天线朝向各不相同的应用中，但其有效范围有限。一些老式的 RFID 标签具有一个较大的环形天线，这种天线从标签的中心（芯片所在位置）盘旋而出。这些类型的标签现在不常用了。

天线越大，读取的距离也就越远。然而，需要记住的是，随着频率的增加，波长变短，天线也是如此。频率越高的天线，可以做得相对小些，同样大小的天线，频率越高，能读取的距离也越远。反之，为检测较高频率以及使衰减最小化，天线需要大约10～20微米厚（10微米等于0.000 393 7英寸），而低频天线可以是2微米厚。由于受天线的大小与厚度的影响，RFID标签的设计非常复杂，对读取性能的影响也很大。在无源标签中，天线本身就是能量存储设备，它为标签供电，使得它可以对读取器做出响应。图11-7显示了另外一个RFID标签示例。

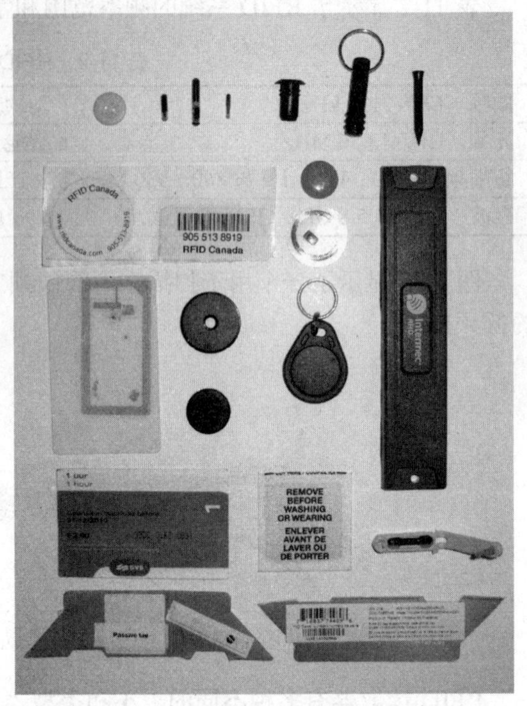

图11-7　各种形状与大小的RFID标签

读取器天线必须按照应用的特殊类型而设计。不论是安装在商店入口，还是仓库货架附近或冰箱门上，天线的类型、大小、形状和位置都极为重要，以确保有良好的可读性和精准性。RFID天线不存在“常见”类型，类型种类繁多。要了解不同RFID读取器天线的类型，可访问网站www.inter-mec.com/products/rfid/antennas/index.aspx或搜索“RFID天线”。

还可以从Web网站搜索其他的RFID天线类型。然而，需要记住的是，对于很多特殊化的RFID应用，其天线是需要定制设计的。

软件

RFID实现中所使用的软件类型与特定的RFID应用有关。不过，在每个RFID系统中，有3种基本类型的软件组件，那就是系统软件、中间件和业务应用软件。

系统软件通常存储在只读内存（ROM）或闪存中，在标签和读取器中都有。它由每个设备中的微处理器来运行，用于控制硬件功能，实现通信协议（包括冲突控制、错误检测与纠正、授权、认证以及加密），并控制着标签与读取器之间的数据流。

中间件负责把来自读取器的数据进行重新格式化，以符合业务应用程序所需的格式。中间件通常运行在计算机上，该计算机被实现为读取器与终端公司用户的数据处理设备之间的网关。由于每家公司使用的可能是不同类型的业务软件，RFID中间件可以确保它们能够与RFID设备进行通信。记住，中间件通常不是像Microsoft Office或Adobe Acrobat那样以预先打包好的软件形式销售的，而是通常由提供RFID解决方案的公司自己编写中间件应用软件，或使用由读取器生产商提供的可定制软件包。

业务应用软件负责处理订单、库存、运输、发票等。这种类型的软件通常还要依靠数据库软件来存储和管理所有的事物处理记录。

EPCglobal 网络服务

要使用条形码，必须在数据库中记录产品的 UPC（条形码）、公司的内部产品码（SKU）、产品描述、生产商名称、价格以及库存数量。然后，交叉引用条形码和 SKU，这样，在收款台，条码读取器就可以读取这些信息。有了 RFID，因为 EPC 以及包含了对生产商和产品编码的引用，因此省去了手工输入数据以交叉引用的必要，同样也减少了在把信息输入到数据库中出现错误的风险。

当某个产品的库存较低或没库存时，需要使用生产商名称来订购该产品。有了 EPC，利用 EPCglobal 一种名为 ONS（Object Name Service，对象名称服务）的服务，在 Internet 上就可以获得生产商的名称。ONS 的模型类似于 Internet 的域名系统（Domain Name System，DNS），是用于发现某产品信息及其相关服务的一种机制。当读取器从标签获得 EPC 时，就把它传送给公司的服务器，由服务器通过 Internet 把它发送给 ONS。ONS 返回存储了该产品信息的 Internet 服务器的 URL 地址，用来识别生产商。然后，公司的服务器就可以检索某个产品的所有信息，并且可以使用这些信息进行其他的数据处理。

如果对 DNS 的工作原理还不太熟悉，可以访问如下网站来了解有关信息：http://computer.howstuffworks.com/dns.htm。

最终，在 ONS 数据库中将包含有几百万个公司的几十亿种产品。与 DNS 一样，ONS 将是一个全球性的分布式数据库。

为使全球的公司在贸易事务处理时能交换信息，还需要另一个组件，那就是 EPC 信息服务（EPC Information Services，EPCIS）。很多大公司使用电子数据交换（Electronic Data Interchange，EDI）来完成无纸化事务处理，EPCIS 与之类似，最终将使各种机构可以在 Internet 上购买产品、开具发票、跟踪产品，无须通过邮件或传真来发送纸质文档了。图 11-8 显示了一个 EPCglobal RFID 系统的 5 种基本组件：标签、读取器、中间件、业务应用和 EPCglobal

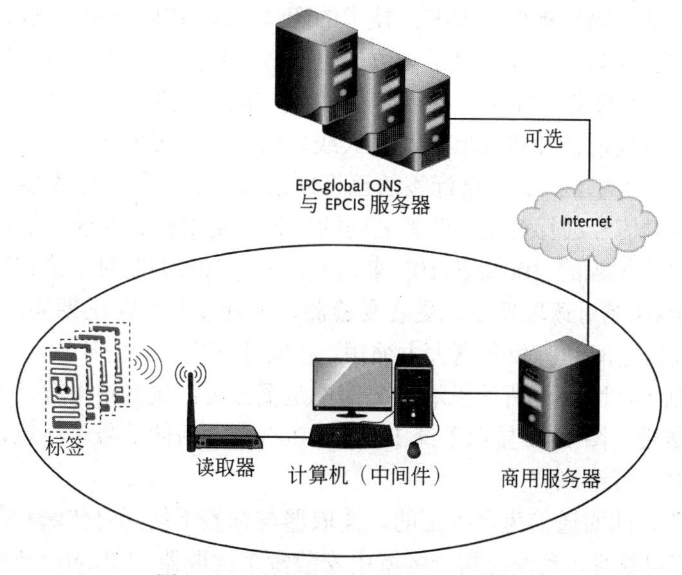

图 11-8　EPCglobal 系统的基本组件

服务，以及它们之间的逻辑连接关系。

11.2 RFID 的工作原理

要描述不同 RFID 标签和读取器的工作原理，得需要一整本书的篇幅，因为这些设备在每个频段中使用的是不同的传输技术。本节将介绍两种最常见的无源标签和读取器相互通信的技术细节：UHF（400～900 MHz）与 HF（13.56 MHz）。

11.2.1 PHY 层

无源标签是最常见的标签类型，它只有在从读取器接收到信号时才会传输数据。标签与读取器之间的连接称为**耦合**（coupling）。根据应用程序不同，RFID 主要使用两种类型的耦合。

- 感应或磁耦合：这种类型的标签，需要与天线的表面接触，或者插入到读取器的插槽中。在这些系统中，标签与天线的最大距离通常只有 0.5 英寸（1 厘米多点）。感应耦合与磁耦合的差别在于天线的形状。
- 反向散射耦合：这种类型的标签的读取距离可大于 3.3 英尺（1 米），在某些情况下，可达 330 英尺（100 米）。

反向散射是一种反射。如前所述，无源标签是通过读取器发射的 RF 信号来供电的。在读取器传输数据后（读取器自己为标签供电，因此它可以接收和解码读取器的传输），开始传输**连续波**（continuous wave，CW），这是一种未经调制的正弦波。CW 由无源标签的天线所捕获，并且该标签使用来自 CW 的能源为芯片供电，这样，该标签就可以对读取器做出响应。标签主要是重新生成（反射）从读取器接收而来的相同波，但它会通过改变电气特性从而改变自己天线的反射系数来对信号进行调制。这意味着天线传输的能量多少，将影响所反射信号的振幅。

反向散射调制基于幅移键控（ASK）技术的变体，或 ASK 与相移键控（PSK）的组合，这两种调制技术都已在第 2 章介绍过了。数据也以数字形式进行编码，确保可以在 0 和 1 或 1 和 0 之间传输，从而有助于维持设备传输期间的同步化（参见第 2 章）。

读取器有独立的发射器和接收器电路和天线，由于它是带电设备，它传输的信号比标签的更强（振幅更大）。为了检测来自标签的已调制信号，读取器的接收器会把它自己的较强 CW 信号与反向散射信号进行对比。两者之间的差异就是由标签发送的数据。

读取器和标签按振幅的 100%或 10%来调制信号。10%调制对干扰和噪声更敏感，但信号传送更远。100%调制对读取器来说更容易检测，但在没有 CW 的期间，不会对标签供电，因此，标签与读取器之间的有效距离大大缩短。在实际应用中，信号是以 10%～100%之间的某个值来进行调制的，因为这两种极端情况都不是很好用。调制结果就是由读取器产生的电量与天线大小的结果。图 11-9 显示了经 10%与 100%调制后的信号。注意，图中的信号没有按振幅或频率比例进行绘制。

标签与读取器之间的通信为半手工的。读取器与标签不能同时传输和接收数据。为防止干扰 RFID 系统的可靠性，允许在同一区域中安装多个读取器，EPCglobal 标准还规定了频跳

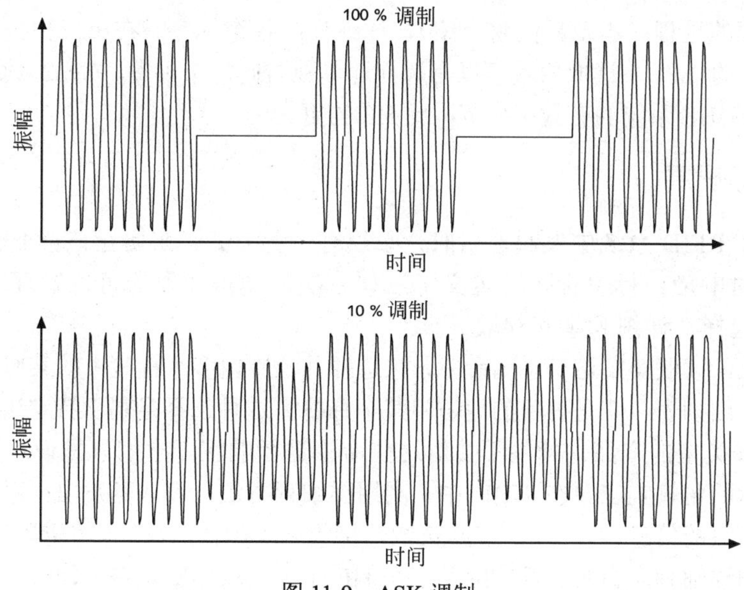

图 11-9　ASK 调制

扩频（FHSS）与直接序列扩频（DSSS）传输。直接序列扩频系统通常只用于高级的有源标签。

11.2.2　HF 标签通信

HF RFID 传输使用的是**时隙自适应采集协议**（Slotted Terminating Adaptive Collection，STAC），其中，标签在随机位置或时间间隔（称为时隙，这是 STAC 协议中使用的应答间隔）里进行响应。读取器传输信号，标志着每个时隙的开始和结束。时隙的开始和结束与从每个标签请求的数据量有关。图 11-10 显示了时隙的概念。注意，时隙不是大小相等的（图中没有按比例绘制）。时隙的数量由读取器确定，且总为 2 的幂。当标签中没有应答时，时隙就可以更短，在这种情况下，读取器将终止时隙。时隙的最大值为 512。STAC 协议可用于在 HF 中防止标签冲突，具体见后文中的介绍。注意，时隙 F 总是会有的，它标志着应答间隔的开始。时隙 F 是唯一一个大小固定的时隙。它也是自动结束的，这意味着无须由读取器来标识时隙 F 的结束。

图 11-10　STAC 协议中的应答间隔

11.2.3　UHF 标签通信

现在的 UHF 读取器支持名为 Gen2（Generation 2）的协议。一些标签和读取器可能仍然在使用 Gen1 协议，但 RFID 技术将很快不再继续支持 Gen1 了。

Gen2 协议为标签与读取器之间的通信定义了三种技术。在第一种技术中，读取器通过传输一个掩码位来选择某些标签，该掩码位可以区分出某个标签或某一组标签。掩码位的工作原理非常类似于 IP 寻址中的网络掩码，该掩码可用来区分子网。在第二种技术中，读取器使用一个反复处理的过程（本章后面将介绍），详细列出各个标签。在第三种技中，一旦系统知道了某个标签的 EPC，读取器就可以有选择地单独访问每个标签。Gen2 读取器传输的能量更多，因此，UHF 系统的有效工作范围比 HF 的更大。

11.2.4 标签标识层

当读取器在 RFID 系统中发起通信时，必须有一种方式，来防止该读取器信号范围内的每个标签同时响应。标签标识层定义了三种方法，使得读取器可以管理其信号范围内的多个标签：选择、详细列举和存取。

利用选择法，读取器发送一系列命令，来选择其范围内多个标签中的某些段。这要求先有一个标签的详细列表，或是有目的地访问某个标签。这种选择是基于特定用户的，比如，某个生产商某种类型的产品。标签不会对这些命令进行响应。它们只是设置一些内部标志（位），用于随后的传输响应。在 UHF 中，利用详细列举法，读取器发出一系列查询命令，一次获得一个标签的信息。当每个标签从读取器接收一个确认消息后，将重置详细列表标志，且不再对后面的详细列表命令进行响应了。在 HF 中，读取器则是在不同时隙中等待每个标签的应答。利用存取发，读取器发送一个或多个命令给多个标签，或者在用某个命令唯一地确定了某个标签后，一次只与一个标签进行数据交换。

标签内存中含有的最少信息有 EPC、一个 16 位的循环冗余校验（CRC）以及一个销毁密码。**销毁密码**（destroy password）是在标签生产时，编程到该标签中的一个编码。读取器传输销毁密码后，该标签将永远禁用，再也不能读取或写入了。图 11-11 现实了标签的结构。

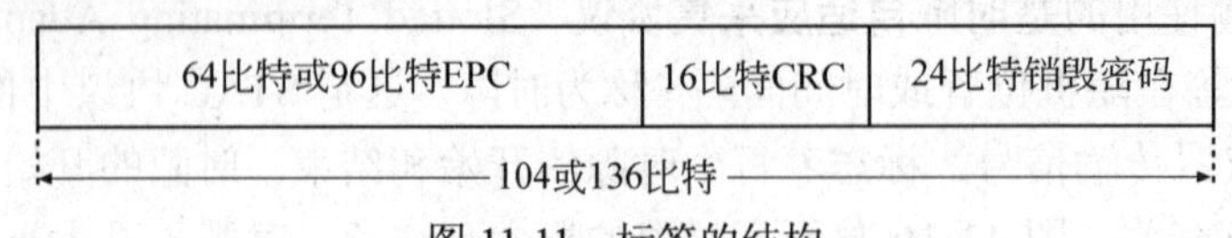

图 11-11 标签的结构

11.2.5 标签与读取器冲突

如果在同一区域中有大量的标签，那么所有这些标签就可能同时响应某个读取器。如果每个产品都贴有标签（在仓库中，可能只有集装箱或货盘有标签），可能会产生冲突，使得读取器无法识别单个标签。LF 标签和读取器不支持任何冲突处理机制，因此，LF 系统一次只能读取一个标签。当应用程序读取开门的门卡，或家禽通过较窄过道，读取家禽标签时，不会有问题。然而，对于工作在仓库、商店或冰箱中的 RFID，需要有更好的解决办法。

UHF 中的标签冲突处理

由于读取器开始时可能不知道在其信号范围内有哪些标签，而且随时可能有新标签进入读取器的信号范围内，因此，读取器可以发送一个 VerifyID 命令。然而，考虑到商店或仓库货架的常见结构，某个读取器有效范围内会有多组产品。在该读取器有效范围内的所有标签都有可能接收到这个验证命令，并有可能用其 EPC、CRC 和销毁密码进行回复。如果读取器能识别其中至少一个标签，就可以通过发送一系列命令，选择一组标签。这个过程可以不断重复，直到读取器识别出其信号范围内的每组标签为止。读取器还可以通过发送一个特殊命令，让某个或某组标签不会做出响应。

这个选择过程类似于某个教师在学期开始第一次给她的班级上课时，没有所有学生的名单。为认识每个学生，教师可以通过询问所有学生来知晓他们的全名。开始时，可能会有几个学生同时回答。那么，教师可以要求学生，姓氏字母以 A 开头的回答。同样，教师可能得到不止一个回答，无法区分出某个学生。接下来，教师可以要求姓氏字母以 AA 开头的学生回答。此时，同时出现多个回答的概率就小多了。

通过反复这个过程，并不断优化查询，最后，读取器就将有足够的信息来与某组内的所有标签进行通信了。然后，它就可以给这个组发送一个命令，设置一个库存标记。读取器再发送下一个命令，告诉标签，将开始一轮查询。在该这一轮查询中，读取器给每个标签发送一个查询。一旦某个标签回复了查询后，就重置其库存标记，不会再回复了，除非读取器进行下一轮查询。

HF 中的标签冲突处理

在 HF 系统中，读取器选择基于 STAC 协议的标签组。每个标签使用其 EPC、CRC 和销毁密码来计算出一个数字，该数字称为时隙号，每个标签在这个时隙进行应答。该计算是使用以上参数以及每个标签中的随机数生成器来进行的。然后，读取器开始一轮查询，并等待每个标签在其自己的时隙中的应答，这就可以防止冲突。ISO 标准认为，在这种情况下，发生冲突的概率低于 0.1%。如果真的发生了冲突，查询将无法正确完成，读取器将使用上面描述的处理方法，选择一个更小的标签组，在 HF 标签通信下，重复该查询。

读取器冲突

在读取器较多的环境下，也可能发生读取器冲突。如果读取器没有收到任何应答，会认为是发生了读取器冲突。这意味着标签无法理解最近的读取器传输，在侦听网络数据流并尝试再次传输之前，暂停一个随机时间周期。

11.2.6 MAC 层

RFID 的 MAC 层负责创建和传送传输参数（比如传输比特率、调制模式、运行频率范围以及频率信道序列），这些参数将用于 PHY 层的通信。读取器发送命令给标签，创建用于通信会话的通信参数。对于不同类型的标签（HF、UHF 或其他），MAC 层参数是不同的。这些差异通常不会产生问题，因为终端用户公司在某个环境或应用中，可能使用多种类型的标签。

11.2.7 数据速率

如前所述，在常用的无源 RFID 标签中所存储的数据量是相对较小的。由于没有供电，处理能力也较低，因此，这种标签的价格较低，这意味着这种标签的数据传输速率也较低。一些 EPCglobal 标准规定了一个读取器每秒钟应访问的最少标签数量，但没有规定特定的数据速率。

在关于 HF 标签的规范说明中，要求读取器每秒钟能够读取 200 个标签。对于那些只含有 EPC 的标签，实际速率可能在每秒钟 500～800 个标签。

在关于 UHF 标签的规范说明中，定义了标签到读取器的数据速率是读取器到标签的两倍。在北美，标签到读取器的允许数据速率可达 140.35 Kbps。在欧洲，由于 RF 信号功率的限制，最大数据速率只有30 Kbps。读取器到标签的数据速率在北美是70.18 Kbps，在欧洲是15 Kbps。Gen2协议规范支持更快的标签查询，这使得标签的读取速率在北美可达每分钟1 600个，在欧洲为600个。

11.3 近场通信

至此已经很好地理解了RFID，现在是该学习近场通信技术的时候了。近场通信（Near Field Communications，NFC）是在设备（比如智能手机和平板电脑）之间提供短距离无线连接的一种技术。NFC基于ISO 18092 RFID技术标准以及其他一些组织的标准。

NFC只需用户进行很少的配置，或不需要配置，设备相互之间的距离在1.6英寸（4厘米）以内时，就将自动连接。这种技术可以以106～424 Kbps的速率在设备间传输数据或读取无源标签。

NFC起源于FeliCa，并且与之兼容。FeliCa是一种智能卡协议，由Sony公司创建，在亚洲的一些地方仍在使用，MIFARE协议是由Philips公司开发的，这两种协议都是为支付系统而设计的。NFC论坛（由Nokia、Philips和Sony公司于2004年成立的）创建了一系列内置于RFID中的规范，允许在两个有源设备之间实现无接触的双向数据传输（不是智能卡与读取器之间那样的单向通信）。

NFC与手持设备可用于以下情况中：

- 商店与餐馆中MasterCard公司的PayPass事务处理和Visa公司的payWave事务处理。
- 电子打折优惠券。
- 手持设备之间的名片、日程和地图交换。
- 设备之间或设备与打印机之间传输图像、视频和其他类型的文件。
- 借记卡或预付卡的事务处理。
- 公共交通系统的电子票。
- 飞机票。
- 无须输入PIN码的蓝牙设备配对。
- 存储和使用安全的加密身份证号、电子签名、访问码和密码。

11.3.1 NFC的操作模式

支持NFC的手持设备通常装备有一个低功率的读取器，可以为标签供电和读取标签。该技术在两个环形天线之间使用感应耦合。NFC设备可以在如下模式下操作：

- 侦听模式：是NFC设备的初始模式，在这种模式下，该设备就像是一个无源标签。
- 轮询模式：NFC设备产生一个CW波，探测1.6英寸（4厘米）通信范围内的其他设备。
- 读写模式：轮询模式下的NFC设备就像是一个读取器。在读写模式下，设备可以传输命令给其他设备。
- 卡竞争模式：在侦听模式下的NFC设备就像是一个智能卡。
- 发起者模式：轮询模式下的NFC设备改变通信协议，使用NFC-DEP（NFC-Data Exchange Protocol，NFC数据交换协议），与只支持半双工通信的设备进行通信。

- 目标模式：此时的 NFC 设备是另一个发起设备的目标设备，只能使用 NFC-DEP 协议进行半双工通信。

发起者模式与目标模式是 NFC 不同于 RFID 的独有特性，支持 NFC 的设备可以与支持 NFC 的其他设备交换多种不同类型的信息。而 RFID 只限于读取器与标签之间的通信。NFC 设备可以像是一个读取器那样，从标签读取信息，也可以往标签写入信息，还可以像是一个无源 RFID 标签一样。

11.3.2　NFC 标签与设备

当前的 NFC 规范说明定义了 4 种类型的标签。每种类型的标签是为不同目的而设计的，在性能上有细微的差别（包括内存大小的差别）。不同的标签类型还使用稍有不同的数据帧格式、不同速率，使用不同数字编码（NRZ、NRZ-I 等）和不同的同步与调制方法进行通信。因此，支持 NFC 的设备在轮询模式下要做的第一件事情是，如果在磁场范围内有多种标签，应识别出标签的类型。

一些标签只能写入一次，其他标签则有密码保护，在加锁状态下，不能写入。标签中的内存可用来存储 URL、名片、图片、PDF 文件格式的小册子等。这使得 NFC 比 QR（Quick Response）更灵活、更有用，也更精确（QR 的使用在今天比较流行）。根据类型的不同，NFC 标签可存储从 48 位到 32 KB 的信息。任何人只要购买 15 美元的 NFC 标签，在手机上安装正确的应用程序，就可以使用智能手机对这些标签进行编程（参见 www.tagstand.com）。有关 NFC 标签的更多信息，可参见 kimtag.com/s/nfc_tags。

NFC 技术仍在发展中。尽管 ISO 14443 规范已经获得批准，但要了解当前哪些设备支持 NFC 以及业界的最新新闻，可以浏览 NFC 的网站 www.nfcworld.com。

11.3.3　NFC 通信

支持 NFC 的设备可以在 13.56 MHz 免许可频段（与 HF RFID 相同）上进行数据传输，使用 ASK 或 ASK 与 PSK 的组合，在大约 7～14 kHz 的 RF 带宽上调制信号。根据标签类型的不同，可以进行 10%～100%的调制。数字信号可以使用类似于第 2 章介绍的归零（RZ）技术进行编码，这可以提供足够的信号传输，从而有助于无线设备之间和设备与标签之间的同步化。

要在两个智能手机或平板电脑之间传输数据，NFC 使用数据交换协议（Data Exchange Protocol，NFC-DEP）。一条 DEP 消息含有一个或两个记录。每个记录封装在一个 RF 数据帧中，该数据帧含有一个首部和一个载荷。首部包括如下字段：

- 标识符：可选字段，用于定义由该记录携带的载荷类型。
- 长度：对较短的记录，该字段可以为一个八字节长，但通常为 4 个八字节长。载荷长度为 0 表明是一个空消息（没有载荷字段），标志着当前 NFC-DEP 通信的结束。
- 类型：该字段表明在载荷中携带的数据类型，接收设备用它来确定使用哪个应用程序去处理数据。

例如，对于图片文件，将存储在图形处理应用程序中，而对于 URL，则是发送给浏览器程序。如果设备不能支持在该字段中指定的数据类型，将产生一个错误。

图 11-12 显示了一条 DEP 消息的组成部分，以及各部分之间的关系。

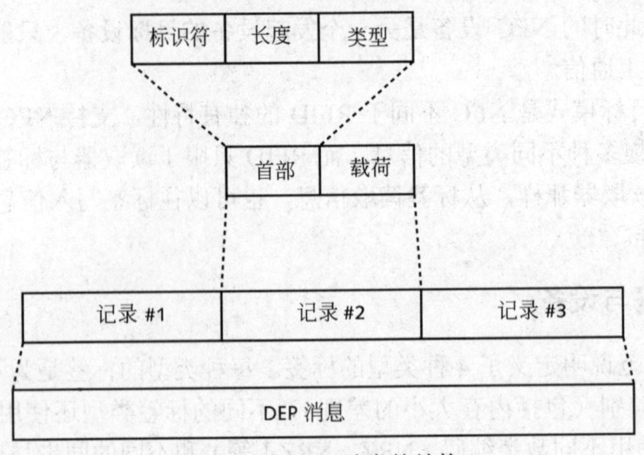

图 11-12　DEP 消息的结构

11.4　RFID 的应用

本节将介绍一些更有趣的 RFID 应用。然而，这些应用只是冰山一角，在实践中，RFID 的应用是无止境的。

RFID 的一个可能应用是无线鼠标，这种鼠标不需要电池。RFID 读取器内置在特殊的鼠标垫中，这种鼠标基本上就是一个无源 RFID 标签。

11.4.1　汽车安全应用

很多新车装备有一个名为 immobilizer 的反盗窃设备。汽车的点火钥匙头部含有一个微小的 Class-1 类型的 RFID 芯片，它在 135 kHz 的频段上传输数据。在五金店配制的钥匙可以插入点火器中，但不能启动汽车引擎。当原配钥匙插入点火器中时，驾驶杆中的小型读取器设备传输一个信号给该钥匙来激活它。控制汽车引擎的计算机只有在从钥匙的标签芯片接收到一个响应后，才允许启动引擎。如果钥匙丢失了，可以从销售商那里获得一个替换钥匙，并把这个新钥匙编程到汽车中。装备有这种反盗窃设备的大多数汽车，都提供有用户操作手册。

11.4.2　医疗应用

在医院，病人身份标识手环中的 RFID 标签可以提供重要信息，这些标签不容易放错。这种标签可以包含病人的入院记录、血型、治疗情况、处方用量等信息，医务人员佩带的手持读取器可以读取这些信息。此外，该标签中的 RPC 可以即时把医务人员与数据库中的病人记录关联起来。这种特性可以防止出错，还可以提高病人的舒适性和安全性。

对于年纪较大和较小的病人，如果病人离开了指定区域，系统会发出警报。新生儿和他们母亲佩带的手环中含有相匹配的信息，确保新生儿跟着的是自己的母亲。这种标签还可以防止新生儿被别人带出医院。

11.4.3　交通与军事应用

嵌入在标准邮包和其他小盒中的 RFID 标签，可以加速和帮助自动排序，并可以防止出错。今天，邮包众多的不同形状和大小，使得几乎不能完全自动化处理。人们仍然必须手工处理包裹和条码读取器。

在最近的中东和波斯尼亚战争中，军队的后勤人员不得不面临需要运输的几百万件设备、弹药和备用零件，而且往往是非常紧迫。这些物品很多是存储在超大性军火库的密封容器中，且分布在美国的全国各地，协调和跟踪这些物品的运输是一件很有挑战的事情。备用零件和弹药的丢失或不正确存放，可能会给军事行动带来极大的影响。美国国防部的军需物资库存价值超过 7000 亿美元，其中一些是易损或敏感物品（包括易爆品），这些物品必须在极端环境下得到保护。

在海湾战争的沙漠风暴军事行动中，有超过 40 000 件集装箱运输到波斯湾。由于这些运输在运输过程中不能恰当跟踪，堆积在美国各个港口和机场的“铁山”(这里指的是集装箱——译注)含有很多的冗余材料和补给。最后，这些集装箱的三分之二必须打开，以便人们能看见里面是什么东西。如果集装箱中装载的是易爆品(如子弹、导弹或炸弹)，这种操作是危险的。

美国国防部运输了大约 100 000 辆战术车辆、250 000 辆坦克、1000 发战略导弹、300 艘战舰和 15 000 架战斗机和直升机。这些物品每年需要大约 300 000 次运输。当美国国防部的 RFID 系统最初部署时，部署了 800 多个地点，有 1300 多个读写站点，用于管理军队的 ITV（In-Transit Visibility）网络的补给物流。

11.4.4　体育与娱乐应用

RFID 标签可用于监视赛车的胎压。微小的标签与内置的传感器和电池安装在轮胎阀门上，可以在车内自动或手动读取标签。这种技术也可用于货运卡车和州际客车中。在这些汽车中，通过用标签来控制轮胎磨损，可以节省费用，防止发生与轮胎有关的事故。胎压监视器也开始出现在一些昂贵的汽车中了，这可以提供更多的安全性。RFID 标签的另一个常见使用是监视马拉松和三项全能比赛选手。

RFID 的使用不仅限于这些特殊的体育运动。常见的体育运动（如高尔夫球比赛）也可以利用 RFID 技术。现在，高质量的高尔夫球很昂贵。可以在球中安装无源标签，如果在比赛中丢失了，根据所用的技术，可以用便携式读取器来确定球在树林中、落叶中甚至是水下的位置。

2004 年的金球奖在其邀请函中放置了 RFID 标签，防止未受邀请的摄影人员或其他人员进入会场。

11.4.5　人员监控应用

在大型娱乐主题公园里，孩子的父母佩带有特殊的手环，这种手环含有 RFID 标签，如果与孩子走散了，可以立即确定孩子的位置。安装在整个公园中的读取器可以跟踪孩子的位置，父母可以到服务亭咨询如何根据从自己RFID标签获得的信息，来确定他们孩子的位置。图11-13显示了一个用于识别人的RFID标签手环示例。

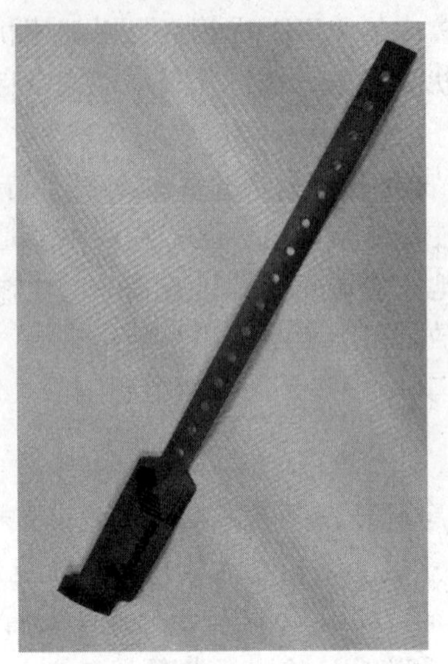

图11-13 RFID标签手环

类似于金球奖的应用，嵌入了RFID标签的音乐会和体育赛事门票可以使安保人员的工作变得更简单。在条形码广泛使用的今天，一些球迷试图使用假门票进入体育馆，有时候试图利用人多来逃过门禁。嵌入在门票中的RFID标签将使得这种逃票行为即使有可能，但要更困难。

很多石油公司，包括Shell、Mobil和Esso公司，在20世纪90年代实现了诚信系统，用户只需在加油泵前的特定标志区域扫一下微小RFID卡（挂在钥匙链上），就可以为加油付费。用户签认了该服务后，就可以从用户的银行账号、信用卡或其他已预存款项的账号中扣除费用。这样就避免了在加油站直接使用信用卡和借记卡，从而提供了安全性。

11.4.6 制药应用

制药业容易遭受假药，导致经济损失，给患者带来健康危害。要对付这种情况，可以为每个药品包装使用特殊的标签，这些标签存储有生产日期，在供应链运输中所生成的详细跟踪信息。通过监视供应链中的每一步，就可以确定制假的确切位置。

处方药与非处方药中的标签，允许人们使用一种特殊的设备来收听有关药品和剂量的语音介绍。这种系统可以在家或药房里使用。

11.5 RFID与NFC面临的挑战

不难想象，有成百上千的RFID应用可以使生活和商业活动变得更容易、更安全和更简单。然而，该计算的确面临着一些挑战，本节将进行介绍。

11.5.1　RFID 对企业网络的影响

RFID 系统实现的一个主要挑战是对企业网络中数据量的影响。在手工或条形码库存控制系统中，通过企业网络读取和传输的数据量，通常仅限于某些产品的现有数量和每种产品的 UPC 码。然而，通常是把 RFID 系统实现为只需激活标签，就可以统计库存。例如，要确保大型商店的货架上总是装满商品，系统必须每隔 5 分钟左右让读取器读取所有 RFID 标签。这种扫描会给企业网络增加大量的网络流量。

为了让读者感觉到 RFID 系统对企业网络所带来的数据流量增长有多大，考虑这样一种场景：一个大型的全国连锁超市，有 1000 家商店，每家商店有 10 000 件商品，每件商品都贴有标签，中央总部的读取器每隔 15 分钟读取一次所有标签。每件商品有 17 字节的数据（注意，对于 96 位的 EPC，一个标签的最小信息大约是 136 字节），那么，读取一次将产生 170 MB 的数据。一个小时里读取的数据将填满一个 CD-ROM，一天 8 小时的营业时间将产生 5.44 GB 的网络流量，一个月的总数据流量将达 1.632 TB。相比而言，美国国会图书馆整个 1700 万本书相当于 136 TB 的数据。该图书馆如果通过其网络来处理这么多数据，需要 7 年的时间。尽管会有很多的重复数据可以丢弃掉，但对网络的数据流量仍然增长很大。

11.5.2　RFID 系统的网络可用性

假设最后实现了 RFID 系统，公司依靠它来自动补充库存。在这种情况下，网络可用性就成为决定商店服务能力的重要因素。零售商越来越依赖于 RFID 系统来提供服务，降低成本，就必须要有更大的网络带宽。零售商的网络还必须是可靠的，也就是说，必须能保持工作（99%的可靠性意味着每年可能出现 80 个小时的故障时间）。在营业时间发生任何故障都将很快成为一个严重问题。对大多数公司来说，要满足这些需求，就得对现有网络进行扩展与增加冗余设备和通信能力。

在商店和大型超市，商品有 7%的时间缺货，一些较受欢迎的商品则有 17%的时间缺货。这种库存短缺意味着较大损失。为应付这种问题，很多销售商订购比他们所需更多的商品，或者在不止一个地方销售。这样，超市经常被迫放弃销售易腐烂的商品，这使得用户的购买价格更高了。每件商品都贴有标签，可以减少或免除这类问题的出现。

11.5.3　RFID 系统的存储需求

大型银行和大型公司有着大量的历史数据需要归档，每个公司可能有几十甚至是几百 TB 的数据。此外，旨在包含投资者和消费者权益的新法案，如萨班斯·奥克斯利法案（Sarbanes-Oxley Act），要求公司必须保留和安全存储更多的信息。由 RFID 系统产生的巨大数据量，更是显著地增加了信息准确且可靠存储的需求。

从 2003 年开始，加拿大和欧洲的家禽生产商已经开始使用 RFID 来跟踪他们的产品历史信息了。到 2005 年 1 月 1 日，加拿大的每头奶牛都必须有一个 RFID 标签，用于存储诸如健康状况、接种疫苗情况、饲养情况（在本地或是转移到了新牛群）以及产奶和产子情况等信息。奶牛宰杀后，相关记录必须保留多年。

11.5.4 设备管理

即使没有部署 RFID，要管理网络中的大量设备也是一件具有挑战性的事情。网络管理软件的价格并不低。

即使是对于不到1000个设备的小型网络，网络管理软件的价格也要50多万美元。随着网络的不断扩展，需要远程监控与管理服务器、路由器、交换机和 RFID 读取器，这些成为了确保网络可用性的关键因素。想象一下，要管理和跟踪成百上千甚至是百万的 RFID 标签，与无线 RFID 传输有关的安全性问题将会是一件多具有挑战性的工作。管理 RFID 系统将很快成为一种非常复杂且收入不低的工作。

11.5.5 RFID 与 NFC 的安全因素

RFID 的快速发展，以及全世界相关标准的开发，带来了大量的安全问题和隐私问题。已经有了一些与 RFID 安全问题相关的解决方案，但还不够完美，挑战仍然存在。例如，电子钱包（可以用来取代信用卡和借记卡）和公共交通电子车票的应用促进了 NFC 的发展，随之而来的是人们对密码泄露的担心。近来多核处理器的发展，无疑可以使得更复杂加密算法的应用成为可能，这有助于确保设备用户的安全和隐私。NFC 传输更难以被干扰或被捕获，因为它要求设备之间的距离较短，然而，如果你具有一个敏感度足够高的读取器，可以从更远的距离捕获信息，那么理论上是可以从用户的智能手机或平板电脑读取信息的。要了解攻击者如何探测 Mifare 系统的安全缺陷，可以从 www.youtube.com/watch?v =NW3RGbQTLhE 观看 YouTube 视频。

从标签或支持 RFID/NFC 的信用卡读取信息是可能的，但金融机构并不允许它们的客户使用这些系统，它们有足够的安全措施来防止经济损失。至少在北美，是由金融机构来承担这些损失，因此，它们部署了各种策略来防止这种盗窃。

在北美，借记卡和信用卡条款明确声明，如果客户的信息被窃取，他们不负责任。即使信息被窃取，盗窃者还是需要与金融机构的计算机系统连接，以便获得客户的其他信息。信用卡背面的三位数字的安全码并没有以电子的形式存储在磁条或 RFID/ NFC 芯片上。个人信息，如姓名、地址、电话号码，也没有存储在磁条或 RFID/ NFC 芯片上，这些信息只存储在平板电脑或支持 NFC 的蜂窝电话上。盗窃者所能获得的只是一个号码，这意味着，盗窃者需要攻击金融机构的计算机系统。

在美国，对 RFID 的关注主要集中在隐私上。客户购买商品后，用于该商品的标签数据可以链接到客户，从而可用于有针对性的市场推广。政府和企业可能会收集这些数据，用于各种应用中，从而可能涉及客户的隐私。与从借记卡和信用卡使用中捕获数据不同，由 RFID 生成的数据可能是在用户没有意识到的情况下被捕获的。然而，要把这种数据与某个人关联起来，需要从借记卡和信用卡获得信息。这是不可能发生的，因为政府制定了隐私保护法。人们认为 RFID 有隐私问题，主要是因为对这种技术不够了解。

RFID 读取器的安全性，主要与有线网络的安全策略有关。读取器到标签与标签到读取器的通信，与所有无线网络一样容易被攻击，只不过捕获标签到读取器的通信要困难得多。标签传输的功率非常低，在标签到读取器的传输中，读取器也会传输 CW。标签安装到某个产品或包装中以后，通常是不能移动它的，但是，通过记录标签的已有数据或添加新数据，仍然可以篡改 Class-1（读写）标签中的数据。要为一个移动的读取器供电，使之能发射出较高功率的 CW，需要有容量较大的电池。这可以在车内来实现，但读取器的移动性将受到严重限制。

大多数无源标签不支持认证或加密安全方法，因为它们不能给自己供电，所用的芯片处理能力较低，成本也低。屏蔽商店和仓库以防止 RF 信号进入或发出，可以解决来自大楼外的未授权访问问题，但这样花费不菲。另外，当客户把商品拿回家或办公室后，附近使用读取器的某些人仍然可能使客户的隐私泄露。

RFID 标签不会携带很关键和有用的信息，以防止任何人捕获标签内存中的信息。对于信用卡和借记卡，非常容易捕获包含在 RFID/NFC 芯片中的信息，因此使用远程感应设备（这需要非常复杂的设置）是不可行的。但金融机构和用户仍然要注意防止财产损失和身份窃取。

标签中的数据可以进行加锁，在标签可以再次使用时需要密码。使用 EPC、CRC 和内置的销毁密码，可以让标签永久禁用。为标签加锁，使得要从分销渠道使用标签中的数据很难。通过发出一个 kill 命令或从物理上毁掉标签，可以永久销毁它，防止当用户退回商品时零售商再次使用改标签，限制 RFID 系统的功能。从物理上销毁标签也可以防止用户利用本章前面介绍的智能冰箱应用程序来读取标签数据。

阻隔标签（blocker tag）是可用来模拟一定数量的标签的设备。阻隔标签通过发送很多的响应，使得未授权读者无法区分阻隔标签与合法标签，这样就可以禁止未授权读者访问某个选定组的标签的信息。阻隔标签还可以为本节前面介绍的问题提供另一种解决方法，且成本更低。在客户把商品购买回家后，可以销毁阻隔标签，这样，就可以在诸如智能冰箱之类的应用中继续使用合法标签。

RFID 与 NFC 系统的安全性是一个复杂的主题，不存在用某一种解法方法来应对所有可能的情况。然而，RFID 与 NFC 的应用价值远胜于潜在的问题。RFID 与 NFC 的使用将继续发展，这些技术最终将出现在我们生活中的各个方面。培育用户，实现数据收集的合法性，保护隐私，对提升用户使用这种技术的舒适性起着很重要的作用，就像当初的 Internet 那样。

本章小结

- RFID 在电子标签中存储了有关某产品的制造商、生产日期、生产地点等信息，电子标签包含有一个天线和一个芯片。
- EPCglobal 公司发布的标准使得 RFID 可在全球使用。
- RFID 系统由电子标签、天线、软件与 EPCglobal 网络服务组成。EPC 的格式是由 EPCglobal 标准定义的。EPC 为 64 位或 96 位长，包含有一个表示制造商的编码、库存量单位和系列号。
- RFID 标签又称为发射机应答器。常见的标签含有一个微处理器和内存。读取器可以访问标签，捕获和处理数据。有两种基本的标签类型：无源标签和有源标签。无源标签是最常见的类型。它们没有电源，依靠读取器发射的 RF 波中的电磁能为其微处理器供电。有源标签装备有一个电池，价格高达 20 美元。通常，电池限制了有源标签的使用寿命。半有源标签也含有一个电池。但是，只有在数据传输激活这种标签后电池才会供电，因此，电池可以使用好几年。

- 标签可以生产为各种各样的包装（称为智能标签），有一个具有黏性的背面。标签可以黏贴在产品包装上、货盘上或产品本身上。标签还可以用来跟踪旅客的行李。可以把标签放置在看不见的地方，从任意地方读取它。
- 零售商店有时候使用 1 位的标签来防小偷。这种标签没有唯一的标识符，也没有芯片或内存，它们只是用来激活警报。无芯片标签利用光纤或其他材料，以某种独有的模式（可以用作为一个标识符）来反射一部分的读取器信号。
- 感应标签可以装备温度、烟雾或其他类型的传感器，用来监视产品在运输和存储过程中的环境情况。标签的价格依其类型各不相同。大多数无源标签的价格为 0.07～0.25 美元。Class-1 标签是读写标签。一些标签可以写入数据，而另一些标签则只能读取。
- 读取器可以与标签和公司网络进行通信。一些读取器可以往标签写入数据。读取器还可以为无源标签提供能源以激活它。读取器和标签的工作频率为这样 4 个频带之一：135 kHz (LF)，13.56 MHz (HF)，433 MHz 与 860～930 MHz (UHF)，以及 2.5 GHz 与 5.8 GHz (ISM)。
- 有两种类型的标签天线：线性和环形。线性天线的有效范围更大，但环形天线的读取可靠性更高。
- RFID 软件包括系统软件（控制标签与读取器硬件的功能）、中间件（负责重新格式化数据，以满足业务应用程序的需要），以及公司用于事务处理的程序。
- RFID 有多种应用，包括医疗应用到娱乐应用。RFID 系统还可用于制药，防止药品假冒，帮助病人用药。
- 读取器与标签之间的连接称为耦合。感应耦合标签与天线之间的最大距离通常只有 0.5 英寸。反向散射耦合允许标签与天线之间的为 3.3～330 英尺。反向散射利用标签数据对反射的读取器信号进行调制。为了给标签供电，在没有数据传输时，读取器需要发射连续波。反向散射调制是基于 ASK 和 PSK 的。标签与读取器之间的通信总是半双工的。
- 在 HF RFID 中，标签使用时隙来与读取器进行通信。时隙的数量为 2 的幂，数据通信是由读取器控制的。标签不会发起与读取器的通信。
- RFID 系统大大增加了企业网络的数据流量和存储需求。在 RFID 系统的实现中，网络可靠性与设备管理变得更加重要。
- NFC 是一种基于 RFID 的无线通信技术，允许设备在较近距离内进行通信。与 RFID 不同，NFC 允许在智能手机或平板电脑之间传输文件、图片、视频、URL 和名片。支持 NFC 的设备也可以读写无源标签。NFC 标签通常有比 RFID 标签更大的存储空间。
- 在无线技术（如 RFID 和 NFC）的实现中，有很多安全和因素问题。可以对标签进行加锁或销毁（以电子或物理形式），但这样做会限制其功能。阻隔标签可以提供另一种解决办法。用户和客户培育，再加上政府立法，应该有助于提升使用标签的舒适性，扩展 RFID 的使用。

复习题

1. 在 HF RFID 中用于处理冲突的协议称为________。
   a. STAC b. Class-1 c. Class-0 d. 阻隔标签
2. 关于 1 位标签，下面哪个是正确的?
   a. 它们存储有一个唯一的标识码 b. 它们只能被无源标签读取
   c. 它们没有携带有关产品的任何信息 d. 它们又称为 RF 光纤
3. 感应标签的一个主要特征是________。
   a. 可以感应到其他标签的存在 b. 可以阻止来自其他标签的信号
   c. 只有先发送一个密码才会响应读取器 d. 可以捕获环境信息
4. 读取器的作用是________。
   a. 从标签读取信息 b. 防止未授权访问标签
   c. 提高读取距离 d. 存储电能，为无源标签供电
5. RFID 中间件的作用是________。
   a. 存储所用标签类型的信息
   b. 把从标签读取而来的数据，转换为与业务应用程序兼容的格式
   c. 控制读取器的功能
   d. 控制标签的功能
6. 有时候会为某个特殊应用而对读取器天线进行特殊设计。对还是错?
7. 标签天线的方向通常不会影响其可读性。对还是错?
8. RFID 不会对网络流量产生较大影响。对还是错?
9. 下面哪个是 UHF 无源标签的重要特性?
   a. 它们的读取距离更短
   b. 读取数据所需的功率更低
   c. 它们比其他大多数标签的读取距离更大
   d. 它们只支持非常低速的通信
10. 大多数 NFC 标签使用的是哪种类型的调制技术?
    a. OFDM b. DSSS c. ASK d. NRZ-I
11. 在智能手机与平板电脑的 NFC 中使用的是哪种耦合?
    a. 反向反射耦合 b. 电容耦合 c. 物理耦合 d. 感应耦合
12. 为利用反向发射来调制响应信号，标签必须________。
    a. 改变从读取器而来的输入信号的极性 b. 使来自发射应答器的信号发生偏移
    c. 改变自身天线的特性 d. 存储来自读取器的电能
13. 标签与读取器使用________进行通信。
    a. 半双工 b. 全双工 c. 单工 d. 多工
14. 在今天的 NFC 无源标签中，最大的内存有多少?
    a. 2KB b. 8KB c. 16KB d. 32KB
15. 支持 NFC 的智能手机在与其他设备进行通信之前，必须先做什么?

a. 读取其他设备的序列号
b. 确定设备或标签的容量
c. 从其有效范围的所有设备接收一个应答
d. 传输其时钟速率

16. Gen2 用于旋转标签的方法之一是传输________。
a. 一个静止命令　　b.一个空 CW
c. 一位的掩码　　d. 一个更高或更低强度的信号

17. RFID 系统实现的最主要挑战之一是什么？
a. 标签的价格　　b. 任何有智能手机的人都可以读取标签
c. 需要较大的存储空间　　d. 加密协议

18. 下面哪种方法可用来临时或永久禁用一个标签？（选择两个）
a. 阻隔标签　　b. 认证密码
c. 一个非常高功率的脉冲　　d. 销毁密码

19. 在哪种模式下，支持 NFC 的设备像是一张智能卡？
a. 轮询　　b. 侦听　　c. 发起　　d. 智能卡

20. 下面哪种 RFID 技术不支持一次读取多个标签？
a. 读取器　　b. UHF　　c. 智能标签　　d. LF

动手项目

项目 11-1

使用 Internet，搜索一下可用于动物跟踪的标签供应商。有哪些类型的标签？除了用于跟踪牛群，这些标签都使用在哪些类型的动物上？请编写一个报告介绍一下。

项目 11-2

如你所知，安全性是任何无线网络至关重要的方面。围绕 RFID 有很多与安全性有关的问题，尤其是美国政府现在开始推行在护照中使用 RFID。使用 Internet，研究一下这些问题，以及了解一下能提供解决方法的机构。重点关注一下为提高安全性和隐私保护，都做了些什么工作。请编写一个报告，重点介绍其中一个问题。

项目 11-3

今天，很多非易腐烂货物的生产商和零售商开始使用 RFID 技术。一些产品已经有标签了，如果你最近在计算机商店购买了高价值的产品，会在包装盒中发现有一些标签。去当地购物区的一些较大商店，询问一下商店的工作人员，看看他们现在是否使用了 RFID 来预防小偷。他们只是出于安全而使用它，还是也可用于库存控制？在询问一些有关 RFID 使用的问题之前，应了解一些有关 RFID 的安全问题，把自己看作是一个学习无线通信的学生。记住，在你进行这个项目时，可能会有一些工作机会，因此，应让你自己表现得像是一个专业人员。如果可能，请列举出所用的标签类型，如无源标签、半有源标签等。请编写一个报告，介绍你所了解到的内容。

真实练习

练习 11-1

设备租赁公司（Instrument Rentals Inc.，IRI）把电子测试设备租借给各种重工企业。这些设备的租借期通常为一周到一年。IRI 公司向客户保证它们的设备不会出故障，符合工厂的规格要求。在全美有 120 个点，公司需要运输设备，到达地点后进行校准，如果有必要，需要进行再次校准。公司还经常需要在客户那里（比如在油田或矿井）为设备提供服务，使得它们可以维持很好的工作环境。最后，当租借期结束后，在归还时，需要校验每台设备。

为防止延期，使出现错误的可能性最小，避免出现 Internet 接入问题，IRI 公司希望存储每台设备的校准记录、技术人员姓名、租借与运输记录以及与设备本身有关的其他信息。最后，技术人员笔记本中的服务呼叫软件应该可以自动读取记录，在其屏幕上显示，并在设备的记录存储中更新记录。IRI 公司从制造商租借而来的所有设备是 3 年一个周期。当租借到期，IRI 公司希望能查看某个设备的记录，决定是用新设备来替代它，还是续租，以防止出现对其客户的服务中断。你作为一个知名的 RFID 与 NFC 专家，请你来向客户推荐一下这两种技术哪一种能满足其需求。

准备一个 PPT（10～15 个幻灯片），列举出用于这种应用的 RFID 与 NFC 的优缺点，确定 IRI 应该使用的标签和设备类型，是否还需要继续开展这个项目。

练习 11-2

IRI 公司决定继续开展这个项目，请你提交一个建议（最多 5 页），描述一下，为把以上技术添加到 1000 台最昂贵的测试设备中，需要哪些器材。每个地方有两名技术人员，但只能有一名人员派遣到现场为设备服务，另一名技术人员则在办公室为设备服务。

你的建议应包括标签（包括大约 100 个备用标签）、便携式读取器、固定式读取器、中间件以及其他器材的价格。如果有必要，IRI 的 IT 人员可以负责对中间件进行再编程，使之可以与公司的数据库进行交互作用。记住，如果项目成功，可能会在 6 个月到一年之内进行扩展，以覆盖 IRI 公司的全部设备资产（含有超过 10 000 台设备）。

挑战性案例项目

IRI 公司技术人员所在的工会给公司发了一封信，表达了对其成员隐私的担忧，因为公司在某台设备的 RFID 标签中包含有技术人员的名字。现在，公司请你参与这个项目。IRI 公司的一个 3 人团队负责研究工会的担忧，包括核实有关的州法规。然后，组织一个会议，以便各方讨论这个事情。

一个6人的小组，组成两个团队，每个团队3人，一个团队代表工会，另一个代表IRI。研究一下上面列出的问题，在友好的气氛中讨论一下工会的担忧。之所以需要增加工会团队到本研究中，是为了维护其成员的权益。

如果你是用本教材进行在线课程，可以利用一些协作工具，如Google Docs、Google Hangouts、Wiggio或Skype。你学校可能也有自己的学习管理系统，使得你可以加入到在线协作组。

第 12 章

商用无线通信

本章内容：

- 列举商用无线通信的优点
- 讨论无线通信的挑战
- 阐述构建无线基础设施所需的步骤

20 世纪 30 年代，有一位数学家开发了一个公式，可用来进行精确的天气预报，这在当时可是闻所未闻的。然而，由于那时候既没有计算机，也没有计算器，要计算明天的天气预报，需要几个月的手工计算时间。显然，这离有用还差得远，很多人嘲笑天气预报是一种荒谬的办法。然而，随着 20 世纪 40 年代计算机的出现，天气预报计算所需的时间大大减少。于是，数学天气预报变得很普遍了，它构成了今天所有天气预报的基础。

因此，要明白某个思想或某种计算的使用，需要有前瞻性的眼光。这种眼光也同样适用于诸如无线通信之类的新技术。一些企业的 IT 部门由于担心无线技术的安全性，缺乏相关的知识和技能，对为什么要使用无线技术提出质疑，认为现有的有线网络已经足够好用了。但很多用户发现，通过无线接入来读取 E-mail，浏览 Web 网站，以及访问企业资源，为他们节省了时间，也更加方便。他们可以使用自己的设备（如平板电能和蜂窝电话），而不仅限于公司所提供的设备。这对企业的 IT 部门提出了一个全新的挑战，尤其是安全性方面。

前面已经介绍，在部署无线技术时，需要考虑很多因素。近距离技术（如用于耳机的蓝牙技术，以及用于灯光和环境控制的 ZigBee）的安装和操作相对简单，在完成初始的设置和配置后，不需要用户的干预了。蜂窝、Wi-Fi 和 WiMAX 技术则对设计人员和故障排除人员的要求更高，以确保有一个可靠和稳定的无线环境。家庭的无线网络安装通常不需要太多的专业技能，但在大型企业环境中部署无线网络环境则要复杂得多。例如，在办公楼、体育馆、邮轮、飞机和工厂环境中的无线信号传播就会遇到某些挑战。

本书不可能对各种的无线网络设计与部署条件进行全部介绍。本章主要介绍成功实现无线技术所要做的工作。本章将介绍在商用环境下部署 IEEE 802.11 无线技术所需的步骤，还介绍采用这种技术的商业用户将面临的挑战。本章的目的是简要介绍成功实现无线技术所要做的工作。

12.1　无线技术的优点

在商业环境中集成无线技术的好处有很多，可以在多方面给企业带来积极影响。除本书前面介绍过的那些优点（移动数据接入、更简便的网络安装、更便捷的办公移动、更佳的灾难恢复）之外，无线技术可以提供一些商用特有的优点，包括对企业数据的随时访问、提高生产效率、客户对自己数据的访问能力、全天候的数据可用性以及更好的信息技术（IT）支持。

12.1.1 对企业数据的随时访问

无线技术的一个主要优点是，它可以实现从任何地方访问企业数据。这种随时访问有助于企业收入增长。例如，准备去拜访客户的旅游销售人员在达到客户那里之前，需要了解最新的信息。他可以前一天晚上在宾馆查看已打印好的信息，但这些只是打印那天的信息。他可以在去拜访客户的当天早上，从宾馆访问公司的企业数据库，但在他约好拜访客户的下午两点之前，旅游项目和价格清单可能已发生了变化。

但如果销售人员使用WiMAX网络、USB上网卡、智能手机连接到膝上型电脑、移动热点或具有3G或4G的平板电脑来访问实时数据（比如客户的购买历史、产品的当前状况以及竞争对手的价格表），那么情况会咋样呢？在销售人员下车去赴约之前，就可以访问这些信息，甚至是在与客户会面时都可以访问这些信息，且无须连接到客户的网络。通过对最新数据的随时访问，销售人员可以更好地进行销售推广。

旅游销售人员不是从随时访问企业数据中受益的唯一用户。任何不仅需要移动性，而且还需要访问企业数据的用户都可以从中受益。医生在医院里来回走动的同时，就可以获得病人的当前数据，从而做出诊断，这样就可以降低成本，提高医疗效果。使用智能手机，医生还可以在世界的任意地方监视病人的生命体征（参见 www.airstriptech.com）。同样，工厂管理者可以查看库房的可用存储空间。当谈判各方在同一个地方时，无线技术也是很有用的。例如，在一次激烈的协商会谈中，律师、银行家和他们的客户都可以使用无线笔记本来访问数据，或者在他们的蜂窝手机上接收SMS消息，从而有助于他们做出最佳决策。

Baycrest是加拿大安大略省多伦多市的一家老年护理中心，2004年成为北美第一家实现计算机化医嘱录入系统的医院。该系统允许医生在病人的病床边通过WLAN用手持设备直接开检查单、化验单和处方。医生还可以查看存储在医院的医疗信息系统中的病人记录和各种检查。

业内专家认为，能够从任何地方访问企业数据，是无线技术的最大优点。这种访问使得可以利用最新信息来快速做出决策。从商业应用来说，这些因素可以转化为收入提高。记住，从公共网络访问企业数据应利用VPN来进行恰当的安全防护，必须使用最新的加密方法来确保企业网络的安全，遵循各种隐私和长期数据存储法规。企业数据访问的VPN与其他方法众多，主题也比较深，超出了本书的范围。

12.1.2 提高生产效率

对企业数据的随时访问可以提高员工的生产效率。在Cisco公司2001年的一次调查中显示，使用WLAN的用户每天访问数据的时间比只使用有线网络的多两小时。这是因为即使用户离开了办公室的计算机，在开会和销售回访时，仍然可以与WLAN连接。如果多出来的两个小时的连接时间，转化为70分钟的效率提高，这意味着平均每个用户可以有22%的效率提高。如果员工的薪水是 64 000 美元，这意味着每个无线用户每年的效率提高价值 7000 美元。此外，差不多三分之二的 WLAN 用户认为，无线连接提高了每日工作的准确度。由于越来越多的企业部署了无线技术，很多类似的调查显示，其结果甚至比过去更可观。

12.1.3 提高对客户自己数据的访问

降低商业成本的一个关键因素是把访问客户数据的负担从企业转移到客户 。如果客户能在企业的计算机系统上看到自己的数据，那么他们就能进行更好的决策。这种自助服务可以降低企业的人力资源使用，从而减低企业成本，提高企业收入。

航空业和银行业是客户可以访问自己数据的示例。今天，银行客户可以访问他们的账户余额、工资单，并且可以从移动设备在账户之间转账。大多数航空公司都有 Web 网站，客户可以查看航班时刻表、订票、打印登机牌、查看航班的当前状态等。这些网站可以为航空公司节约成本，因为它们不用雇用那么多的电话订购员了。今天，大多数飞机场都为旅客提供了无线接入（虽然不一定都是免费的）。一旦客户进入了航站楼，就可以使用 WLAN 来核查航班信息，了解登机口和登机时间。有智能手机的旅客还可以办理自助登机服务，客户可以打印或在智能手机上显示自己的登机牌或 QR 码、检查自己的行李以及其他服务。这有助于航空公司更好地使用它们的员工。此外，客户的满意度也得到了提高，因为旅客排队等候的时间更少了。满意度的提高就意味着客户的回头率提高。所有这些益处都来自于无线技术的使用，可以从多种途径获得客户数据，从而降低企业负担，这样就提高了利润。

12.1.4 全天候的数据可用性

下午五点下班（也就是离开办公室）已经是过去的事情了。企业专业人员通常是晚上、周末、假期都在工作中。这意味着一周 7 天，一天 24 小时，企业用户都需要访问企业数据。在过去，这需要在周末回到办公室，或者晚上待到很晚以完成报告。然而，无线技术使得在任何时候从任何地方都可以使数据可用。这意味着企业用户仍然可以参加儿女的足球比赛或音乐表演而不会降低工作效率。随着 RIM 公司的 BlackBerry 手机，稍后 Apple 公司的 iPhone 手机，以及 Android 手机的出现，收发 E-mail 和访问企业数据的便利性大大提高。现在已经为智能手机开发了很多商业应用程序，包括允许现场技术人员更新票务信息，访问技术文档，还可以允许施工工长在施工现场输入工资单记录等。无线网络使得我们的效率更高了，可以更好地进行决策。

12.1.5 更好的 IT

无线技术有助于 IT 部门为用户提供更好的支持。对 IT 部门来说，相对于有线网络系统来说，无线技术的两个最主要优点是，可以进行更容易的系统设置，降低架设有线电缆的成本。无线网络的故障排除，通常也比有线网络的更简单，对那些办公场所较大、有众多连接点，并且电缆设施比较隐蔽的企业来说更是如此。电缆设施是严重网络连接问题的潜在源头，且经常容易被忽视，排查和修复电缆设施是非常耗人力和时间的工作（也就是很昂贵）。

无线技术的其他提高包括更容易更快捷的设备移动，更高效地使用办公空间，更低的支持和维护成本。这些都将降低企业的成本和 IT 人员的时间，从而为用户提供更好的支持。

12.1.6　无线局域网语音服务

在家里，你可能比较喜欢用无绳电话了。2003年以前，企业很少能让它们的员工在办公室随意移动的同时，仍然能接听到他们的分机电话。无线局域网语音（Voice over Wireless LAN，VoWLAN）使之发生了改变，而且无须支付较高的蜂窝电话呼叫费用。早在2004年6月，美国就已经有大约1600家医院在使用VoWLAN。

有关医院VoWLAN设备的详细信息，可以访问网站www.vocera.com。要了解VoWLAN的最新消息，可以访问vowlan.wifinetnews.com。

在很多其他的工作场所，比如体育场、建筑工地和制造厂，一些员工必须是在大楼或场所内随时可移动的，如果这些人附近没有电话，那么语音通信就会受到限制。蜂窝电话可以极大地解决这个问题，但成本较高。无绳电话在家庭中很常见，但企业的电话系统通常不能提供良好的移动性。WLAN技术不只是用于数据访问，还可以转变企业员工在进行日常工作时进行通信的方式。第8章介绍的WLAN新标准，以及由众多公司生产的支持IEEE 802.11的手持电话，意味着今天的企业可以从移动通信中获利。

VoWLAN利用了VoIP（voice over IP）技术，只不过VoIP使用的是有线网络来传输语音呼叫，而VoWLAN使用的是无线设施来传输语音和数据。与WLAN的接入点（AP）连接的无线VoIP电话，使得你可以用WLAN来进行常规的电话呼叫，且只使用少量的网络带宽。根据与电话运营商的连接类型（传统的地面电话线或Internet），可能还需要其他一些设备来实现无线网络与电话线的互连。随着越来越多的生产商和电话运营商进入VoIP市场，以及越来越多的用户使用这种服务，无线VoIP手持设备可能变得常用，最终替代无绳电话，这样，通过一个常用的接口，就可以实现数据与语音的连接。

记住，常规的家庭电话，包括无绳电话，不能插入企业电话系统。这些系统是不兼容的，它们使用与常规固定电话不同的电压，而且，如果试图使它们互连，可能会损坏电话。

无线家庭网关与无线宽带路由的大多数新模式支持Internet呼叫的VoIP自动优化。Vonage（参见see www.vonage.com）与Skype（www.skype.com）提供有适配器，可以插入到家庭网关和常规的无绳电话中，使得Internet呼叫可以达到电话线。Skype还提供了一些无绳电话，支持自己的菜单系统，可用于Skype到Skype的呼叫，不需要计算机。

在长途电话中，使用VoIP呼叫可以节省费用。此外，大多数VoIP提供商允许企业具有一个电话号码，该号码的区号属于国内（甚至是国际）不同地区。如果要进行不同地区之间的通话时，也可以节省不少费用，因为这样可以避免昂贵的长途通话费。

即使是一些大的运营商，如AT&T公司，也为企业和家庭客户提供VoIP服务。访问voip.about.com或www.voip-info.org可以查看当前VoIP服务提供商的列表。

12.2　使用无线技术面临的挑战

正如使用无线技术有明显的优点一样，使用无线技术也面临着一些挑战。这些挑战包括竞争技术、数据安全性与隐私、用户的愿意程度以及合格员工的短缺等。

12.2.1　竞争技术

一些无线技术明显是基于已获批准的工业标准的，比如，WLAN 遵循的是 IEEE 802.11 标准。使用 IEEE 标准的 WLAN，可以确保投资的技术在未来的几年不会被淘汰，在大多数情况下，只需在 AP 与客户端设备上加载新版本的软件，就可以升级。

然而，其他一些无线技术，比如数字蜂窝电话，没有明显的迹象表明将成为标准，也无法确定是否会消失。这种不确定性是决策的关键因素。错误的选择意味着投资了成千上万美元的某种技术，可能在未来几年无人使用，缺少用户和技术支持。

在某种技术成为标准之前，就会出现多种技术竞争的局面，因此，公司要选择正确的无线技术是面临着一定风险的。一个企业不仅要判断哪种技术最适合自己，还必须判断哪种技术在未来仍然能存在，因此，聘请训练有素的员工，或者雇请合适的分销商，或者咨询有关机构，会使这种判断容易些。

表 12-1 给出了本书已介绍的各种无线技术及其应用与优缺点。

表 12-1　无线技术

名　称	主要应用	优　点	缺　点
蓝牙（IEEE 802.15.1）	替代电缆	可用性好	速率低，有效范围小
ZigBee（IEEE 802.15.4）	住宅与工业控制	成本低，功率小，网状网络	安全性不高，速率低
WiMedia（IEEE 802.15.3c）、WiGig、WirelessHD、WHDI	多媒体分发，消费娱乐设备、电话甚至是数据的互连	成本低，功率小，速率高，符合 IEEE 802.15.5 的网状网络，QoS	处理能力有限，因而一些设备的安全性不高，如果没有网状网络，有效范围小
WLAN（IEEE 802.11a/b/g/n/ac/ad）	大部分数据网络互连	比较成熟的技术，改进的标准允许它支持语音、QoS、网状网络、快速切换、多媒体、具有 RADIUS 或 VPN 的良好安全性，需要 LOS，速率可达 7 Gbps	只有 IEEE 802.11n 能较好地处理语音和多媒体；对 2.4 GHz 频段上的 IEEE 802.11b/g/n，频谱有限，有效范围小；对 IEEE 802.11a，有效范围小
WiMAX（IEEE 802.16）	数据、语音、视频；可固定或移动	40 Mbps 到 1 Gbps 的固定无线共享带宽，有效范围达 35 英里；安全性高；对移动应用，速率超过 2 Mbps；可以与蜂窝网络重叠；LOS 或 NLOS	技术复杂
蜂窝技术	语音，数据	LTE 高级版的速率可达 1 Gbps	每分钟或每个用户的费用高

续表

名　称	主要应用	优　点	缺　点
卫星技术	语音，数据，视频	可以覆盖其他技术无法覆盖到的偏远地区；在专用连接中，速率可达1 Gbps	部署成本非常高；对大多数应用来说，需要高增益的定向天线
RFID与NFC	用于读取产品标识数据（RFID），或者在距离1.6英寸（4厘米）的设备之间交换数据	是用于产品标识的全球标准（RFID），可用于交换数据与支付应用（NFC）	有效范围小；存在安全性与隐私问题；处理能力低，因而，FRID标签的使用范围有限

12.2.2 数据安全性与隐私

无线技术的最大优点（即，允许用户随处漫游，无须用电线与网络连接），如果使用不当，也是其最大的弱点。当一个漫游用户在大楼内任意地方接收RF信号时，大楼外的未授权用户也可以接收该信号。电视频道上传输的广播网络流量产生了保持数据安全的担忧。大多数业界专家认为，通过增加一个无线组件而没有考虑安全性，来开放对企业网络的连接是更加危险的。加固这类系统需要专业技术，还会显著地增加成本。

12.2.3 用户的愿意程度

技术变化几乎是永恒的，因为标准与技术是不断发展的，提供商不断改进其产品，使之对用户的采用更容易、更简单、更透明。技术变化对用户也是痛苦的，因为这需要花费时间和精力去学习新系统。除非用户能从放弃舒适的旧方法中看到立竿见影的好处，否则他们是不愿意这么做的。在无线技术的实现中，人为因素有时是一个较大的障碍。

12.2.4 合格员工的短缺

无线通信技术以这样或那样的方式影响了几乎每种商业领域，包括制造、医疗、电信与零售，正如你从本书中所学到的那样，这种影响还将继续增长。因此，对能够开发与实现无线应用以及提供技术支持的IT专业人员的需求正快速增长。然而，很多学习和培训机构还没有跟上对无线IT人员需求的步伐。因此，现在缺少能够安装、支持和维护无线系统的熟练IT专业人员。

随着技术的改进，变得更容易使用了，网络管理员或分销商的使命更复杂了。那些觉得这种技术让他们更加舒服的用户，可能会觉得自己有能力去修改设置，这样就有可能会产生网络连接问题，或把网络暴露在安全风险之下。在那些实现了WLAN的公司里，网络技术支持人员和管理员不仅要意识到这些问题，不断地监视这些问题，还必须确保他们的知识和技术训练跟上IT技术的发展。公司的IT部门之所以对最近流行的BYOD（Bring Your Own Device，使用个人设备办公）表示担忧，不仅出于安全原因，而且还因为这可能会引起令人头痛的用户支持。

在为办公大楼实现无线设施之前，关键的是要判断不同的需求、不同的解决方法以及可能面临的危险，然后采用最佳的方法以平衡这些因素。

12.3　构建无线基础设施

一旦决定了要投资实现无线技术，那么接下来要面临的任务就是构建一个新的无线基础设施。这很像是为企业增加一个新网络。事实上，构建无线基础设施所需的一些步骤，的确类似于增加一个新的有线网络。记住，安装 AP 的确需要电缆设施。本节将介绍 IEEE 802.11 网络的实现，因为这种网络是最常用的类型。部署这种的一些步骤与部署其他类型网络（如 WiMAX 与蜂窝网络）的类似，但与部署其他类型网络的过程还是差异很大的，设备和测试工具的成本也高得多。本节主要是介绍构建一个无线网络的步骤及其缘由。

12.3.1　需求评估

“我们真的需要它吗？”是在决定是否增加一个无线基础设施时首先要面临的问题。但是，这个问题往往提出得太晚了。有时，修改一个流程或增加些人员就足矣，无须投资无线技术。需求评估包括审视一下企业的情况，评估一下现有的网络，收集一些基本信息，预算一下成本。

1. 审视一下企业的情况

需求评估的第一步是回头从整体上审视一下企业的情况。有时，用户会掉进了只见局部不见整体的陷阱。这里有一些基本但重要的问题，包括：

- 企业的当前规模多大？
- 其预期的成长如何？
- 不同职位和部门的员工是如何开展日常工作的？也就是说，他们是否需要在办公室来回走动？是否需要在不同地点开展工作？
- 企业是否要为员工频繁更换办公室，是否需要重新配置有线设置？

这些问题看起来很基本，但它们有助于我们从整体上考虑。此外，这些问题也可以为需求评估提供很多有用信息，确定事情的优先等级。企业员工可能意识不到实现无线网络要涉及的问题，比如，需要新的安全策略以及持续不断的监控，更不用说可能出现的信号干扰问题（信号干扰会影响用户和应用性能，有损于 WLAN 的优点）。

那些主要在自己办公桌边使用单台计算机的用户，比如，呼叫中心或客户操作员，可能并不需求无线接入。如果办公室的网络配置是无须经常改变的，从长远角度来时，有线网络可以提供更加稳定的性能。

2. 评估一下现有的网络

需求评估的下一步是评估一下现有的网络。要询问的问题包括：

- 现有网络是如何支持企业工作的？
- 现有网络的强项与弱项是什么？
- 能支持多少用户？
- 在该网络上，主要运行那些应用？

不同企业有不同的网络需求。银行业需要能提供安全性非常高的网络。制造业则不能出现停工时间，通常需要网络能具有完全容错功能。教育业则可以容忍一定的停工时间，但其网络需要每几个月就要对几千的新生进行身份认证。

评估一下现有的网络，有助于确定为什么可能需要一种新技术。如果现有网络能通过升级或调整来满足当前的需要，那么此时可能就不需要无线技术。然而，如果现有网络不能支持可预见的将来的业务需要，那么对无线技术的投资就是值得的。

用文档详细记录现有网络的信息有助于网络评估。随着新用户或新设备的需要，网络可能以未规划的方式增长，因此，文档记录网络是有必要的，这样可以从整体上了解该系统。要记住，有线网络基础设施必须能够支持来自新的无线用户的数据流。例如，在部署 IEEE 802.11n 网络（该网络所能支持的传输速率为 600 Mbps）时，必须考虑到有线网络基础设施（包括电缆、交换机、路由器）的传输能力可能只支持 100 Mbps。而且，为高效地部署或升级到 IEEE 802.11ac 网络，充分利用增长的速率，可能需要替换掉大部分的有线网络设备和电缆。

表 12-2 给出了一个现有网络的示例，帮助读者快速了解部署或升级到无线网络的需求。如果网络比较复杂，那么绘制一幅网络布局图也很有帮助。图 12-1 为一个简单的网络布局图，但要记住，现有网络可能覆盖了大楼的好几层，这使得这个工作更具有挑战性。

表 12-2 现有网络示例

描　述	数　据
客户端数量	72
客户端类型	35 个使用 Windows 7（以太网） 20 个使用 MacBook Pro（频率为 2.4 和 5 GHz 的 IEEE 802.11n，以太网） 9 个使用 Apple iOS，5 个使用 Android，3 个使用 Blackberry，频率为 2.4GHz 的 IEEE 802.11n 网络
服务器数量	一个，使用 Windows 2008 系统
交换机	2×48 端口
路由器/子网	1/1
网络类型	有线网络（以太网）
电缆类型（介质）	类 5e，最大长度为 210 英尺
其他设备	5 台激光打印机（连网），一台无线连网打印机 一台扫描仪

3. 收集一些基本信息

在评估了企业和现有网络，并认为无线技术能更好地满足当前业务战略需要后，下一步的工作就是收集信息。要了解所有网络技术以及该领域的发展，只有 IT 部门的人员可能还不够，还得有专家参与其中。很多企业请求外面的技术顾问和提供商来提供信息。一些企业还可能发出信息请求（request for information，RFI）。RFI 是一种文档，用于寻求哪些提供商能提供什么产品等信息。RFI 的内容可能不是那么具体。比如，“要求提供商在大楼的第二层安装一个无线网络以容纳 45 个用户”。通常，会有多个提供商积极响应，提供它们销售的某项产品信息。

在所有 RFI 返回来之后，企业就可以详细查看它们。通常，从这些 RFI 中可以看出些端倪。例如，如果有 4 个提供商推荐 IEEE 802.11n 无线 WLAN，而只有一个提供商推荐使用 IEEE 80211g，那么目标就明确了。要仔细评估这些 RFI。提供商的目的是要销售产品或服务，它们可能会重点强调它们产品的长处而弱化它们的短处。在收到 RFI 的回应后，仍然需要独立的研究。

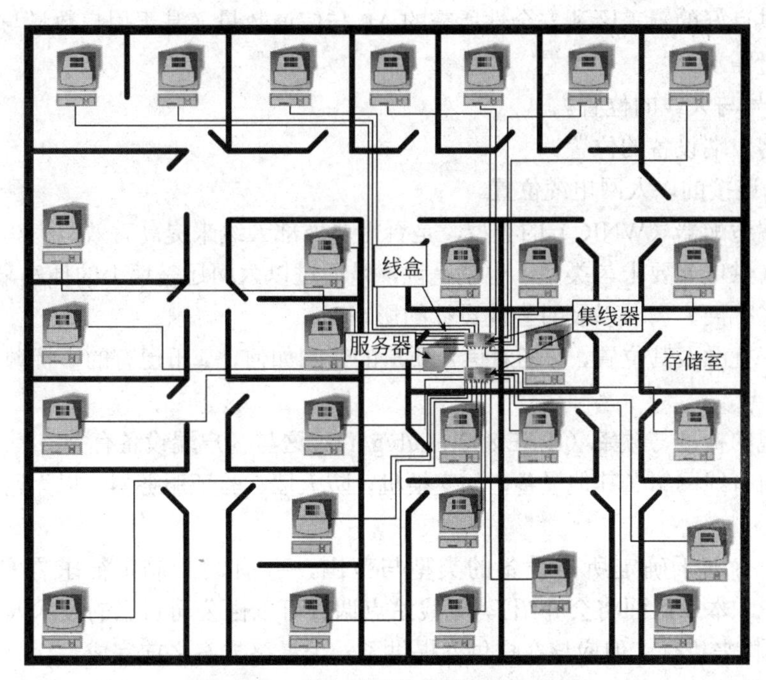

图 12-1　某个楼层的典型网络布局图

4. 进行一次无线网站的调查

为使准备实现一个 WLAN 而进行的信息收集完整，还需要进行一次无线站点调查。无线站点调查包括测量信号的强度与质量，用户在不同地方接入网络的传输速率与数据流量。此外，站点调查还有助于确定是否有内部和外部干扰源，这可以得出 WLAN 对环境因素的磁化系数。 站点调查可确保网络的实际性能能满足所有用户的需要。

为 SOHO（Small Office，Home Office，家居办公）进行的一个简单无线站点调查，可以用一个 AP、一个无线适配器卡以及由该适配器卡制造商提供的客户端软件来进行（Windows XP 或 Windows 7 客户端软件很简单，无须太多的信息）。然而，如果要进行全面的站点调查，有时是对于大型办公大楼、制造厂、多层的大楼或其他复杂环境，应使用更复杂的工具，由经过一定培训、具有经验的人来完成，这在企业中目前是办不到的。站点调查最理想的是应使用与要安装设备相同的类型和模式来进行。进行站点调查的工具和设备非常相当高，除非你准备使用它们，否则购买它们就不合算。在站点调查中，要有很多准备工作，需要分多个步骤进行。其中最重要的一个是要有建筑平面图，最好是那种显示有办公家具和所有大型设备的。建筑平面图可以使站点调查更详细，完善调查报告。

在 Internet 上有各种站点调查指南和白皮书。要查找更多信息，可以搜索“Wireless Site Survey Guide”。可以从这个网站开始搜索相关信息：www.wi-fiplanet.com/ tutorials/article.php/3761356。

无线站点调查可以确定实现 WLAN 的其他一些因素，比如：

- 需要的安全与策略。

- 信号的有效范围（距离要求）。
- 为提供良好的覆盖区和安全性所需的 AP 与信道数量（基于用户数量与应用负载）。
- 吞吐量需求。
- AP 信号与天线的位置。
- 固定客户端设备的位置。
- 与 AP 连接的以太网电缆位置。
- 客户端适配器（WNIC）的类型，是否需要外部天线来提高有效范围。
- 电力（供电）要求与类型，也就是说，是通过以太网还是墙上的插座来供电。
- 增长（扩展）需求以及对当前设计的影响。
- 潜在干扰源及其位置，它们对信号质量的影响如何，基于已有的干扰源如何进行信道选择。
- 要实现的标准与频率（IEEE 802.11a/b/g/n），这与客户端设备有关。
- 与公司有线网络（其他设备，如交换机、防火墙、验证服务器、以太网速率）集成的需求。

这些因素有助于确定所需设备的类型与范围，并有助于制定征求方案（request for proposal，RFP，本章后面将会介绍）。无线站点调查可以由公司自己的技术人员、潜在的提供商或咨询机构来执行，但应该在提供商提供了一个最终方案之前完成。

5. 站点调查工具

要进行一次恰当的无线站点调查，需要有一些可用的工具。你可以在一个已有的 WLAN 中进行一次站点调查，事实上，如果你怀疑附近的 WLAN 有干扰，或者如果设备、家具与人员移到了办公室的不同位置，定期进行站点调查是明智之举。要为一个新部署进行环境评估，至少需要一个与安装的 AP 模式相同的 AP。这是站点调查最基本的部分。与有线网络的连接不是很重要，但由于将来要为 AP 供电，因此，应确保有足够长的电线，以便与最近的插座连接。

需要对 AP 进行配置，以便它在与其他传输不同的信道上传输信号。要查看可用信道，需要使用工具，如 MetaGeek 公司的 inSSIDer，或能扫描 Wi-Fi 频谱的其他类似工具。来自附近 WLAN 的干扰会影响信号质量，从而会影响所部署 WLAN 的最大吞吐量。还有一些专用设备可以更好地进行 Wi-Fi 频谱扫描。其中一个是 Fluke Networks 公司的 AirCheck Wi-Fi Tester，该工具还可以生成详细的报告（参见 www.flukenetworks.com/enterprise-network/network-testing/AirCheck-Wi-Fi-Tester）。此外，它还可以安装一个八木天线，从而有助于确定信号的来源方向。图 12-2 显示了 AirCheck Wi-Fi Tester 的主屏截面。

尽管也可以用一些简单的工具进行无线站点调查，如制造商的无线 NIC 客户端软件和笔记本电脑，甚至是 Android 智能手机的 Wi-Fi 测试应用，但在大型办公室部署无线网络，需要在每个地点进行更详细的标记，记录信号强度与质量数据。如果是定期进行站点调查，可以使用一些软件，这些软件可以加载建筑平面图，还可以移动，以很少的时间完成调查。两个比较著名的工具是 Ekahau 公司的 Site Survey（在 www.ekahau.com 网站单击 Products，然后单击 Site Survey）和 AirMagnet Survey（在 www.flukenetworks.com 网站单击 Products, WLAN Design and Troubleshooot-ing，然后单击 AirMagnet Survey）。这些工具可以生成图形和文字报告，有助于完成性能优化和安全的 WLAN 部署，还有助于解决 Wi-Fi 信号与覆盖问题。

站点调查还需要的其他内容包括：

- 与所使用软件兼容的笔记本电脑。
- 梯子、电线、包装带或其他把 AP 固定在房顶的工具。
- 外部天线（如果有必要的话）。
- 如果没有建筑平面图，那么就需要一些测量工具，如卷尺、激光测量设备或测量轮。
- 一些通信工具，如蜂窝电话或对讲机，用于团队工作通信。

在进行室外站点调查时，也需要这些工具。图 12-3 显示了一种激光测量设备。这些往往是最佳选择，因为它们最远可以测量 167 英尺（51 米），价格只有 100 美元，可以节省大量时间，精确度可达 1/16 英寸（大约是 1.6 毫米）。

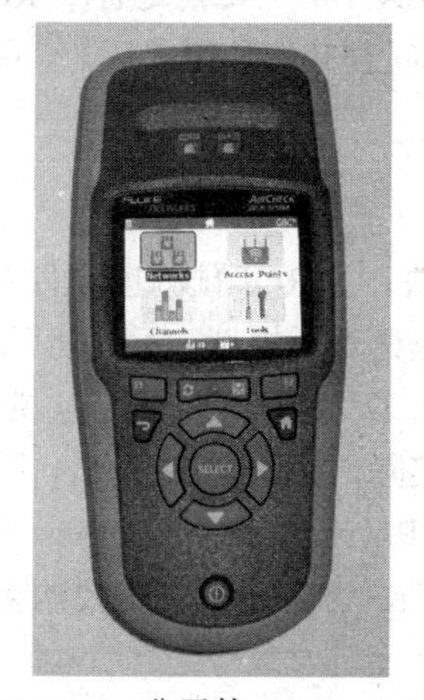

图 12-2　Fluke Networks 公司的 AirCheck Wi-Fi Tester 工具

图 12-3　激光测量工具

记住，这里给出的站点调查所需工具并不全面。不同的站点调查可能还需要其他工具或设备，这里列出的是最基本的。

12.3.2　投资回报

在公司从提供商的 RFI 和独立的调研那里收集了各种可能的解决方案后，就必须确定项目的成本了。成本不是做出决策的唯一基础。但公司必须考虑这种成本可能带来的利润。部署无线技术可能需要 50 000 美元，这看起来成本比较高。然而，如果这个新技术每年能节省 100 000 美元的其他开支，并且能增收 150 000 美元，那么这 50 000 美元的投资就很合算了。

确定成本与利润的关系，就是计算投资回报（return on investment，ROI）。在会计术语里，ROI 等于利润除以投资。在考虑业务所需的产品或服务时，ROI 预测很有用。最好是用某段时间来表示。例如，某个投资成本为 50 000 美元的无线网络项目，18 个月总共可节省 75 000 美元。计算 ROI 需要考虑所有成本和节省的开支。

前期成本就是项目开始所需的费用，例如，安装无线技术的费用。举例来说，WLAN 的前期成本包括 AP 以及所有设备和计算机的无线 NIC。AP 的数量与覆盖区、用户数量以及所需的服务类型有关。根据性能需求、覆盖区大小需求以及带宽等因素，硬件成本不尽相同。

前期成本不是唯一要考虑的费用。在确定最终费用时，往往会忽略续生成本。续生成本是用户在后续时间里还需要支付的费用。例如，如果公司从本地运营商那里租借了一个自由空间光纤收发器或一个无线网桥，那么每年都要支付租借费，且该费用应视作是该技术总成本的一部分。设备的初始价格通常是按每年一定的百分比分摊，而租借费和维护费则保持不变，甚至会增加。安装、项目维护、软硬件维护合同、IT 员工培训以及用户培训都应考虑到项目实现的总成本中。

确定累计的节省费用是一项困难得多的工作。由于系统并不是一直在发生作用的，因此很难计算出因实现了 WLAN 而得到的费用节约或收入增加。这里的关键是尽可能保守估计。从实现了无线技术的其他用户那里获得信息是非常有帮助的。

尽管 ROI 调研很重要，但并不是经常要这样做。在最近的一次调查中，26%的受访者说，他们在实现 WLAN 系统之前进行了 ROI 分析。大约 25%的受访者认为“没有必要”，而 16%的受访者认为，成本不是问题。

12.3.3 规划设计

一旦确定了实际需要能通过实现无线技术得到解决，且 ROI 预测也是肯定的，那么下一步的工作就是制定一个规划。在考虑一种新技术时，谚语“无规划，不成功”永远是正确的。没有良好规划的项目将前景堪忧，然后在成本严重超预算之后不得不放弃。制定合理可行的规划，是这个过程的最关键部分。规划制定不能脱离实际，应征询 IT 人员、用户以及顾问人员的建议。规划制定完成后，就可以给提供商发送 RFP（request for proposal），由提供商给出项目或设备的正式价格。RFP 是一种详细的规划文档，含有企业机构要购买的产品与服务的准确说明描述。

给提供商发送的另一种类型的文档是 RFQ（request for quotation）。RFP 与 RFQ 之间的差别是，RFP 请提供商提交整个项目的方案，而 RFQ 则是请提供商给出某种设备的准确价格。当项目的设计与实现由公司的内部人员来实现时，通常使用的是 RFQ。

参与人员

无线技术投资需要多方人员的努力。最重要的部分之一是企业的 IT 团队。IT 人员的作用是两方面的。一方面，IT 团队的成员有比较宽的技术背景，他们的经验和知识对项目谈判帮助良多。与从外面雇用的技术顾问相比，IT 人员更能从企业的角度出发考虑问题。另一方面，需要 IT 人员的最主要原因是，让他们清楚所提交的项目，因为将来是由他们来提供技术支持和培训的，因此也是新技术的最坚定支持者。如果 IT 人员不参与规划过程，那么项目很可能进展缓慢导致延期，甚至是失败。

需要参与规划过程的另一组人员是将要使用这种新技术的人。通常，在早期，让所有用户都参与进来是不现实的，而是选择一些有代表性的参与进来。然而，这组人员应能够代表各种用户。通常，往往只是那些最热衷新技术的用户被选择参与进来，但这样并不好。有代表性的用户组应包括热衷技术的用户和普通用户，这会得到更公正的建议，当新技术付诸实施后，也能得到更广泛的支持。

外部顾问是要参与规划过程的第三组人员。通过从外部的角度来审视企业，可以公正地评估其需求。然而，一种常见的错误是，把整个项目完全交付给顾问人员，让他们制定规划，这样不仅得不到来自用户和 IT 团队人员的技术建议，也会在这两组人员之中产生敌意。外部顾问可以作为建议的来源之一，但不是唯一的。

应召开常规会议，外部顾问提供项目进展的详细介绍，包括工作规划、各种建议技术以及分阶段的实现规划，也就是完整的项目管理规划。该规划应确定工作的优先级，为项目进展中其他参与人员预留出反应时间，从而确保实现各规划阶段的目标。

12.3.4 制定征求方案

一旦无线技术规划制定后，下一步是提交制定征求方案（request for proposal，RFP）。RFP 可能以这样的语句开头："提供商在某个区域为 45 个用户安装一个 IEEE 802.11b WLAN 网络，其中的每个用户离接入点不超过 275 英尺。" 然后，RFP 可能还包括更详细的信息，比如，建议的项目进度，相关的问题（例如，含有危险材料的大楼，像石棉或化学制品，大型机械，门诊的屏蔽 X 射线室），以及有助于提供商制定规划的其他信息。RFP 中包含的一些关键内容有：

- 网络价值的声明：这有助于提供商了解企业的目的和意图，例如，网络性能与提供商对网络出现问题做出反应的平均时间哪个更重要，硬件与软件的可用性与价格哪个更重要。网络价值的声明有助于提供商对 RFP 的理解。
- 网络运营的描述：包括可能影响 RFP 的未来业务规划，比如，在分部大楼的规划扩展。
- 当前网络与应用：包括当前正在使用以及计划增加的站点数量、当前配置和应用。
- 时间表：列出 RFP 每一步的具体时间。一个 RFP 时间表示例如表 12-3 所示。

表 12-3　RFP 时间表示例

计划日期	工　作	计划日期	工　作
5 月 1 日	发出 RFP	7 月 15 日	开始签订合同
5 月 15 日	提供商提交的最后日期	8 月 15 日	最终签订合同
5 月 30 日	计划返回 RFP 的日期	9 月 10 日	工程开始日期
6 月 15 日	进行初步筛选	2 月 12 日	工程完成日期
7 月 1 日	入围提供商展示介绍		

提供商对项目的 RFP 做出回应。提供商的回应应包括详细信息，如需要安装的内容、建议的时间点以及成本等。如果还没有进行站点调查，还应把它作为需求的一部分，这样，提供商可以在其回应中给出站点调查的成本。在接收到所有 RFP 并进行分析后，公司对选择哪家提供商做出选择。选择提供商应谨慎，包括核查该提供商的背景和资质。选择提交最低价格的提供商，往往证明是代价很高的决策。

12.3.5 进行一定的试点

在接收到 RFP 并选择了提供商后，进行一定的试点（在业界又称为试验计划）很重要。通常，可以从赢得竞标的提供商那里借来一些硬件和软件。IT 人员与选取的一组用户应全程参与到试点中。这些用户参与了规划制定过程。

新的无线技术应全面测试。应先连接然后再断开设备，断开基站，还要进行其他类似的工作，看看该技术在正常情况与非常情况下的反应。需要对吞吐量和应用进行测试。在应付测试用户组时，IT 部门应该介入，开始学习故障排除技术。此时，还要对新技术的安全性进行全面测试。这也是管理人员了解该技术的好机会，这样，他们就可以明白该技术将对业务产生的影响。

12.3.6 员工培训

在对技术进行了全面测试后，下一步就是培训。不要低估了这一步的重要性。培训可以为用户和技术支持人员提供高效操作和支持无线技术所需的知识，还可以在过渡阶段节省时间和成本。用户需要知道如何使用新硬件和软件，技术支持人员需要知道如何管理网络和诊断问题。培训可以提高新技术首次安装时的使用效率，因为这可以使用户少走弯路。这反过来又可以使因新系统的使用而导致的生产率降低最小化。而且，用户经过良好培训后，当他们开始使用新系统时，他们的疑问就更少，所需的 IT 支持也就更少。

IT 人员必须首先进行培训。这种培训包括来自提供商的现场培训。IT 人员培训之后，就可以培训用户。由于所有用户的接受能力不同，因此应分不同类型的培训。这些培训类型包括：

- 小组培训。
- 详细的操作指令。
- 基于 Web 的培训。
- 一对一培训。

12.3.7 全面部署

在培训工作趋于完成时，就可以开始全面部署工作了。全面部署无线技术的最有效方式是分阶段进行。如果可能，可以先从某个部门或某项业务开始引入无线技术。如果 IT 人员一次只面对一个部门，能更容易处理问题。这样也就使部署问题仅限于一个部门而不是所有用户。

有时，一个项目可能需要在完整调试之前，以及所有功能都添加完成之前，就先上线运行。如果是这种情况，让关键用户理解这些很重要，让他们对新技术的临时运行状况感到舒适，并且知晓该项目的整个规模。关键用户对其他用户的引领，可以决定项目的成功。

当系统在某个部门里安装并开始运行后，在让其他部门使用该系统之前，提供商和 IT 人员应协商并解决所有出现的问题。IT 人员还要比照一下记录，看看培训是否满足用户的需求。这样，在培训其他用户时，就更有效果。

12.3.8 提供支持

在新系统上线之前，培训基本完成了，但对用户疑问回答的支持工作仍将继续。用户支持的方式有多种，包括：

- 成立非正式的一对一支持群组。
- 成立正式的用户支持群组。
- 维护内部的帮助平台。
- 让 IT 部门进行用户支持。

以上这些方式都有其优缺点。然而，内部的帮助平台是最有效的用户支持方式之一。帮助平台是一个用户支持的联系中心。它可以解决用户的问题，提供解决这些问题的支持服务。这可能需要为用户提供一些基本信息，如为什么下雨天 FSO 连接变慢等。帮助平台利用各种请求信息，可以确定哪些地区因为技术的改进，为公司节约了成本。

以下是运行一个帮助平台的一些建议：

- 帮助平台应有一部电话。.
- 在新网络安装之后，呼叫数量会暂时增加，应制定应对计划。
- 制定一种有效跟踪问题的方法。
- 利用用户调查表，调查用户的满意度以及还存在哪些问题。
- 定期让网络人员参与帮助平台的问题回答。
- 利用从帮助平台上获得的信息，组织后面的培训。

本章小结

- 无线技术以多种方式积极影响着企业机构。WLAN 使得可以从任何地方访问最新数据。对企业数据的随时访问，还可以提高移动性、生产率和准确性。
- VoWLAN 在公司数据网络上同时使用 IP 电话和 VoIP。VoWLAN 有助于提高员工的实用性，为客户提供更好的服务。实现 VoIP 可能会增加网络的负载，需求更换一些有线网络设备，如交换机和路由器。
- 实现无线技术的挑战是选择正确的技术。大楼外面的未授权用户可以接收到来自大楼里面的 WLAN 的 RF 信号。一些用户不愿意改用新技术。实现无线技术，需要 IT 专业人员开发和实现无线应用，提供技术支持，这也是件困难的事情。
- 一旦决定了要投资无线技术，就面临着构建一个新无线基础设施的任务。第一步是通过审视整个企业来评估对无线技术的需求。另一个重要的步骤是看看企业是如何使用现有网络的。如果现有网络无法支撑企业未来发展的需要，或者有明显迹象表明，无线技术有助于企业的成长，那么答案是投资无线技术。在评估了企业和现有网络之后，需要确定无线技术是否能适应现有的业务需求，企业应收集信息，然后进行一次无线站点调查，该调查能回答一些关键问题，如所需的 AP 数量、天线的类型、干扰源以及安全性需求等。
- 安全性需求可能会大大增加项目经费，因为这需要很多其他设备，如额外的交换机和认证服务器。安全性总是一项需要不断进展的工作，必须持续给予重视。增加无线网络时，必须创建和实现新的安全策略。
- 市场上有很多成熟的工具，用于制作全面的站点调查报告。这些报告是手工创建的，站点调查非常耗时耗钱的。使用正确的工具可以节约时间和金钱。
- 企业可以发出一个信息请求（RFI）。通过评估了由提供商给出的 RFI 和独立研究建议的潜在解决方案后，企业可以确定项目的经费。企业应在实现无线网络的总成本与该项目所能提供的益处之间进行权衡。确定成本与利润之间的关系称为投资回报（ROI)）。
- 一旦决定要实现无线技术，且 ROI 也是正的，下一步就是制定实现规划。规划制定应包括 IT 人员、用户和技术顾问。一旦规划制定完成，就可以提交征求方案（RFP）。

- 在收到 RFP，并选定提供商之后，就可以在有限范围内进行试验，其中包括一定范围的用户和环境。通常，可以从获得投标的提供商那里借来一些样本硬件和软件。IT 人员和选定的用户组应参与到这个试验过程中。
- 一旦完整测试之后，下一步就是培训。培训可以为用户技术支持人员提供有效操作和支持无线技术的知识。
- 当培训接近完成时，就可以分阶段把无线技术向所有用户推广。
- 培训完成后，技术支持仍然继续，以回答用户的问题。用户支持可以以多种方式进行，内部的帮助平台是最有效的方式之一。

复习题

1. 下面哪项是无线技术的一个重要优点？
   a. 随时访问企业数据　b. 更低的成本　c. 更新的技术　d. 减少带宽
2. 帮助平台可以为用户完成除之外________的所有任务。
   a. 一个电话号码　b. 有效跟踪问题
   c. 把用户的问题报告给超级用户　d. 利用调查来确定用户的满意度
3. 利用 VoWLAN 而不是传统的企业电话系统，意味着企业实现了________。
   a. 802.11a 技术　b. 802.11g 技术　c. 无绳 IP 电话　d. VoIP 路由器
4. 如果用户可以在计算机系统中自己的数据，那么他们就可以________。
   a. 访问保密的企业数据　b. 把这些数据卖给其他人
   c. 减少他们的家庭计算机所需的带宽　d. 做出更佳、更充分的决策
5. 下面哪个不是 IT 部门采用无线技术的优点？
   a. 更容易设置　b. 移动设备花费的时间更少
   c. 更高的维护成本　d. 降低电缆成本
6. 当企业决定部署 IEEE 802.11 无线技术时，它得面临一些问题，因为________。
   a. 该技术还没有广泛应用和测试，是一种不成熟的技术
   b. 缺少有经验的人员来部署和支持它
   c. 管理人员不熟悉它
   d. 老技术更容易使用
7. 所有无线技术都是基于已批准的工业标准的。对还是错？
8. 无线技术的最强之处（即无须通过电线与网络连接就可以访问数据）也是其最弱之处。对还是错？
9. 使用 IP 电话意味着企业必须与 VoIP 服务提供商签订使用合同。对还是错？
10. “我们真的需要它吗？”是决定是否要实现无线网络时需要问的第一个问题。对还是错？
11. 当询问用户是否需要实现无线技术时，他们有时会掉入只从自己部门出发而没有考虑整个企业的陷阱中。对还是错？
12. 银行业要求网络具有________级别的安全性。
    a. 适度　b. 高　c. 低　d. 稳定

13. 对网络进行详细文档记录，有助于________。
    a. 背弃该网络　　b. 满足 IT 部门的需要
    c. 维护管理　　d. 评估现有网络
14. 利用________可以了解提供商能提供哪些内容。
    a. RFP　　b. TCO　　c. RFI　　d. ROI
15. 项目成本与其利润之比称为________。
    a. RFP　　b. ROI　　c. RFQ　　d. RFI
16. 在随后的一段时间里，仍然需要支付________费用。
    a. 维护　　b. 续生　　c. 持续的　　d. 节约
17. 企业或提交了实现 WLAN 方案的提供商应进行________。
    a. 无线站点调查　　b. 网络评估　　c. 规划制定　　d. 用户评估
18. 为什么说把整个规划过程交给外部的技术顾问负责是一个错误？
    a. 规划制定不会涉及管理问题
    b. 不会恰当地为用户服务
    c. 网络可能永远无法正确运行
    d. 用户和 IT 人员不会涉及其中，这可能会使之产生敌意
19. 征求方案应包括________。
    a. 部署网络的灵活日期　　b. 类似项目的详细描述
    c. 现有网络和应用的描述　　d. RFI
20. 在无线站点调查中，不会记录下面哪项？
    a. 信号质量　　b. 数据中心的位置
    c. 建议安装 AP 的位置　　d. 推荐使用的天线类型

动手项目

项目 12-1

在本项目中，将进行一次有限范围的无线站点调查。假设你已经知道如何安装软件，配置笔记本电脑的无线网卡和 AP 来创建一个基本的 WLAN。要完成该项目，你需要如下内容：

- 一个已有的 WLAN，或者是一个 AP 或无线家庭网关。
- 装备有无线网卡的笔记本电脑。根据你所有的设备，可以在 2.4 GHz 频段上使用 IEE 802.11b、802.11g 或 802.11n 技术，或者在 5 GHz 频段上使用 IEEE 802.11a 或 802.11n 技术进行站点调查。
- 建筑平面图或用于测量距离的其他工具。根据设备大小的不同（本项目只覆盖一层楼），还需要卷尺、测量轮或激光测量设备。如果楼面铺设有地毯，也可以通过地毯纹理来测量距离。在没有楼面图的情况下，这可用来绘制。
- Ekahau 公司的 HeatMapper 软件。这是免费软件，但要求在 Web 网站上进行注册。HeatMapper 软件不能生成详细的报告。然而，它可以制作 Wi-Fi 信号覆盖图，你可以在你的笔记本上通过抓屏来保存该图形（访问 www.ekahau.com 网站，单击 Products，

然后单击 HeatMapper）。

要完成本项目：

（1）需要获得一个建筑平面图，或者使用测量工具自己制作。平面图可以简单些，但应记录周围房间、走廊以及所有金属柜子或机器（如复印机或微波炉）的位置。

（2）下载并安装 HeatMapper 软件。在 HeatMapper 的主页面，阅读一下如何使用该程序的有关信息。这里需要一个建筑平面图的 JPEG 格式文件，把它加载到 HeatMapper 软件中。启动程序，在屏幕右上角，单击 I have a map image on。

（3）在 Choose Image 对话框中，选择建筑平面图文件的位置，然后单击 Choose Image。HeatMapper 软件将打开加载的建筑平面图，并在窗口的左边快速显示附近 AP 或无线家庭网关的信息。

（4）要开始站点调查，把鼠标光标停留在建筑平面图的当前位置上，并单击鼠标。然后，在办公室中走动，在每隔 2～3 米的地方单击鼠标。注意，从上一个位置到下一个位置之间会绘制一条虚线。

（5）在办公室到处走动之后，单击鼠标右键，显示热点图。此时可以看到，已经检测到所有 AP 和无线网关了。把鼠标光标停留在图中每个 AP 或无线网关上，可以查看其热点图。此时，还可以看到有一个帮助灯泡，显示在当前位置所检测到的当前信号强度。此时还不要关闭 HeatMapper 软件，还需要根据是使用现有网络，还是使用 AP 或无线网关，进行站点调查。

注意一下检测到的 AP 和无线网关。HeatMapper 软件不允许移动这些设备的图标。Ekahau 公司的 Site Survey 软件完整版允许把 AP 图标移动到实际位置，而 HeatMapper 软件只是猜测信号的位置。

（6）把鼠标光标停留在 AP 或无线网关图标上，单击 HeatMapper 窗口左上角的 Take Screenshot 按钮。

（7）如果你使用的是 Windows 7 或 Windows Vista 系统，那么单击工具栏上的“开始”按钮，单击“所有程序”，单击“附件”，单击“画图”，打开该程序。在 Windows 的画图程序中，单击“粘贴”按钮，查看抓屏。如果想要，此时也可以存储给图片，用于以后的分析与比较。

（8）保存完文件后，返回到 HeatMapper 软件，单击 Undo Survey 按钮，清除热点图。

（9）单击 Paint 窗口左上角列的第一个选项卡，然后单击 Save as，以 JPEG 格式保存抓屏。

（10）如果在站点调查中没有得到所希望的结果，可以移动 AP，然后从本项目的第（4）步开始重新进行站点调查。

真实练习

TBG（The Baypoint Group）公司希望由你来给出一个 WLAN 方案。GHS 是一家经营体育用品的连锁店，主营足球用品。由于 GHS 的业务发展，它现在在当地有 9 家店铺。GHS 考虑实现一个无线网络，通过无线宽带服务，把所有店铺连接起来。该连锁店在每个店铺安装一个 WLAN，为其员工配备笔记本电脑，以便更好地进行客户服务。GHS 不知道该如何开始。它向 TBG 寻求帮助，TBG 把这个任务交给了你。

练习 12-1

对 GHS 介绍一下实现一个无线网络基础设施所需的步骤，包括从评估需求开始，到提供支持为止。你的介绍应在 20～25 分钟之间。使用 PowerPoint 制作幻灯片。

练习 12-2

在听了你的介绍之后，GHS 准备开始这个项目。公司觉得必须克服的障碍之一是为其用户提供支持。它没有集中的帮助平台，员工可以互相帮助，IT 人员可以进行有限的指导。GHS 向你咨询如何创建一个帮助平台，它应提供哪些服务。制作一个简短的幻灯片，介绍一下何谓帮助平台，它的优缺点，以及使用帮助平台的一些技巧。

挑战性案例项目

组成一个 3 人的团队，利用 Internet，查找一下实现了这些无线网络的新闻和公司：LAN、MAN 和 WAN。介绍一下它们所遇到的挑战，以及所得到的收获。如果可能，与这些公司或提供商联系一下，以便获得有关这些挑战和收获的更多信息。你们的团队应为每种无线网络实现编写一个报告，并向班里的其他同学介绍一下你们的分析。介绍完后，留出 5～10 分钟的提问时间，准备回答有关 ROI、技术支持、选择提供商的过程与标准、整个项目是不是由内部人员来完成的。你们团队的报告还应包括你们自己对项目收获的看法。

术 语 表

1/3 rate Forward Error Correction（FEC）：1/3 速率的前向纠错
1-bit tags：1 比特标签
2.5 Generation（2.5G）：2.5 代
2/3 rate Forward Error Correction（FEC）：2/3 速率的前向纠错
3G（third generation）：3 代
3rd Generation Partnership Project（3GPP）：第三代合作伙伴计划
4G（fourth generation）：4 代
802.11 standard：802.11 标准

A

access control list（ACL）：接入控制列表
access point（AP or wireless AP）：访问点（AP 或无线 AP）
acknowledgment（ACK）：确认
active antenna：有源天线
active mode：主动方式
active scanning：主动扫描
active tags：有源标签
ad hoc mode：Ad Hoc 模式
adaptive array processing：自适应阵列处理
adaptive frequency hopping（AFH）：自适应跳频
adjacent channel interface：相邻信道接口
advanced antenna system（AAS）：高级天线系统
Advanced Encryption Standard（AES）：高级加密标准
Advanced Mobile Phone Service（AMPS）：高级移动电话服务
alternate MAC/PHY（AMP）：MAC/PHY 交替射频技术
American National Standards Institute（ANSI）：美国国家标准协会
American Standard Code for Information Interchange（ASCII）：美国信息交换标准码
amplifier：放大器
amplitude：振幅
amplitude modulation（AM）：调幅
amplitude shift keying（ASK）：幅移键控
analog modulation：模拟调制
analog signal：模拟信号
antenna：天线
antenna diversity：天线分集
antenna pattern：天线方向图，天线辐射图
antenna polarization：天线极化
associate request frame：关联请求帧
associate response frame：关联响应帧
association：关联
asynchronous connectionless（ACL）link：异步的无连接（ACL）链路
attenuation：衰减
authentication：认证
automatic retransmission request（ARQ）：自动重传请求

B

backhaul：回程通路
backscatter：反向散射体
bandpass filter：带通滤波器
bandwidth：带宽
Barker code（chipping code）：巴克码（碎片代码）
base station（BS）：基站
baseband：基带
Basic Service Set（BSS）：基本服务集
baud：波特
baud rate：波特率
beacon：信号浮标
beacons：信号灯
beamforming：波束成形。
binary phase shift keying（BPSK）：二进制相移键控
binding：绑定

biphase modulation：双相调制
bit：比特
blocker tag：阻隔标签
Bluetooth：蓝牙
Bluetooth radio module：蓝牙射频模块
broadband：宽带
BSSID：基本服务集标识符
buffering：缓存
burst：脉冲

C

cable modem：电缆调制解调器
carrier sense multiple access with collision avoidance（CSMA/CA）：带冲突避免的载波侦听多路访问
carrier signal：载波信号
carriers：运营商
cell：蜂窝
certificate authority：证书授权中心
challenge-response strategy：挑战-应答策略
channel：信道
channel access methods：信道访问方法
channel time allocation（CTA）：信道时间分配
channel time allocation period（CTAP）：信道时间分配周期
child piconets：子微网
chipless tags：无芯片标签
circuit switching：电路交换
co-channel interference：同道干扰
Code Division Multiple Access（CDMA）：码分多址
collision：冲突
Complementary Code Keying（CCK）：互补码键控
consortia：联盟
constellation diagram：星座图
contention access period（CAP）：竞争接入周期
continuous wave（CW）：连续波
control channel：控制通道
control frame：控制帧
coupling：耦合
crosstalk：串扰
customer premises equipment（CPE）：用户产权设备
cycle：周波
cyclic redundancy check（CRC）：循环冗余校验

D

Data Encryption Standard（DES）：数据加密标准
data frame：数据帧
data link layer：数据链路层
DCF Interframe Space（DIFS）：分布式帧间隔
de facto standards：事实标准
de jure standards：法定标准
decibel（dB）：分贝
decimal number system：十进制计数系统
denial-of-service（DoS）：拒绝服务
destroy password：销毁密码
detector：探测器
device discovery：设备发现
dibit：双位
diffused transmission：漫射传输
digital certification：数字证书
digital convergence：数字融合
digital modulation：数字调制
digital signal：数字信号
digital subscriber line（DSL）：数字用户线路
dipole：偶极天线
direct sequence spread spectrum（DSSS）：直接序列扩频
directed transmission：定向传输
directional antenna：定向天线
directional gain：定向增益
disassociate frame：解除关联数据帧
disassociation：解除关联
distributed coordination function（DCF）：分布式协调功能
D-WVAN：辅助的无线视频区域网
dynamic rate selection：动态速率选择

E

eight-wave antenna：八波天线
electromagnetic interference（EMI）：电磁干扰
electromagnetic wave（EM wave）：电磁波
Electronic Product Code（EPC）：电子产品代码
emitter：发射器
encryption：加密
enhanced data rate（EDR）：增强型数据速率
Enhanced Data rates for GSM Evolution（EDGE）：用

于 GSM 演进的增强型数据速率

European Telecommunications Standards Institutes（ETSI）：欧洲电信标准协会

Extended Services Set（ESS）：扩展服务集

Extensible Authentication Protocol（EAP）：可扩展认证协议

F

Federal Communications Commission（FCC）：美国联邦通信委员会

filter：滤波器

First Generation（1G）：第一代

fixed wireless：固定式无线

fragmentation：拆分

frame：数据帧

free space loss：自由空间损耗

Free Space Optics（FSO）：自由空间光系统

frequency：频率

frequency division duplexing（FDD）：频分双工

Frequency Division Multiple Access（FDMA）：频分多址

frequency hopping spread spectrum（FHSS）：跳频扩频

frequency modulation（FM）：调频

frequency shift keying（FSK）：移频键控

Fresnel zone：菲涅尔带

full-duplex transmission：全双工传输

full-function device：全功能设备

full-wave antenna：全波天线

G

gain：增益

general packet radio service（GPRS）：通用分组无线服务技术

geosynchronous earth orbit （GEO）satellites：地球同步轨道（GEO）卫星

GSM（Global Systems for Mobile Communications）：全球移动通信系统

guaranteed time slot（GTS）：有保证的时隙

guard band：（两信道间的）防护频带（波段）

guard interval（GI）：防护间隔

H

half-duplex transmission：半双工传输

half-wave antenna：半波天线

handoff：切换

harmonics：谐波

help desk：帮助台

Hertz（Hz）：赫兹

high-pass filter：高通滤波器

High-Speed Downlink Packet Access（HSDPA）：高速下行分组接入

hold mode：保持模式

hopping code：跳频码

horn antenna：喇叭形天线，号角天线

HSPA+：High-Speed Packet Access+（增强型高速分组接入技术）的缩写

H-WVAN：D-WVAN 的父 WVAN。参见 Wireless Video Area Network（无线视频局域网）

HyperText Markup Language（HTML）：超文本置标语言

I

IBBS：参见 ad hoc mode。

i-mode：一种移动上网服务

impedance：阻抗

impulse modulation：调波

Independent Basic Service Set（IBSS）：独立基本服务集

Industrial, Scientific and Medical （ISM）band：工业、科学和医疗频段

infrared light：红外光

infrastructure mode：基础设施模式

inquiry procedure：查询过程

Institute of Electrical and Electronics Engineers（IEEE）802.11n-2009：IEEE 802.11n-2009

Institute of Electrical and Electronics Engineers（IEEE）：电子电气工程师协会

Institute of Electrical and Electronics Engineers（IEEE）802.16 Fixed Broadband Wireless：IEEE802.16 固定宽带无线

Integrated Services Digital Networks（ISDN）：综合服务数字网络

interframe spaces（IFS）：帧间间隔

intermediate frequency（IF）：中频
International Organization for Standardization（ISO）：国际标准化组织
International Telecommunication Union（ITU）：国际电信联盟
Internet Architecture Board（IAB）：互联网架构委员会
Internet Engineering Task Force（IETF）：互联网工程工作小组
Internet Society（ISOC）：互联网协会
intersymbol interference（ISI）：码间干扰
isochronous：同步的
isotropic radiator：各向同性辐射器

J

jitter：抖动

K

Kilohertz（KHz）：千赫兹=1000 赫兹

L

last mile connection：最后一英里连接
latency：延迟
license exempt spectrum：免许可的频谱
light spectrum：光谱
line of sight：瞄准线
link budget：链路预算
link manager：链路管理器
Local Multipoint Distribution Service（LMDS）：本地多点分布服务
Logic Link Control（LLC）：逻辑链路控制
loss：损耗
low earth orbit （LEO）satellites：低地球轨道（LEO）卫星
low-pass filter：低通滤波器
LTE（Long Term Evolution）：长期演进
LTE Advanced：LTE 的演进版

M

management channel time allocation（MCTA）：管理信道时间分配
management frames：管理数据帧
man-in-the-middle：中间人
Media Access Control（MAC）：介质访问控制
medium earth orbit（MEO）satellites：中地球轨道（MEO）卫星
Megahertz（MHz）：兆赫兹=1 000 000 赫兹
mesh networking：网状网络
message integrity check：消息完整性校验
message integrity code（MIC）：消息完整性校验码
microbrowser：微浏览器
microwaves：微波
Mini PCI：小型 PCI 插槽
mixer：混合器
mobile telecommunication switching office（MTSO）：移动电话交换局
modem（MOdulator DEModulator）：调制解调器
modulation：调制
monopole antenna：单极天线
multiband orthogonal frequency division multiplexing（OFEM）：多频带正交频分复用
Multichannel Multipoint Distribution Service（MMDS）：多信道多点分布服务
multipath distortion：多路失真
multiple-input and multiple-output（MIMO）：多路输入多路输出

N

narrow-band transmissions：窄带传输
Near Field Communication（NFC）：近场通信
neighbor piconets：临近微微网
Network Interface Unit（NIU）：网络接口单元
noise：噪声
nomadic user：流动用户
non-line of sigh（NLOS）：非瞄准线
non-return-to-zero（NRZ）：不归零
non-return-to-zero level （NRZ-L）：不归零电平
null data frame：空数据帧

O

Object Name Service（ONS）：对象名称服务
official standards：官方标准 参见 de jure standards
offset quadrature phase shift keying（O-QPSK）：偏移正交相移键控

omnidirectional antenna：全向天线，多向性天线，非定向天线
one-dimensional antenna：一维天线
Orthogonal Frequency-Division Multiple Access（OFDMA）：正交频分多址
oscillating signal：振荡信号

P

packet：分组
packet switching：分组交换
paging procedure：寻呼过程
pairing：配对
PAN coordinator：PAN 协调器
parabolic dish antenna：抛物面天线
park mode：休眠模式
passband：通带
passive antenna：无源天线
passive scanning：被动扫描
passive tag：无源标签
patch antenna：贴片天线
peer-to-peer mode：点对点模式
personal digital assistant（PDA）：个人数字助手，掌上电脑
phase：相位
phase modulation（PM）：相位调制
phase shift keying（PSK）：移相键控
physical layer（PHY）：物理层
pi/4-DQPSK：四相相对相移键控
piconet：微微网
piconet coordinator（PNC）：微微网协调器
pizza box antenna：皮萨盒天线
PN code：伪随机码
point coordination function（PCF）：点协调功能
point-to-multipoint wireless link：单点对多点的无线链路
point-to-point：点对点
polar non-return-to-zero（polar NRZ）：两极不归零
polling：轮询
power management：电源管理
power over Ethernet（PoE）：有源以太网
pre-shared key：预共享密钥
privacy：保密
probe：探测
probe response：探测响应
profiles：配置文件
protocol adaptation layers（PAL）：协议适配层
pseudo-random code：伪随机编码
public key infrastructure（PKI）：公钥基础设施

Q

QoS（quality-of-service）：服务质量
quadbit：四位元组
quadrature amplitude modulation（QAM）：正交调幅
quadrature phase shift keying（QPSK）：正交相移键控
quarter-wave antenna：四分之一波长天线

R

radio frequency（RF）communication：射频（RF）通信
radio frequency identification（FRID）：射频识别
radio frequency spectrum：无线电频谱
radio modules：射频元件
radio wave （radiotelephony）：无线电波
reader：读取器
reassociate request frame：重关联请求帧
reassociate response frame：重关联响应帧
re-association：重关联
recurring costs：续生成本
Reduced Interframe Space（RIFS）：精简帧间间隔
reduced-function device：精简功能设备
repeater：中继器
request for information（RFI）：信息请求
request for proposal（RFP）：征求建议书
request-to-send/clear-to-send（RTS/CTS）：请求发送/清除发送
return on investment（ROI）：投资收益率
return-to-zero（RZ）：归零
roaming：漫游
Robust Security Network Association（RSNA）：强安全网络组合
RSA：一种公钥加密算法，是 1977 年由 Ron Rivest、Adi Shamir 和 Leonard Adleman 一起提出的

S

satellite radio：卫星广播
scatternet：分散网
scintillation：闪烁
Second Generation：第二代
semi-active tags：半有源标签
sensory tags：感应标签
sequential freshness：序列更新
service discovery：服务发现
Service Set Identifier（SSID）：服务集标识符
Short Interframes Spaces（SIFS）：短帧间间隔
Short Message Services（SMS）：短消息服务
sidebands：边频带
signal-to-noise ratio（SNR）：信噪比
SIM（Subscriber Identity Module）card：SIM（用户识别模块）卡
simplex transmission：单工传输
sine wave：正弦波
slaves：辅助设备
sleep mode：睡眠模式
slotted terminating adaptive collection（STAC）：时间分片自适应采集协议
smart antenna：智能天线
smart label：智能标签
smartphone：智能手机
sniff mode：监听模式
spatial diversity：空间分集
spatial multiplexing：空分复用
spectrum conflict：频谱冲突
spread spectrum transmission：扩频传输
subnets：子网
subscriber station（SS）：用户站点
super high frequency（SHF）：超高频
superframe：超级帧
switching：交换
symbol：符合
symmetric encryption key：对称加密密钥
synchronous connection-oriented（SCO）link：同步的面向连接链路
system profile：系统配置文件

T

tags：标签
Telecommunications Industries Association（TIA）：美国电信工业协会
temporal key integrity protocol：临时密钥完整性协议
Third Generation（3G）：第三代
time division duplexing（TDD）：时分双工
time division multiplexing（TDM）：时分复用
Time Division Multiple Access（TDMA）：时分多址
time slots：时隙
traffic encryption key（TEY）：流量加密密钥
transponders：发射机应答器，转发器
tribit：三位组
triple-play：三网合一，三网融合
truck-rolls：上门服务
two-dimensional antenna：二维天线
two-level Gaussian frequency shift keying（2-GFSK）：双高斯频移键控

U

Ultra Wide Band（UWB）：超宽带
ultra-wideband transmission：超宽带传输
Unlicensed National Information Infrastructure（U-NII）：免许可的国家信息基础设施
unregulated bands：不受管制波段
upfront costs：预付成本

V

virtual private network（VPN）：虚拟专用网
Voice over Internet Protocol（VoIP）：互联网语音协议
Voice over WLAN（VoWLAN）：无线局域网语音
voltage：电压

W

wake superframe：唤醒超帧
wavelength：波长
Wideband CDMA（W-CDMA）：宽带码分多址传输
Wi-Fi：
Wi-Fi Protected Access（WPA）and WPA2：Wi-Fi保护接入（WAP）与WAP2

WiGig：无线千兆比特（Wireless Gigabit）
WiMAX：全球微波互连接入（Worldwide Interoperability for Microwave Access）
WiMAX Forum：WiMAX 论坛
Wired Equivalent Privacy（WEP）：有线等效保密
wireless application protocol（WAP or WAP2）：无线应用协议（WAP 或 WAP2）
wireless bridges：无线网桥
wireless communication：无线通信
wireless controller：无线控制器
Wireless High-Speed Unlicensed Metro Area Network（WirelessHUMAN）：无线高速免许可的城域网
wireless local area network（WLAN）：无线局域网
wireless metropolitan area networks（WMAN）：无线城域网
wireless network interface card（wireless NIC）：无线网卡
wireless personal area network（WPAN）：无线个人区域网
wireless residential gateway：无线家庭网关
wireless site survey：无线站点测量
wireless video area network（WVAN）：无线视频区域网
wireless VoIP phones：无线 VoIP 电话
wireless wide area network（WWAN）：无线广域网

Y

yagi antenna：八木天线

Z

ZigBee Alliance：ZigBee 联盟